L'UNIVERS

IMPRIMERIE GÉNÉRALE DE CH. LAHURE
Rue de Fleurus, 9, à Paris

L'UNIVERS

LES INFINIMENT GRANDS ET LES INFINIMENT PETITS

PAR

F.-A. POUCHET

CORRESPONDANT DE L'INSTITUT (ACADÉMIE DES SCIENCES)
ET DE L'INSTITUT ROYAL D'ITALIE
DIRECTEUR DU MUSÉUM D'HISTOIRE NATURELLE DE ROUEN
PROFESSEUR A L'ÉCOLE SUPÉRIEURE DES SCIENCES, ETC.

DEUXIÈME ÉDITION
ILLUSTRÉE DE 343 VIGNETTES SUR BOIS
ET DE 4 PLANCHES EN COULEUR
PAR A. FAGUET, MESNEL, ETC.

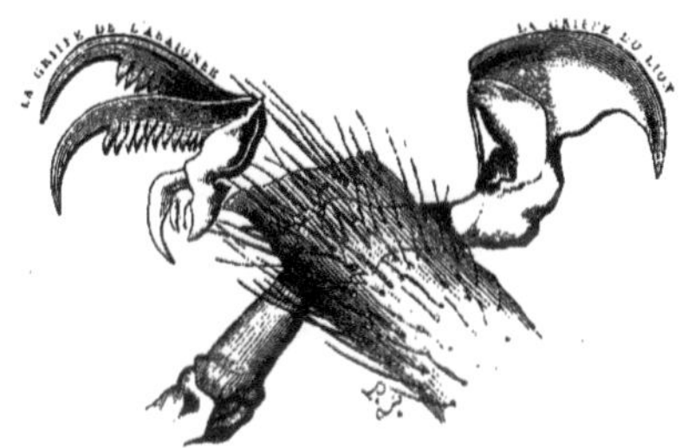

PARIS
LIBRAIRIE DE L. HACHETTE ET Cie
77, BOULEVARD SAINT-GERMAIN, 77

1868

A MADAME

JACOBITA MANTEGAZZA

MADAME,

L'Italie a de grands droits à mes sentiments de reconnaissance.

Tout jeune, je reçus de ses savants la plus charmante hospitalité; plus tard, ils me comblèrent de faveurs, et son vaillant souverain, qui aime à la fois la splendeur des sciences et la gloire des armes, m'honora, lui aussi, de sa bienveillance.

Je ne puis mieux exprimer toute ma gratitude envers votre beau pays qu'en dédiant cette œuvre à l'une des plus gracieuses personnes que j'y aie rencontrées, et dont le nom rappelle l'une de ses plus brillantes intelligences.

J'espère, Madame, que vous voudrez bien agréer ce modeste hommage et recevoir l'expression de mon profond respect.

F.-A. POUCHET.

PRÉFACE.

Mon unique but, en écrivant ce livre, a été d'inspirer et de répandre, autant qu'il était en moi, le goût des sciences naturelles.

Ce n'est point un traité savant, c'est une simple étude élémentaire, faite en vue de porter le lecteur à chercher, dans d'autres livres, des connaissances plus étendues et plus approfondies.

Je serais heureux si cette étude pouvait être considérée comme le péristyle du monument où se cachent les mystérieuses splendeurs de la nature, et si elle suffisait pour donner à quelques personnes le désir de pénétrer dans le sanctuaire même, et d'en écarter les voiles.

Par le titre que j'ai adopté, mon intention a été seulement d'indiquer que j'avais puisé dans toute la création, en mettant souvent en regard les êtres les plus infimes qu'elle nous présente et ses plus grandioses productions.

J'ai glané partout, pour montrer que partout la nature nous

A

fournit la matière d'observations curieuses. Les animaux et les plantes, la terre et les cieux se trouvent tour à tour mis en scène.

Et ceux qu'aura intéressés cette suite sommaire d'esquisses et de tableaux trouveront des développements plus complets dans les longues notes placées à la fin du volume.

Pour être à la hauteur de la tâche que j'ai entreprise, il eût fallu, je le sais, la science de Humboldt et la plume de Michelet; mais je ne m'en suis pas moins mis à l'œuvre, faisant ce que je pouvais pour réussir, et souhaitant de tout cœur que d'autres fassent mieux que moi.

Quiconque aspire au titre de savant a aujourd'hui une double mission : découvrir et vulgariser; d'une main, il doit travailler au progrès de la science, et, de l'autre, à sa diffusion.

Les zoologistes et les botanistes qui honorent le plus notre époque moderne ont montré, en publiant leurs cahiers d'histoire naturelle, qu'ils comprenaient cette mission sacrée.

Je n'ai fait que les imiter ici, dans un ordre un peu plus étendu : j'espère qu'on me pardonnera d'avoir suivi de tels exemples.

C'est en présence de la mer, et sur la magnifique plage du Tréport, que j'ai écrit tout ce livre, comme un repos d'esprit, pendant une vacance; et malgré sa forme élémentaire, j'ai cru cependant devoir placer mon nom en tête.

Sous le voile d'un pseudonyme, un de mes savants confrères de l'Académie des sciences a produit dernièrement un ouvrage analogue; le lendemain, tout le monde en connaissait le véritable auteur. Et d'ailleurs, si l'œuvre est indigne de nous, il ne faut pas lui donner le jour; dès que nous y consentons, c'est que nous la croyons de quelque utilité, et alors nous ne devons pas craindre d'y placer notre nom. C'est ce que j'ai fait.

L'histoire de la nature se traduit dans la pensée, par une succession de figures; aussi, dans ce livre ai-je tâché de faire représenter le plus d'objets possible.

L'éditeur, qui n'a reculé devant aucun sacrifice, a mis à cet effet à ma disposition des artistes d'élite, dont j'ai été heureux d'avoir le concours. Je dois surtout remercier ici M. Faguet, aide-naturaliste à la Sorbonne, qui, étant à la fois botaniste instruit et dessinateur parfait, a donné aux dessins de végétaux un cachet tout particulier; puis, M. Mesnel, qui a dessiné avec beaucoup de goût toute la partie zoologique; et enfin M. Émile Bayard, au crayon duquel on doit de charmants paysages.

Au Muséum d'histoire naturelle de Rouen, 15 octobre 1867.

F. Pouchet.

LE

RÈGNE ANIMAL

Savez-vous comment s'ouvre et grandit la semence,
Comment, herbe au printemps, elle est moisson l'été?
Comment au fond du nid de l'hirondelle agile
L'instinct s'épanouit en maternel amour,
Et comment, sous l'abri de la coque fragile,
S'anime un germe ailé qui doit éclore un jour?

FRÉD. DESCHAMPS.

LIVRE I.

LE MONDE INVISIBLE.

Notre imagination est également confondue par l'infiniment petit et par l'infiniment grand, disait Bonnet, l'un des plus zélés vulgarisateurs de l'histoire naturelle.

En effet, les phénomènes de la création nous frappent de stupeur, soit que nos regards, en s'élevant, scrutent le mécanisme des cieux, soit qu'ils s'abaissent vers les plus infimes créatures d'ici-bas.

L'immensité est partout! Elle se révèle, et sur ce dôme azuré où resplendit une poussière d'étoiles, et sur l'atome vivant qui nous dérobe les merveilles de son organisme.

« Quiconque contemple ce spectacle avec les yeux de l'âme, dit un illustre orateur, sent la petitesse de l'homme comparativement à la grandeur de l'univers. » Mais s'il est vrai qu'un sentiment d'humilité nous subjugue en présence de l'immensité dans l'espace et de l'éternité dans le temps ; si chaque pas que l'homme fait dans la carrière, si chaque ride qui sillonne son front lui dévoile sa débilité, sa faiblesse; son génie, cette émanation divine, le soutient dans sa marche en lui décelant et sa puissance et sa suprême origine.

Lorsqu'au début de nos études, nous jetons un coup d'œil sur la création, son grandiose nous étonne, et nous reconnaissons qu'aucune de nos fictions n'atteint le sublime de ses proportions.

Les cosmogonies chinoises, par exemple, nous peignent le premier organisateur du chaos sous la figure d'un vieillard débile, énervé et chancelant, qu'on nomme le père *Pan-kou-Ché*. Celui-ci, enveloppé de rochers en désordre, tenant dans l'une de ses mains un ciseau et dans l'autre un marteau, travaille péniblement; et tout couvert de sueur, sculpte l'écorce du globe, en se frayant un chemin à travers ses blocs amoncelés.

On gémit sur la faiblesse de l'ouvrier en présence de l'immensité de l'œuvre. On l'aperçoit à peine ; il est presque perdu au milieu d'énormes amas de pierre en éclats, qui l'environnent de toutes parts et encombrent le tableau : c'est un véritable Pygmée accomplissant un travail herculéen.

Au contraire, en présence de leur sol si vigoureusement tourmenté par les cataclysmes, les peuples du nord de l'Europe pensaient qu'un Dieu, dans sa colère, en avait broyé la surface et entassé les débris. Mais, pour les enfants de la Scandinavie, ce n'est plus un vieillard usé et tremblant; il leur fallait une divinité empreinte de leur sauvage énergie. Pour eux, c'est le Dieu des tempêtes, le redoutable et gigantesque *Thorr*, qui, armé d'un marteau de forgeron et suspendu sur l'abîme, brise à coups redoublés la croûte terrestre, et, avec ses éclats, façonne les rochers et les montagnes.... C'est déjà un progrès sur le caduc Pan-kou-Ché ; la virilité est substituée à l'impuissance sénile. C'est une réminiscence de l'épopée antique : Thorr semble un géant révolté et en fureur, saccageant tout ce qui tombe sous sa main.

Pour nous, accoutumés à nous incliner devant la toute-puissance créatrice, de semblables images paraissent bien puériles : au lieu de ces vieillards ou de ces géants, laborieusement occupés à marteler le globe, nous ne voyons partout que l'invisible main de Dieu. Là, d'une incompréhensible délicatesse,

1. Pan-kou-Ché, Dieu créateur. D'après les peintures des manuscrits chinois.

elle anime l'Insecte d'un souffle de vie ; ailleurs, en s'étendant largement, elle étreint les mondes dispersés dans l'espace ; elle les ébranle ou les anéantit. C'est alors qu'au milieu de ses convulsions, notre sphère fend ses montagnes, entr'ouvre ses abîmes ; et sur chacun de ses gigantesques débris, comme sur chaque grain de poussière, le philosophe trouve écrite une belle page de la théologie naturelle.

En effet, chaque pic qui s'écroule étale à nos yeux les restes des générations ensevelies par les révolutions du globe. Leur nombre, leur taille et leurs formes inconnues nous étonnent.

2. Thorr, le Neptune dieu créateur des Scandinaves, retravaillant le globe.

Cependant, le doute devient impossible, car ces débris inanimés, dont la terre conserve fidèlement l'empreinte, semblent autant de médailles frappées par le Créateur et respectées par la main du temps, pour nous en révéler l'histoire accidentée !

Si nous passons en revue les forces vives de notre planète,

nous nous apercevons bientôt que leur puissance est sans bornes : quand elles se déchaînent dans ses entrailles, toute sa surface est ébranlée. Tantôt, elles font surgir les Alpes et l'Hymalaya, en suspendant leurs cimes dans la région des nuages. Et à un autre instant, en fendant le globe presque d'un pôle à l'autre, les Andes et l'Amérique sortent du sein de la mer; puis, les flots étonnés, en s'étalant tumultueusement sur l'ancien monde, produisent l'une de ses plus récentes catastrophes, le grand déluge : ainsi l'a voulu la suprême volonté!

Si, après avoir scruté les imposants phénomènes qui s'accomplissent à la surface de la terre, nous abaissons nos regards vers ses êtres les plus infimes, là nous voyons encore se révéler, avec une magnificence inattendue, toute la sagesse de la Providence; bientôt même, le spectacle de l'immensité dans les infiniment petits ne nous étonne pas moins que l'incommensurable puissance des grandes scènes de la création. La nature animée semble imiter ce panthéisme antique, qui plaçait des parcelles de la divinité dans chacune des molécules des corps; elle aussi se décèle partout : armé du microscope, l'œil en découvre des indices dans chaque interstice de la matière!

Fontenelle blâmait souvent cette ancienne et verbeuse scolastique, qu'il appelait, avec raison, la philosophie des mots; le savant secrétaire de l'Académie voulait que l'intelligence ne s'exerçât que sur les faits, sur la philosophie des choses. Nous allons nous montrer docile à ses préceptes en ne nous occupant que des conquêtes de l'observation.

Rien ne donne une plus splendide idée de l'universelle diffusion de la vie dans l'espace, que le nombre prodigieux d'Organismes qu'on rencontre partout, et dans tous les corps de la nature; démonstration qui est l'une des plus récentes et des plus magnifiques conquêtes de la science.

Nous la devons au microscope, découvert il y a environ un siècle et demi. Tout d'abord, cet instrument nous initia à des choses si neuves, si saisissantes et si inattendues, que partout on convint qu'il nous avait révélé un monde nouveau, en nous ajoutant, en quelque sorte, un sixième sens pour scruter l'invisible.

A la lecture des œuvres des naturalistes, quand on les voit pénétrer si profondément les plus intimes secrets de l'anatomie et des mœurs d'êtres dont l'œil ne peut même nous faire soupçonner l'existence, on se demande si l'orgueil du génie ne s'est pas substitué aux simples réalités de la nature. Aussi pendant longtemps, les assertions des micrographes furent-elles taxées de fables, par quelques esprits retardataires. Mais à l'aspect de leurs instruments d'une si grande précision, on devine que, quelque merveilleuses que paraissent leurs investigations, les observateurs n'ont pas dû s'égarer.

Le microscope fut découvert, en Hollande, presque en même temps, par deux savants, Leuwenhoeck et Hartzœker, qui s'en disputèrent vivement l'invention. Le premier, cependant, fut réellement le père de la micrographie; l'autre était essentiellement physicien.

Entre eux, souvent même la discussion était acerbe et malséante. Leuwenhoeck vivait isolé et solitaire, ne voulant laisser pénétrer à personne aucun de ses secrets; sa femme et sa fille y étaient seules initiées, et sa porte restait absolument close pour son jeune et turbulent rival.

Sensible à cet outrage, celui-ci s'en vengeait de son mieux; il admonestait vertement son antagoniste en prétendant que, pour le plus grand nombre, ses découvertes, publiées dans un style bas et rampant, étaient absolument chimériques. L'insulte suivait la polémique. Cependant, n'y tenant plus, et voulant à tout prix fouiller les travaux de son émule, Hartzœker, à l'aide du bourgmestre de Leyde, et sous un nom supposé, s'introduisit un jour chez Leuwenhoeck pour piller ses procédés; mais le vieux micrographe l'ayant reconnu, le congédia brusquement.

L'œuvre de Leuwenhoeck surpasse réellement ses moyens d'investigation ; la perspicacité du savant a débordé la puissance de ses instruments. On se demande encore comment il a pu deviner tant et tant de choses, que ceux-ci n'ont pas dû lui révéler.

En effet, le célèbre Hollandais n'a jamais possédé de microscope qu'on puisse comparer à la remarquable perfection de ceux dont on se sert aujourd'hui. Il n'employait que de

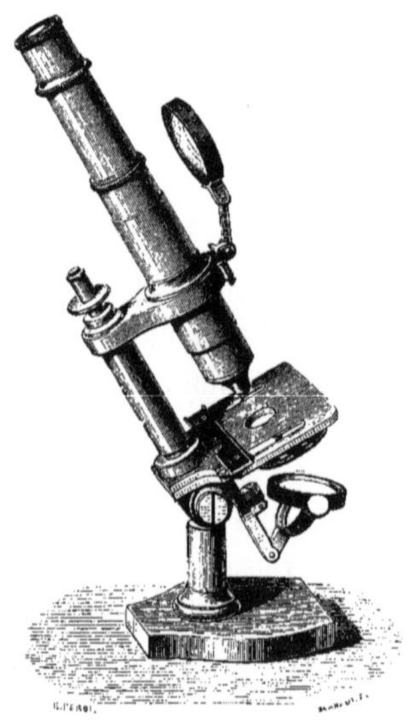

3. Investigateur des infiniment petits. Microscope achromatique de M. Nachet.

simples lentilles, qu'il confectionnait lui-même ; et c'est avec de tels instruments qu'il fit ses plus importantes découvertes. On peut vérifier cette assertion dans les collections de la Société royale de Londres, à laquelle, en mourant, il légua les principaux verres grossissants qui lui avaient fait conquérir tant de gloire.

Les plus fortes lentilles de Leuwenhoeck n'amplifiaient les objets que cent soixante fois en diamètre ; tandis qu'aujourd'hui nous possédons des Microscopes achromatiques qui les grossissent de douze à quinze cents fois.

Tout dernièrement, on assurait même, dans les journaux scientifiques, que deux opticiens de Londres avaient réussi à confectionner des lentilles objectives qui augmentent de 7500 diamètres, ce qui équivaut à un grossissement de surface égal à 56 000 000 de fois. On ajoutait que, malgré ce résultat extraordinaire, tout se voyait avec une grande netteté.

La mensuration des moindres détails microscopiques a même acquis un degré de précision qui surpasse tout ce qu'on pourrait imaginer. On possède des micromètres en verre sur lesquels

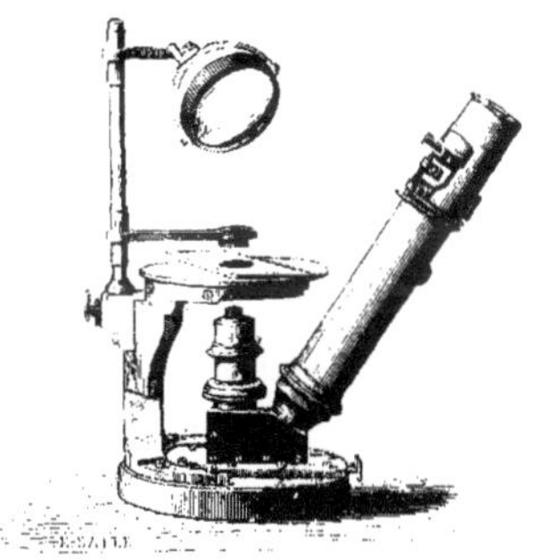

4. Microscope servant aux réactions chimiques.

quels chaque millimètre est divisé en cinq cents parties ou lignes d'une telle finesse que l'œil le plus exercé ne peut les apercevoir. Ce travail s'opère avec un instrument d'une délicatesse extraordinaire. Celui-ci ne fonctionne qu'au milieu de la nuit, aux heures où, tout étant endormi, rien ne l'ébranle et n'entrave la précision de son tracé. L'ouvrier lui-même, à cet effet, n'entre point dans son atelier; un mécanisme d'horlogerie, au moment propice, met la machine en mouvement. Les invisibles divisions de la lame de verre sont burinées à l'aide d'un éclat de diamant excessivement fin, qui, quand sa tâche est accomplie, se trouve totalement usé.

Mais là ne s'arrêtent pas les moyens d'investigation dont dispose le micrographe. Dans des observations d'une extrême délicatesse, il appelle à son secours des micromètres presque merveilleux, composés d'un ingénieux mécanisme, pouvant diviser un millimètre en 10000 parties, en faisant mouvoir des fils d'araignée à l'aide d'une simple vis. Enfin, il utilise aussi de mille manières, la lumière simple ou polarisée et les réactions chimiques, pour venir à son secours. Et comme ces dernières, par les vapeurs qu'elles dégagent, altèrent l'instrument et embrouillent les verres, pour éviter ces inconvénients, les savants emploient des microscopes particuliers dont les lentilles sont placées au-dessous des objets soumis aux manipulations.

Après l'exposition des ressources dont elle dispose, accusera-t-on encore la micrographie de ces vaines illusions que se plaisent à lui reprocher ceux qui ne se livrent pas à ses patientes investigations? Peut-être ! car cette science n'a jamais cessé de rappeler les dissensions interminables qui obscurcissent son berceau; la dispute de Leuwenhoeck et d'Hartzœker n'est point encore apaisée.

I

LES ANIMALCULES MICROSCOPIQUES.

Les animalcules qui composent le monde microscopique ont été longtemps désignés sous le nom d'*Infusoires;* mais celui-ci doit être abandonné, puisque beaucoup de ces êtres ne vivent pas dans les infusions, et, au contraire, habitent la mer et les eaux douces. Il vaut mieux lui substituer les noms de *Microzoaires* ou de *Protozoaires*, dont le premier indique de petits animaux, le second les plus obscurs débuts de l'organisation animale.

L'anatomie de ces êtres invisibles a longtemps paru un mystère impénétrable; on en désespérait. Le baron de Gleichen, ayant délayé du carmin dans de l'eau qui contenait quelques-uns de ces animaux, fut tout étonné de les voir se remplir de matière colorante; mais ce fait important passa inaperçu. Buffon et Lamarck n'en continuèrent pas moins à les considérer comme de simples parcelles de gélatine animée.

Un naturaliste français, Dujardin, échafauda toute une théorie sur de telles données. Le tissu des animalcules, selon lui, représentait une sorte de trame spongieuse, susceptible de se creuser de vacuoles accidentelles, admettant les aliments et les expulsant ensuite par une issue qui se pratiquait, à cet effet, à la périphérie du corps. Étrange hypothèse, dans laquelle le Microzoaire se creusait ainsi des estomacs à volonté, dans sa propre substance !

Ce que l'on a peine à croire, c'est qu'une telle théorie régna encore longtemps en France après la publication du magnifique ouvrage d'Ehrenberg sur l'organisation des Infusoires. Dans celui-ci, le savant naturaliste prussien démon-

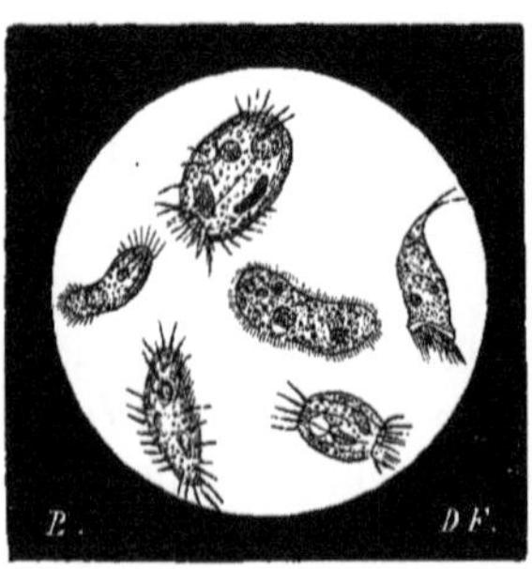

5. Infusoires divers.

tra, pour la première fois, que ces êtres, malgré leur infime petitesse, n'en avaient pas moins une organisation interne qui parfois présentait une surprenante complication.

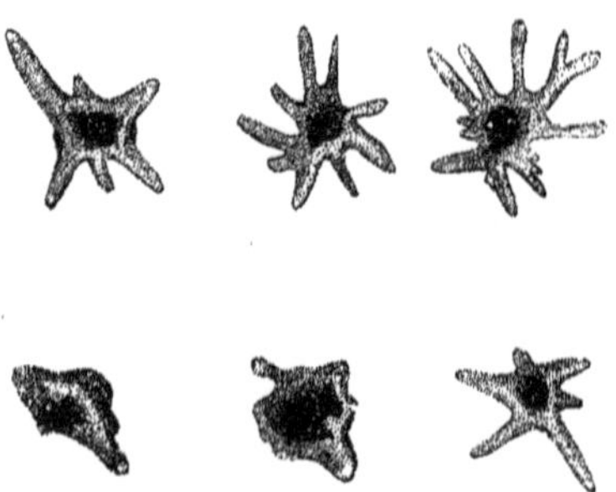

6. Protée ayant successivement changé de forme.

Leur forme est constamment déterminée; par exception seulement, quelques-uns en changent à volonté et prennent cent aspects divers sous les yeux étonnés de l'observateur: on ne les reconnaît plus à cinq minutes de distance. A un moment donné, ils sont globuleux ou triangulaires, et, un instant après, on les voit prendre l'apparence d'une étoile. Aussi ces êtres aux formes insaisissables ont-ils reçu le nom de Protées, cet enchanteur de Virgile, qui savait se soustraire à tous les regards par ses merveilleuses métamorphoses.

Quelques animalcules de la même tribu, s'entourent de pieds improvisés, semblables à de vivantes racines, dont on leur

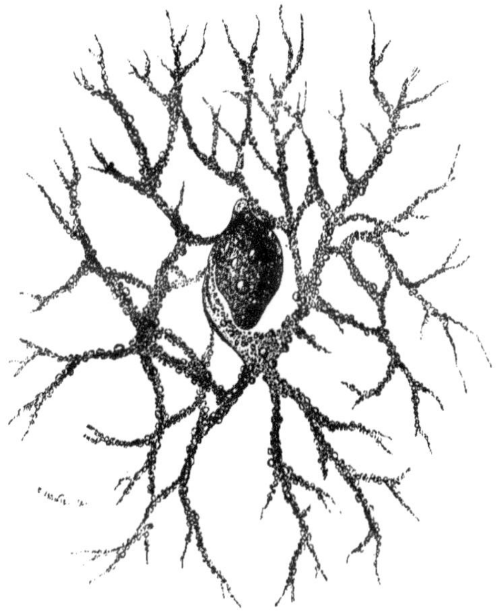

7. Lieberkuhnie de Wagener (*Lieberkuhnia Wageneri*, Claparède).

voit varier l'arrangement de mille manières. Parfois, ils les allongent démesurément ou les font totalement disparaître; d'autres fois, ils les éparpillent, les soudent ou les entortillent, comme la chevelure d'une Gorgone.

Le monde microscopique a lui-même ses extrêmes. Il y a autant de distance entre la taille du plus exigu de ses représentants, la Monade crépusculaire, et celle de l'un de ses plus volumineux, le Kolpode à capuchon, qu'il y en a entre un Scarabée et un Éléphant.

Rien n'est plus merveilleux que l'organisation de ces êtres invisibles; et si d'attentives observations ne l'avaient mise hors de doute, on serait tenté de croire que les récits des naturalistes ne sont qu'une simple fiction ou qu'un audacieux mensonge.

Le luxe des appareils vitaux des Microzoaires dépasse parfois, et de beaucoup, ce qui existe dans les grands animaux. Il en est qui possèdent de quinze à vingt estomacs, et, sur certaines espèces, on en compte même davantage. Bien plus, chez quelques Infusoires, à cette surabondance d'organes se joint un mécanisme curieux : l'un de ces estomacs est muni de dents d'une prodigieuse finesse, qu'on voit se mouvoir et broyer l'aliment à travers la transparence du corps.

Malgré l'extrême petitesse de ces êtres restés inconnus durant tant et tant de siècles, la nature ne les en a pas moins environnés de sa plus vive sollicitude. Il en est dont le corps est protégé par une cuirasse calcaire; et chez beaucoup même, la carapace protectrice est indestructible et de la nature de nos pierres à fusil : c'est de la silice qui la forme!

D'après Ehrenberg, quelques Infusoires ont même des yeux, et ceux-ci présentent parfois l'apparence de prunelles d'un rouge flamboyant. Or, si l'on pouvait admettre que des organes d'une pareille ténuité possédassent un champ visuel d'une étendue telle qu'il fût possible à ces animalcules de nous apercevoir avec les instruments qui nous servent à les observer, se figure-t-on quelle impression terrifiante serait la leur lorsqu'ils se verraient entre nos mains?

Enfin, souvent ces animalcules possèdent à l'intérieur du corps de larges vacuoles se remplissant et se vidant sans cesse d'un fluide coloré. Celles-ci représentent le cœur des grands animaux, et leur liquide le sang. Et ce système circulatoire a une telle ampleur relative, qu'on peut assurer, sans exagération, que certains êtres microscopiques ont proportionnellement le cœur cinquante fois plus volumineux et plus puissant que le Bœuf ou le Cheval.

Si l'infinie perfection organique de ces corpuscules vivants a dépassé toutes nos prévisions, leur perpétuelle activité n'a pas moins lieu de nous étonner. L'existence de tous les animaux se compose d'alternatives d'action et de repos : de mouvement qui dépense les forces, et de sommeil qui les répare. Les Infusoires ne connaissent rien de semblable : leur vie est l'emblème d'une incessante agitation. Ehrenberg, en les observant à toutes les heures de la nuit, les a constamment trouvés en mouvement, et il en conclut qu'ils n'ont jamais de repos, jamais de sommeil! La plante elle-même s'endort à la fin de la journée, épuisée par sa vie interstitielle, inapparente, et l'animalcule point, malgré la prodigieuse activité de la sienne.

Frappé d'une telle observation, R. Owen a pensé que cette extraordinaire activité pourrait bien avoir sa source dans l'énorme développement qu'offre le système digestif des infusoires. En effet, un Homme, un Lion, un Tigre n'ont qu'un seul estomac; un Bœuf ou un Chameau en présente seulement quatre ou cinq, tandis que d'invisibles Microzoaires en possèdent parfois cent!...

A mesure que la science s'est perfectionnée, l'horizon de la vie s'est élargi, et un monde microscopique, plein d'animation, s'est révélé dans tous les lieux où l'investigation a pu accéder. Les glaces polaires, les régions élevées de l'atmosphère et les ténébreuses profondeurs de l'Océan sont peuplées d'Organismes vivants; et partout leur prodigieuse concentration nous émerveille tout autant que l'infinie variété de leurs formes.

Si les belles découvertes d'Ehrenberg ne l'attestaient, qui pourrait croire que ces créatures infimes, dont la ténuité échappe à notre œil, possèdent cependant plus de résistance vitale que les êtres les plus vigoureux! Là où la rigueur du climat tue les plus robustes végétaux, là où quelques rares animaux peuvent à peine subsister, la frêle organisation des Microzoaires ne souffre aucune atteinte du plus terrible froid que l'on connaisse. Plus de cinquante espèces d'animalcules à carapace siliceuse, ont été trouvées par James Ross, sur les glaces qui flottent en blocs arrondis dans les mers polaires, au 78e degré de latitude. Quelques-uns de ceux que ce navigateur avait recueillis dans les parages de la terre Victoria,

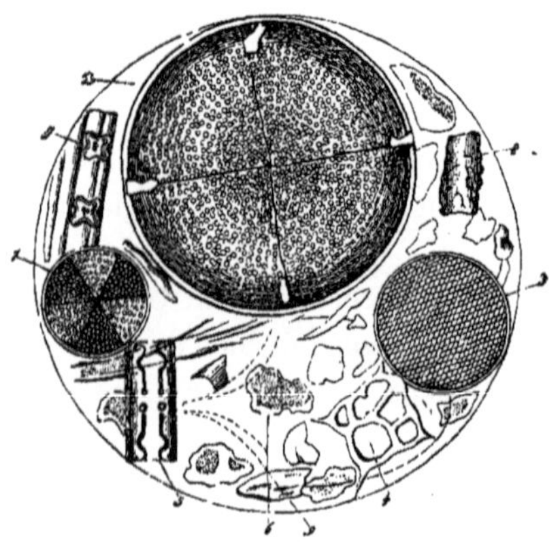

8. Infusoires trouvés au fond de la mer, vus au microscope.

malgré la distance et les orages, n'en sont pas moins arrivés pleins de vie à Berlin.

Les profondeurs de la mer, dans ces régions désolées, nous offrent encore plus d'animation que sa surface. Dans le golfe de l'Érèbe, la sonde enfoncée à plus de 500 mètres a ramené soixante-dix-huit espèces de Microzoaires siliceux. On en a même découvert à 12000 pieds de profondeur, là où ces animalcules avaient à supporter l'énorme pression de 375 atmosphères; pression capable de faire éclater un canon, et à laquelle cependant résiste miraculeusement le corps gélatineux d'un Infusoire microscopique!

Ces corpuscules vivants, qui pullulent dans les plus transparentes régions de l'Océan, abondent également dans les eaux limoneuses de nos fleuves et de nos étangs; et, sans nous en apercevoir, nous en engloutissons chaque jour des myriades avec nos boissons. Si, l'œil armé du microscope, nous scrutions tout ce que contient parfois une seule goutte d'eau, il y aurait de quoi effrayer bien des gens.

Tous ceux qui, pendant la nuit, ont vogué sur la mer ou en ont parcouru les rivages, connaissent le *phénomène de la phosphorescence*, lequel a si longtemps exercé la sagacité des savants. Attribué à des causes fort diverses, on sait aujour-

9. Méduse de la Campanulaire.

d'hui qu'il est dû à une multitude d'animaux. Parfois, tout à fait localisé, ce sont des Poissons qui le produisent, en traversant les vagues comme un trait flamboyant. D'autres fois, il provient des Méduses, dont le disque brillant s'aperçoit calme et immobile dans la profondeur de l'eau; ou des Physophores qui traînent derrière elles une chevelure éparpillée, toute surchargée d'étoiles, comme celle de Bérénice au milieu du firmament. Certains Mollusques, eux-mêmes, bien qu'enfermés sous leur coquille, n'en sont pas moins phosphorescents. Pline avait déjà fait remarquer que les personnes qui mangeaient des Pholades, avaient toute la bouche lumineuse.

Mais, le plus souvent, ce phénomène se manifeste dans

les endroits où la mer est en mouvement : chaque vague bondit en écume lumineuse sur la proue des navires, et les flots resplendissent comme le ciel étoilé. Ces myriades de

10. Physophore hydrostatique.

points phosphorescents, qui rendent la mer étincelante, ne sont que des Microzoaires d'une infinie petitesse, mais dont l'éclat centuple le volume.

L'Océan offre presque partout de ces animalcules. Chacune de ses couches en est peuplée à des profondeurs, dit de Humboldt, qui dépassent la hauteur des plus puissantes chaînes de montagnes. Et, sous l'influence de certaines circonstances météorologiques, on les voit s'élever à la surface de sa nappe liquide, où ils forment un immense sillon lumineux derrière les navires.

Le Noctiluque miliaire est l'un de ceux qui jouent le plus grand rôle dans cette phosphorescence de la mer. Vu avec le secours d'un microscope puissant, cet infime animalcule a l'apparence d'une petite sphère de gelée diaphane, parsemée

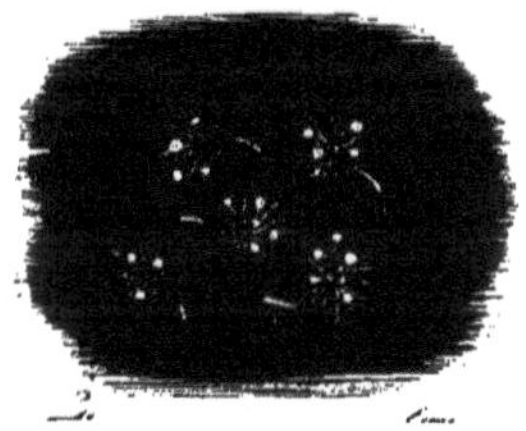

11. Noctiluques miliaires, vus à de forts grossissements.

de points lumineux, et portant un frêle appendice filiforme, que certains naturalistes considèrent comme un suçoir.

L'eau présente une autre particularité non moins curieuse et longtemps inexpliquée ; elle prend quelquefois une teinte d'un rouge sanglant, ce qui, à toutes les époques, a étonné ou effrayé le vulgaire.

Depuis les temps les plus reculés, on se demandait quelle pouvait être la cause de ce phénomène, qui semblait tenir du prodige, et on ne l'expliquait que par d'étranges hypothèses. Mais, depuis la découverte du microscope, il a été parfaitement étudié, et l'on a reconnu que cette rubéfaction de l'eau dépend de la présence de plantes ou d'animalcules infiniment petits, qui, sous l'influence de certaines conditions atmosphériques, se multiplient avec une telle abondance que l'esprit ne saisit que difficilement toute la magie de leur procréation.

Un savant belge, M. Morren, après avoir réuni presque tout ce qu'on a écrit sur les eaux rouges, depuis Moïse jusqu'à nos jours, a mentionné vingt-deux espèces d'animaux et presque autant de plantes, comme susceptibles de leur donner l'apparence du sang.

Lorsque Ehrenberg plantait sa tente sur les rivages de la mer Rouge, près du Sinaï, aux environs de la ville de Thor, il eut le rare bonheur de voir cette mer teinte de la couleur d'un rouge de sang, à laquelle elle a dû son nom, dès la plus haute antiquité. Ses vagues déposaient alors sur le rivage une matière gélatineuse, d'une belle couleur pourpre, que le grand naturaliste prussien reconnut n'être composée que d'une seule algue microscopique, la Trichodesmie rouge, unique cause du phénomène célèbre.

12. Trichodesmie rouge, vue au microscope.

L'eau n'est pas le seul domaine des animalcules microscopiques ; on en rencontre aussi dans la terre des amas dont la puissance dépasse toutes les supputations du calcul. Certaines espèces, dont l'infinie petitesse n'égale peut-être pas la 1500e partie d'un millimètre, constituent sous le sol de quelques endroits humides, de véritables couches vivantes qui ont parfois plusieurs mètres d'épaisseur.

Dans le nord de l'Amérique, on découvre de ces assises animées offrant jusqu'à 20 pieds de profondeur; et parmi les bruyères de Lunebourg il en existe de plus de quarante. La ville de Berlin est bâtie sur un de ces bancs d'animalcules qui dépasse même trois fois ces dernières en puissance. Tout cela tient du prodige. Les êtres microscopiques dont il est question ici, sont d'une telle ténuité qu'on pourrait en aligner 10 000 sur l'étendue d'un pouce; et le poids de chacun d'eux équivaut à peine à la millionième partie d'un milligramme, car on a calculé qu'il en faut 1 111 500 000 pour faire un gramme!

Un sol d'une telle composition est naturellement dépourvu de stabilité, ce qui fut démontré dans la capitale de la Prusse, où l'on se vit forcé, en faisant de nouvelles constructions, d'en creuser très-profondément les fondations, l'affaissement de quelques maisons ayant démontré l'utilité de cette précaution [2].

Un phénomène singulier frappe parfois le voyageur qui explore les montagnes élevées : c'est la coloration rouge de la neige. Ce fait dont Aristote, ce prince des naturalistes, avait déjà parlé, est encore dû à nos organismes microscopiques. Et, chose remarquable, c'est que le même être, le *Discercæa nivalis*, semble le produire partout, sur les cimes glacées des Alpes comme sur les neiges des plus extrêmes régions polaires où l'homme ait encore pénétré, car dans ces horribles latitudes, on rencontre aussi de la neige rouge.

Le panthéisme disséminait la vie dans tous les interstices de la matière; nos animalcules microscopiques le rappellent et abondent partout, même là où nous nous attendrions le moins à en rencontrer. Si notre siècle éclairé a fait justice des hypothèses de la panspermie, qui imprégnait toutes les parcelles de la création de germes ou d'organismes vivants, il faut cependant reconnaître que, si ces introuvables germes métaphysiques ne sont qu'une ridicule fiction, il existe cependant au sein de l'atmosphère, qui nous paraît si transparente et si pure, quelques Microzoaires voltigeant çà et là.

Les invisibles populations d'organismes aériens, forment même, selon de Humboldt, une Faune toute spéciale. Mais outre les Infusoires météoriques dont, selon l'illustre savant, l'existence ne peut être mise en doute, l'atmosphère charrie une immense quantité d'animalcules ordinaires, morts ou vivants, que ses courants enlèvent et transportent par tout le globe. Quelquefois, ils abondent tellement dans l'air qu'ils interceptent la lumière et suffoquent les voyageurs.

En analysant une fine pluie de poussière qui enveloppa d'un brouillard épais des navires qui se trouvaient à 380 milles de la côte d'Afrique, Ehrenberg y découvrit dix-huit espèces d'Animalcules à carapace siliceuse.

Mais la vie microscopique n'envahit pas seulement l'eau, l'air et la terre, on la retrouve encore pleine de puissance et d'animation à l'intérieur des animaux et des plantes; aucun de leurs appareils les plus profondément protégés, les plus actifs, ne peut s'y soustraire. Non-seulement les animalcules affluent dans toutes les cavités des animaux en communication avec l'extérieur, mais on en rencontre aussi dans les organes absolument clos. L'arbre vasculaire, qui distribue le sang dans tout le corps, quoique hermétiquement fermé de toutes parts, n'en contient pas moins, parfois, quelques Microzoaires mêlés aux globules sanguins, et semblant vivre à l'aise au milieu du tourbillon incessant de la circulation. Celui-ci parcourant chaque jour plus de deux mille huit cents fois son circuit, en supposant, à cause des ramifications capillaires et des courbes des vaisseaux chez l'homme, que ce circuit complet n'a qu'une longueur de 4 à 5 mètres, les animalcules mêlés parfois à notre sang, sont donc chaque jour emportés par un torrent qui fait avec eux environ trois lieues. Quel affreux voyage pour d'aussi frêles natures!

L'homme lui-même, malgré son orgueil, ne s'imagine pas quelle population invisible le dévore d'une manière incessante et finit parfois par le tuer. On découvre toujours, dans son intestin, des masses de Vibrions, véritables anguillules imperceptibles. La bouche est perpétuellement habitée par des myriades d'animalcules, dont le tartre, qui ébranle nos dents, ne représente que l'ossuaire microscopique, car souvent il n'est formé que d'incrustations de leur squelette calcaire.

Des Vers intestinaux pas plus gros que la tête d'une épingle, en se rassemblant en colonies dans la tête des moutons, occasionnent fatalement leur mort. Ce sont eux qui causent cette maladie, connue dans nos campagnes sous le nom de *folie*, ou plus souvent de *tournis*, parce que les animaux qui en sont attaqués tournent continuellement sur eux-mêmes.

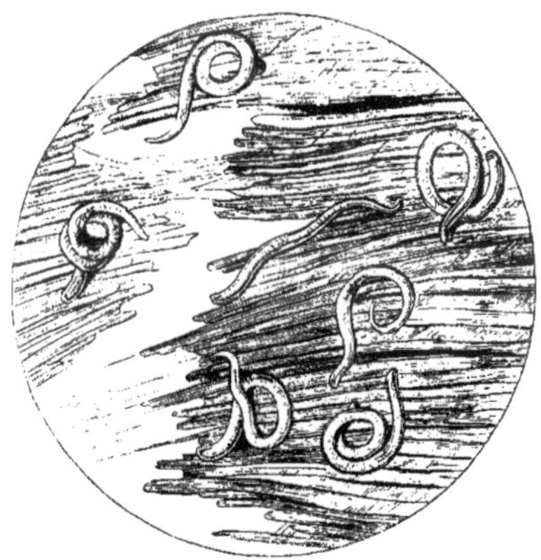

13. Trichines rongeant un muscle, grossies 200 fois.

Les innombrables légions d'un autre ver, encore plus petit, envahissent tous nos organes charnus. Celui-ci s'y multiplie parfois tellement, qu'on en a compté jusqu'à vingt-cinq dans l'un des muscles de l'intérieur de l'oreille, qui ne dépasse pas la grosseur d'un grain de millet[3].

Ce Ver, dont on a tant parlé dans ces derniers temps, est la Trichine spirale, dont le porc est l'habitat de prédilection. Mais celle-ci s'observe parfois aussi sur l'homme, dans les pays où particulièrement, comme en Allemagne, on mange du jambon et du saucisson crus. Introduites dans notre économie avec ces aliments, les Trichines pullulent dans l'intestin et leurs petits envahissent à tel point tous les muscles, que l'on en découvre jusqu'à six ou huit sur chaque parcelle qui se trouve dans le champ du microscope. Il en résulte une

14. Trichine femelle émettant ses petits, grossie 600 fois. D'après le Dr Pennetier.

mort affreuse; nous sommes rongés tout vivants par ces imperceptibles vers, et aucune puissance humaine ne peut en suspendre l'œuvre.

Ainsi le domaine des Microzoaires n'a de bornes que l'immensité!

II

LES INFUSOIRES ANTÉDILUVIENS.

La prodigieuse abondance des Infusoires durant certaines périodes géologiques, est un des plus extraordinaires faits que puisse nous offrir l'étude de la nature. Quoique, d'après les supputations d'Ehrenberg, il existe parfois plus d'un million de ces animaux par pouce cube de Craie, leurs légions étaient si tassées, si miraculeusement fécondes lors de la formation de celle-ci, que, malgré leur immense petitesse, certaines roches stratifiées, uniquement composées de leurs carapaces calcaires, constituent aujourd'hui des montagnes qui jouent un rôle important dans l'écorce minérale du globe.

D'un autre côté, dans ces derniers temps, les micrographes nous ont révélé un fait absolument inattendu. Ils ont démontré que quelques roches siliceuses d'apparence homogène, connues sous le nom de Tripolis, ne sont presque absolument formées que par les squelettes de plusieurs espèces d'Infusoires de la famille des Bacillariées. Ces squelettes ont même si parfaitement conservé la forme des animalcules dont ils proviennent, qu'on a pu les comparer à nos espèces vivantes, et reconnaître qu'ils ont avec elles la plus grande analogie.

On doit cette remarquable découverte à Ehrenberg. Il en fit part à Al. Brongniart pendant un voyage que celui-ci faisait à Berlin. Cette révélation inattendue impressionna si vivement l'illustre minéralogiste, qu'il écrivit aussitôt ces lignes à l'Académie des sciences : « J'ai vu toutes ces merveilles; j'ai pu les comparer avec les beaux dessins des espèces vivantes que M. Ehrenberg a faits, et je ne puis conserver le moindre doute. »

Ainsi donc, il est démontré que des roches qui appartiennent aux plus anciennes époques de la vie du globe, et qui constituent parfois des couches d'une grande puissance, ne représentent que des nécropoles d'Infusoires. L'esprit se perd en essayant de sonder par quelles mystérieuses voies tant d'animalcules invisibles ont pu former de si extraordinaires amas de cadavres.

Dans l'Amérique du Nord, la ville de Richmond est le centre de l'un de ces districts dont chaque grain de poussière fut jadis animé, suivant la belle expression de Shelley. Le filon de squelettes microscopiques atteint une profondeur de plusieurs centaines de mètres. Si l'on superposait autant de momies humaines, on formerait une montagne dont la hauteur serait presque égale à celle d'un rayon terrestre ! (W. de Fonvielle.)

On peut très-facilement vérifier ce que nous avançons. Il ne s'agit que de gratter, avec un couteau, la surface d'un morceau de ces tripolis ; d'en laisser tomber la poussière sur une lame de verre et de l'examiner au microscope, après l'avoir mêlée à un peu d'eau. On est tout étonné alors de n'avoir sous les yeux que des carapaces d'animalcules.

On a principalement reconnu ce que nous venons de dire

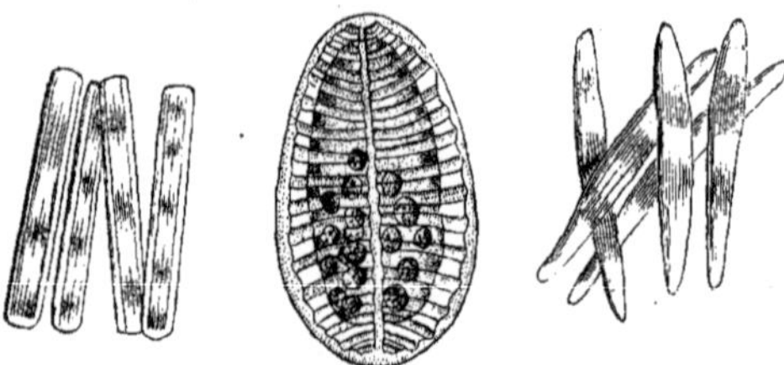

15. Squelettes d'Infusoires siliceux, vus au microscope.

dans le tripoli de Bilin, en Bohême, et dans ceux de l'Ile-de-France.

Le savant Schleiden a calculé que, dans un pouce cube du premier, on trouvait en nombre rond quarante et un mille millions d'animalcules. Et comme les schistes de Bilin s'étendent sur une surface qui n'a pas moins de huit à dix lieues carrées, sur une épaisseur de deux à quinze pieds, quelle a dû être en cet endroit l'activité vitale pour produire tant et tant d'invisibles squelettes !

Certains tripolis de couleur rougeâtre sont employés à peindre les maisons ; d'autres servent à nettoyer notre vaisselle. On ne se doutait guère, il y a quelques années, que la teinte rose dont on décore nos habitations n'était due qu'à des squelettes d'animaux imperceptibles; ou que c'étaient ceux-ci qui, par leur nature siliceuse, nous permettaient de donner un si beau poli à tant d'objets en cuivre. C'est avec l'ossature de myriades d'animaux que nous écurons notre batterie de cuisine !

Non-seulement les Infusoires entrent dans la composition des roches poreuses, mais on en rencontre même dans les plus compactes que l'on connaisse, tels que les silex qui forment nos plus durs cailloux et nos pierres à fusil. M. White, dans un mémoire lu à la Société microscopique de Londres, en a décrit douze espèces dans le silex de la Craie.

La miraculeuse abondance de cette poussière vivante aux anciennes époques du globe, se révèle ostensiblement par la coloration de diverses roches. Selon Marcel de Serre, le sel gemme, qui est parfois nuancé de rouge, ne devrait cette teinte qu'aux animaux microscopiques qui vivaient dans les eaux où il se formait. D'après ce savant, c'est aussi à des Infusoires que les Cornalines doivent leur belle couleur rouge; ce que démontrent, sans réplique, quelques-unes de ces pierres à l'intérieur desquelles on distingue encore les squelettes de divers animalcules.

III

LA FARINE FOSSILE ET LES MANGEURS DE TERRE.

Dans un assez grand nombre de pays, le dénûment de ressources alimentaires porte l'homme à se nourrir de certaines sortes de terres qui jouissent d'une véritable propriété nutritive.

Les voyageurs sont trop unanimes sur ce fait pour qu'il soit possible d'en douter. Sa connaissance remonte même à une époque plus reculée qu'on ne le croit généralement, car il en est déjà question dans le vieux et curieux livre de Naudé, sur l'apologie des grands hommes accusés de magie. Il y est dit que diverses terres de la vallée d'Hébron sont bonnes à manger....

Vers l'embouchure de l'Orénoque, les Otomaques, durant quelques saisons de l'année, se nourrissent en grande partie d'une espèce d'argile grasse et ferrifère, dont ils consomment jusqu'à une livre et demie par jour. Spix et Martius disent qu'une semblable coutume se retrouve sur les bords de l'Amazone; et ces savants voyageurs rapportent que là les sauvages font usage de cette terre même lorsque les aliments plus substantiels ne leur manquent point. On sait aussi que sur les marchés de la Bolivie on vend une argile comestible. Enfin, Gliddon assure qu'il existe dans l'Amérique septentrionale un assez grand nombre de peuplades géophages, surtout parmi les nègres répandus dans les forêts de la Caroline et de la Floride.

Les naturalistes, frappés de ces récits, ont voulu examiner quelle était la composition de ces diverses terres comestibles, et ils ont reconnu, à leur grand étonnement, que quelques-unes d'entre elles n'étaient que des espèces de tripolis ou d'argiles, renfermant une notable quantité d'Infusoires d'eau douce ou de coquilles microscopiques. De façon que l'on peut supposer que ces roches alimentaires doivent leurs propriétés aux matières animales qu'elles ont retenues; et ce sont celles-ci qui fournissent à l'homme une véritable nourriture antédiluvienne, composée de débris d'animalcules microscopiques.

Les révolutions telluriques ne se sont pas bornées là; elles ont parfois produit, de toutes pièces, une *farine fossile* animalisée ; il n'y a plus qu'à la transformer en pain. En effet, on sait que, dans les temps de disette, les Lapons se nourrissent d'une poussière minérale blanche, qu'ils substituent au produit des céréales. Retzius, qui a étudié cette farine, a reconnu qu'elle était composée par les restes de dix-neuf espèces d'Infusoires analogues à ceux qui vivent aujourd'hui aux environs de Berlin. Et ce savant professeur a même démontré que cette poussière de squelettes, qui est également répandue dans la Suède et la Finlande, devait ses qualités nutritives à une certaine quantité de substance animale que l'analyse chimique y retrouve encore, après tant et tant de siècles !

C'est ainsi que les sciences modernes jettent les plus vives lumières sur une foule de faits restés inexpliqués jusqu'à nos jours.

IV

LES CAPITALES EN COQUILLES MICROSCOPIQUES.

En suivant nos études progressives, si nous passons des Organismes dont la ténuité est telle qu'ils se dérobent absolument à notre œil, à ceux dont la coquille approche de la grosseur d'une tête d'épingle, nous reconnaissons que ces derniers ont réellement présidé à des phénomènes géologiques qui tiennent du prodige.

Tel est le cas des Milioles, petites coquilles qui doivent leur nom à ce que leur volume ne dépasse pas celui d'un grain de millet, et même est souvent moindre. Celles-ci étaient tellement nombreuses dans les mers parisiennes, qu'en se déposant elles ont formé des montagnes que l'on exploite aujourd'hui pour la construction de nos villes. La plupart des pierres des habitations de Paris ne sont même composées que de petites carapaces de Mollusques, entassées et étroitement liées entre elles; aussi peut-on dire, sans hyperbole, que notre splendide capitale est bâtie en coquilles microscopiques.

Une observation de M. Defrance donne une idée de la petitesse de la Miliole des pierres, espèce dont est principalement constitué le Calcaire grossier employé à la construction. Il a reconnu qu'une case d'une ligne cube de capacité pouvait en contenir jusqu'à quatre-vingt-seize!

Quels mystères enveloppent la vie de ces frêles coquilles, elles qui, malgré leur exiguïté, ont joué un si grand rôle dans les phénomènes telluriques de l'époque tertiaire ! La nature

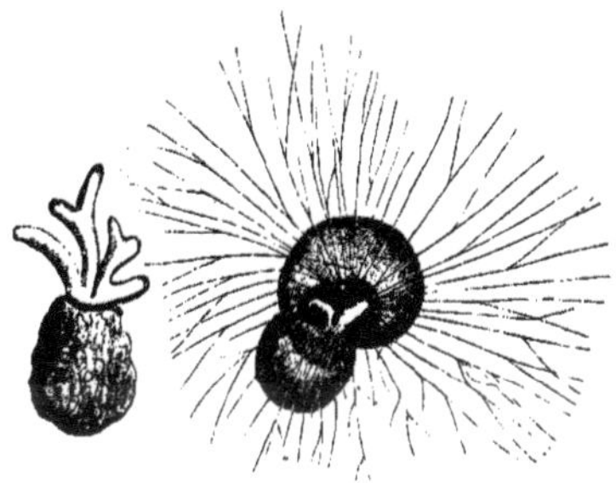

16. Miliole amplifiée ayant sorti ses appendices capillaires.

révèle ici son infinie puissance, en regagnant par le prodige de la fécondité tout ce qu'elle perd par le volume. Aussi les vestiges de quelques êtres microscopiques, comme l'a dit Lamarck, influent-ils beaucoup plus sur l'écorce du globe que ceux des éléphants, des rhinocéros et des baleines, dont la masse nous étonne !

Nous avons vu certains organismes invisibles ou quelques coquilles microscopiques engendrer de puissantes roches stratifiées. Si maintenant nous nous occupons de Mollusques du même groupe que ces dernières, mais seulement un peu plus volumineux, des Nummulites, nous sommes encore plus étonnés des phénomènes grandioses auxquels ils ont autrefois donné lieu; nous les voyons produire de hautes chaînes de montagnes.

Le nom des Nummulites provient de leur forme qui est discoïde, aplatie, et rappelle celle d'une pièce de monnaie, *nummulus*. C'est à cet aspect qu'elles doivent aussi le nom de *pierres numismales*, sous lequel on les désigne vulgairement. Beaucoup de ces coquilles sont fort exiguës; d'autres fois elles parviennent jusqu'à la taille d'une lentille, semence à laquelle souvent elles ressemblent exactement.

Ces animaux ont aussi joué un grand rôle à diverses époques géologiques. On les rencontre en quantité prodigieuse dans les terrains secondaires et tertiaires; et ils ont tellement abondé parmi les mers qui recouvrirent quelques-uns de nos

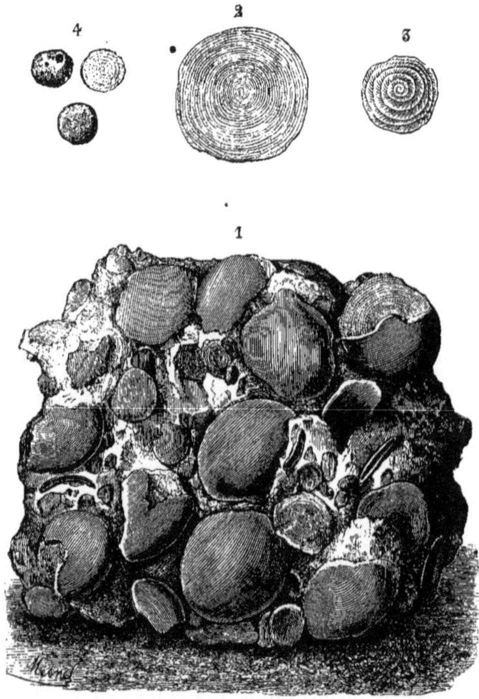

17. — 1. Roche de la chaîne arabique, formée de Nummulites agglomérées, ayant servi à construire les pyramides d'Égypte. — 2-3. Nummulites vues à l'intérieur. — 4. Nummulites composant uniquement le Sphinx. (Chaîne lybique.)

continents, que, par leur simple agrégation, leurs carapaces calcaires forment d'imposantes aspérités.

Dans une vaste étendue, ces coquilles constituent absolument toute la chaîne arabique qui longe le Nil; là, elles sont tellement nombreuses et tellement tassées, qu'il n'existe presque aucune gangue pour les lier. Dans diverses régions de la haute Égypte que j'ai parcourues, le sol du désert ne consistait qu'en un épais matelas de Nummulites, dans lesquelles glissaient et s'enfonçaient profondément les pieds des voyageurs et des chameaux.

Paris, avons-nous dit, n'est bâti que de coquilles ; il en est de même du Sphinx et des célèbres pyramides d'Égypte. Les immenses assises de ces dernières, dont l'art n'explique encore ni le transport, ni l'élévation à de si grandes hauteurs, proviennent de la chaîne arabique et ne sont uniquement formées que de Nummulites. Beaucoup de celles-ci ressemblant absolument à des lentilles par la forme et par la taille ; cette coïncidence a donné lieu à d'étranges méprises. Les siècles, en rongeant la surface de ces gigantesques monuments, en ont rassemblé d'énormes masses à leur base, où elles entravent la marche des visiteurs. A l'époque de Strabon, on prétendait que ces débris n'étaient que des restes de la semence alimentaire abandonnés par les anciens ouvriers qui s'en nourrissaient, et fossilisés par l'action du temps. Mais le géographe grec a réfuté cette grossière tradition ; et, dans sa description de l'Égypte, déjà il classe les Nummulites au nombre des pétrifications, en rappelant qu'il existe dans le Pont, son pays, des collines remplies de pierres d'un tuf semblable à des lentilles.

La pierre de Laon, souvent employée dans nos constructions, n'est également formée que d'amas de Nummulites.

Les extrêmes sont partout, avons-nous dit : nous les trouvons déjà dans les Mollusques, ces animaux déshérités de la création. Nous avons parlé de coquilles microscopiques, on peut en citer de colossales.

Une d'elles surtout, a acquis une certaine célébrité à cause de sa taille et de l'usage particulier auquel on l'a consacrée, c'est la Tridacne gigantesque, désignée vulgairement sous le nom de *Bénitier*, parce qu'on l'emploie parfois dans nos

18. Vue du Sphinx et de la grande pyramide d'Égypte. (D'après une photographie.)

églises pour contenir l'eau consacrée. Mais celles que l'on y voit sont loin de nous donner une idée de l'animal. Les grandes Tridacnes, que l'on ne détache des rochers qu'en coupant leur câble à l'aide de la hache, pèsent parfois plus de cinq cents livres. Dans l'archipel des Moluques, ces géants de la conchyliologie ne sont pas rares. Ainsi que nos huîtres, auxquelles ils sont analogues, on les mange, et la chair de l'un d'eux

19. Tridacne géante, employée aux Moluques comme baignoire.

peut suffire au repas de vingt personnes. Leurs épaisses valves, qui acquièrent jusqu'à cinq pieds de longueur, deviennent pour les habitants de véritables auges calcaires que la nature leur offre toutes taillées et toutes polies, et qu'ils emploient souvent, à ce que rapporte le voyageur Péron, pour donner à manger aux porcs et aux autres bestiaux; d'autres fois ils les transforment en petites baignoires pour leurs enfants.

Certaines Ammonites antédiluviennes avaient encore une taille plus gigantesque; Buffon en cite une dont le diamètre égalait celui d'une roue de voiture, et qui servait en guise de meule de moulin.

Enfin, si les gouffres de la mer ne nourrissent aucun de ces monstres dont l'imagination de quelques chroniqueurs les peuplait, il est certain qu'on découvre parfois, dans l'Océan, des Mollusques d'une prodigieuse dimension, et dont la masse charnue n'a pas moins de cinq à six mètres de longueur,

20. Ammonite fossile.

sans compter les longs bras qui couronnent la tête. Tel fut le Poulpe qu'un aviso à vapeur, l'*Alecton*, rencontra dernièrement, en 1861, entre Madère et les îles Canaries. Son poids fut estimé à plus de 2000 kilogrammes; mais on ne put l'attaquer assez vivement pour s'en emparer, le capitaine Bouyer, qui commandait le navire, craignant qu'il ne fît chavirer les chaloupes en les étreignant de ses formidables membres armés de ventouses. Il ne fut possible que de l'avoir par morceaux. Cette rencontre qui impressionna vivement ce marin, lui fait terminer son récit par ces paroles :

« Depuis que j'ai de mes yeux vu cet animal étrange, je n'ose plus fermer dans mon esprit la porte de la crédulité aux récits des navigateurs. Je soupçonne la mer de n'avoir pas dit son dernier mot, et de tenir en réserve quelques rejetons de ses races éteintes; ou bien encore, d'élaborer dans son creuset toujours actif, des moules inédits pour en faire l'effroi des matelots et le sujet des mystérieuses légendes des océans. »

21. Poulpe monstrueux rencontré par l'*Alecton*. D'après le croquis de M. Rodolphe.

V

LA MONADE.

Quel mystérieux abîme exprime ce seul mot, la Monade! Comme une arénaire en mouvement, cette impalpable poussière d'animalcules, cette primaire intention créatrice, ne nous est révélée que par le microscope; et encore ne l'apercevons-nous seulement qu'en masse, car son individualité souvent nous échappe.

L'extrême petitesse de la Monade semble l'appeler aux plus intimes phénomènes de la vie. Que de fois la philosophie n'a-t-elle pas considéré les manifestations les plus élevées de l'animalité, comme n'en représentant qu'un assemblage!

En effet, ces Microzoaires étaient considérés par Buffon et quelques autres naturalistes, comme des *molécules organiques*, dont l'agglomération, dominée par des lois déterminées, contribuait à la formation des animaux et des plantes. Depuis l'immortel intendant du Jardin du Roi, Oken a soutenu la même opinion, en professant que les grands animaux n'étaient que des agrégations de Monades. Idée qui, comme on le voit, paraît n'être qu'un reflet de la fameuse hypothèse des atomes, que nous devons à Leucippe, et qui, après avoir fleuri dans l'antiquité est venue jeter ses dernières lueurs dans les écrits de Kepler et de Descartes [1].

Les Monades, ces véritables atomes vivants, ne s'aperçoivent qu'à l'aide des plus forts grossissements, tant leur petitesse est extrême. On les rencontre dans toutes les macérations animales ou végétales; et souvent en nombre si prodigieux, qu'elles semblent se toucher toutes, dans la goutte de liquide où elles s'agitent; on s'étonne qu'elles ne s'y étouffent pas mutuellement : une seule en contient parfois plus qu'il n'y a d'habitants sur le globe.

Ces animalcules sont parfois punctiformes et n'offrent aucune

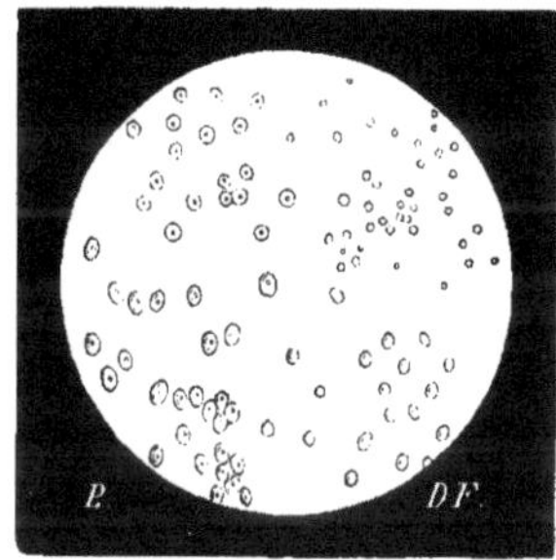

22. Monades.

organisation intérieure. Cependant, chez certaines espèces, Ehrenberg, ce véritable prince des micrographes, reconnaît qu'il existe des estomacs multiples, ressemblant à de petits sacs allongés, venant s'ouvrir dans une bouche commune. Sur d'autres on aperçoit un long filament mobile.

Nous n'avons pas besoin de dire ici que ces animalcules, êtres complexes, n'ont aucun rapport avec les Monades imperceptibles qui ont joué un si grand rôle dans la philosophie depuis Épicure jusqu'à Leibnitz; et que celui-ci, dans sa *Monadologie*, définissait comme une substance simple, qui n'a ni étendue, ni figure, ni divisibilité possible, et ne représentant que les atomes de la nature ou les éléments des choses.

VI

LES RÉSURRECTIONS.

LE PHÉNIX ET LA PALINGÉNÉSIE.

Certains savants veulent absolument en rester au siècle dernier : il leur faut du merveilleux ! Ils acceptent sans hésitation les charmantes historiettes dont les physiologistes rhéteurs d'alors enjolivaient leur commerce épistolaire, où l'esprit et l'hyperbole s'escaladaient tour à tour. Quand la précision de nos instruments a centuplé l'exactitude des recherches, ces savants s'obstinent à nous reporter à une époque à laquelle l'expérimentation sortait à peine de ses langes.

Les uns, avec les abbés Spallanzani et Fontana, admettent encore que des momies peuvent ressusciter. Monstrueuse hérésie scientifique !

Pour d'autres, la légende du Phénix n'a pas cessé d'être une réalité ; ils croient que certains Infusoires sont incombustibles !

On fit un jour à Paris l'expérience qui suit. Un zoologiste plaça sur la boule d'un thermomètre, du terreau contenant un certain nombre de petits animaux microscopiques nommés Tardigrades, à cause de l'extrême lenteur et de la maladresse de leur marche. L'instrument fut ensuite plongé dans une étuve ; et lorsque le mercure s'y fut élevé de 145° à 153°, on le retira. Ensuite, à l'aide de précautions convenables, on ranima les animalcules qui se trouvaient sur sa boule.

Tous les assistants conclurent de cette expérience que les Tardigrades jouissaient presque de l'incombustibilité, et qu'ils résistaient à merveille à une température de 145° et même de 153° [5].

Le miracle de ces nouveaux enfants de la fournaise s'est amoindri à mesure qu'on l'a mieux étudié, comme il en a été de la taille des Patagons, à mesure aussi qu'on les a plus fréquentés.

Les Tardigrades avaient, il est vrai, été plongés dans une étuve chauffée de 145° à 153°. Mais s'ils en étaient sortis vivants, c'est que jamais leur corps n'avait, en réalité, subi cette brûlante température, qui eût suffi pour coaguler leurs humeurs et tarir toutes les sources de la vie. Le thermomètre, d'une extrême sensibilité, avait acquis rapidement le degré du milieu dans lequel on l'avait plongé; mais le terreau qui le recouvrait, étant mauvais conducteur de la chaleur, n'était pas arrivé, tant s'en faut, à cette température : ainsi s'expliquait le prétendu prodige.

Il n'y avait là qu'une trompeuse apparence. Nous voyons parfois, dans les foires, des saltimbanques incombustibles, mais personne ne se méprend sur notre résistance vitale rationnelle. Les physiologistes citent l'observation de M. Berger, qui a vu un homme rester sept minutes dans une étuve chauffée à 109°; c'est-à-dire qu'il endurait une température supérieure de 9° à celle qu'il eût soufferte s'il eût été plongé dans une cuve d'eau bouillante!... Une jeune fille, citée par un autre savant, résistait même dix minutes à une température de 112° du thermomètre de Réaumur. J'ai été témoin d'un fait encore bien plus extraordinaire. Dans un de mes voyages en Angleterre, j'ai vu un homme se promener plusieurs minutes dans une longue tonnelle de feu, représentant le plus formidable brasier flamboyant qu'on puisse imaginer [6].

Le cas des Tardigrades incombustibles était le même dans la trop célèbre expérience. Ainsi que les personnes dont il vient d'être question, s'ils sortirent encore vivants de leur étuve à 153°, c'est que jamais sa température ne les avait atteints, car elle les eût infailliblement brûlés.

Des vêtements habilement confectionnés préservaient complétement les saltimbanques de la température mortelle qu'ils ne bravaient qu'en apparence ; chez les Tardigrades, le terreau remplaçait le vêtement. Comme le dit avec beaucoup

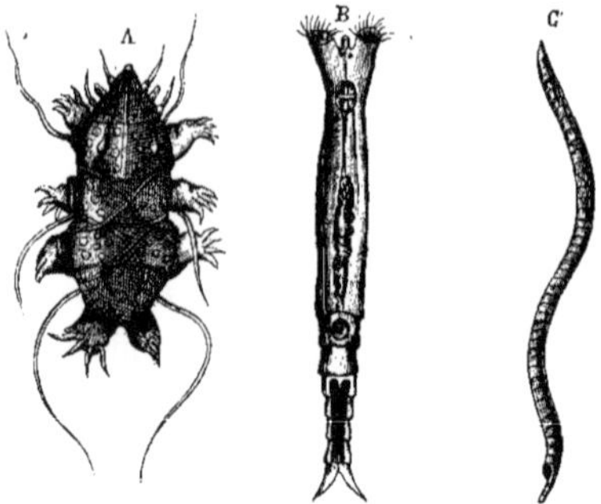

23. Animalcules considérés comme ressuscitants. A, Tardigrade, B, Rotifère, C, Anguillule.

de raison le savant Ehrenberg, le sable et la mousse garantissent aussi bien les animalcules contre la dessiccation, qu'un épais manteau de laine garantit l'Arabe de la chaleur brûlante du soleil.

Ce court préambule suffit pour renverser nettement l'incombustibilité des Tardigrades : la raison la réprouve, l'expérience la condamne.

Mais on s'est beaucoup plus attaché aux résurrections ; c'était, en effet, infiniment plus merveilleux.

Ce phénomène triplement erroné fit le charme et les délices de toute une époque : nos pères s'en divertissaient et les savants en amusaient leurs crédules élèves. Dans leur correspondance, Spallanzani et Bonnet y revenaient sans cesse. Le premier intitulait même un des chapitres de son important ouvrage : *Animaux qu'on peut tuer et ressusciter à son gré;* titre qui ne manquait pas d'être attrayant pour les lecteurs, et de piquer au plus haut degré leur curiosité.

Cependant, parfois aussi, Spallanzani semblait avoir de sérieux scrupules au sujet de cette reviviscence, car il dit, dans un certain endroit de ses œuvres, qu'elle constitue la *vérité la plus paradoxale que nous offre l'histoire du règne animal, et qu'on ne saurait montrer trop de crainte et de défiance contre des vérités de cette nature.* C'est fort sensé.

Cette étrange et brûlante question surexcita vivement les passions, et l'on peut dire que, depuis un siècle, elle a allumé une guerre acharnée au sein du monde savant. Des noms célèbres figurent dans les deux camps, et la paix n'est pas encore tout à fait signée.

Il y eut d'abord un grand engouement pour les résurrectionnistes. L'abbé Spallanzani, qui marcha résolûment à leur tête, bravant le purgatoire et les foudres du Vatican, faisait de nombreux prosélytes et opérait devant qui que ce fût. Mais, au contraire, Fontana, l'un de ses adhérents, restait plus timoré, et, avec beaucoup de raison, reculait devant les conséquences qui découlent naturellement des résurrections. Il n'expérimentait que dans l'ombre et en cachette, avec les amis de confiance qui passaient à Florence. « Il n'ose point écrire sur ce sujet, nous dit le spirituel Dupaty; il craint d'être excommunié. Tout le pouvoir du grand-duc ne le sauverait pas. »

En effet, derrière les résurrections se dresse le matérialisme. Rendre la vie à un être mort en l'imbibant d'un peu d'eau, n'est-ce pas en subordonner l'existence aux puissances chimico-physiques? N'est-ce pas le comble de la plus grande hérésie qu'il soit possible de professer?

Le révoltant paradoxe soutenu par le physiologiste de Pavie ne laissait pas toujours sa conscience tranquille; et, en proie à des doutes et à des remords, il semblait avoir besoin de s'en justifier : « Un animal qui ressuscite après sa mort, et qui ressuscite autant qu'on veut, est, disait-il, un phénomène aussi inouï qu'il paraît invraisemblable et paradoxal; il confond toutes nos idées sur l'animalité. » L'illustre abbé n'a jamais parlé avec plus de raison.

La crédulité antique était plus sage que la science moderne. Pline disait que le Phénix ne ressuscitait qu'une seule fois; et nos palingénésistes modernes prétendent renouveler la reviviscence des Rotifères au gré de leurs désirs!

Trois animalcules ont principalement acquis de la célébrité dans les annales des résurrectionnistes : ce sont les Rotifères, en première ligne; puis les Tardigrades et les Anguillules des toits.

Les premiers sont réellement de bien curieux animaux microscopiques. On les reconnaît, aussitôt qu'on les voit, à deux espèces de disques qu'ils étendent au-devant de leur corps, et dont les bords ciliés représentent fidèlement de petites roues dentelées en mouvement, ce qui les faisait vulgairement appeler *porte-roues*. Ils vivent en abondance dans le terreau des mousses qui se cramponnent sur les vieilles tuiles de nos toits. Leur existence souffre là une foule d'alternatives. Quand il fait humide, et que leur sol est détrempé d'eau attiédie par la chaleur, les Rotifères sont agiles, vivaces, et courent partout pour trouver leur nourriture. Mais si le soleil ardent échauffe la toiture et dessèche les mousses, pendant tout le temps que cela dure, ils se ratatinent, se contractent en boule, et restent dans cet état, absolument inanimés, jusqu'à ce que les pluies reviennent.

Ce genre de vie prédisposant ces animaux à passer un temps considérable contractés et immobiles, a fait croire qu'alors ils étaient morts. On y était d'autant plus trompé qu'aussitôt qu'on les met dans une goutte d'eau, ils se gonflent, se raniment et reprennent leur existence active. C'est ce fait très-simple que les palingénésistes ont pris pour une résurrection. Cette prétendue reviviscence n'est cependant que le phénomène que nous montre le Limaçon que l'on place dans un endroit sec, et qui s'enfonce dans sa coquille jusqu'à ce que vous lui rendiez un peu d'humidité.

On prétendait que le Rotifère contracté était absolument sec, et par conséquent mort. Nullement. Si vous le faites réellement sécher, jamais il n'en revient.

C'était dans le laboratoire du muséum d'histoire naturelle de Rouen que devait s'évanouir le prestige des résurrections. Plusieurs de mes élèves ont concouru avec moi à ramener la science à des vues rationnelles. Le professeur Pennetier, dans des travaux remarquables, a démontré que les Anguillules ne ressuscitent pas. M. Tinel l'a fait pour les Tardigrades, et moi en ce qui concerne les Rotifères[7].

Cependant, si, devant des expériences sévères, le prestige de la palingénésie s'évanouit, nous devons convenir que les Rotifères possèdent réellement une résistance vitale extraordinaire, presque prodigieuse. Dans du terreau conservé pendant deux à trois ans, nous les voyons encore s'allonger et se ranimer quand nous les mettons en contact avec quelques gouttes d'eau.

Plusieurs autres animaux présentent aussi une vitalité qui n'est pas moins remarquable que celle des Rotifères. Cependant, comme ils sont trop gros pour en imposer, on ne dit pas qu'eux ils ressuscitent, mais seulement qu'ils peuvent rester plusieurs années sans manger. Divers mollusques de la tribu des Limaçons se trouvent dans ce cas, à cause de la facilité avec laquelle ils s'enfoncent et s'abritent dans leur coquille.

Des Maillots qu'on avait oubliés dans une boîte, y sont restés pendant quatre ans, appliqués sur ses parois et dans l'immobilité de la mort. La fraîcheur d'un peu de nourriture qu'on leur offrit, les tira de leur torpeur et les rappela à la vie. Mais ces faits, dont on trouve un assez bon nombre dans les ouvrages des naturalistes, les résurrectionnistes se gardent bien de les citer de peur de compromettre leur système; c'est une faiblesse qu'on peut leur reprocher.

L'histoire de la résurrection des Rotifères est assurément la même. Si après un long jeûne ils se raniment, c'est qu'ils ne sont pas plus morts que les Mollusques dont il vient d'être question. Comme eux, enfermés sous leur enveloppe, et encore plus hermétiquement peut-être, leur vie, dans cet état de contraction, ne s'entretient que parce que leurs organes, loin d'être morts et desséchés, conservent encore assez de fluides pour que l'existence ne s'éteigne pas. Quand ils sont réellement secs et morts, aucun semblant de résurrection n'est possible. Ressusciter une momie est un triple non-sens physique, physiologique et métaphysique.

Physique, parce que tous ceux qui ont vu une momie, ne supposeront jamais que des tissus tant dilacérés par la dessiccation, puissent retrouver leur aspect et leurs propriétés sous l'influence de l'humectation;

Physiologique, parce que des organes tellement altérés ne pourraient nullement reprendre leurs fonctions;

Enfin, métaphysique, parce que si quelques parcelles d'eau pouvaient rendre à une momie tous les insaisissables ressorts de la pensée et de la vie, ce serait le comble du plus incompréhensible matérialisme : le Phénix n'a qu'une existence mythique, et à la voix d'Élie les morts ne sortent plus de leurs tombeaux.

Tout naturellement, les physiologistes qu'on vit, à l'exemple de Dujardin, assimiler les animalcules microscopiques à des morceaux de gélatine vivante, acclamèrent la palingénésie.

Au contraire, les hommes qui s'illustraient par d'immortels travaux micrographiques, réduisaient au néant cette inconcevable hypothèse : tels furent Ehrenberg et Diesing. Le premier, en m'écrivant, caractérisait, d'un seul trait, l'erreur des savants que nous combattons : *ils ne ressuscitent*, me disait-il, *que des animaux qui ne sont pas morts.*

Mais si le prestige de la reviviscence a dû s'évanouir en présence du raisonnement et de l'expérimentation, il faut avouer qu'un concours de circonstances extraordinaires a pu facilement égarer les observateurs.

Quoique forcé aujourd'hui de biffer le charmant roman de la palingénésie, dont s'amusèrent tant nos devanciers, nous devons cependant dire que si les Rotifères ne ressuscitent pas, quand ils sont bien morts, leur ténacité vitale est l'un des plus extraordinaires phénomènes de la physiologie. Leur résistance au froid est réellement merveilleuse; où s'arrête-t-elle? on n'en sait rien. La température la plus basse que nous puissions obtenir dans nos laboratoires semble n'avoir sur eux aucun effet. J'ai vu ces animaux résister à un froid qui tuerait cent fois un homme. Des Rotifères plongés pendant trente minutes dans des appareils où la température était de 40° au-dessous de zéro, en sortaient parfaitement vivants.

L'histoire des Rotifères est un étonnement d'un bout à l'autre! Parfois, je les enlevais brusquement de ces appareils de réfrigération et les jetais immédiatement dans une étuve chauffée à 80°. Quand ils sortaient de celle-ci, on pouvait les voir se ranimer et courir pleins de vie. Dans cette double et si redoutable épreuve du passage du froid au chaud, ces microzoaires avaient brusquement franchi 120° du thermomètre centigrade, sans s'en trouver le moins du monde incommodés.

Un bœuf ne ferait pas impunément ce que font d'imperceptibles animalcules [8] !

VII

L'ÉPONGE ET LE SILEX.

Ces deux noms semblent former une antithèse; cependant, celle-ci, en philosophie naturelle, n'est pas aussi absolue qu'on le suppose, puisque parfois l'un de ces corps dérive de l'autre.

Mais, quels rapports peuvent avoir nos molles et flexibles Éponges avec ces durs cailloux dont le briquet tire des étincelles? Nous allons le voir.

Depuis Aristote jusqu'à nos jours, on n'a jamais su à quel règne rapporter les premières. Aujourd'hui même, quelques naturalistes les considèrent comme des végétaux ; d'autres, au contraire, les rangent parmi les animaux. Il y a même une troisième opinion, c'est celle qui consiste à les regarder comme tenant à la fois des deux règnes.

Toute Éponge ne se compose que d'une masse d'apparence gélatineuse, soutenue par un lacis inextricable de filaments cornés, ou plus rarement par une bâtisse calcaire ou siliceuse.

Les Éponges sont le plus bas terme de l'animalité, plus bas encore que la Monade! Elles se présentent, il est vrai, à nos yeux sous des formes fort distinctes, mais rien en elles ne nous révèle l'individualité de leurs architectes. Tous se confondent en une seule masse glaireuse, dont les ondulations sont presque insensibles; tandis que la Monade est parfaitement circonscrite et douée d'une vive locomotion.

La vitalité des spongiaires est même tellement douteuse, que ce n'est réellement qu'en se fondant sur des indices rationnels qu'on les a classées dans le règne animal. D'organes, on n'en aperçoit aucun.

Les Éponges sont les êtres les plus polymorphes de l'animalité; on en rencontre de toutes les formes, de toutes les dimensions, de toutes les couleurs.

Les unes se ramifient à l'instar des arbres; beaucoup ressemblent à un entonnoir ou à une trompette; d'autres se divisent en lobes imitant de gros doigts, se sont les *gants de Neptune;* il en est qui sont connues sous les noms de *manchons* et de *cierges de mer*, à cause de leur forme.

Un genre voisin fournit même de véritables Éponges monumentales. Celles-ci s'élèvent d'un à deux mètres sur les rochers sous-marins. Elles présentent un pied rétréci, qui, à une certaine hauteur, s'évase largement et donne à l'œuvre la forme d'une coupe régulièrement creusée et absolument semblable à un immense verre à boire. A un tel et si colossal vase, l'imagination des marins ne pouvait donner qu'un seul nom, celui du redoutable dieu de la mer; ce vase vivant est la *coupe de Neptune!*

Je ne vois jamais l'une de ces gigantesques éponges sans m'incliner devant la sagesse providentielle. Cette vraie production monumentale n'est érigée que par des myriades de Polypes, frêles animaux ratatinés dans leurs trous et n'en sortant à demi que pour plonger leurs imperceptibles bras dans les flots. Mais ces polypes étant séparés les uns des autres, et même souvent placés à un mètre de distance, qui donc dirige et conduit leurs mains invisibles, pour donner à leur construction une si harmonieuse symétrie? Quand le pied étroit est terminé, qui annonce à toute la population que désormais on va devoir l'élargir? Qui donc l'avertit quand le moment de creuser le vase est arrivé? Quand il faut en amincir les bords ou en orner l'extérieur d'élégantes côtes? Enfin, quelle aspiration suprême indique à cette multitude d'ouvriers si éloignés, et tous enchaînés dans leur cellule, qu'il faut cependant mouler la coupe dans ses proportions artistiques !

Je conçois l'Abeille fabriquant son alvéole ; je conçois sa prévoyance et l'ordonnance générale d'un travail dont tous les artisans peuvent se voir, se communiquer et s'entendre ; mais

24. Gant de Neptune.

j'avoue que tout me semble incompréhensible dans l'œuvre architectonique de la Coupe de Neptune. Mon esprit s'abîme et se confond. Cette magnifique construction est le plus beau défi que l'on puisse jeter à l'école du matérialisme. Les sciences physico-chimiques expliquent-elles comment ces divers animaux se correspondent pour l'achèvement de leur habitation commune, car il faut absolument que tous soient régis par une idée dominante? Nullement : tout est impuissance dans ces orgueilleuses théories dont aujourd'hui l'audace fait seule la fortune....

Si nous avons rapproché le Silex et l'Éponge, l'une de nos

25. Coupe de Neptune.

plus dures pierres de l'un des animaux les plus mous, c'est que le premier semble parfois n'être qu'une transformation de l'autre.

Certaines Éponges, au lieu d'avoir une bâtisse molle et

cornée, ne sont composées que d'alvéoles ou de fibrilles siliceuses. Aussi, loin d'offrir la flexibilité de celles que nous employons vulgairement, elles sont excessivement fragiles, et la moindre pression les brise comme du verre.

Cette particularité étant connue, le rapprochement de l'Éponge et du Silex paraît moins extraordinaire; car les détritus du Zoophyte ont pu, par leur condensation, donner naissance à l'autre. En effet, quelques géologues pensent que les Silex de la craie proviennent, sinon entièrement, du moins en grande partie, des Éponges et des Infusoires qui habitaient les mers crétacées. Les Silex de quelques contrées renferment même des débris d'éponges; on en rencontre également dans les Jaspes et les Agates[9].

Ainsi donc s'établissent les rapports d'un des organismes les plus frêles de la création et de l'une de ses roches les plus dures : de l'Éponge et du Silex.

LIVRE II.

LES ARCHITECTES DE LA MER.

Lorsque la philosophie antique, avec Thalès, prétendait que tout était sorti de la mer, elle était parfaitement dans le vrai.

La mer est d'une fécondité dont n'approche nullement la terre. Et ses magnificences sont telles, que, comme le disait Christophe Colomb, « la parole et la main ne peuvent suffire à les décrire. » La vie s'y manifeste partout; elle anime ses plus ténébreux abîmes et s'étale profusément à sa surface. Ainsi que nous l'avons vu, à 12000 pieds de profondeur, on en trouve encore de frêles représentants! D'autres ne se plaisent qu'au milieu des vagues; tel est le Fucus nageant, qu'on voit y former d'immenses prairies qui arrêtent les navires.

Le plus considérable de ces bancs de Fucus se trouve sur la route des navigateurs lorsqu'ils se rendent d'Europe en Amérique, entre les Açores, les Canaries et les îles du Cap-Vert. Il en est déjà question dans les traditions phéniciennes : on y parle d'une *mer herbeuse* ou *gélatineuse* située au delà des colonnes d'Hercule. Aristote dit même qu'effrayés par son aspect, les plus hardis marins de l'antiquité n'osaient en franchir les limites.

Cette immense plaine d'Algues, semblant lier les vagues, faillit empêcher la découverte de l'Amérique. La marche des vaisseaux de Colomb s'y trouvant fort entravée, les équipages,

26. Fucus nageant. *Sargassum bacciferum.* Agard.

effrayés et craignant de ne jamais pouvoir en sortir, se révoltèrent en demandant impérieusement à rétrograder vers leur patrie.

Un phénomène infiniment remarquable par rapport à ce banc de Fucus flottants, qui a peut-être cinq à six fois l'étendue de la France, c'est sa constance dans un lieu donné, depuis tant de siècles, malgré l'agitation perpétuelle des flots et les grands mouvements de la masse de l'Océan [10].

I

LE CORAIL ET SES CONSTRUCTEURS.

Considéré comme l'une des plus splendides productions de la mer, le Corail, déjà célébré dans les chants d'Orphée, a vu sa vogue traverser les siècles sans jamais s'affaiblir. Les Gaulois et les Indiens en décoraient leurs glaives et leurs armures de guerre; aujourd'hui il n'est plus employé que pour la parure des femmes. Là, les filles de la Nubie surchargent de longs colliers de corail leurs épaules d'ébène; ailleurs, l'éclat rutilant de ceux-ci fait ressortir la blancheur satinée du cou des belles Circassiennes.

Mais ce Corail, si anciennement renommé, il a fallu plus de vingt siècles de tâtonnements incessants pour en dévoiler la mystérieuse nature.

C'est un Polypier branchu, d'une belle couleur rouge, qui offre la dureté des roches les plus compactes, et, comme elles, est susceptible de recevoir un beau poli. Quand on le retire de la mer, dont il habite seulement les eaux profondes, il ressemble absolument, par la disposition de ses rameaux, à un arbuste en miniature; et la coupe de sa tige, elle-même, présente des couches concentriques analogues à celles de certains végétaux. Ses branches sont couvertes d'une écorce rose et molle, et elles offrent de place en place de petits trous dans chacun desquels réside l'un de leurs constructeurs. Ceux-ci sont autant de Polypes qui, lorsqu'ils viennent à s'épanouir, ont toute l'apparence de jolies petites fleurs d'un assez beau blanc, à huit divisions étalées comme des rayons, et dont les bords sont ornementés d'une rangée de cils.

Ce fut cette trompeuse apparence qui fit tant osciller les naturalistes sur la nature du Corail.

Son extrême dureté et le beau poli qu'il peut prendre, le

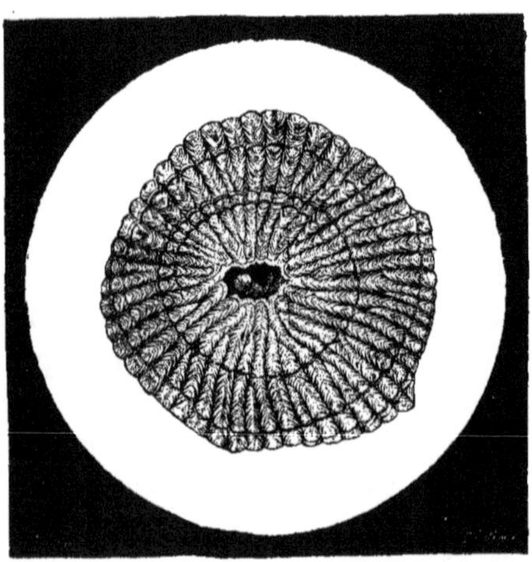

27. Coupe de la tige du Corail rouge, d'après une préparation de M. Poteau.

firent considérer comme un simple minéral par quelques observateurs.

Mais l'idée qui parut dominer toutes les autres, c'était que le Corail ne représentait qu'un arbrisseau sous-marin. Telle fut l'opinion de Pline et de Dioscoride ; et ces deux érudits, en le voyant si dur et si compacte, ajoutaient même que cet arbrisseau ne nous apparaissait avec une telle consistance, que parce qu'il se pétrifiait subitement en sortant des flots, lorsque l'air le frappait.

Tournefort, ce voyageur si judicieux, ne tira, à ce sujet, aucun avantage de ses pérégrinations en Orient, la patrie du célèbre Polypier. Il le considéra aussi comme une plante et le fit même figurer, à ce titre, dans l'une des planches de son magnifique ouvrage. Il y est placé dans la vingt-deuxième classe du règne végétal, parmi la section qu'il intitule : *des herbes marines ou fluviatiles, desquelles les fleurs et les fruits sont inconnus du vulgaire.*

Un moment, mais seulement un moment, hélas! l'opinion du botaniste français parut reposer sur la plus stricte observation. Durant le dix-huitième siècle, le comte de Marsigli annonça au monde savant qu'il venait de découvrir les fleurs du Corail, et que, par conséquent, sa nature végétale ne pouvait

28. Corail.

plus être mise en doute. En plaçant des branches de ce Polypier dans de l'eau de mer, immédiatement après qu'elles venaient d'être pêchées, l'observateur italien avait vu les espèces de bourgeons qui couvrent leur surface, s'épanouir comme autant de fleurs à huit pétales, formées de gentilles petites corolles blanches et étoilées, qui se dessinaient sur l'écorce rougeâtre des tiges. Marsigli n'en doutait plus; c'étaient là les fleurs de l'arbrisseau paradoxal; il avait résolu le problème laissé encore incomplet par Tournefort. Dans sa joie, en proclamant sa découverte dans le sein de l'Académie des sciences et en lui faisant passer les pièces de conviction, il écrivait au président : « Je vous envoie quelques branches de Corail, *couvertes de fleurs blanches.* Cette découverte m'a fait presque passer pour sorcier dans le pays, personne, même les pêcheurs, n'ayant rien vu de semblable. »

L'illustre compagnie savante fut convaincue. Mais ses convictions et la quiétude de Marsigli ne devaient avoir qu'une

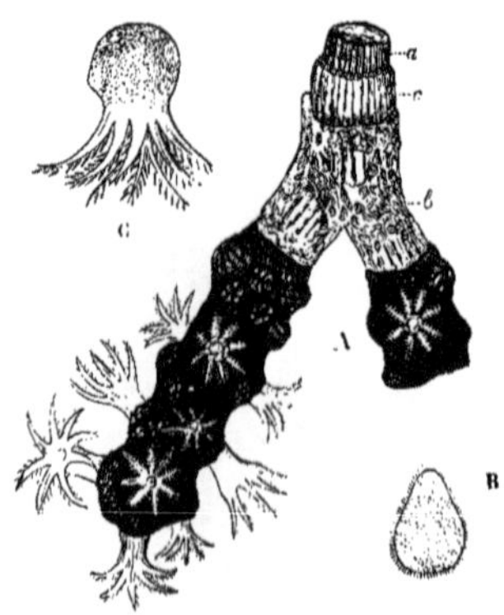

29. A, Polypes du Corail plus grossis. B, ovule cilié. C, larve.

courte durée. Peu de temps après le moment où l'on avait cru avoir mis enfin le doigt sur la vérité, un médecin français, Peyssonnel, qui, en 1725, parcourait les côtes de la Barbarie, ayant assisté à la pêche du Corail et fait sur celui-ci de longues recherches, découvrit que ses prétendues fleurs n'étaient qu'autant de petits animaux ou Polypes analogues à ceux des Madrépores, et qui, comme eux, bâtissaient le faux arbrisseau pierreux.

Convaincu de l'exactitude de ses observations, Peyssonnel, à son tour, en fit part à l'Académie des sciences. Mais celle-ci, encore fascinée par les fleurs du corail que le comte italien lui avait adressées, n'ajouta aucune confiance aux découvertes du médecin français, et l'évinça de la façon la plus gracieuse.

Réaumur ayant été chargé par ce corps savant de faire un rapport sur cette découverte, crut, *par ménagement*, comme il le dit, n'en pas devoir nommer l'auteur. Et c'était avec un ton mêlé d'ironie et de compassion qu'il en écrivait à celui-ci, en lui accusant réception de son mémoire. Ce qu'il y eut encore de plus impardonnable, ce fut l'attitude du calme et consciencieux Bernard de Jussieu. Il adressa à Peyssonnel une lettre exempte de cette raillerie badine qui n'était nullement dans son caractère, mais tout aussi décourageante que celle de l'historien des insectes. De Jussieu était cependant beaucoup plus coupable, car le plus superficiel examen des prétendues fleurs du Corail lui eût démontré l'erreur. Tout ce que l'appareil floral a de fondamental y manquait; mais, paraît-il, le botaniste ne se donna pas la peine d'y regarder.

L'affaire eut un grand retentissement, et bon gré mal gré il fallut bien la débrouiller. Puis, au moment où la lumière se fit, on s'aperçut enfin que c'était le simple médecin de province qui avait raison contre l'Académie. Les fleurs du Corail n'étaient que des Polypes, et l'arbrisseau pierreux un Madrépore, sculpté et façonné par de tout petits animaux marins.

Telle est la vérité relativement à la nature du Corail ; revenons sur la seconde erreur qui ternit son histoire.

On ne concevait pas trop comment un corps si dur pouvait cependant n'être qu'un tissu végétal. Les pêcheurs, en suivant la tradition ancienne, expliquaient parfaitement la chose, et tout le monde ajoutait foi à leurs paroles. Ils prétendaient que, sous l'eau, l'arbrisseau marin n'avait que la consistance de toutes les plantes terrestres analogues, mais qu'il durcissait subitement au contact de l'air. Cette étrange opinion était profondément enracinée parmi les masses, et rangée au nombre des faits les plus avérés.

Cependant, M. de Nicolaï, qui était inspecteur des pêches, voulut tout vérifier.

30. Pêche du corail dans la Méditerranée.

Il fit plonger un de ses corailleurs, afin qu'il vérifiât quelle était la consistance du polypier. Celui-ci rapporta que, dans la mer, le Corail avait la même dureté qu'à l'air. Mais, tel était l'empire du préjugé, que M. de Nicolaï ne crut qu'à demi son employé. En définitive, il se décida aussi à plonger, pour s'assurer lui-même du fait, et il reconnut alors, qu'au milieu des flots, le polypier possède réellement toute sa consistance.

Ainsi, on a oscillé deux mille ans, chose désespérante, avant de parvenir à déterminer la véritable nature du Corail.

Il a fallu tout ce temps pour établir que celui-ci n'est qu'un simple Polypier marin ; et que, dans les gouffres de la mer qu'il habite, et où les pêcheurs vont l'arracher avec leurs filets, il est tout aussi dur que quand il forme ces bracelets ou ces riches colliers dont le vermillon fait un si charmant contraste avec la blanche peau de nos plus gracieuses femmes[11] !

II

LES CONSTRUCTEURS D'ÎLES.

Sans que nous nous en doutions, des myriades d'animaux, plus nombreux que la poussière d'étoiles de la voie lactée, travaillent silencieusement dans les profondeurs de la mer, et y accomplissent des travaux dont la masse nous stupéfie. Leurs constructions, auxquelles les navigateurs donnent vulgairement le nom de *bancs de coraux*, s'élèvent parfois avec une rapidité surprenante, en rendant impraticables des parages de l'Océan que les vaisseaux traversaient précédemment à pleines voiles.

Ces bancs sous-marins ne sont autres que des Polypiers calcaires, que construisent de frêles animaux assez semblables à de toutes petites fleurs, et qui habitent les innombrables trous dont leur surface est constellée. Mais ces obscurs ouvriers, aussi modestes que laborieux, se dérobent fréquemment à l'œil; pour les voir, il faut appeler la loupe à son secours.

C'est principalement dans la mer du Sud et la mer Rouge que ces polypiers abondent. Aux abords des îles Maldives, ils forment des masses extraordinaires, qui, au rapport des voyageurs, n'ont pas moins d'étendue que les Alpes.

Après avoir décrit avec soin les procédés par lesquels les Polypes élèvent ces dangereux récifs, si funestes aux navigateurs, R. Owen résume ainsi l'importance de leur œuvre : « La prodigieuse étendue du travail combiné et incessant de ces petits architectes, doit être envisagée pour concevoir leur rôle important dans la nature. Ils ont bâti une barrière de récifs de 400 milles de longueur autour de la Nouvelle-Calédonie, et une autre, qui va le long de la côte nord-est de l'Australie, de 1000 milles de longueur. Cela représente, ajoute l'illustre zoologiste, une masse près de laquelle les murs de Babylone et les pyramides d'Égypte ne sont que des jouets d'enfant. Et ces constructions des Polypes ont été exécutées au milieu des flots de l'Océan, et en dépit des tempêtes qui anéantissent si rapidement les travaux les plus solides de l'homme [12]. »

Malgré leur infinie petitesse, les Polypes, par leurs constructions calcaires, n'en ont pas moins réagi d'une manière puissante sur la structure de l'écorce terrestre. Ils ont modifié celle-ci au moyen de deux procédés : soit en exhaussant le fond des mers, par leur développement incessant; soit en produisant d'imposantes montagnes calcaires, à l'aide de leurs détritus. Et, en effet, lorsqu'on examine les assises de ces dernières, on s'aperçoit qu'elles ne sont uniquement formées que de Polypiers et de Coquilles, qui pullulaient dans les anciens océans du globe.

Broyés en poussière par leurs vagues furieuses, ces êtres ont seulement laissé de place en place quelques vestiges révélateurs, comme pour servir de flambeau aux modernes investigateurs des sciences.

Telle est l'opinion de M. Lyell et de la plupart des géologues modernes. A l'appui de celle-ci, on a récemment remarqué que certaines lagunes étaient remplies d'un limon calcaire blanc, évidemment dû au détritus des Polypiers; et qu'aussitôt que celui-ci était desséché, il ressemblait absolument à la Craie de nos anciennes montagnes.

A cette action capitale des vagues, transformant en strates calcaires les Polypiers et les coquilles, il s'en joint une autre beaucoup moins énergique, il est vrai, mais infiniment curieuse. Un observateur ingénieux, M. Darwin, rapporte que tout autour des îles madréporiques, la transparence de la mer permet d'apercevoir des bandes de poissons, appartenant surtout au genre Spare, qui broutent les sommités des Polypiers branchus, absolument comme les troupeaux de moutons le font de l'herbe de nos prairies. Pour se nourrir de l'ouvrier, ils mangent avec lui certaines portions de ses constructions. Et comme celles-ci sont absolument réfractaires à la digestion, il en résulte, selon le savant anglais, qu'une partie de la substance crayeuse qui encombre le fond de la mer aux abords des récifs madréporiques, est due aux déjections de ces poissons. En disséquant des Spares, on reconnaît même que leur tube digestif est rempli de craie pure.

Les îles madréporiques reposent ordinairement sur un soulèvement du fond de la mer. L'action volcanique a commencé la besogne, et les Polypes l'achèvent; ils rehaussent l'œuvre jusqu'au niveau des vagues. Ces îles offrent toujours une configuration spéciale; presque toutes sont circulaires et présentent à leur centre une dépression cratériforme. Cette particularité paraît tenir à ce que l'animation des petits ouvriers s'entretient mieux là où l'eau agitée leur apporte une plus ample nourriture. Les animaux du centre, placés dans des circonstances opposées, exténués et languissants, n'élèvent leur rempart vivant qu'avec plus de lenteur.

Dans l'océan Pacifique, où l'on observe un certain nombre d'îles de cette nature, les Polypiers arrivent jusqu'au niveau des basses marées, et ensuite les grandes lames en exhaussent le centre, en y refoulant sans cesse les fragments qu'elles arrachent à la ceinture. Quand, par la succession des années, le terrain est mis à découvert, les détritus des plantes marines l'élèvent encore; et bientôt ce sol vierge se trouve fécondé par les graines qu'y apportent les vents, les oiseaux et les courants. Bientôt après, l'homme couronne l'œuvre de la nature, en venant lui-même élever ses habitations sur les ruines de celles de tant d'êtres inaperçus. Puis arrive un roi, qui assied orgueilleusement son trône sur cet amas de squelettes de Polypes abandonnés par la mer!

Deux des plus célèbres voyageurs de notre époque, Forster et Péron, pensaient que ces récifs et ces îles madréporiques se formaient avec une extraordinaire rapidité, et que peu d'années leur suffisaient pour transformer notablement les profondeurs de la mer, et hérisser de rochers dangereux ou de barrières infranchissables certains parages où naguère les navigateurs voguaient en sécurité. Ces terres nouvelles pullulent parfois avec tant de prestesse, que cela bouleverse toute la science nautique. Un des détroits des abords de l'Australie, qui ne comptait, il y a peu d'années, que vingt-six îlots madréporiques, en offre aujourd'hui cent cinquante.

Les géologues ont eux-mêmes insisté sur la puissance de ces *faiseurs de mondes*, — comme les appelle notre illustre Michelet, — qui ont remanié, modifié la surface de notre globe à certaines périodes antédiluviennes. Ils pullulaient alors dans l'immensité de ces mers qui promenaient tumultueuse-

31. Ile madréporique de l'archipel Pometou.

ment leurs vagues sur presque toutes les terres aujourd'hui couvertes par nos campagnes et nos paisibles demeures. Quelques contrées de l'Europe en présentent des bancs d'une remarquable fécondité; la vieille Germanie et ses sombres forêts reposent sur un ossuaire de Coraux et de Madrépores.

Si, dans leur infinie petitesse, les Polypes nous étonnent par les puissantes forteresses dont ils entravent l'Océan, nous devons reconnaître qu'ils ne sont pas moins dignes de notre admiration, par le rôle qui leur est confié au milieu de leurs solitudes liquides. Leur nourriture ne consiste que dans les imperceptibles débris d'animaux, partout éparpillés dans les flots; aussi Buckland fait-il remarquer qu'ils ont une mission importante à remplir dans l'harmonie de la nature. C'est à eux que celle-ci a départi l'office de nettoyer les eaux de la mer, et de les purger de toutes les impuretés les plus déliées qui échappent aux poissons voraces. Ainsi, dit-il, nous trouvons là un nouveau sujet de nous incliner devant la sagesse providentielle!

Non moins étonné de toutes les magnificences qui se sont déroulées devant ses yeux, pendant ses longues et incessantes veilles, Ellis, en terminant son histoire des Polypes, dépose sa plume et s'incline profondément en adressant un hymne à la gloire du créateur de tant de merveilles [13].

Dans les contrées où ils abondent, ces funestes constructeurs de récifs vivants, comme une faible compensation, rendent quelques services à l'homme. Les Polypiers encroûtants forment parfois des couches épaisses et très-compactes, dont on se sert en guise de pierre à bâtir. Forskal, qui a exploré les rivages de la mer Rouge, dit que les habitants de Suez et de Djidda, enlèvent sur ceux-ci des masses madréporiques ayant jusqu'à vingt-cinq pieds de longueur, et que c'est avec elles qu'ils construisent toutes leurs maisons. Mon savant ami, P. E. Botta, m'a rapporté que les habitations de certaines bourgades des îles Sandwich n'avaient pas d'autres matériaux.

Ainsi, c'est avec l'œuvre des Polypes, ces frêles architectes, que l'homme construit ses demeures.

A chaque espèce sa mission et sa forme. Près de nos constructeurs de récifs, vivent d'autres Polypiers qui, au lieu d'encroûter les rochers, s'étalent à leur surface comme une véritable forêt, dont les rameaux pétrifiés bravent la fureur des vagues. Les uns ont tellement la physionomie de nos plantes, que les anciens botanistes les classèrent sans hésitation parmi les êtres de leur domaine. D'autres s'évasent en vastes cupules superposées les unes au-dessus des autres, c'est le *char de Neptune* le dominateur des mers.

III

LES RONGEURS DE PIERRE ET LES RONGEURS DE BOIS.

Nous venons de voir d'imperceptibles architectes hérisser de forêts de Corail ou d'assises de Madrépores les profondeurs de la mer, ici des ouvriers d'un autre genre vont nous occuper. Ce sont de véritables Mineurs : ils n'édifient rien, mais se creusent des souterrains dans les rochers submergés. Leur travail incessant et encore inexpliqué attaque les pierres les plus compactes et les perfore profondément. On s'étonne même, lorsqu'en fendant le marbre on trouve des coquilles vivantes au milieu de ses blocs, eux que le ciseau du sculpteur n'entame qu'avec effort.

Les plus célèbres rongeurs de pierre que l'on connaisse, les Pholades, creusent ordinairement leurs demeures dans les roches calcaires de nos rivages. Ce sont de minces coquilles blanches, ayant leurs valves élégamment ornées de lamelles saillantes ou de pointes disposées symétriquement. Leurs deux extrémités sont largement entre-bâillées. De l'une sortent les tubes respiratoires et nutritifs, qui, du fond du trou qu'habite le Mollusque, s'allongent pour pomper l'eau de la mer et ses myriades d'animalcules. Par l'autre, encore plus ouverte, surgit le pied, épaisse et robuste semelle vivante, appelée sans doute à jouer un grand rôle dans la vie du solitaire animal.

Il y a des chasseurs de Pholades, comme il y a des pêcheurs de Salicoques. Les premiers se distinguent à merveille dans le plus extrême lointain, à la blancheur resplendissante de leur vêtement. Ce n'est pas que celui-ci ait réellement cette couleur; non, elle n'est due qu'au mastic que forme sur tout le corps de ces singuliers industriels, les éclaboussures mouillées des rochers qu'ils fendent à grands coups de pic, pour trouver, dans leur profondeur, le Mollusque qu'ils vendent aux pêcheurs.

Quand, malgré les obstacles d'un sol rocailleux et glissant, vous êtes parvenu enfin aux environs du laborieux piocheur; si, après l'avoir invité à cesser tout travail, afin d'éviter l'ample rayon d'éclaboussures de sa cognée, vous examinez les Pholades gisant çà et là parmi les rochers fracassés, alors vous revenez bien persuadé qu'il existe des coquilles qui rongent les pierres, ce dont beaucoup de personnes doutaient encore naguère. Mais un autre problème reste à résoudre, il faut savoir comment ces animaux peuvent exécuter un travail qui semble tellement au-dessus de leurs forces.

Quelques naturalistes ont supposé que les Pholades n'étaient que des espèces de limes vivantes, creusant mécaniquement leur habitation en râpant la roche à l'aide des fines pointes de leur coquille. Mais cette opinion n'est nullement soutenable, car avant d'entamer la pierre dure, ces délicates saillies seraient elles-mêmes complétement usées.

D'autres savants pensent que ces Mollusques ont recours à des procédés chimiques, et qu'ils creusent leur demeure en distillant un acide qui attaque la pierre. Cette théorie n'est pas plus admissible que l'autre, car il est certain que le test calcaire de l'animal étant d'une composition analogue à la roche,

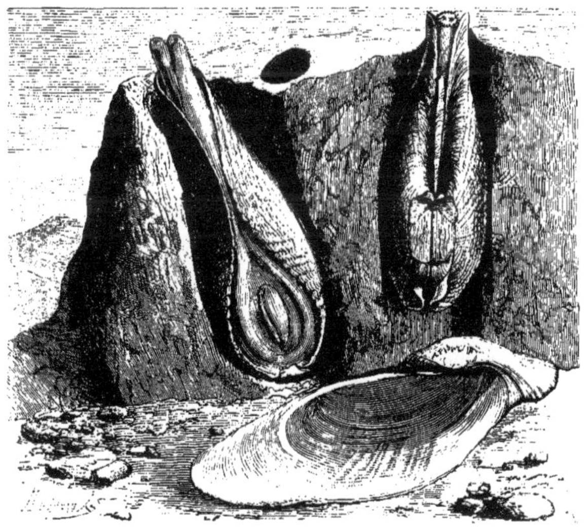

32. Pholades dactyles dans leurs trous.

il deviendrait le premier victime de l'agent érosif, et se trouverait dissous bien avant que le trou ne soit formé [14].

Il est évident, cependant, que pour les Pholades vivant dans le calcaire de nos rivages, c'est leur robuste pied qui se charge du travail. Par ses mouvements incessants, cette semelle charnue use peu à peu la roche amollie par l'eau. En effet, celle-ci qui à l'état sec offre tant de dureté, est, au contraire, fort tendre lorsque la mer l'imbibe, et les frottements de l'un de nos doigts, en quelques minutes, suffisent pour la creuser assez profondément.

Mais si le problème est résolu pour les *Lithophages*, c'est-à-dire les mangeurs de pierre, qui vivent dans le calcaire mou, il semble laisser des doutes à l'égard de ceux que l'on rencontre dans les marbres les plus compactes ; car il est évident que là le mouvement du pied ne suffit plus pour entamer des corps d'une telle résistance.

L'un de ces Marbriers a conquis une grande célébrité dans les annales de la géologie, en attaquant le temple de Jupiter Sérapis, situé sur les bords de la Méditerranée, presque au niveau de ses flots.

C'est une Modiole qui a creusé de nombreuses excavations

33. Modiole lithophage, *Modiola lithophaga*. Lam., qui a rongé les colonnes du temple de Jupiter. — D'après nature.

dans les belles colonnes de ce sanctuaire, et les a même rongées d'une disgracieuse manière, dans l'étendue d'un mètre, à une hauteur de 6 à 7 pieds au-dessus du parvis. Les savants supposent qu'à une époque dont l'histoire ne fait aucune mention, par un de ces mouvements du sol si fréquents dans les contrées volcaniques, le temple célèbre s'est enfoncé dans la mer, et qu'alors il a été envahi par les Mollusques lithophages. Puis, qu'à un autre instant, soulevé comme un décor de théâtre, par un mouvement contraire, le monument, en sortant magiquement du sein des flots, est revenu se placer dans l'air, en offrant à nos yeux étonnés les déprédations des animaux qui l'avaient rongé durant son séjour sous-marin.

Mais le travail du Mollusque et le double mouvement du

temple fameux resteront peut-être encore longtemps enveloppés de mystère, quoique Schleiden rapporte qu'un vieux moine, d'un couvent des environs, racontait que, dans son enfance, il avait cueilli des raisins dans le pourtour du monument où se balancent aujourd'hui sur la mer les barques des pêcheurs[15].

La mer possède encore d'autres artisans; mais ceux-ci redoutent la pierre dure et ne travaillent que dans le bois. Pour eux, tout le monde les connaît et les voit à l'œuvre; ce sont des Menuisiers trop ardents à la besogne, qui perforent fatalement nos digues et nos navires.

Ces ennemis de nos constructions navales sont les Tarets,

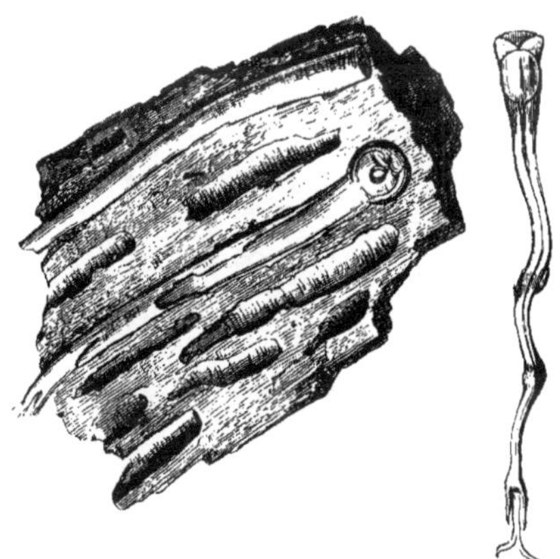

34 Taret et fragment de bois dévoré par des tarets.

mollusques vermiformes, vivant constamment à l'intérieur du bois submergé par les flots, et perpétuellement occupés à le ronger et à y creuser de multiples et tortueuses galeries. Pour eux aussi, on connaît exactement leurs outils. Ceux-ci ne sont autres que le bord tranchant de la petite coquille qui se trouve en avant du corps long et mou de l'animal.

Les ravages des Tarets sont terribles. En peu de temps ils

35. Ruines du temple de Jupiter Sérapis. — D'après une photographie.

réduisent à l'état d'éponge fragile les plus fortes poutres. Ces Mollusques ont failli, en 1731, produire la submersion d'une région de la Hollande : ils avaient dévoré la plus grande partie des digues de la Zélande. C'est un véritable fléau que l'on n'arrête pas à son gré.

A chaque instant ces animaux s'attaquent à la carcasse de nos plus forts navires, et, en la perforant de toutes parts, mettent ceux-ci en danger et les menacent d'un incessant naufrage. Ce n'est que pour se préserver de ces terribles rongeurs de bois, qu'on revêt d'une chemise de cuivre tous les bâtiments qui entreprennent de longs voyages.

Là, ce sont de frêles Mollusques qui ravagent nos constructions navales; plus loin, nous verrons des Insectes ronger impitoyablement nos demeures.

IV

LES CONSTRUCTEURS DE MONTAGNES.

Ravies aux profondeurs de l'écorce terrestre, et violemment soulevées au-dessus des nuages par une formidable puissance, les hautes aspérités du globe, telles que les Alpes et les Cordilières, nous étonnent par leur masse et par leur élévation. Mais il en est d'autres qui, quoique moins gigantesques, ont cependant une origine bien autrement merveilleuse : ce sont les montagnes de coquilles.

L'exubérance vitale des anciens océans surpassait tout ce que nous pouvons imaginer : nos mers actuelles ne nous en donnent aucune idée. Les Mollusques y vivaient en masses si serrées et si compactes que leurs seuls débris, en s'accumulant, ont produit d'épaisses assises ou d'imposantes cimes.

Les phénomènes qui présidèrent à l'enfantement de celles-ci ont offert trois modifications fondamentales.

Tantôt c'étaient des mers dont le calme rivalisait avec la fécondité, exhaussant lentement leur fond à même la nécropole de leurs innombrables populations. Là les coquilles, tranquillement déposées les unes sur les autres, ne présentent pas la moindre trace d'érosion. Après tant de milliers d'années, nous les retrouvons ornées de leurs plus fines arêtes, de leurs imperceptibles stries. Que dis-je? il en est même qui reflètent encore des couleurs qui les décorèrent aux premiers jours de la création, longtemps avant que l'œuvre ne fût achevée!

Ailleurs, pullulant au milieu d'un océan sans bornes et tumultueusement agité, les coquilles broyées par ses vagues furieuses, en se précipitant en impalpable poussière, ont aussi formé des montagnes [16].

Mais, quelque extraordinaire que soit une telle origine, le doute n'est cependant pas permis; en effet, dans certaines localités, on passe, par des transitions insensibles, des roches absolument composées de coquilles entières et entassées, à des strates dans lesquelles celles-ci sont plus ou moins finement broyées.

D'autres aspérités calcaires ont une origine encore plus prodigieuse; elles ne sont formées que d'êtres microscopiques, dont l'extrême ténuité a miraculeusement bravé l'action destructive du temps. Il ne s'agit pas ici de l'une de ces ingénieuses hypothèses dont la science aimait tant jadis à s'emparer. Tout ce que nous avançons, le microscope le démontre avec une précision que nul ne peut contester. Ehrenberg nous a même donné d'excellentes figures de toutes ces merveilles dans sa Micrographie géologique [17].

Ainsi donc, lorsque métaphoriquement nous parlons de

l'ossature du globe, si ce nom s'applique à des montagnes de Calcaire grossier, on est absolument dans le vrai. S'il ne s'agit pas ici du squelette de notre sphère, il s'agit au moins de celui d'incommensurables myriades d'animaux, qui l'ont anciennement peuplée.

C'est à de semblables amas d'animalcules à carapace calcaire que sont dues les formations géologiques crayeuses qui

36. Craie de Meudon, vue au microscope.

s'élèvent çà et là en longues chaînes de montagnes; et malgré la puissance de leurs assises, celles-ci n'en sont pas moins composées entièrement par des débris de Foraminifères microscopiques. C'est ainsi que sont celles qui ceignent l'Angleterre de l'immense rempart d'un beau blanc auquel elle a dû son ancienne dénomination d'*Albion*. En Russie, près du Volga, et dans le nord de la France, le Danemark, la Suède, la Grèce, la Sicile, l'Afrique et l'Arabie, beaucoup d'aspérités crétacées n'ont pas d'autre origine.

L'imagination s'effraye en supputant quelle a dû être la

puissance de la vie organique, pour produire de telles masses par la simple agglomération d'êtres presque invisibles. Leur petitesse est telle, en effet, que Schleiden prétend qu'une seule de ces cartes de visite que l'on recouvre d'une blanche couche de craie, représente un cabinet zoologique de près de cent mille coquillages d'animaux.

Dans une des montagnes des environs de Douvres, après un long travail préparatoire, en 1843, on faisait éclater une mine

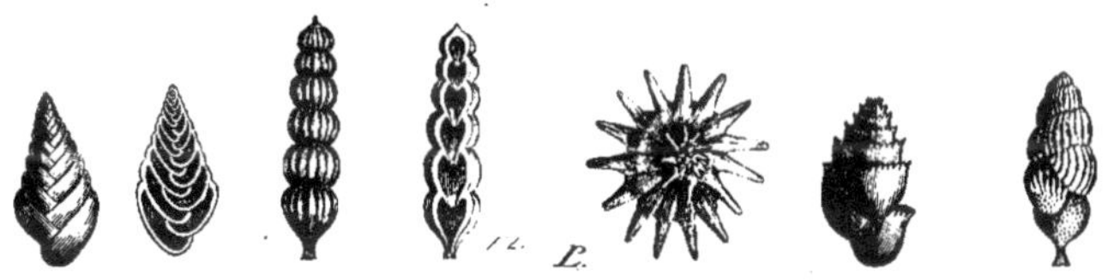

37. Foraminifères de divers genres, extrêmement grossis.

contenant 185 quintaux de poudre. Celle-ci ayant été enflammée à l'aide d'une batterie électrique, presque sans bruit, déchira les flancs d'une imposante masse calcaire dont les débris, évalués à 20 millions de quintaux, se précipitèrent dans la mer, en s'étalant en une couche de 20 pieds d'épaisseur sur une superficie de quinze acres.

Contre quoi donc de si formidables engins de guerre étaient-ils employés? Contre quoi donc se produisait ce gigantesque combat de l'esprit humain? Tout simplement contre les squelettes amoncelés de petits animalcules que notre doigt écraserait par milliers!...

Les coquilles des Mollusques microscopiques qui composent les montagnes, ne sont formées que de carbonate de chaux; et elles sont tellement petites que l'on a calculé qu'il en fallait environ 10 millions pour faire une livre de craie, et qu'il en entrait plus de cent cinquante dans un millimètre cube. A la faveur de leur inconcevable fécondité, ces animalcules ont rempli les mers crétacées, et en s'amoncelant en couches au fond de celles-ci, leurs squelettes ont constitué les puissantes assises crayeuses qui composent aujourd'hui certaines montagnes. Tantôt celles-ci ne sont formées que par de petites coquilles encore entières; ce que l'on reconnaît dans les roches de la Sicile et la craie de Meudon, en les soumettant au microscope. Tantôt la pesanteur des nouvelles couches qui se superposaient a réduit en poussière fine celles du fond, et alors on n'a plus qu'une craie molle et ténue.

Résumons-nous :

Ainsi, les assises de nos montagnes calcaires peuvent être de trois ordres. Les unes sont composées de coquilles entassées, entières; les autres sont formées de coquilles finement broyées; et, enfin, il en est dont la masse n'est représentée que par des coquilles microscopiques.

Déjà la formation des premières nous étonne, celle des autres nous confond.

LIVRE III.

LES INSECTES.

A une merveilleuse délicatesse d'organisation, ces animaux joignent une intelligence plus merveilleuse encore. La perfection de leurs outils microscopiques nous laisse supposer qu'ils doivent accomplir des travaux d'une infinie variété : ce sont ceux-ci que Rennie désigne sous le nom d'*architecture des insectes*. En effet, souvent ces infimes êtres élèvent des constructions d'une élégance ou d'une ampleur qu'on serait loin d'attendre de leur part. Elles sont tellement variées que Réaumur, et, à son exemple, le savant anglais dont il vient d'être question, en ont groupé les ouvriers par corps d'état. Évidemment il y a, parmi les Insectes, des architectes, des maçons, des tapissiers, des papetiers, des menuisiers, des fabricants de carton et des hydrauliciens. A d'autres le travail répugne; ce sont de véritables forbans toujours en guerre et au pillage.

Nous avons encore, dans cette classe, les extrêmes pour la stature et la force. Tel Scarabée gigantesque, ainsi que le Goliath, dépasse la taille de certains Oiseaux mouches, qu'il étoufferait impitoyablement dans ses serres, s'ils se trouvaient sur son passage; tandis que tel autre Insecte est si petit, si

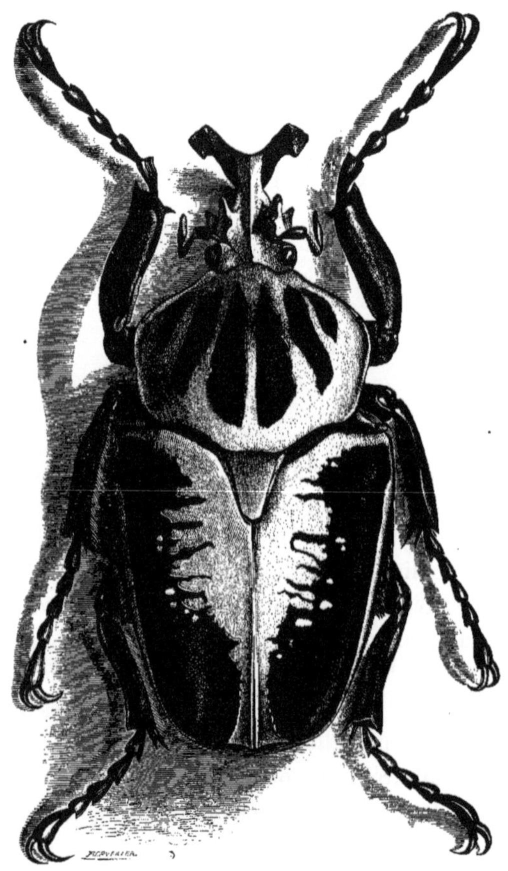

38. Goliath de Drury, de grandeur naturelle.

inapparent, qu'on ne le découvre qu'avec le secours de la loupe.

La classe des Insectes offre partout une harmonieuse organisation, qui au premier abord la distingue de toutes les autres.

Cependant c'est peut-être la section du règne animal dans laquelle on observe une plus grande diversité de formes; celles-ci offrent parfois de telles anomalies, qu'on n'en reconnaît plus les êtres que par le fond. Il y a même souvent les plus extrêmes différences entre le mâle et la femelle.

Quelques Insectes ont une apparence tellement anormale qu'ils ressemblent absolument à des feuilles d'arbres; ils en ont les nervures et la coloration; c'est à s'y méprendre lors-

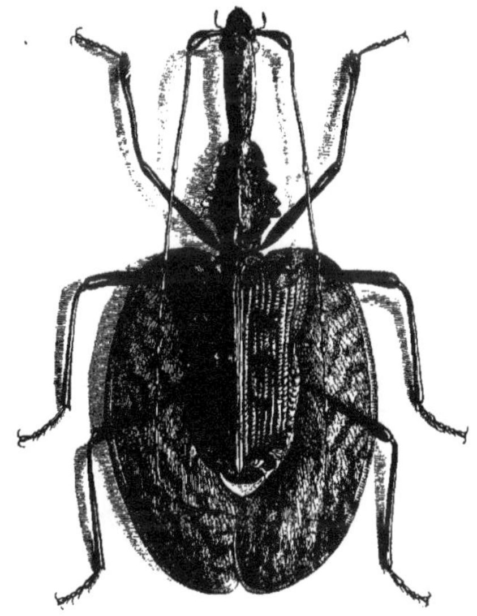

39. Mormolyce feuille.

qu'ils restent en repos; l'oiseau avide y est lui-même trompé. Tels sont certains Mormolyces. Chez eux ce sont les ailes qui se trouvent transformées en vertes membranes, donnant à l'animal l'apparence d'une feuille animée.

Quelques espèces se font remarquer par l'étrangeté de leur aspect. Tels sont surtout les Membraces, dont le corselet est hérissé de pointes, de lames, ou de gibbosités extrêmement bizarres, ce qui les transforme en autant de monstruosités. On croit voir une mascarade d'insectes, un véritable jeu de la nature, *lusus naturæ*, quand on en a plusieurs sous les yeux. Également frappé de leur forme singulière, le vieil entomologiste Geoffroy les désignait sous le nom de *Petits Diables*. A de si frêles espèces, car toutes sont de la moindre

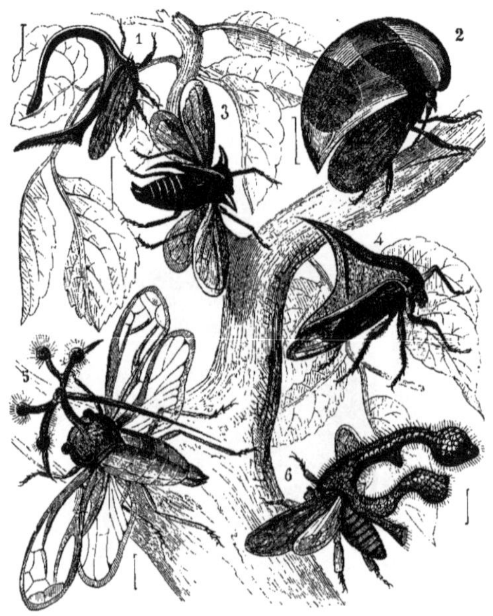

40. — 1 à 6 Membraces très-amplifiées. Petits diables de Geoffroy.

dimension, on ne conçoit réellement pas à quoi peuvent servir tant de fantastiques appendices, si embarrassants pour leur taille et leurs mouvements!

Si, chez les Insectes, quelque chose surpasse la diversité des formes, c'est leur prodigieuse variété de coloration. Leur manteau brille des plus riches couleurs de la nature; son éclat ne peut être comparé qu'aux pierreries et aux métaux.

L'or le plus pur, l'argent, le saphir et l'émeraude resplendissent sur leurs ailes et leur corsage; leurs teintes s'y mélangent, s'y heurtent, ou s'y dégradent insensiblement.

Quelques groupes sont surtout remarquables par la richesse de leur parure, tels sont les Buprestes, qui doivent le surnom de *Richards* à leur éclat métallique; tels sont aussi les Charençons, resplendissants comme des pierreries, et qui, ainsi que les précédents, en tiennent lieu aux Indes et à la Chine, où l'on en confectionne des bijoux pour les femmes, des épingles ou des pendants d'oreilles.

Au nombre des genres brillants, nous trouvons aussi les Cétoines, dont les élytres sont souvent bariolées des plus

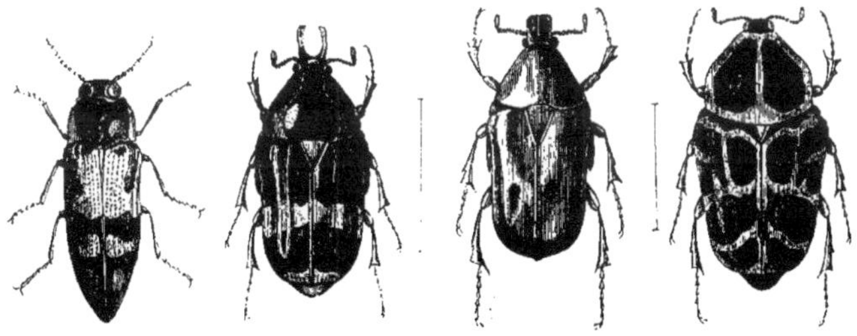

41. Bupreste impérial. 42. Cétoine biche. 43. Cétoine bleue. 44. Cétoine sanguinolente.

belles teintes veloutées, et enfin, les Carabes et les Calosomes tout ruisselants d'or.

Comme l'a dit le grand Linnée, la nature ne fait point de sauts, *Natura non facit saltum;* et chez les Insectes elle procède comme partout, à l'aide d'insensibles transitions.

Nous sommes habitués à ne reconnaître un Papillon qu'à ses amples ailes, et, cependant, les naturalistes ont découvert plusieurs espèces de cet ordre qui n'en ont point. Mais on s'aperçoit que si quelques individus de ce groupe sont privés de ces organes, d'autres nous en offrent de vestigiaires, pour marquer la gradation.

Ainsi, par exemple, si la femelle de la Phalène défeuillée

est absolument dépourvue d'ailes, nous trouvons tout à côté de celle-ci la Phalène hyémale, dont la femelle en possède de

45. Phalène hyémale, mâle et femelle. 46. Phalène défeuillée, mâle et femelle.

rudimentaires, pour former le passage aux autres espèces d'un ordre où tous les animaux ont quatre ailes fort grandes.

Également, lorsque l'ordre des Mouches ou Diptères se dégrade pour passer aux espèces privées d'ailes, il subit les mêmes modifications.

Certaines Mouches, qui ne volent jamais et restent toute leur vie accrochées entre les plumes des hirondelles, ont cependant encore des vestiges d'ailes, mais tout à fait im-

47. Sténoptéryx de l'hirondelle.

48. Mélophage du mouton.

propres au vol; tandis que d'autres, enfin, plus dégradées encore, n'en ont plus, et passent toute leur vie cramponnées à la toison des moutons.

I

MERVEILLES DE L'ORGANISATION DES INSECTES.

Le flambeau de l'anatomie a jeté les plus vives clartés sur l'organisation des animaux inférieurs ; et le microscope, en nous permettant d'en fouiller les replis les plus inaccessibles, a déroulé devant nos yeux des horizons aussi prodigieux qu'inattendus. Mais avouons aussi, que si l'investigation des infiniment petits a acquis un si puissant degré de certitude, elle le doit aux patientes observations d'hommes qui, souvent, y ont sacrifié leur vie entière.

Un avocat de Maëstricht, Lyonet, passa presque toute la sienne à étudier une chenille qui ronge le bois du saule, et produisit sur ce seul Insecte un des plus splendides monuments de la patience humaine.

Goëdart, peintre hollandais, dépensa vingt de ses plus belles années à observer les métamorphoses des Insectes, spectacle véritablement émouvant pour celui qui l'envisage d'un œil religieux ! Aussi, est-il tenté de s'écrier au milieu de nos brillantes réunions, où les afflictions percent malgré le faste et l'or : « Ah ! laissez-moi préférer d'assister à la naissance d'un papillon ! Dans ses plus frêles créatures, Dieu révèle sa force et sa majesté ; dans vos splendides fêtes, vous n'étalez souvent que votre impuissance et vos misères ! »

Anatomiquement et physiologiquement parlant, le mécanisme humain est bien abrupt, bien grossier, comparativement à la délicatesse exquise qu'offre l'organisme de certains animaux! Mais en nous, l'intelligence, ce véritable sceptre de l'univers, domine l'imperfection apparente de la matière! Par elle, l'homme seul se rapproche de ces êtres d'élite qui brillent autour du trône de l'Éternel, et forment un trait d'union entre les cieux et la terre : si par ses organes il appartient à notre sphère, par l'éclat de son génie il semble déjà s'élever vers les essences suprêmes ([18]).

C'est là une grande et philosophique vérité ; un coup d'œil sur l'organisation des Insectes va nous la démontrer à l'instant.

Dans ses moindres ébauches, la nature sait allier la puissance à l'exquise finesse du mécanisme. Les Insectes le prouvent dès l'abord ; aussi lorsqu'on nous en déroule l'intéressante histoire, nous ne sommes plus tentés de les traiter avec le dédain des poëtes. Un simple Papillon, une seule Mouche humilie l'orgueil de l'homme, et, malgré lui, abat ses forêts, ronge ses récoltes et fait son désespoir. Tel Insecte, inconnu de celui qui l'apostrophe avec tant de mépris, glace de terreur l'habitant des campagnes, et sa piqûre le tue!

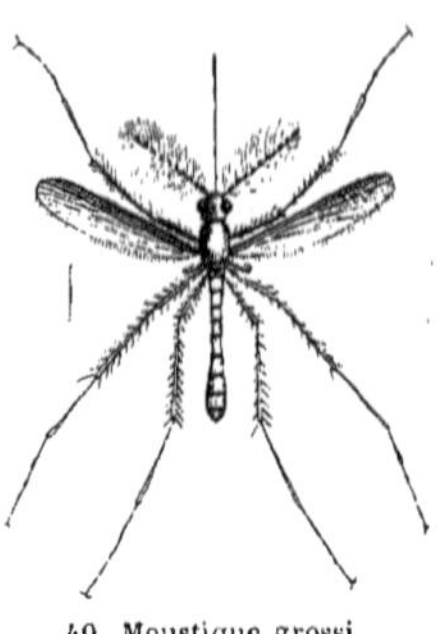

49. Moustique grossi.

De simples petites Mouches à deux ailes, les Cousins et les Moustiques, dont la frêle apparence ne fait nullement présager l'agression, n'en sont pas moins pour notre espèce des ennemis de la plus incommode nature. Dans quelques pays où de tous côtés ils pullulent par myriades, l'homme est soumis à leur empire, et n'en évite les attaques qu'en modifiant ses habitations et sa manière de vivre. Au moment où les Moustiques ravagent le plus le Sénégal, malgré la gêne d'un tel genre de vie, les nègres restent constamment plongés au milieu d'une épaisse fumée. A cet effet ils s'établissent sur de véritables juchoirs formés de branches, et suspendus sur des amas de bois qui brûlent constamment au-dessous d'eux. C'est là que le jour, tout accroupis, ils reçoivent leurs amis, et que la nuit, chauffés en dessous et enfumés de tous côtés, ils s'étendent pour s'endormir.

Quelques peuplades sauvages ne se délivrent des attaques de cette engeance maudite qu'en s'enduisant le corps d'une rebutante couche de graisse; et c'est pour s'en garantir que le misérable Lapon se condamne à s'enfumer tout le long du jour au milieu de sa hutte obscure. Les compagnons de l'astronome Maupertuis étaient même tellement tourmentés par les piqûres des Moustiques, que, pour s'en délivrer durant leur voyage en Laponie, ils avaient recouru à un moyen extrême, ils s'étaient enduits tout le visage de goudron. Croyez-vous que ces gens-là traitaient ces insectes avec le dédain des poëtes, qui ne les connaissent nullement?

Une simple Mouche d'Afrique fait plus encore; elle nous dispute pied à pied le terrain. Entre elle et l'homme, c'est à qui l'emportera pour la civilisation. Là où elle réside, elle lui défend l'agriculture et elle borne ses explorations; on ne sera maître du terrain que quand on l'aura exterminée. Cette Mouche, vulgairement appelée Tsétsé par les nègres, a la taille de notre espèce commune, et semble, en apparence, tout aussi inoffensive; mais sa bouche secrète des venins dont l'activité surpasse de beaucoup ceux des plus redoutables serpents. Il ne faut que quelques-unes de ses piqûres pour foudroyer le plus vigoureux bœuf; et cependant, si, à l'aide de nos balances

50. Nègres du bas Sénégal se garantissant des Moustiques.

de précision, nous voulions apprécier le poids de son agent léthifère, cela serait peut-être impossible, tant elle en a peu!

Inexplicable anomalie! Cette Mouche, qui tue infailliblement certains animaux, ne fait absolument rien aux autres. Elle prend toutes ses victimes parmi nos bestiaux, et la chèvre et l'âne seuls bravent ses piqûres. Ses attaques n'ont aussi aucune action sur l'homme et les animaux sauvages. Mais ce

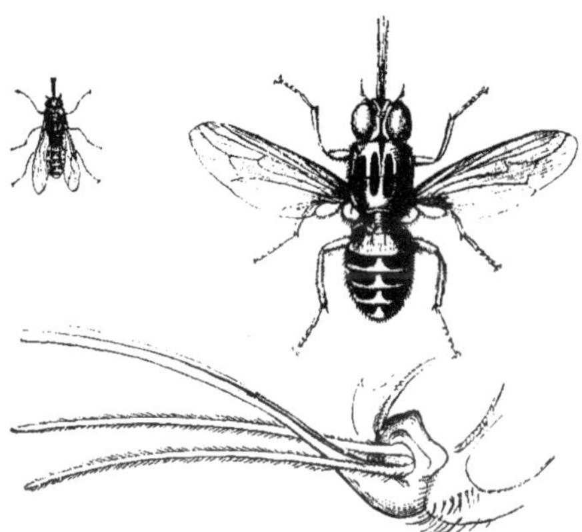

51. La mouche Tsétsé, de grandeur naturelle et amplifiée.

qui est encore plus singulier, c'est que ce Diptère tue tel animal adulte et suce impunément le sang de sa progéniture. Le Tsétsé empoisonne rapidement un bœuf et ne fait absolument rien à son veau. Livingstone dit aussi que pendant ses pérégrinations, ses enfants en furent souvent piqués, sans jamais en éprouver le moindre accident ; ils n'y faisaient nulle attention ; tandis que la mouche fatale lui tua quarante-trois bœufs, malgré la plus rigoureuse surveillance.

Le Tsétsé infeste les deux rives du Zambèse et s'en éloigne peu ; caché dans les buissons et les roseaux des bords du fleuve, là il guette ses victimes au passage et s'élance sur elles avec la rapidité d'une flèche. Lorsqu'il les parcourait, le Docteur Livingstone dit que ces Mouches bourdonnaient parfois autour de la tête de ses compagnons de voyage et de la sienne, aussi tassées qu'un essaim d'abeilles. Ils en furent souvent lardés ainsi que leurs baudets, mais sans jamais en éprouver d'accident fâcheux, ni leurs montures. La piqûre de ce suceur de sang étant mortelle pour nos animaux domestiques, le bœuf, le cheval, le mouton et le chien, dans les contrées qu'il dévaste, la chèvre et l'âne seuls composent tout le bétail agricole.

Les victimes connaissent le bourreau, et lorsque le bourdonnement d'une de ces Mouches retentit aux oreilles des bestiaux, ceux-ci fuient de toutes parts frappés d'épouvante.

De tels hôtes ont non-seulement paralysé l'agriculture, mais ils ont aussi posé la limite des explorations de l'homme. Privé de ses animaux de transport et de sa nourriture, le cheval et le bœuf, le voyageur ne peut franchir la résidence de la redoutable Mouche; et lorsque par hasard il en affronte le danger, ce n'est qu'en profitant des heures de son repos. Chaque fois que l'on est obligé de faire traverser à des troupeaux de moutons ou de bœufs les contrées infestées par le Tsétsé, les indigènes choisissent les nuits froides et éclairées par la lune, sachant alors que l'insecte endormi et engourdi ne piquera pas le bétail ([16 bis]).

La Mouche domestique, inoffensive dans nos habitations, tourmente sans relâche ceux qui voyagent dans les pays chauds. Là on la redoute plus que l'hyène et le chacal, et l'on ne s'en garantit qu'en ayant autour de soi une armée d'esclaves. Dans quelques villages de la Haute-Égypte, j'ai parfois rencontré, dans les bras de leur mère, des enfants à la mamelle, dont le visage était envahi par des légions de Mouches tellement tassées, qu'il n'apparaissait que comme un grouillant masque noir[19]. Toutes travaillaient là activement, avec une trompe dont la délicate anatomie surpasse tout ce qu'on peut imaginer.

Chez nous, cette attaque de l'homme vivant par l'Insecte domestique ne se produit qu'exceptionnellement. Cependant, la Mouche à viande prend parfois pour des cadavres, des gens plongés dans le dégradant sommeil de l'ivresse. A leur réveil, son active progéniture ronge déjà leurs chairs palpitantes et chemine sous la peau de leurs joues et de leur crâne ; hideux envahissement qui se termine fatalement par la mort.

Mais c'est surtout dans nos forêts et nos champs que le pas-

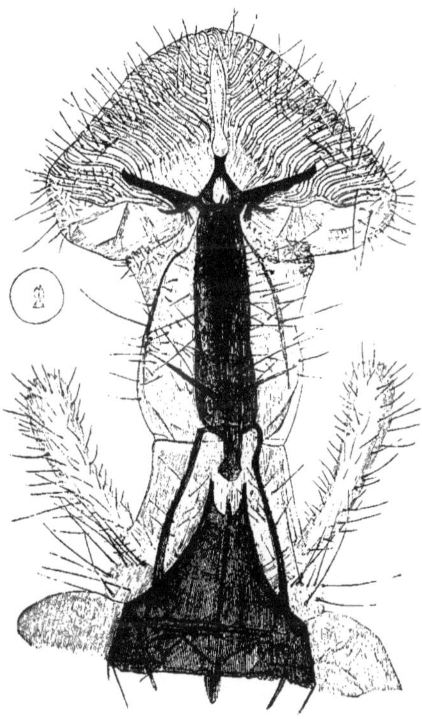

52. Trompe de mouche commune, vue au microscope.

sage des Insectes laisse de déplorables traces. Leurs légions s'abattent sur certains végétaux, en nombre effrayant. Selon Ratzeburg, le Pin, à lui seul, servirait de refuge à plus de quatre cents espèces, dont la plupart lui sont nuisibles; et Ch. Müller assure que le chêne donne l'hospitalité a plus de deux cents animaux, qui sont liés à lui par leur existence parasitaire.

En un court laps de temps, quelques Phalènes aux ailes veloutées, et dont le vol nocturne semble si inoffensif, ravagent cependant les plus magnifiques forêts de Conifères ; et, plus rapides que la cognée du bûcheron, ouvrent d'amples clairières au milieu de leurs sombres ombrages.

Dans quelques régions de l'Europe, une petite Mouche jaune

53. Pyrale de la vigne, sous ses divers états.

bariolée de noir, le *Chlorops lineata*, épouvante l'agriculture en s'attaquant aux céréales. Linnée dit qu'à elle seule, en Suède, elle détruit plus du cinquième des récoltes d'orge, ce qui équivaut au moins à cent mille tonnes. Dans la France centrale, cet insecte ronge parfois la moitié des épis de nos champs.

Un autre, le Dacus de l'olivier, nous gaspille annuellement

pour trois millions d'olives. Enfin, un papillon, la Pyrale, fait le désespoir des contrées vinicoles, et celles-ci, depuis longtemps, implorent en vain les secours de la science.

Lorsque les arbres attaqués corps à corps par les Insectes, ne succombent point sous leur dent, ils en sont quittes pour de singulières difformités.

La piqûre d'un insecte extrêmement petit, le Puceron laniger, que l'œil perdrait sur les branches s'il n'était enveloppé d'une botte de laine blanche, couvre nos pommiers de nombreuses exostoses. Et souvent celles-ci finissent par les tuer.

C'est aussi à des blessures d'Insectes que sont dues ces touffes de branches difformes, serrées, qui apparaissent sur les troncs des pins, et auxquelles les forestiers allemands donnent le nom de *Balais des sorcières :* touffes d'un aspect étrange, que les superstitieux bûcherons des forêts du Hartz craignent de toucher, de peur d'être foudroyés, car ils croient qu'elles attirent la foudre ; aussi les désignent-ils également sous le nom de *Buissons de tonnerre* [20].

Dans le domaine des infiniment petits, les phénomènes physiologiques n'étonnent pas moins que la miraculeuse ténuité des ressorts ! Une simple comparaison va le démontrer.

Lorsque nous imprimons un mouvement d'élévation à nos bras, et que subitement nous les ramenons vers notre corps, une seconde suffit à peine pour exécuter cet acte.... Eh bien ! pendant ce court laps de temps, d'après les expériences d'Herschell, certains Insectes font battre leurs ailes plusieurs centaines de fois !

Dans l'espace d'une seconde, M. Cagniard-Latour prétend qu'un Cousin donne cinq cents coups d'aile.

M. Nicholson va encore plus loin. Il affirme que les battements de l'aile de la Mouche commune s'élèvent normalement à six cents par seconde, dans le vol ordinaire, lorsque, pendant ce laps de temps, celle-ci franchit l'espace à raison de six pieds. Mais ce savant ajoute qu'il faut sextupler ce nombre pour le vol rapide. C'est-à-dire qu'en une seconde, ou pendant le temps que nous mettons à exécuter un seul mouvement de l'un de nos membres, la mouche, avec son aile, peut en opérer trois mille six cents. La stupeur nous saisit en présence de semblables calculs, et cependant ils sont d'une irrécusable précision !

Après cela, nous ne nous étonnerons plus de l'agilité qu'offrent certains papillons, tels que les Sphinx, lorsqu'ils butinent les fleurs de nos jardins. Ils passent de l'une à l'autre avec la rapidité de la flèche ; et, semblables aux Oiseaux-mouches, se suspendent immobiles devant les corolles en plongeant leur

54. Moro-sphinx butinant des fleurs.

longue langue jusqu'au fond, pour en aspirer le nectar, tandis que leurs ailes sont animées de mouvements que l'œil ne peut suivre !

L'organisation de cette rame aérienne n'est pas moins remarquable que ses mouvements.

Quelle que soit la délicatesse avec laquelle vous saisissiez l'aile d'un Papillon, jamais vos doigts ne s'en éloignent sans en emporter quelques parcelles, qui ne vous semblent qu'une fine poussière à laquelle l'insecte doit son magnifique coloris. Mais si vous soumettez cette poussière à l'examen microscopique, quelle n'est pas votre surprise quand vous vous apercevez que chacun de ses grains représente une petite lame aplatie, allongée et finement guillochée, qui reflète les plus magiques couleurs. L'une de ses extrémités est ordinairement dentelée

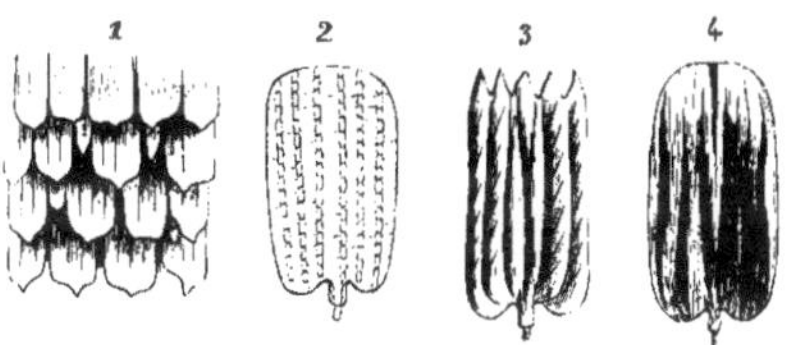

55. — 1 à 4. Écailles des ailes de divers papillons, vues au microscope.

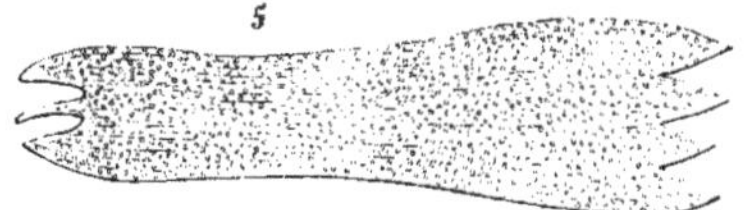

56. — 5. Aile de papillon, vue à la loupe.

plus ou moins profondément, tandis que l'autre offre seulement un petit pédicule par lequel chaque écaille imperceptible s'attache à la membrane transparente de l'aile.

Si ensuite, avec un grossissement moins fort, vous examinez une portion de celle-ci, vous voyez que toutes ces écailles microscopiques sont arrangées avec une admirable symétrie, au-dessus les unes des autres, comme les tuiles d'un toit. Et comme elles sont de taille uniforme et souvent de couleurs très-variées, la surface de l'aile ressemble absolument à une mosaïque d'une merveilleuse finesse; non à l'une de celles de nos artistes, mais à un produit de l'art divin [21].

Nos mouvements variés s'exécutent à l'aide de muscles volumineux, charnus, qui s'attachent au squelette. Par rapport à ceux-ci, l'Insecte possède l'avantage numérique et dynami-

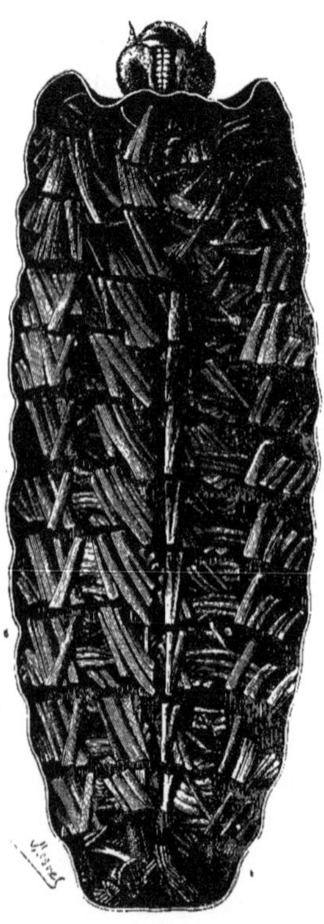

57. Appareil musculaire de la chenille du saule. D'après Lyonet.

que sur l'espèce humaine. Les anatomistes ne comptent que trois cent soixante-dix de ces muscles chez l'homme, tandis que le patient Lyonet en a découvert plus de quatre mille sur une simple chenille.

L'Insecte nous surpasse également en force. Un homme de force moyenne, n'écarte qu'avec peine un poids de vingt kilogrammes placé horizontalement. Pesant lui-même 70 à 75 kilogrammes, il n'ébranle donc, durant cet acte, que des masses dont le poids n'atteint même pas le tiers de celui de son corps. Si l'on soumet un Taupe-grillon à la même épreuve, les résultats sont tout à fait extraordinaires ; lui qui ne pèse que 4 grammes, écarte avec ses deux larges mains un poids de 1 kilo-

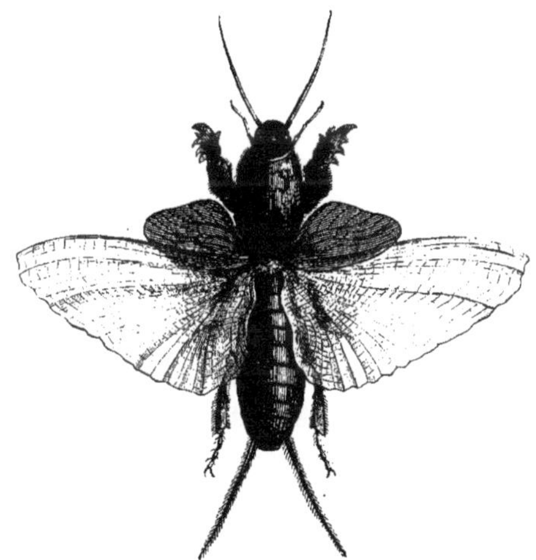

58. Taupe-grillon ou Courtilière.

gramme et demi, c'est-à-dire qu'il déploie une force qui le surpasse trois-cent soixante-quinze fois en pesanteur !

Malgré leur ténuité, et la délicatesse de leurs détails anatomiques, les membres des autres Insectes n'en offrent pas moins une force comparative qui nous étonne. Quoiqu'il soit presque puéril de parler de la Puce, prenons-la cependant pour exemple, parce qu'elle est malheureusement connue partout. Dans son intéressant ouvrage sur *Le Monde invisible*, M. de Fonvielle prétend qu'elle peut s'élever à une distance du sol que l'on peut évaluer à deux cents fois sa taille : à ce compte, dit-il, un homme ne se ferait qu'un jeu de sauter par-dessus les tours de Notre-Dame et les buttes Montmartre.

La prison ne serait plus possible, à moins d'en construire les murailles d'un demi-kilomètre de hauteur.

A peine si nous pouvons croire aux prodigieux mouvements de l'aile et à sa fine mosaïque de pierreries ; les pattes, quoique moins agiles et moins parées, sont cependant tout aussi dignes de notre attention. Celles de l'Abeille ouvrière sont de véritables chefs-d'œuvre : elles présentent à la fois une corbeille, une brosse et une pince. L'un de leurs articles est, en effet, une véritable petite brosse d'une ténuité extrême, dont les poils disposés par rangées symétriques, ne s'aperçoivent qu'au microscope. Et c'est avec cette brosse, d'une finesse féerique, que l'Abeille nettoie perpétuellement sa robe velue, pour en enlever la poussière pollinique qui s'y est enchevêtrée, tandis qu'elle butinait sur les fleurs et en pompait le nectar. Un autre article, creusé comme une cuiller, reçoit toute la récolte que l'insecte rapporte à la ruche ; c'est un panier à provisions. Enfin, en s'ouvrant l'une sur l'autre, à l'aide d'une charnière, ces deux pièces deviennent une espèce de pince, qui rend d'importants services lors de la construction des gâteaux ; c'est avec elle

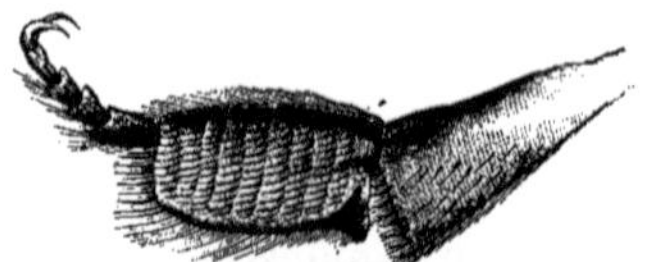

59. Brosse et pince de l'Abeille commune.

que l'Abeille prend les arceaux de cire sous son ventre et les porte à sa bouche.

Quelques Insectes aquatiques ont chacune de leurs pattes transformée en autant de rames délicates, ainsi que cela s'observe chez les Dytisques, où celles-ci sont même aplaties et bordées de cils, pour frapper l'eau par une plus large surface. D'autres, ainsi que les Mouches, offrent à l'extrémité de leurs membres des espèces de petites lames entaillées, qui leur permettent d'adhérer, sans effort, aux glaces et aux corps les plus polis.

Combien les œuvres de l'homme sont abruptes et grossières près de celles de la nature! Comparez les instruments que

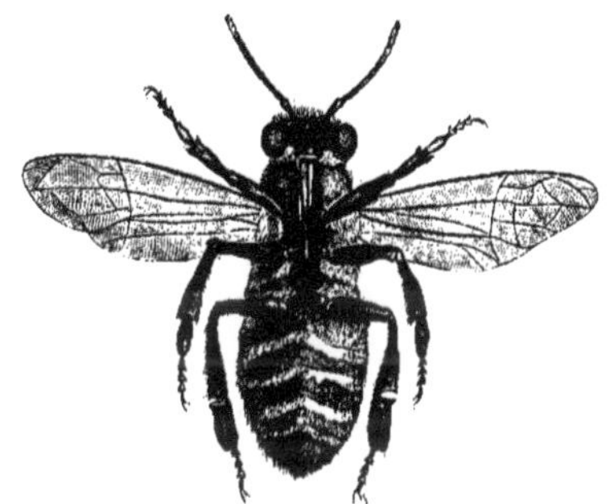

60. Abeille vue en dessous avec les arceaux de cire de son abdomen.

l'Insecte emploie pour son travail à ceux dont nous faisons usage; voyez ses scies, ses râteaux, ses brosses, ses ciseaux; comparez-les aux nôtres et vous reconnaîtrez immédiatement que tout ce que vous savez faire n'est que bien inférieur à ce

61. Pattes postérieures en rames ciliées, sur un Dytisque mâle et femelle; et patte préhensile du mâle.

qu'il possède. Le scalpel d'un anatomiste vous semble avoir un tranchant d'un précieux travail, son poli vous séduit; examinez-le au microscope et vous êtes surpris de le voir se transformer en une grossière lame de scie. Il en est de même de la pointe d'une aiguille, elle y devient une imparfaite alène.

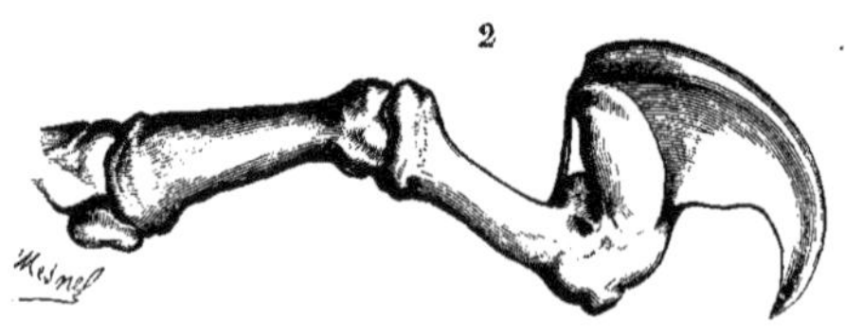

62. Ongle du lion.

Mettez en regard les scies, les dards ou les râteaux d'un Insecte, vos yeux s'étonneront de leur prodigieux fini, et tout vous révélera alors la puissance de l'architecte de tant de merveilles.

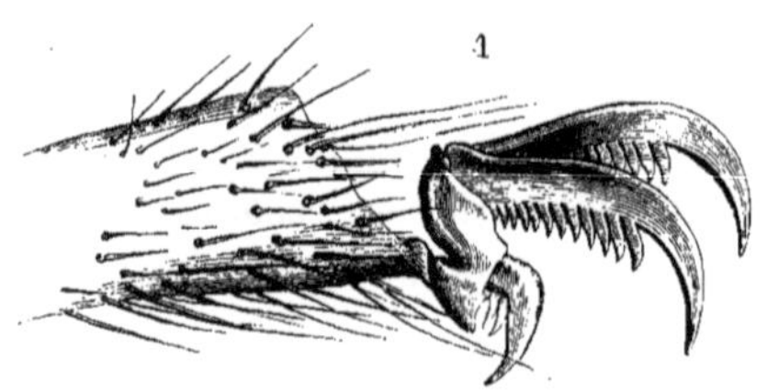

63. Ongle d'Araignée, vu au microscope.

La griffe du Lion le cède énormément en complication à celle de l'Araignée !

Sur les êtres que nous étudions, la faculté tactile acquiert un développement merveilleux ; elle supplée aux ressources du langage : les Fourmis se parlent en se palpant. On ne le croirait pas si un observateur scrupuleux ne l'avait démontré. Et ce fait est si positif que chacun peut, à tout instant, le vérifier. Lorsque, dans leurs courses, deux de ces intelligents Insectes se rencontrent, on remarque qu'ils se touchent diversement l'un et l'autre, avec leurs antennes, et qu'après cela ils semblent prendre une nouvelle détermination, résultant d'une sorte de communication tactile, qu'Huber nomme *langage antennal.*

L'expérience suivante, entreprise par ce savant, donne à ce fait une incontestable évidence. Ayant jeté une peuplade de Fourmis dans une chambre fermée et plongée dans l'obscurité, il remarqua d'abord que toutes se disséminaient en désordre. Mais bientôt il reconnut que si, dans ses pérégrinations, un seul individu parvenait à découvrir quelque issue, il revenait au milieu des autres; là il en palpait un certain nombre, et après cette communication mimique, toute la population se rassemblait en files régulières, qui s'acheminaient au dehors sous l'impression d'une pensée désormais commune, la liberté retrouvée.

Chez tous les grands animaux, il n'existe que deux yeux; le moindre Insecte est, sous ce rapport, infiniment mieux doté qu'eux. La Fourmi, dont l'appareil visuel est l'un des moins parfaits, en possède déjà une cinquantaine. La Mouche commune en a huit mille, et l'on en compte jusqu'à vingt-cinq mille sur certains Papillons. Chacun de ces organes présente même, dans des proportions microscopiques, la plupart des parties qui entrent dans la composition de notre globe oculaire. Intimement agglomérés entre eux, ces yeux suppléent à leur immobilité par leur masse. Celle-ci est telle, que sur certaines Mouches elle envahit la presque totalité de la tête et forme même le quart du poids du corps.

Ces puissants appareils optiques offrent de curieuses modifications, qui révèlent les mœurs des Insectes.

Ceux qui cherchent leur nourriture la nuit les ont plus foncés, pour mieux absorber les moindres rayons lumineux. Chez les Insectes carnassiers, ils sont plus grands. La tête des espèces aquatiques en offre parfois plusieurs paires : les uns sont dirigés en haut, les autres en bas; de manière qu'en nageant à la surface de l'eau, l'animal voit le poisson qui le menace dans sa profondeur ou l'oiseau qui va fondre sur lui : il échappe au premier en fuyant et à l'autre en plongeant[22].

L'Insecte jouit d'une exquise finesse olfactive; les moindres odeurs le frappent aux plus grandes distances. Dans l'atmosphère embaumée qui s'exhale des mille plantes d'une prairie

64. Gyrin nageur.

ou d'un jardin, il débrouille celle qu'il aime, et s'abat sur elle pour la dépecer ou lui confier sa progéniture.

Aux plus grandes distances, l'Insecte carnassier sent l'animal dont la chair le nourrit. Si un morceau de viande est totalement caché sous une cloche noire, ses exhalaisons attirent rapidement les Mouches dans un lieu où l'on n'en voyait précédemment aucune.

Jamais l'animal ailé ne commet d'erreur, et si, dans de rares circonstances, il se méprend, c'est qu'il y a une parfaite identité entre les émanations odorantes. Ainsi, les exhalaisons cadavériques des fleurs des Stapélias ou des Arums attirent certains Insectes, à l'instar de la viande pourrie; et ceux-ci, trompés par cette fausse apparence, déposent sur la plante une progéniture qui doit infailliblement y périr d'inanition.

Mais où réside un sens si délicat? L'analogie fit penser à de Blainville qu'il devait être placé dans les Antennes, petites cornes mobiles qui se trouvent au devant de la tête, où elles offrent la plus grande diversité de formes ; tantôt allongées comme des fils articulés, tantôt lamelleuses ou extraordinairement renflées comme des massues ou des vessies. En effet, les antennes, ainsi que les narines des grands animaux, reçoivent la première paire de nerfs qui sort du cerveau. Des expériences exécutées par Dugès, tendent à démontrer que ce sont bien elles qui représentent l'organe de l'olfaction. Après les avoir coupées sur des Papillons et des Mouches, ce physiologiste vit que ceux-ci ne pouvaient plus vaguer à la recherche de leur nourriture ou de leur femelle.

Mais l'extrême finesse de l'odorat qu'offrent quelques Insectes, ne s'obtient qu'à l'aide d'organes d'une merveilleuse

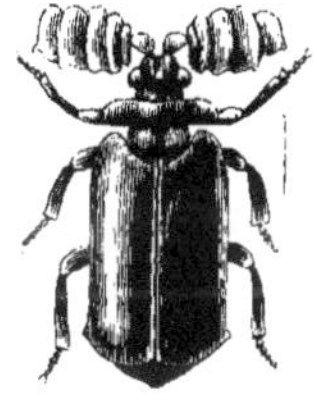

Antennes diversiformes.

65. Pentaplatarthrus paussoides. 66. Platyrhopalus denticornis. 67 Lebioderus goryi.

délicatesse, et d'une complication qui dépasse parfois toutes nos prévisions. L'homme et les grands animaux n'ont jamais que deux cavités olfactives; dans les Poissons celles-ci se réduisent même à une paire de petits sacs à peine apparents. Chez le Hanneton les odeurs sont perçues à l'aide de poches microscopiques; mais au lieu d'être réduites à deux, ces poches s'élèvent au nombre de plusieurs millions. Ici encore l'infiniment petit l'emporte sur l'infiniment grand; l'Insecte sur l'Éléphant.

Il faut bien qu'il existe des organes de l'ouïe chez les Insectes, puisqu'ils s'attirent entre eux à l'aide de certains sons, et qu'ils possèdent même pour les produire une instrumentation fort variée. Mais où est exactement leur appareil auditif? c'est ce que l'on ignore encore[23].

Ce qu'il y a de vraiment extraordinaire, c'est que ces animaux ne semblent percevoir que les bruits qui leur sont utiles, tandis que les autres, quelle qu'en soit l'intensité, ne les affectent nullement. La reine des abeilles, à l'aide d'un bourdonnement à peine sensible, met tout son peuple en émoi, et se fait suivre d'une armée de combattants. Mais si, au contraire, vous produisez des détonations d'armes à feu tout auprès d'une colonie de ces Hyménoptères, pas un seul ne bouge; il semble que le bruit n'en est nullement perçu par eux.

Le Cheval n'a qu'un estomac; souvent l'Insecte en a trois. Chez le premier, celui-ci n'occupe qu'une fraction assez restreinte du corps; chez l'autre, il l'envahit parfois entièrement : l'animal ressemble à un sac digestif ambulant. L'activité dévorante de plusieurs Orthoptères est même secondée par de grosses dents placées à l'intérieur de l'estomac, qui fonctionnent comme une deuxième bouche et achèvent de broyer tout ce qui a échappé à l'action des mâchoires.

La puissance digestive est telle chez certaines Chenilles, qu'elles engouffrent chaque jour trois à quatre fois leur poids de nourriture. Si l'alimentation acquérait de semblables proportions chez l'Éléphant ou le Rhinocéros, et que ceux-ci fussent aussi communs à la surface du globe, il ne leur faudrait qu'un temps fort court pour en dévorer toute la végétation.

La première période de la vie de l'Insecte est consacrée au développement, à la nutrition; et c'est souvent tandis qu'elle dure que celui-ci mange avec la gloutonnerie dont il vient d'être question. Devenu adulte, toute son existence semble n'avoir d'autre but que la reproduction; parfois même alors, le canal alimentaire s'oblitère et l'animal ne prend aucune nourriture. La Chenille aux destructives mâchoires, la perdition de nos récoltes, se métamorphose en Papillon dont la trompe inoffensive ne pompe que le nectar des fleurs. Sous son dernier état, l'Éphémère ne vit plus que d'amour; son appareil digestif est totalement anéanti!

Quelques Hémiptères sont, cependant, toute leur vie, d'une grande sobriété et ne se nourrissent que du suc des plantes. Ils ne le sucent pas, quoiqu'on le dise généralement; leur organisation s'y refuse. N'ayant aucun appareil pour faire le vide et aspirer des fluides, ils les soutirent simplement à l'aide de leur bouche, qui se trouve, à cet effet, transformée en la

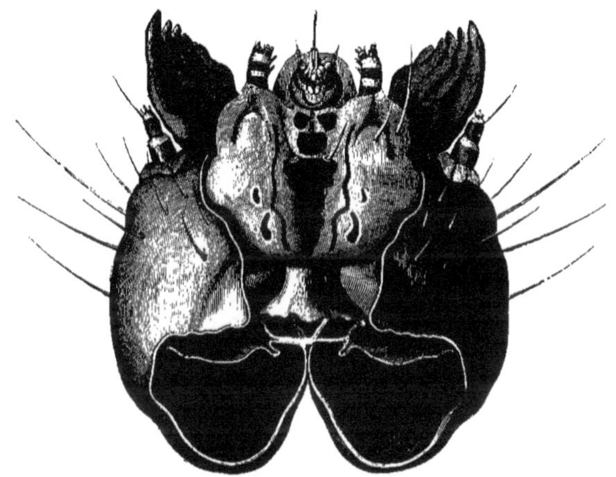

68. Tête et mâchoires de la chenille. D'après Lyonet, Traité anatomique de la chenille qui ronge le bois du saule.

plus délicate petite pompe aspirante que l'on puisse imaginer. La lèvre inférieure représente un tube terminé en pointe, sur le dessus duquel règne une gouttière. Dans celle-ci, quatre fines soies se meuvent comme un piston, et, dans leurs mouvements de va-et-vient, aspirent les liquides des plantes et des animaux, aussitôt qu'avec le stylet de son bec, l'insecte en a piqué l'enveloppe. Ainsi, quand le fatal Cousin s'est arrêté sur notre peau et se gorge de notre sang, il ne le suce pas, il le pompe avec des pistons d'une merveilleuse ténuité.

Notre cœur, dont la structure est tant admirée et si admirable, n'est cependant lui-même qu'une bien grossière pompe foulante, comparé à celui des Insectes. Deux larges ouvertures munies chacune de deux soupapes ou valvules destinées à s'opposer au reflux du sang; voici tout ce qui fonctionne dans l'organe central de la circulation. Si, à l'aide du microscope solaire, on projette sur un vaste écran tout le corps transparent d'une Éphémère, on est émerveillé du magnifique spectacle qu'offre chez elle le mouvement du sang. Le cœur représente un long vaisseau qui occupe tout le dos de l'animal, et dans lequel le fluide circulatoire se précipite par huit ou dix ouvertures latérales, semblables à de petits ruisseaux convergeant vers un courant plus impétueux. Autant de valvules se soulèvent et s'abaissent pour en permettre l'entrée et en empêcher le retour. A l'intérieur de ce cœur allongé, de plus grandes valvules, au nombre de six à huit, s'appliquent sur sa paroi pour laisser marcher le sang en avant, et s'ouvrent ensuite, durant chaque contraction, afin d'empêcher qu'il ne revienne en arrière. Des vaisseaux disposés en anses, se rendent dans tous les membres.

Le cours du sang sur l'Insecte colossal qu'offre l'écran, ressemble à celui d'autant de petits ruisseaux charriant des globules plus ou moins tassés; tout est là de la dernière évidence. Et cependant, qui le croirait? jamais Cuvier et l'école qui l'environnait ne voulurent reconnaître ce phéno-

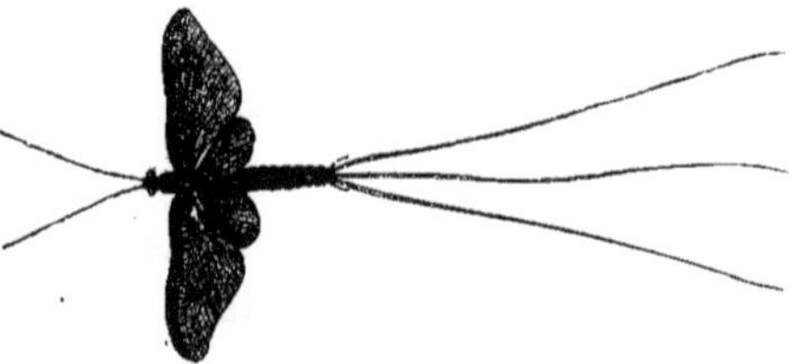

69. Éphémère commune.

mène. Au lieu de regarder, ce qui était si facile, ils aimèrent mieux nier la circulation des Insectes, et considérer leur admirable cœur comme un simple vaisseau sécrétoire, ébranlé par des secousses contractiles. C'est ainsi que marchent les sciences physiologiques. Il faut cent combats pour faire admettre la vérité la plus facile à vérifier.

Chez nous, comme chez tous les grands animaux, l'air se précipite dans l'appareil respiratoire, sans la moindre précaution, par une ouverture unique et fort ample; toutes les impuretés de l'air peuvent s'y engouffrer et souiller nos poumons.

Les Insectes, au contraire, aspirent le gaz atmosphérique par plusieurs orifices, et celui-ci est finement épuré avant son introduction dans l'organisme. Les uns ont, à cet effet, toutes leurs bouches aériennes tapissées d'une membrane percée comme un crible, d'une immensité de petits trous qui arrêtent les moindres corpuscules de l'air, et fonctionnent à l'instar d'un véritable tamis. D'autres ont chacune de leurs boutonnières respiratoires obstruées par des poils, qui y forment une sorte de réseau arborisé, pour le même usage. Sans ces providentielles précautions, les tubes aériens de ces animaux, souvent fins comme des cheveux, eussent à chaque instant été bouchés par la poussière au milieu de laquelle ils vivent.

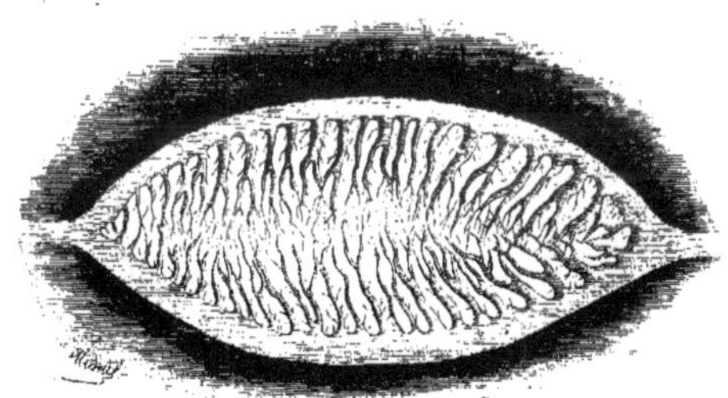

70. Bouche aérienne ou Stigmate de Mouche commune, vu au microscope.

Lorsque les Insectes habitent l'eau, d'autres soins, non moins admirables, empêchent celle-ci de s'engouffrer dans les vaisseaux aérifères. Parfois il existe à l'entrée de l'organe respiratoire une véritable porte à cinq à six battants, du plus ingénieux mécanisme, que l'animal ouvre et ferme à son gré. Il ne l'ouvre que lorsqu'il vient respirer à la surface des mares; quand il s'enfonce dans leur profondeur, les battants de cette petite porte à air sont strictement clos, et les canaux pneumatiques se trouvent efficacement défendus contre l'invasion du liquide qui en troublerait l'harmonie. C'est ce

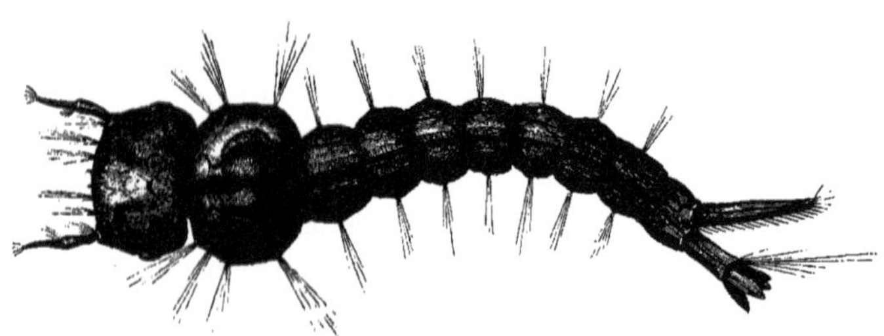

71. Larve du Cousin commun. *Culex pipiens*, Linnée; vue au microscope.

que l'on voit sur la larve du Cousin commun, qui pullule dans nos eaux stagnantes.

Sur les grands animaux, la fonction respiratoire s'opère à l'aide d'un appareil distinct, limité, confiné dans une région du corps. Chez les Insectes, elle a un plus ample théâtre : l'air s'épanche partout, et après avoir immergé les organes internes à l'aide de vaisseaux particuliers, les *trachées*, que leur teinte nacrée fait facilement distinguer, il parvient même jusqu'aux plus fines extrémités des pattes et des antennes. Ces vaisseaux offrent à cet effet une structure infiniment remarquable. Ils sont composés d'une fine lame cartilagineuse, enroulée comme le fil métallique d'un élastique de bretelle. Disposition qui tend à tenir leurs parois constamment écartées, et à faciliter la libre circulation de l'air dans ses imperceptibles canaux.

Il n'est personne qui n'ait remarqué, avec un certain dégoût, une larve blanche à longue queue, qui vit dans les eaux sales et croupissantes de nos cours et de nos chemins, et qu'on appelle vulgairement *ver à queue de rat*. Lorsque j'étais jeune, cette larve m'inspirait la même répulsion qu'à tout le monde : mais depuis que mes yeux, armés d'une loupe, l'ont examinée; et depuis que j'en ai étudié les mœurs, l'admiration a remplacé la répugnance. Cette queue extraor-

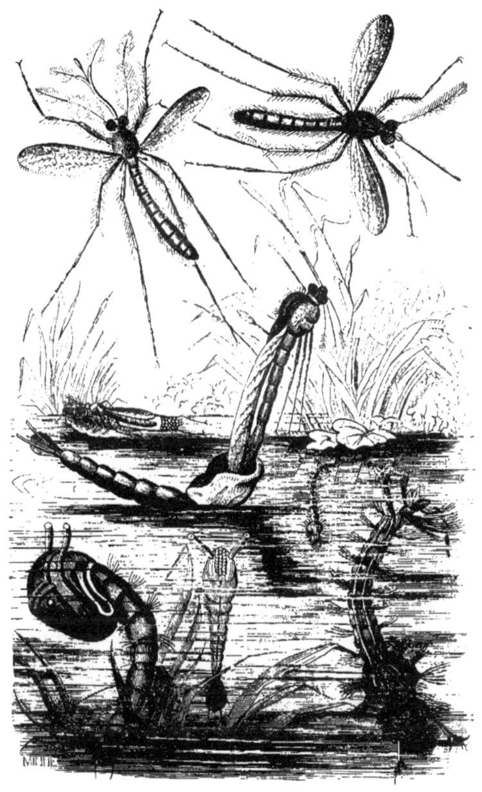

72. Cousin commun et ses métamorphoses. Larves ouvrant leurs portes respiratoires à fleur d'eau. — Nymphes et insectes parfaits.

dinaire, à laquelle l'animal doit son nom, est un organe respiratoire. Elle contient deux vaisseaux qui vont disperser l'air dans tout le corps de cette larve de mouche, car c'en est une. Ces deux canaux aériens sont enveloppés par des tubes d'un calibre différent, qui s'emboîtent les uns dans les autres et se meuvent absolument comme les tubes d'une longue-vue.

Ce ver n'ayant aucun organe natatoire, trouve dans cette ingénieuse disposition le moyen de pouvoir constamment ouvrir à la surface de l'eau l'orifice de son appareil respiratoire, quel que soit le niveau de celle-ci. Si le liquide baisse dans la flaque qu'il habite, tous les tubes rentrent l'un dans l'autre, comme ceux de l'instrument astronomique, et les trachées aérifères serpentent à leur intérieur. Si, au contraire, une averse fait démesurément monter l'eau, tous sont projetés au dehors, étirés à l'extrême, et leur orifice n'en atteint pas moins la surface.

L'intention finale de la nature est tellement manifeste dans cette circonstance, que si, à l'imitation de Réaumur, vous plongez une de ces larves dans un verre ne contenant qu'une très-petite quantité d'eau, qu'on augmente ensuite peu à peu, sa queue s'allonge à mesure, et prend même un développement extraordinaire, pour subvenir, sans désemparer, aux besoins de la respiration et s'épanouir à la surface du liquide.

Les ravages des Insectes, qui nous occasionnent parfois de si grandes paniques, s'expliquent par leur énorme fécondité. Celle-ci est tellement prodigieuse, que bien des gens s'imaginent qu'elle résulte d'une création subite, en masse. A ce sujet, Leuwenhoeck calcula qu'une seule Mouche domestique peut produire en trois mois 746 496 petits; aussi Linnée a-t-il pu dire, en songeant à la voracité de cette progéniture affamée, que trois Mouches consommaient le cadavre d'un cheval non moins rapidement qu'un Lion.

Les Termites offrent une fécondité encore plus extraordinaire; et à la dixième génération, suivant R. Owen, un seul Puceron a produit 1 000 000 000 000 000 000 de petits.

Les œufs des Insectes, dont notre œil n'aperçoit que la forme, nous apparaissent comme autant de petits chefs-d'œuvre d'art, quand la loupe nous en révèle les délicates ciselures ou le mécanisme. Ils se rapprochent généralement de la configuration de la sphère ou de l'ovoïde. Quelques Papillons en produisent de cylindriques ; ceux des Cousins ressemblent à de charmantes amphores microscopiques. Il en est dont l'extrémité est surmontée d'une couronne de piquants ; d'autres représentent exactement une délicate marmite en miniature, dont le jeune habitant n'a, pour naître, qu'à soulever le couvercle.

L'œuf du Pou, qui nous dégoûte tant, offre cette curieuse structure. Mais, de plus, son ouverture est enjolivée d'un petit bourrelet saillant, et d'une gorge dans laquelle entre le rebord de l'opercule, de manière à le fermer hermétiquement. On remarque encore un mécanisme plus ingénieux sur l'œuf de quelques Punaises des bois. Le petit n'a pas même besoin de pousser le couvercle ; il y a à l'intérieur un véritable ressort qui se charge spontanément de cet office ; au moment de la naissance, il n'a qu'à sortir ; pour lui, on peut donc dire, avec raison, qu'il ne se donne même pas la peine de naître.

Souvent, aussi, la surface des œufs se fait remarquer par l'admirable finesse de ses guillochures. Les uns sont recouverts de grosses côtes, qui s'étendent d'un pôle à l'autre ; d'autres n'offrent que de fines lignes artistement burinées ; enfin, quelques-uns ont leur surface recouverte d'un réseau de dentelle. Pour eux, la nature a aussi épuisé toute la richesse de sa palette. Ils sont peints des plus douces ou des plus éclatantes teintes du bleu, du vert, du rouge ; quelques-uns ressemblent absolument à de la nacre, et il en est qu'on prendrait pour autant de charmantes petites perles irisées.

La sexualité des Insectes offre elle-même de curieuses particularités. Il n'y a pas seulement parmi eux des mâles et des femelles ; quelques-unes de leurs républiques ont, en outre, des individus absolument dépourvus de sexe ; et ce sont ces neutres qui seuls travaillent et deviennent l'élément de leur prospérité et de leur puissance. Les uns sont de véritables ouvriers, les autres de braves soldats. Mais ces individus, que l'on reconnaît à leur forme ou à leurs armes spéciales, ne sont, en réalité, que des femelles avortées. Les Abeilles le savent parfaitement elles-mêmes, ainsi que nous le verrons.

A toutes ces merveilles de la vie des Insectes, il faut encore ajouter l'inexplicable phénomène de ces lueurs éclatantes qu'ils projettent au milieu des ténèbres ; et qui, tantôt dans leur vol, sillonnent l'air de longues traînées de feu ; et tantôt illuminent paisiblement le feuillage où ils reposent.

Tout le monde connaît le Lampyre ver luisant, qui, à l'au-

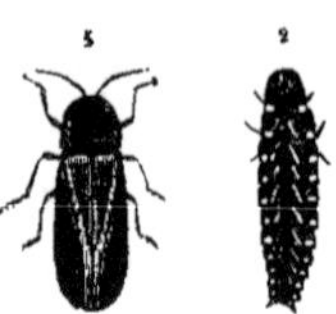

73. Lampyre noctiluque ou Ver luisant, mâle et femelle.

tomne, donne à nos gazons l'apparence d'un ciel constellé. Mais, dans l'Amérique tropicale, il existe des Insectes phosphorescents bien autrement éclatants. La Fulgore porte-lanterne peut suppléer une lampe, par la lumière vive dont resplendit sa monstrueuse tête. Sybille de Mérian rapporte qu'à Surinam, elle lisait parfois les gazettes à l'aide d'un seul de ces hémiptères [24].

Aux Antilles, la phosphorescence des Insectes est même journellement utilisée. Là on se sert d'un Taupin lumineux, dont le corselet devient éblouissant au milieu des ténèbres. A Cuba, souvent les femmes renferment plusieurs de ces Coléoptères dans de petites cages en verre ou en bois, qu'elles suspendent dans les appartements ; et ce lustre vivant y répand assez de clarté pour suffire aux travailleurs. Là aussi, les voyageurs éclairent leur marche au milieu de la nuit,

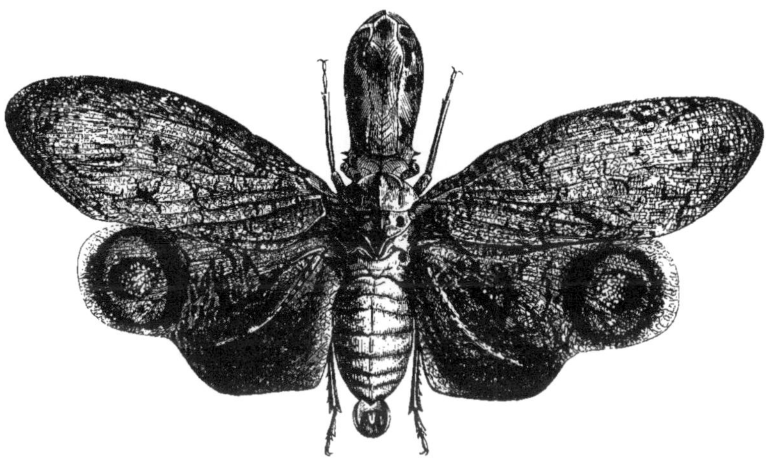

74. Fulgore porte-lanterne.

dans un chemin difficile, en attachant un de ces Taupins sur chacun de leurs pieds. Les créoles en mêlent parfois

75. Cage ou lustre à Taupins, pour l'éclairage.

76. Taupin lumineux des Antilles.

aux boucles de leur chevelure, et ceux-ci, comme de resplendissantes pierreries, donnent à leurs têtes le plus féerique aspect. Pendant leurs danses nocturnes, on voit encore les négresses parsemer de ces brillants insectes les robes de dentelles que la nature leur offre toutes tissées à même l'écorce du Lagetto. Dans leurs mouvements rapides et lascifs, elles

77. Case de nègres éclairée par des Taupins lumineux.

semblent enveloppées d'une robe de feu; c'est l'embrasement de Déjanire, sans son horreur.

Les sciences n'expliquent pas, avec plus de succès, la coloration et les sécrétions qu'offrent certains Insectes; et elles n'ont été que médiocrement heureuses en cherchant, dans le monde extérieur, tous les éléments des mystérieux phénomènes de l'organisme. Celui-ci nous dérobera peut-être encore longtemps ses secrets synthétiques.

Comment donc la Cochenille du Nopal trouve-t-elle dans les sucs verdâtres du Cactus qui la nourrit, la magnifique couleur rouge, le carmin, qui gonfle tout son corps?

Le Cérambyx musqué exhale le plus suave parfum de la rose; l'air en est embaumé tout autour du Saule qu'il habite, et ses émanations le trahissent fatalement au collecteur qui le poursuit. Mais le feuillage de cet arbre nourrit aussi d'infectes Punaises. Est-ce que d'un même aliment, l'un peut retirer les plus merveilleuses essences, et l'autre seulement des humeurs d'une repoussante fétidité?

L'Abeille exsude l'émolliente cire par l'une des régions de son corps, et dans une autre, sécrète de brûlants caustiques. Le nectar des fleurs peut-il donc fournir le miel embaumé et les plus âcres venins?

La Cantharide et le Méloé transforment en funestes poisons les sucs inoffensifs des frênes et de l'herbe de nos prairies. Et

78. Staphylin odorant. *Staphylinus olens.*

combien ces insectes toxiques n'ont-ils pas fait de victimes parmi nous [25]! Et cependant c'est cette même herbe qui surcharge de graisse la viande de nos bestiaux.

Et comment enfin, de sa nourriture sordide, le Staphylin embaumé extrait-il le suave parfum qui s'exhale de ses anneaux, et enduit les doigts de tous ceux qui le touchent?

II

LES MÉTAMORPHOSES.

Né sous une forme, l'Insecte meurt sous une autre, et les métamorphoses qu'il subit deviennent l'acte le plus important de son existence et le plus extraordinaire phénomène de la physiologie. Organisme et fonctions, tout change. La laide Chenille se transforme en Papillon resplendissant d'azur et d'or. Et si vous déposiez alors sur des feuilles fraîches ce Papillon qui en dévorait des masses dans son jeune âge, il y succomberait d'inanition; car depuis qu'il s'est paré de ses brillantes ailes, il lui faut une plus suave nourriture, il ne vit plus que du nectar des fleurs.

La Libellule, en apparaissant dans sa dernière robe, contracte d'autres mœurs. Elle a passé toute sa vie sous l'eau à l'état de larve ignoble, souillée de vase et de fange; mais quand le temps est venu, elle aspire à s'élancer dans l'air. Après être montée sur quelque herbe, elle y accroche sa défroque aquatique, et se revêt de brillantes ailes de tulle irisées, qui l'emportent au loin. La métamorphose est si radicale et les nouveaux besoins si impérieux, que si vous vouliez retenir une seule minute de plus l'Insecte dans son ancien élément, il y périrait à l'instant.

Il n'a vécu jusqu'alors que dans l'ombre et l'eau infecte; désormais il ne peut plus respirer qu'à l'air pur, à la lumière resplendissante.

L'Insecte adulte diffère tellement du jeune, que sur l'un on ne reconnaît nullement l'autre. Le Scarabée aux élytres d'émeraude, que révérait l'antique Égypte, ne ressemble en rien au hideux ver souterrain qui le produit. Singulière métamor-

79. Bousier sacré des Égyptiens. *Ateuchus sacer*, Latreille.

phose, dans laquelle, selon M. Goury, les nations des rives du Nil ne voyaient que le symbole de la transmigration des âmes [26].

Aristote, dont le génie a jeté de si vives clartés sur l'histoire des animaux, avait seulement soupçonné leurs métamorphoses. Il faut arriver jusqu'à l'époque de la Renaissance, pour voir Redi commencer à en tracer l'histoire d'une main ferme. A l'illustre médecin de Florence succédèrent Malpighi, le grand anatomiste, et surtout Goëdart, simple et excellent

80. Vie et métamorphoses de la Libellule déprimée. — A, insecte parfait; B, insecte abandonnant sa dépouille de nymphe; C D, larves et nymphes.

observateur, qui, dans un livre aussi rare que curieux, met en regard chaque chenille et son papillon.

En naissant, l'Insecte est toujours privé d'ailes. Cet appareil ne se développe qu'à la dernière période de sa vie, celle qui se trouve absolument consacrée à la reproduction. Le jeune être se présente ordinairement sous la forme d'un ver, auquel Linnée donnait le nom de *larve*, ou celui de *masque*, qui rappelle ingénieusement que ce ver n'est qu'une espèce de déguisement préliminaire, sous lequel il cache sa brillante livrée.

Cette première période de la vie est absolument consacrée au développement : la larve ne fait que manger et croître. Mais à un moment donné, son activité cesse ; elle se ratatine, se dépouille, revêt une forme nouvelle et devient immobile. C'est alors qu'on lui donne le nom de *nymphe ;* c'est là un véritable état transitoire ; dans cette espèce de sépulcre temporaire s'anéantit l'existence inachevée de la chenille et commence celle de l'Insecte parfait.

La transfiguration est aussi radicale au fond qu'à la surface. Tout l'organisme, à certain instant, semble presque se confondre en une pâte homogène d'où va surgir le nouvel être vivant. Ordinairement la Nymphe ne se revêt que d'un linceul brun, de la plus modeste apparence : elle semble une immobile momie enveloppée de ses bandelettes. Mais parfois aussi, à l'instar des rois, elle se sculpte un sarcophage enrichi d'or. De là la dénomination de *chrysalide* qui lui a été imposée.

A un moment donné, moment suprême, aurore d'une nouvelle vie, cette *momie* emmaillottée comme une Diane d'Éphèse, sort enfin de sa torpeur, s'anime, déchire son obscure enveloppe, et apparaît sous la forme d'un Insecte tout ruisselant de saphirs et d'émeraudes.

C'est ce dernier terme de l'organisation que l'on nomme l'*Insecte parfait*, l'*image* comme disait Linnée dans son langage figuré.

La naissance du jeune être est vraiment merveilleuse, car,

malgré les efforts inouïs qu'elle a exigés, il sort de ses langes dans un état de fraîcheur inconcevable. Le moindre frôlement

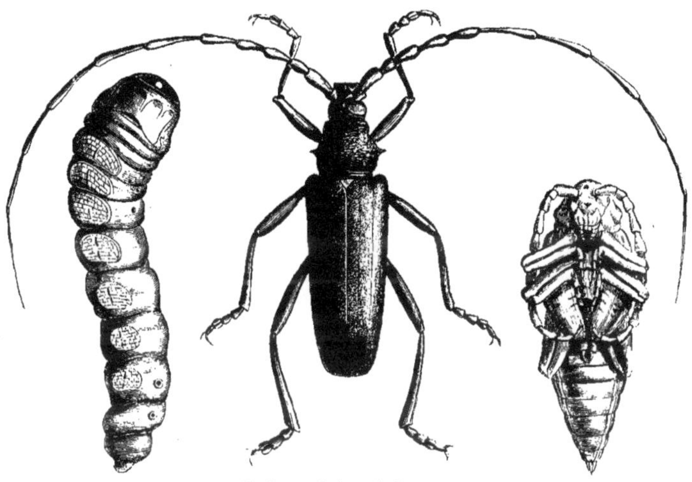

81. Les trois états de l'Insecte.
La Larve ou Chenille; la Nymphe ou Chrysalide, l'Insecte parfait ou Image, chez le grand Capricorne.

enlève les écailles d'un Papillon, et pas une de celles-ci n'est perdue quand il s'échappe à travers l'étroite ouverture de sa prison! Ce Paon de nuit, avec ses grands yeux d'Argus sur sa robe, surgit de son sarcophage corné, sans y accrocher l'un des poils de ses ailes veloutées!

Beaucoup d'Insectes font encore plus pour protéger leur métamorphose : ils s'enveloppent d'un manteau de soie, dont le tissu les préserve des atteintes de la pluie ou du froid. Chez certains Papillons, il est évident que celui-ci a été disposé pour remplir cette double mission. Une couverture extérieure serrée, semblable à la toiture en paille de nos maisons rustiques, laisse glisser les orages sans en être imbibée; une autre, intérieure et moelleuse, défie les rigueurs de l'hiver. Enseveli à l'automne sous ce double abri, le Papillon attend en sécurité le printemps pour renaître[7].

La magie des métamorphoses surpasse tout ce que l'on peut imaginer; ce sont autant de coups de théâtre, dont le dernier fait surgir un être absolument inattendu.

Le Papillon, qui, dans ses divers âges, se ressemble si peu lui-même, paraît naître et mourir trois fois; mais il ne s'agit ici que d'une simple évolution, s'accomplissant au milieu d'une apparente inertie, durant laquelle la vie seule

82. Petit Paon de nuit.

entretient ses ressorts cachés. La Chenille contient déjà tous les rudiments des formes qu'elle va successivement revêtir. Le génie de l'anatomiste y découvre trois êtres emboîtés les uns dans les autres, et dont le dernier, enveloppé d'un double linceul, l'écarte enfin pour apparaître dans toute sa beauté.

Quelques Insectes ne présentent cependant ni l'immobilité, ni la transfiguration complète dont nous venons de parler. Le passage d'une vie à une autre s'opère à l'aide d'une succession de développements. Beaucoup aussi conservent même, sous tous leurs états, une existence constamment active. On ne reconnaît la larve qu'à l'absence de ses ailes, et la nymphe que parce qu'elle en a seulement de rudimentaire. Telles sont les Punaises des bois, et les Forficules ou Perce-Oreilles.

Mais l'être parfait n'arrive ordinairement au terme de la vie

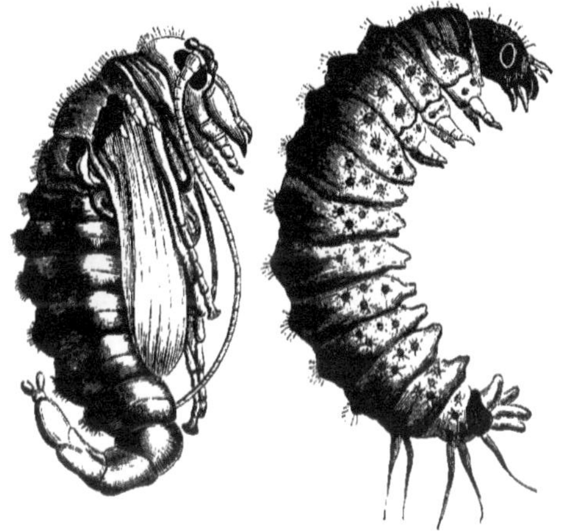

83. Larve et nymphe de Panorpe, très-grossies. Montrant chez cette Mouche le passage d'un état à l'autre.

qu'après avoir subi une totale métamorphose. Sa dernière forme n'est qu'un brillant habit de noce, et presque constam-

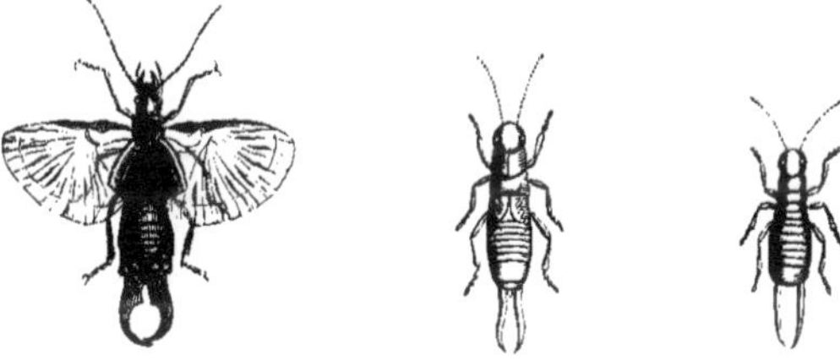

84. Forficule auriculaire, adulte, nymphe et larve.

ment il expire aussitôt que les flambeaux de l'hymen se sont éteints. Tel Insecte, ainsi que l'Éphémère, larve ignorée et imparfaite, met plusieurs années à se développer sous l'eau et la vase; puis se revêt d'ailes, et ne subsiste qu'une heure seulement avec toutes les prérogatives de la vie!

Les deux existences, chez les espèces qui présentent de radicales métamorphoses, n'ayant aucun rapport, l'organisme devait subir une transformation absolue.

Le Papillon, qui ne va plus se nourrir que de nectar, rejette

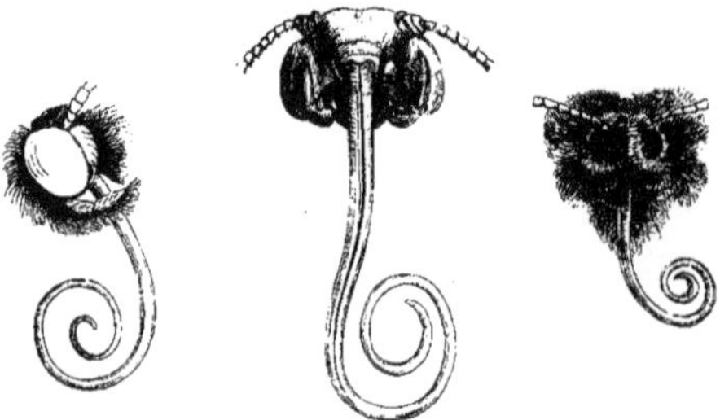

85. Têtes et trompes de divers Papillons.

sa dévorante tête de chenille et ses robustes mandibules, désormais inutiles; une trompe allongée les remplace pour sucer les sucs des fleurs. Les vigoureuses pattes de la larve, dont les crampons adhèrent si fortement aux feuilles, eussent offensé les fleurs que ce papillon va désormais fréquenter; il

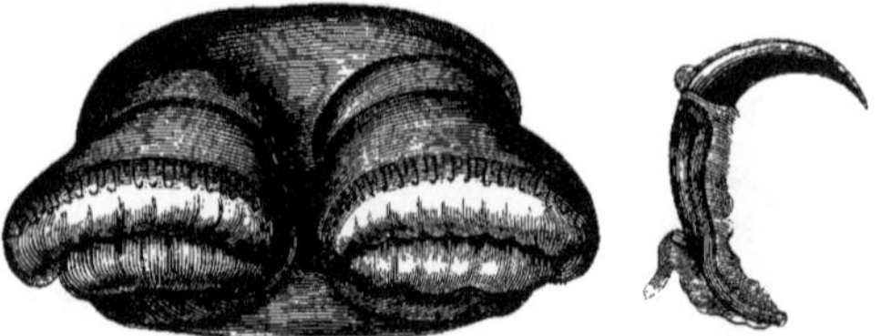

86. Pattes à crampons et ongle de la chenille du saule. D'après Lyonet.

s'en dépouille, et les change contre des membres longs et délicats, qui effleurent à peine le velours de leurs pétales.

Jusqu'à un certain point, le génie de l'anatomiste pénètre l'intention de la nature; guidé par l'analogie, il voit dans cette informe Chenille les linéaments du Papillon. Malpighi, qui nous a laissé de si brillants travaux sur les Vers à soie, avec son œil de lynx, apercevait déjà dans leur nymphe les organes de la maternité. Ramdohr et Carus ont fouillé encore plus avant, et sont parvenus à discerner dans les Chenilles les premiers rudiments de l'ovaire, cette véritable fabrique d'œufs.

Mais que de merveilles encore inaperçues, inexpliquées! L'Image est précieusement protégée par une succession d'enveloppes dont elle se dépouille tour à tour. Puis, comme avant-dernière scène de la vie, celle que revêt la Chrysalide est plus épaisse, plus robuste, plus rembrunie et moins ornementée que toutes les autres; et c'est sous celle-ci, cependant, qu'une divine alchimie sème sa poussière d'or et d'argent sur les élytres de l'Insecte, ou les émaille de saphirs et de rubis.

En effet, lorsque le nouvel être, brisant ce laboratoire sépulcral, s'épanouit à la lumière, son éblouissante robe reflète le plus vif éclat des métaux ou étincelle de pierreries. Aucun animal, aucune plante n'étale autant de richesses; nos plus belles parures n'en approchent pas. Aussi, subjugué par l'admiration, dans sa Théologie des insectes, Lesser a-t-il pu s'écrier : « Jamais Salomon, sur son trône resplendissant, n'a été aussi magnifiquement vêtu que l'une de ces frêles créatures! »

Dans les anciennes chroniques, il est assez souvent question de gouttes de sang tombées çà et là comme un sinistre présage, ou même de véritables pluies de sang, qui ont jeté l'effroi parmi nos supertitieux ancêtres. Les savants expliquent parfaitement ce phénomène qui se lie aux métamorphoses des insectes.

Grégoire de Tours parle déjà d'une pluie de sang qui tomba durant le règne de Childebert et répandit l'épouvante parmi les Francs. Mais la plus célèbre est celle qui eut lieu à Aix durant l'été de l'année 1608. Elle avait frappé de terreur les habitants de toute la contrée. Les murailles du cimetière de l'église, et celles des maisons des bourgeois et des paysans, à une demi-lieue à la ronde, étaient toutes tachées de grosses gouttes de sang.

Un attentif examen de celles-ci avait convaincu un savant de cette époque, M. de Peirese, que tout ce qu'on débitait sur ce sujet n'était qu'une fable. Cependant il ne put d'abord expliquer cet extraordinaire phénomène, mais un hasard lui en révéla ostensiblement la cause. Ayant renfermé dans une boîte une chrysalide d'un des Papillons qui s'étaient montrés alors fort abondamment, quel ne fut pas son étonnement lorsqu'il

87. Vanesse Grande Tortue.

aperçut une tache d'un rouge rutilant à l'endroit où s'était opérée sa métamorphose!

Le savant avait là réellement découvert la cause de ces

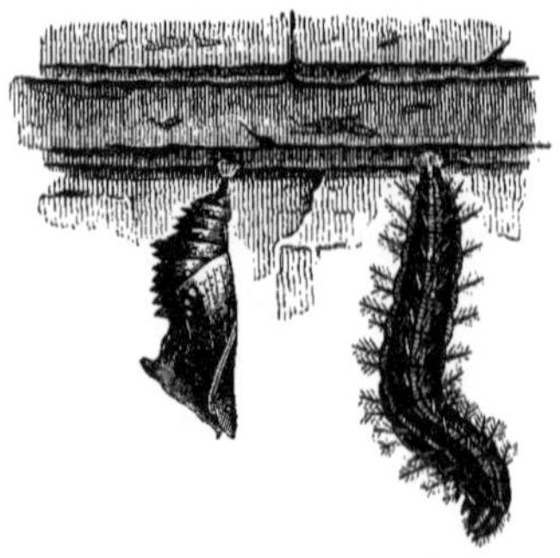

88. Chenille et Chrysalide de la Vanesse Grande Tortue.

pluies prodigieuses, qui ont frappé de stupeur tant de gens. Beaucoup de Papillons, en effet, peu d'instants après être sortis de leur maillot de chrysalide, rejettent un fluide épais, coloré, qui s'est amassé dans l'intestin pendant leur réclusion. Celui-ci est d'un rouge rutilant chez certains Lépidoptères diurnes, en particulier les Vanesses, et surtout, parmi elles, la grande Tortue, que Réaumur accuse principalement du fait.

M. de Peirese reconnut en effet que la pluie de sang d'Aix avait été accompagnée de l'apparition prodigieuse de Papillons appartenant à la même espèce que celle qu'il avait renfermée. Et il est dit dans l'Encyclopédie que ses conjectures furent confirmées, en ce que l'on ne trouva aucune tache sur les toits, mais seulement sur les étages du bas des maisons, lieux que les Papillons choisissent pour leurs métamorphoses[28].

III

L'INTELLIGENCE DES INSECTES.

Descartes, qui n'avait guère observé les Insectes, ne voyait en eux que d'ingénieuses machines, de vrais automates vivants, montés une seule fois pour mettre en mouvement leurs rouages et leurs ressorts; tout ce qu'a de merveilleux leur existence semblait avoir échappé à ce brillant génie. Lorsque le cartésianisme eut fait son temps, quelques philosophes timorés consentirent, cependant, à reconnaître d'obscures traces d'instinct chez ces animaux.

Mais, à mesure que l'on étudia mieux ces miniatures de la création, à mesure aussi, on leur découvrit quelques facultés élevées et des sensations perfectionnées, auxquelles succèdent la comparaison et le jugement. Nous les voyons même accomplir des actes dont le but confond notre esprit ; ils agissent dans la prévision d'un avenir dont aucun tableau matériel n'a pu leur révéler l'existence.

Tout nous étonne dans la vie de l'Insecte ; et ces travaux dont le fini et l'étendue tiennent du prodige ; et ceux dont aucune tradition n'a pu lui dévoiler l'urgence.

Ce Papillon qui s'échappe au printemps de son coffre de momie, n'eut jamais de rapports avec aucun des siens ; comment donc, à l'automne, déploiera-t-il tant de soins prévoyants pour une progéniture qu'il ne doit jamais voir ? Ces soins si délicats, cette prévoyance extrême, mais ils ne peuvent même pas être un reflet de ses premières impressions ! Les images s'en fussent effacées durant ces métamorphoses qui l'ont bouleversé de fond en comble.

A cette Libellule née sous l'eau, vivant dans l'ombre, plongée dans la vase, qui donc révèle que sa dernière patrie n'est que le ciel resplendissant ? Et quand, entraînée par une suprême aspiration, elle va rejeter son ignoble vêtement de larve, pour s'imbiber d'air et de lumière, qui donc marque le moment précis où elle doit se ravir au fond des marécages, se parer de sa brillante robe de fête, et, semblable à l'oiseau, s'élancer dans l'atmosphère ?

Gall et Camper, qui ont mesuré l'intelligence des mammifères d'après les proportions du cerveau ou de l'angle facial, auraient bien eu aussi quelque chose à faire sur les Insectes. On remarque, en effet, que les plus ingénieux d'entre eux ont un système nerveux plus centralisé que les autres, et une tête proportionnellement plus grosse.

Cette observation a été faite par de célèbres physiologistes, à l'égard des Abeilles et des Araignées, qui ont des facultés assurément plus élevées qu'aucun autre animal de leur tribu. Ratzeburg, dans les magnifiques planches de son ouvrage, même représenté le cerveau des premières pour donner l'idée de son ampleur.

On sait que Camper admettait que plus les animaux ont l'angle facial aigu et plus aussi leur intelligence est dégradée. Un savant anglais, White, a rendu cela graphiquement sensible en figurant la tête d'une grande série d'espèces de vertébrés, depuis l'homme jusqu'à la Grue, dont l'extrême allongement de la face correspond à l'infériorité intellectuelle. On pourrait peut-être exécuter quelque travail analogue pour les Insectes. Au commencement du tableau se trouveraient les Cicindèles et

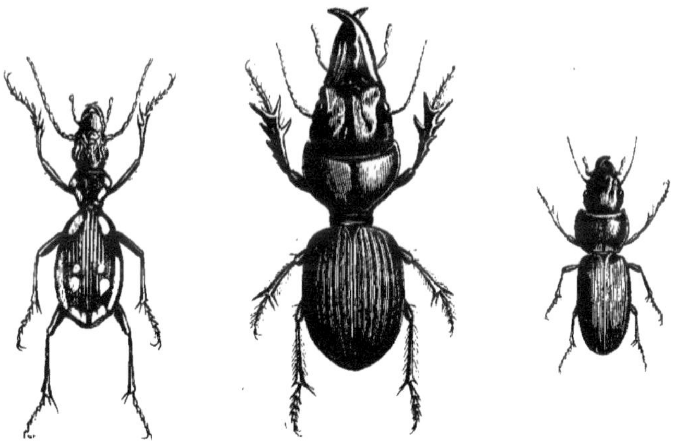

89. Coléoptères de la tribu des Carabiques.

les Carabiques, audacieux carnassiers aux mœurs féroces, et à la tête fortement accentuée ; à la fin, se verraient les timides Charançons au bec effilé, qui, par l'allongement extrême de leur angle facial et leurs capacités bornées, correspondraient parfaitement aux Grues.

L'intelligence des Insectes, dans certaines circonstances, s'élève jusqu'à la ruse la plus raffinée : on est tout surpris de rencontrer en eux tant d'invention et de fourberie. Les exemples abondent. Un carnassier affamé de proie vivante, mais qu'un cadavre dégoûte, est-il sur le point de saisir dans l'eau la grosse larve écailleuse d'un Dytisque ! Tout à coup, celle-ci a deviné son ennemi ; et aussitôt qu'il la touche, elle qui s'agitait turgide et vigoureuse, devient immédiatement molle et d'une flaccidité repoussante. L'agresseur croyant n'avoir plus

90. Charançon du pin, grossi.

dans la bouche qu'un animal mort, le dégoût lui fait lâcher sa proie....

Adulte, ce Coléoptère étant devenu corné, ne peut plus s'affaisser, mais alors il emploie une autre ruse. Aussitôt qu'on prend un Dytisque de nos marécages, il est à peine saisi que de

91. Dytisque marginal. Nymphe, Larve et Insecte parfait.

tous les pores de sa peau on voit sortir un fluide blanc, laiteux, d'une repoussante infection. L'animal le plus affamé n'y résisterait pas.

Enfants, nous avons tous été frappés par la vue de ces Coléoptères qui, à peine dans nos doigts, feignent, par leur immobilité, d'être tout à fait morts ; et qui, aussitôt abandonnés, déroïdissent peu à peu leurs membres et bientôt fuient à toutes jambes. Quelques-uns restent si obstinément immobiles quand on les tourmente, que rien ne peut les tirer de leur feinte obstinée. La Vrillette entêtée, si véridiquement nommée, se laisse plutôt flamber ou noyer que de fuir, quand une fois la frayeur l'a contractée. L'expérience a prouvé ce que nous avançons. De Geer et Duméril affirment qu'ayant vivement effrayé plusieurs coléoptères de cette espèce, ils se laissèrent brûler sans essayer de s'échapper.

D'autres, pour se soustraire à leurs ennemis, poussent encore la ruse plus loin. Jeunes et faibles, ils se couvrent d'un masque insidieux, d'une guenille repoussante ou d'une enveloppe infecte, de toiles d'araignées ou d'excréments ; et plus tard, meurent revêtus d'un manteau de pourpre et d'or.

Tel se voit le Criocère du Lis. Son ignoble larve, molle et craintive, se tapisse le dos de ses fétides déjections, pour dé-

92. Criocère du Lis et sa larve.

goûter les oiseaux insectivores. Puis, plus tard, débarrassé de son repoussant vêtement, le Coléoptère se promène sur sa royale plante avec une magnifique carapace d'un rouge vermillon [29].

Les Bombardiers sont encore plus ingénieux, c'est à l'aide d'une véritable artillerie qu'ils épouvantent leurs ennemis. Quand ils sont menacés, ces Coléoptères exhalent subitement de leur intestin une vapeur blanchâtre, acide, qui sort en produisant un certain bruit, une petite détonation, qui jette le désarroi parmi leurs agresseurs. Cette explosion peut même se répéter un certain nombre de fois. Aussi, lorsque l'un de ces Insectes est poursuivi par quelque ennemi, il fuit en faisant de nouvelles décharges de son artillerie. L'instinct de la défense est tellement inhérent à la tribu des Bombardiers, qu'au seul coup de canon d'alarme de l'un d'eux, tous les autres

93. Bombardier battant en retraite devant un Calosome.

crépitent en même temps : c'est un feu roulant sur toute la ligne. Le bruit produit par ces Coléoptères a assez d'intensité pour effrayer ceux qui ne connaissent pas leur ruse. On voit souvent de jeunes personnes qui, ayant saisi l'un d'eux, le laissent subitement s'échapper de leurs doigts étonnées de cette singulière attaque [30].

L'automatisme des Insectes n'a guère été soutenu que par ceux qui ne les ont jamais observés; les naturalistes, eux qui les connaissent, leur accordent au contraire des facultés assez élevées.

Un hémiptère que ses ruses ont rendu célèbre, le Réduve masqué, se cache sous un déguisement tout aussi insidieux que celui du Criocère, mais qui a l'avantage d'être infiniment moins dégoûtant. Il se couvre d'une guenille de toile d'araignée et de poussière, afin de mieux se confondre avec celle-ci, au milieu de laquelle il se cache en attendant sa proie au passage.

Le baron de Geer, ce Réaumur de la Suède, a décrit d'une manière pittoresque la ruse de cet Insecte. « Cette Punaise, dit-il, a sous la forme de nymphe, ou avant que ses ailes se soient développées, une figure tout à fait hideuse et révoltante. On la prendrait, au premier coup d'œil, pour une araignée des plus laides. Ce qui la rend si désagréable à la vue, c'est qu'elle est entièrement couverte et enveloppée d'une matière grisâtre, qui n'est autre chose que de la poussière qu'on voit dans les recoins des chambres mal balayées, et qui est ordinairement mêlée de sable et de parcelles de laine ou de soie, qui rendent les pattes de cet Insecte grosses et difformes et donnent à tout son corps un air fort singulier. »

Le Réduve n'en possède pas moins des formes fort sveltes, mais pour en jouir, il faut lui donner un coup de brosse. Sous

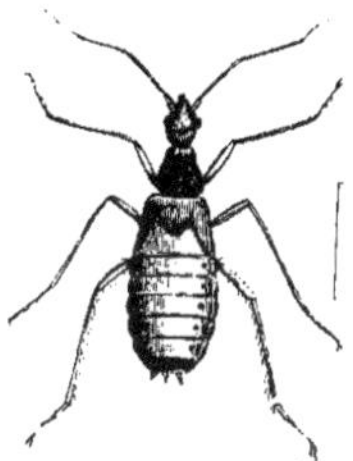

94. Réduves masqués, jeunes. L'un couvert de sa guenille de poussière et de toile d'araignée; l'autre qu'on en a débarrassé en le brossant.

son déguisement il marche très-lentement comme surchargé par son accoutrement, pour surprendre insidieusement sa proie. Mais quand il a rejeté son froc et revêtu ses ailes, il devient agile, et, comme le dit ingénieusement M. Figuier dans son excellent ouvrage sur les insectes, « on le voit alors gagner ouvertement sa vie. »

Lorsqu'un ennemi peu redoutable se faufile dans une ruche d'Abeilles, les premières sentinelles qui l'aperçoivent le percent de leur aiguillon, et, en un clin d'œil, en rejettent le cadavre hors de la demeure commune. Le travail n'en est nullement interrompu.

Mais si l'agresseur est une forte et lourde Limace, tout se passe différemment. Un frémissement général s'empare des travailleurs ; chacun apprête ses armes, tourbillonne autour de l'envahisseur et le perce de son dard. Assailli avec furie, blessé de tous côtés, empoisonné par le venin, l'animal rampant meurt au milieu de violentes contorsions. Mais que faire d'un si pesant ennemi ? Les petites pattes de toute la tribu ne suffiraient pas pour en ébranler le cadavre, et l'étroite porte de la ruche pour le laisser passer. Ses exhalaisons putrides vont cependant bientôt infecter la colonie et y développer le germe de quelque maladie. Comment sortir de cet embarras ?

La république avise et prend une résolution subite, comme si on y connaissait à fond l'art de l'ancienne Égypte. Ainsi que sous les pharaons on embaumait les cadavres des animaux, soit dans un but religieux, soit pour se préserver de leurs émanations pestilentielles, toutes les Abeilles se mettent immédiatement à l'œuvre et embaument le mort dont la présence les menace. A cet effet les Ouvrières se dispersent dans la campagne pour y recueillir la matière résineuse qui englue les bourgeons, car c'est elle qui remplace les essences et l'aloès des ensevelisseurs de la Thébaïde. Avec celle-ci les Abeilles enveloppent étroitement le mort, en guise de bandelettes, et déposent tout autour de son corps une couche épaisse et solide qui le préserve de la putréfaction.

Après de si ingénieuses combinaisons, qui serait tenté, avec Malebranche et tous les continuateurs de la scolastique, de considérer l'Insecte comme un automate fatalement destiné à n'accomplir qu'une série d'actes en rapport avec son mécanisme ? Nous sommes ici bien loin du joueur de flûte de Vaucanson, ou de son fameux canard mécanique, qui mangeait et digérait ses aliments en présence des spectateurs.

Mais ces mêmes Abeilles développent, sinon autant d'art, du moins plus de finesse encore dans d'autres circonstances.

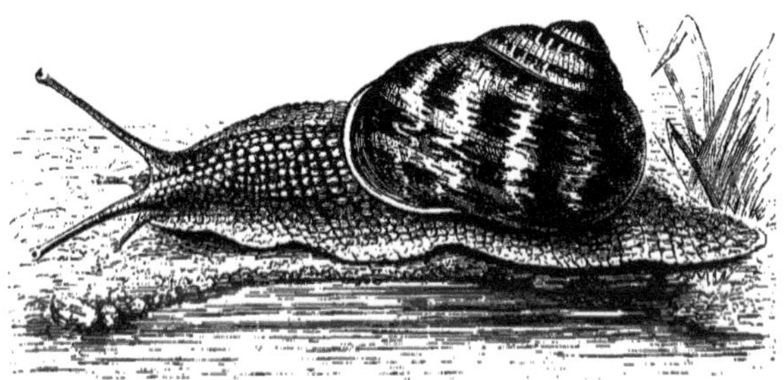

95. Escargot. Hélice chagrinée. *Helix aspersa*. Mull.

Si, au lieu d'une molle Limace, vulnérable de tous côtés, c'est un Escargot cuirassé qui viole l'asile de la république, tout se passe d'une autre manière. Quand l'essaim commence à l'attaquer, le Mollusque s'enfonce dans sa coquille, l'applique contre le sol et se trouve ainsi à l'abri de toute agression. Cependant, la présence d'un ennemi si bien retranché donnant de l'inquiétude, ne pouvant le tuer, on l'enchaîne sur place. Les travailleurs déposent tout autour de sa carapace une solide bordure de substance résineuse qui la colle intimement à la ruche. Il faut alors que l'ennemi meure dans son gîte, car tout mouvement, toute évasion, lui sont désormais impossibles.

Réaumur surprit ainsi un Limaçon enchaîné sur le verre de l'une de ses ruches à expériences, dans laquelle il avait imprudemment pénétré. J'ai eu l'occasion d'observer une fois un semblable prisonnier dans les mêmes circonstances.

De tels faits n'accusent-ils pas une certaine prévoyance? L'instinct aveugle pourrait-il les produire? Qui oserait les rapporter à l'automatisme?

Certains Insectes ont une idée de l'ordre et de la stratégie. Quand ils vont à la curée ou à la bataille, comme nous le verrons dans un autre chapitre, leur armée s'avance avec un soin et une prudence qu'on serait loin de s'attendre à trouver chez d'aussi infimes animaux : elle a ses chefs, ses vedettes et ses éclaireurs.

Mais aucun acte de l'intelligence des Insectes n'égale celui par lequel les Abeilles se façonnent une Reine, quand celle-ci vient à leur manquer. Par une singulière anomalie, chez ces Insectes, ce sont les femelles qui, quoique plus délicates, se chargent de tous les travaux ; les mâles ne font absolument rien. Mais celles-ci n'ont aucun des attributs de leur sexe, ce sont de véritables neutres, chez lesquels les Nourrices ont fait sciemment avorter tout principe de fécondité. Ces travailleuses, jeunes, n'ont reçu leur pâtée que d'une main avare. Elles ont eu beau crier et se démener dans le fond de leur cellule, la marâtre a été inflexible. Et enfin, quand la nourrice a jugé que le moment était venu, elle a fatalement emprisonné la larve, en lui disant : tu n'iras pas plus loin. Ainsi se trouve paralysé le développement organique.

Mais si quelque accident enlève la Reine d'une république d'Abeilles, celles-ci, ô prodige ! connaissent assez les ressorts de la vie pour s'en créer une nouvelle. Les Nourrices savent que c'est à leur égoïsme qu'est dû l'avortement de leurs semblables ; que font-elles ? Immédiatement, pour se procurer une nouvelle souveraine, elles accomplissent de grands travaux. Sur le bord de l'un des gâteaux on les voit amasser d'amples matériaux et construire une vaste cellule royale, quarante ou cinquante fois plus grande et plus pesante que les autres. Après, elles vont enlever une simple ouvrière à son étroite alvéole, et la placent dans ce véritable palais. Aussitôt que celle-ci se trouve installée dans sa somptueuse demeure, les Nourrices, devenues pleines de tendresse, lui prodiguent une pâtée plus suave et plus parfumée ; et sous l'influence de cette ambroisie, la larve qui n'était appelée qu'à la plus humble condition, voit apparaître ses organes de fécondité. C'est désormais une Reine! Est-il possible de pousser plus loin la connaissance intime de son être et l'art divin d'en modifier la nature!...

L'amour maternel fait aussi accomplir à l'Insecte des travaux, — j'allais dire herculéens, — mais il faut ajouter plus qu'herculéens. Il y développe une persévérance prodigieuse, une puissance incompréhensible.

Linnée vit une de ces mouches qui attaquent les gros bestiaux, un Œstre, poursuivre, toute une journée, le Renne lancé au galop qui enlevait son traîneau sur la neige. La mouche menaçante volait presque continuellement à ses côtés, épiant le moment où elle pourrait introduire l'un de ses œufs sous sa peau!

Ces êtres si déshérités par la taille, nous surprennent par leur ingénieuse tendresse : leur prévoyance maternelle est sans bornes. Quelques-uns imitent le Lapin, qui se dépouille tout le ventre pour former un moelleux coussin à sa nichée de petits. Ils vont même plus loin que le Mammifère : celui-ci ne s'enlève qu'une partie de sa laine, tandis que certains Papillons, pour abriter leur progéniture, s'arrachent tous les poils du corps, et expirent aussitôt que cet acte de dévouement est accompli. C'est ce que fait l'un des fléaux de nos forêts de Sapins, le Bombyce dissemblable, dont le nid se compose d'un double abri : d'un fin duvet, sur lequel reposent les œufs et qui les recouvre immédiatement; et d'une couche extérieure, formée de poils serrés et imbriqués, semblable à une toile imperméable. Ainsi la couvée se trouve doublement protégée et contre les rigueurs du froid de l'hiver, et contre ses pluies destructives.

Quelques Cochenilles, encore plus dévouées à leur progéniture, s'immolent fatalement pour la protéger. A mesure que l'Insecte, monstrueusement distendu, expulse ses œufs, ceux-ci sont entassés par lui en un petit monceau. Et quand son corps s'en est totalement vidé et ne ressemble plus qu'à

96. Bombyce dissemblable. *Bombyx dispar*. Chenille; Chrysalide et Papillon mâle et femelle.

une vessie flasque, la femelle en recouvre sa lignée, attache ses bords tout autour d'elle, et meurt immédiatement après, en lui formant ainsi un toit convexe, solide, dont l'imperméabilité garantit sa ponte contre les injures de l'air et des orages. La mère a payé de la vie son enfantement, et c'est à l'abri de son cadavre momifié que naissent ses petits.

Certains Insectes sont autrement guidés par la prévoyance maternelle. Au lieu de se sacrifier eux-mêmes, ils tuent d'autres animaux pour subvenir aux besoins de leur progéniture affamée. Chaque espèce exigeant une nourriture particulière, ce n'est qu'à l'aide de procédés variés que les parents parviennent à se la procurer.

Une proie vivante est impérieusement nécessaire à certaines larves ; il la leur faut dès qu'elles naissent ; et comme la mère ne peut l'enchaîner à leur berceau, elle l'empoisonne. Mais plus habile que Locuste, elle ne lui administre seulement que ce qu'il faut de poison pour l'assoupir ou la paralyser, de manière qu'en sortant de l'œuf, le petit trouve toujours près de lui le moribond qu'il achève en le dévorant. Ce cas est celui de beaucoup de *Sphex*. La Mouche place l'un de ses œufs au fond d'un petit trou, qu'elle fait dans la terre ; puis elle s'en va chasser jusqu'à ce qu'elle découvre quelque Araignée ou quelque Chenille. Aussitôt qu'elle en a rencontré une, elle la pique savamment et l'apporte toute paralysée dans son nid.

Enfin, après avoir placé sa victime contre son œuf, le Sphex bouche l'entrée du souterrain avec une petite pierre, et s'envole pour ne plus s'en occuper; la tendresse maternelle ne peut rien faire de plus.

Quelques Ichneumons ou *mouches vibrantes* sont beaucoup plus rapaces et plus courageux. Il en est dont les larves, quoique extrêmement petites, n'en attaquent pas moins de grosses chenilles, envahissent leurs corps et les rongent toutes vivantes, jusqu'à ce que mort s'en suive. Leur mère, à l'aide de sa tarière, en perce la peau pour introduire ses œufs au-dessous. Elle y en place un assez grand nombre, et lorsque les jeunes éclosent, protégés par le derme, ils commencent par manger la graisse ; et ce n'est que vers le terme de leur existence qu'ils entament les organes essentiels ; car, afin d'avoir toujours de la chair vivante à dévorer, ces anatomistes affamés se sont bien gardés de les disséquer d'abord. Alors la chenille meurt, puis les larves d'Ichneumons en sortent par des ouvertures multiples, et se filent des cocons soyeux à la surface de son cadavre. Ces nymphes emmaillottées de leur blanc linceul de soie, sont parfois tellement nombreuses et si rapprochées, qu'elles cachent entièrement leur victime.

Cette particularité extraordinaire fut longtemps ignorée, même par les plus célèbres entomologistes. Ceux-ci avaient cru d'abord que ces petits cocons qui enveloppaient la chenille, n'en étaient que la progéniture soigneusement préservée du froid par la prévoyance maternelle. Mais il appartenait au

97. Chenille dévorée par des larves d'Ichneumons et chenille couverte de leurs cocons.

père de la micrographie et à l'un des plus célèbres observateurs de l'Italie, à Leuwenhoeck et à Vallisneri, de jeter sur ce fait curieux les plus vives lumières et de mettre la vérité en évidence.

Le Bousier sacré, qui a joué un rôle si important dans les théogonies des rives du Nil, accomplit aussi de grands travaux pour sauvegarder sa progéniture. Ce Coléoptère ne prodigue ses soins qu'à un seul œuf à la fois, mais ils sont incessants. Aussitôt qu'il est pondu, le Scarabée se dirige vers une bouse d'excréments de mammifère herbivore et en enlève une petite masse au centre de laquelle cet œuf est soigneusement placé. Ensuite, il en forme une boule assez régulièrement sphérique, dont le volume dépasse celui de son propre corps. Quand elle est achevée, l'Insecte l'embrasse avec ses deux pattes de derrière, qui sont longues, arquées et appropriées à ce travail, et il la roule incessamment partout avec lui, en la poussant à reculons. A force de labourer le sable et la terre fine, cette boule d'excréments, qui est d'abord assez molle, devient de plus en plus dure et lisse à sa surface. Le Bousier poursuit son

98. Bousiers ou Scarabées sacrés confectionnant leurs boules.

œuvre avec une persévérance inouïe. Rien ne l'arrête, rien ne l'en détourne; c'est un instinct aveugle qui le guide. Si le lieu qu'il parcourt est un coteau, une rampe inclinée, il y pousse sa boule de toutes ses forces. Mais souvent il culbute, et celle-ci s'échappe de ses jambes et roule au loin. Alors il la cherche partout avec inquiétude ; et si quelque voisin, sans ouvrage, s'en est emparé, ou si elle s'est égarée dans les hautes herbes sans qu'il puisse la retrouver, il en confectionne une autre et va pondre un nouvel œuf.

Lorsque la boule est totalement achevée, bien ronde, bien grosse et bien solidifiée, le Scarabée qui a creusé un trou dans cette prévision, l'y pousse et l'abandonne à son destin. Ainsi se termine cette œuvre de longue haleine.

C'étaient ces remarquables travaux qui avaient attiré sur l'Insecte l'attention des anciens. Pour l'antique Égypte, émer-

99. Cartouches des temples de Philœ, représentant un Scarabée sacré et un Ibis sacré.

veillée de ce soin prodigieux, le Scarabée sacré devint le symbole de la fécondité ; et la statuaire en multiplia à l'infini l'image sur tous les monuments des Pharaons, depuis l'embouchure du roi des fleuves jusqu'au fond de la Nubie. D'un autre côté, la persévérance avec laquelle le Bousier remonte sa boule, semblable au Sisyphe de la fable, avait paru aux prêtres offrir une réminiscence des travaux d'Isis et d'Osiris. Aussi le voit-on, à chaque instant, représenté sur le fronton de leurs temples, ayant sa boule, emblème du globe, placée entre ses jambes [31].

IV

LES INSECTES CHASSEURS.

Beaucoup d'Insectes ne vivent que de chasses, et les procédés qu'ils emploient dans celles-ci suffiraient pour les classer en catégories distinctes.

Quelques-uns poursuivent à pied leur proie à travers monts et broussailles, et l'attaquent avec le courage du Lion. Les Carabes, à la robe resplendissante d'or et d'azur, et les agiles

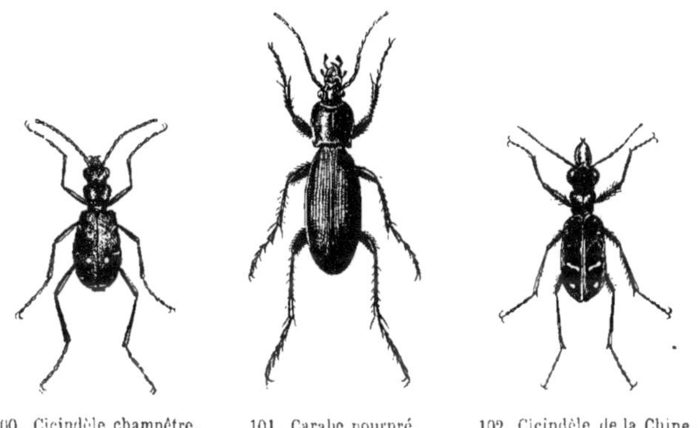

100. Cicindèle champêtre. 101. Carabe pourpré. 102. Cicindèle de la Chine.

Cicindèles sont dans ce cas. Et cependant, ni leur beauté, ni leurs services méconnus par l'homme, ne trouvent grâce devant lui : au lieu de protéger ces utiles auxiliaires de l'agriculture, qui chaque jour anéantissent tant d'espèces dévorantes, il les tue impitoyablement.

D'autres, non moins ardents à la curée, mais beaucoup plus ingénieux, tendent des filets ou construisent des piéges insidieux, dans lesquels leurs victimes s'engouffrent inévitablement.

La vie des Insectes présente des anomalies dont on n'observe pas d'exemples chez les autres animaux : ce sont des mœurs absolument différentes chez des espèces presque physiquement identiques. Ainsi, nous avons vu que les nymphes de nos magnifiques Libellules vivent dans la fange des marais; au con-

103. Fourmilion adulte.

traire, une larve d'un autre genre, qui leur ressemble de fond en comble, ne se plaît que dans le sable et aux ardents rayons du soleil; c'est celle d'un Névroptère fameux, le Fourmilion, ainsi appelé à cause de l'affreux carnage qu'il fait des Fourmis.

Cette insidieuse larve, la plus ingénieuse peut-être que l'on connaisse, construit son piége dans le sable le plus sec et le plus fin qu'elle peut rencontrer. Il consiste en un entonnoir parfaitement régulier, creusé au-dessous du niveau du sol. L'Insecte n'emploie que sa tête pour en opérer le déblayement. Placé au centre de son travail, il la charge de parcelles de sable, qu'il lance ensuite au loin à l'aide d'un mouvement brusque d'élévation ; et ce mouvement se répète avec une telle fréquence que ces parcelles forment un jet presque continu. Quand l'entonnoir a ses glacis assez inclinés et assez réguliers pour qu'on ne puisse les gravir, la larve s'enfouit elle-même dans le fond, où l'on n'en aperçoit plus que les menaçantes mandibules, qui restent béantes attendant l'occasion de s'exercer.

Lorsqu'une Fourmi vient étourdiment à franchir le bord de l'embûche, elle se trouve infailliblement entraînée par le plan incliné de l'entonnoir infernal. En vain tente-t-elle de remonter, le sable roule sous ses pieds, et elle est fatalement portée au fond, où aussitôt les terribles mâchoires du Fourmilion la saisissent et la tuent.

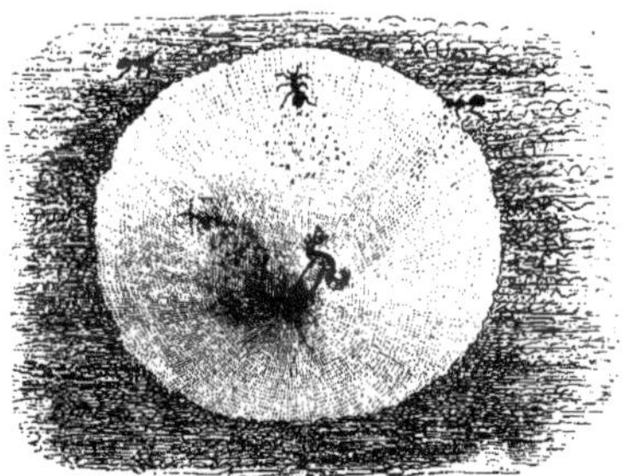

104. Entonnoir du Fourmilion.

Parfois aussi, c'est un Insecte beaucoup plus gros qui tombe dans cette embûche de mort. Il résiste et fait de vigoureux efforts pour remonter la pente. Pendant ce temps, l'insidieux Fourmilion reste à son poste, mais, se doutant de la taille de l'individu fourvoyé, par le volume des débris qui roulent sur sa tête, alors il prend une part directe à sa perdition et, pour troubler ses efforts, jette, coup sur coup, sur sa victime des masses de sable qui en activent la chute au fond du gouffre. Arrivée là celle-ci est indubitablement perdue. Le Névroptère altéré de sang ne fait aucune grâce.

Mais si le Fourmilion gardait près de lui les débris de sa nourriture, le piége se transformerait bientôt en charnier inhabitable ; il faut donc à tout prix s'en débarrasser. A cet effet, chaque fois que la larve a sucé un insecte, elle en place le cadavre sur sa tête, puis, à l'aide d'un effort suprême, le lance en l'air, et même parfois fort loin des abords de son trou, afin d'éviter le soupçon que pourraient faire naître les cadavres de ses victimes, aux imprudents qui s'acheminent vers le fatal refuge. Durant quelques observations que je faisais sur les Fourmilions, je les ai vus lancer ainsi des mouches ou de grosses fourmis, à trois pouces de leur demeure.

D'autres Chasseurs, moins ingénieux mais plus braves, procèdent comme de véritables oiseaux de proie. Ce sont des rapaces qui, dans leur vol agile et puissant, semblables au Faucon, fondent sur leur victime et la saisissent au milieu de l'air. Tels sont ces beaux insectes aux ailes transparentes et irisées, qui volent près de nos mares et que l'on désigne vulgairement sous le nom de Demoiselles.

Si la jalousie de Minerve brisa le métier d'Arachné, quoique réduite à elle-même, l'obscure rivale de la déesse n'en accomplit pas moins de merveilleux travaux. Là, ceux-ci se font remarquer par la perfection de leur tissage ; ailleurs, leur disposition révèle la plus astucieuse intelligence. Dans la première catégorie se trouvent les filets régulièrement circulaires, que les Araignées des jardins tendent d'une branche à l'autre ; dans la seconde, les toiles des espèces qui envahissent nos habitations.

Confectionnées ordinairement dans les angles des murailles, ces dernières offrent une nappe horizontale, souillée de poussière, qui n'est en quelque sorte que le plancher de service de l'Insecte carnassier, car c'est dans les fils irrégulièrement entre-croisés au-dessus, que sa proie s'embarrasse et se perd. Mais ce que présente de plus ingénieux cet engin destructeur, c'est le gîte dans lequel le chasseur se tient à l'affût. C'est un véritable tunnel circulaire à double issue et à double usage. L'entrée donne sur la toile et est horizontale ; la sortie aboutit au-dessous et est perpendiculaire. C'est de la première que l'Araignée s'élance sur sa proie ; l'autre remplit l'office d'oubliettes.

L'Araignée prend le plus grand soin de ne jamais laisser sur sa toile les carcasses dont elle a sucé le sang : ce charnier épouvanterait de loin sa pâture vivante. Chaque fois qu'une Mouche a été immolée, l'Insecte la prend, l'entraîne dans son canal et la précipite par l'ouverture inférieure. Aussi, lorsque vos regards s'abaissent vers le parquet situé au-dessous, vous êtes surpris du nombre des victimes de la sanguinaire Arachnide. Parfois cette issue dérobée lui sert aussi pour s'évader, quand un grand danger la menace. Mais c'est un cas fort rare ; son usage spécial, son unique destination est de recevoir les débris des repas ; et je crois que ce fait n'a encore été signalé par aucun observateur.

Le dégoût qu'inspire l'Araignée n'est nullement légitime. Aucun Insecte n'a ni plus d'intelligence, ni une plus admirable structure : la laideur de l'ingénieuse Arachné s'efface aussitôt qu'on l'observe sans prévention. La crainte dont elle glace certaines personnes est elle-même infiniment exagérée. Il est des Araignées, il est vrai, dont la morsure est aussi redoutable que celles de nos Vipères, mais elles n'habitent que les contrées tropicales. Nos espèces françaises sont presque inoffensives. L'Araignée des caves est la seule que l'on puisse considérer comme offrant quelque danger. Une vive douleur, un peu de gonflement et d'inflammation, tel est le cortége d'accidents qui suit sa morsure. Cependant on rapporte des cas dans lesquels celle ci a été mortelle.

La trop célèbre Tarentule, elle-même, étudiée de plus près, a vu s'évanouir son bizarre prestige. Sa morsure a cessé d'engendrer cette *dansomanie furieuse* dont on a tant parlé, même dans les livres de médecine[32].

L'appareil toxique des Araignées est absolument analogue à celui des Serpents : seulement il n'a que des proportions microscopiques. Ce sont aussi des dents mobiles, des crochets

105. Araignée aviculaire égorgeant un Oiseau-mouche, d'après Sibylle de Mérian.

creux, qui distillent le poison dans la plaie ; et celui-ci est sécrété par une glande particulière, située à l'intérieur des palpes-mâchoires qui opèrent la morsure.

Chez les grosses espèces tropicales, ce fluide léthifère a une telle activité qu'il tue, en un moment, des animaux dont le volume les surpasse de beaucoup; et souvent il est employé contre les Oiseaux qu'elles saisissent sur les arbres. Sur l'une de ses magnifiques planches, Sibylle de Mérian, si célèbre par son savoir et ses belles peintures d'his-

106. Araignée aux poulets, de grandeur naturelle.

toire naturelle, a représenté cette émouvante scène. C'est une Araignée aviculaire qui égorge un Oiseau-mouche près de son nid.

Certaines Arachnides bien connues et qui ont presque la grosseur du poing, se jettent même sur les poulets et les pigeons, les prennent à la gorge et les tuent presque instantanément, en s'abreuvant de leur sang; aussi, à la Colombie, où ces hôtes désagréables sont assez communs, leur donne-t-on le nom d'*Araignées aux poulets*.

V

LES ESCLAVAGISTES ET LES TRIBUS BELLIQUEUSES.

Quand on fouille l'histoire des Insectes, on est tout surpris de trouver de si ardentes passions dans de si frêles créatures : la haine les anime, l'appât du butin les dirige. Pour satisfaire ces mauvais penchants, ces animaux se livrent entre eux de sanglantes batailles, ou se transforment en pirates de terre.

L'homme traîne à la guerre un pesant cortége d'Éléphants, les Insectes y vont seuls. Les six mille Éléphants que Porus opposait à la marche triomphale d'Alexandre n'allaient au combat que guidés par des chefs expérimentés, tandis que les Fourmis, abandonnées à leurs propres forces, livrent de grandes batailles, et, qui le croirait, y décèlent même une ingénieuse stratégie [33].

L'instinct esclavagiste est extrêmement développé chez plusieurs espèces de ce groupe. Une lignée de serviteurs zélés est indispensable à leur existence, et pour se les procurer, elles procèdent comme d'effrontés forbans.

Des observateurs avaient, depuis longtemps, reconnu que certaines Fourmis en portaient d'autres à leur gueule, pendant leurs pérégrinations, mais on ignorait dans quel dessein. Ce fut Huber qui découvrit ce mystère. Ce sont de véritables enlèvements que ces Insectes opèrent dans l'intérêt de leur république, des razzias d'esclaves exécutées de vive force. Ces flibustiers microscopiques ne vont pas, sur les marchés, vendre leur capture à l'encan ; mais, comme d'efféminés sybarites, ils s'en font servir et lui imposent tout le travail de l'habitation.

A la tête des plus courageuses esclavagistes, il faut citer la Fourmi roussâtre ou Amazone, dont les expéditions militaires ont été parfaitement observées par les naturalistes de notre époque. On peut jouir du spectacle de celles-ci durant tous les beaux jours de notre saison d'été, tant elles se répètent fréquemment. Les excursions de ces tribus guerrières n'ont qu'un seul objet, dit Huber, celui d'enlever des Fourmis, pour ainsi dire encore au maillot, chez un peuple laborieux, et de s'en faire des ilotes qui travaillent pour elles.

Lorsque la Fourmi amazone se met en campagne pour enlever des esclaves, et surtout des Fourmis mineuses qui lui en servent ordinairement, elle y procède toujours avec beaucoup d'ordre. L'excursion commence constamment à l'entrée de la nuit. Aussitôt après être sorties de leur demeure, les Amazones se groupent en colonnes serrées, et leur armée se dirige vers la fourmilière qu'elles vont spolier. En vain les guerriers de celle-ci veulent-ils en barrer l'entrée ; malgré leurs efforts, elles pénètrent jusqu'au cœur de la place, et en fouillent tous les compartiments pour choisir leurs victimes, les larves et les nymphes. Les travailleurs qui s'opposent à leurs rapines sont simplement terrassés, mais elles ne s'en emparent pas, parce qu'ils se prêteraient difficilement à leur joug : il ne leur faut que de jeunes individus qu'on puisse y façonner. Lorsque le sac de la place est complet, chaque conquérant prend délicatement une nymphe ou une larve dans ses dents et s'occupe du retour. Ceux qui n'en peuvent trouver, emportent les cadavres mutilés des ennemis, pour en faire leur pâture. Puis, toute l'armée, chargée de butin, et se développant parfois sur une file d'une quarantaine de mètres de longueur,

107. Retour des Fourmis après la bataille.

regagne triomphalement sa cité, dans le même ordre qu'elle avait à son départ.

Aussitôt que les jeunes Fourmis arrachées à leurs foyers arrivent à la demeure des ravisseurs, les esclaves qui s'y trouvent déjà, leur prodiguent les soins les plus empressés. Elles leur donnent à manger, les approprient et réchauffent leur corps glacé.

Dans les républiques esclavagistes, conquérants et esclaves finissent par changer de rôle. N'ayant rien de cette vieille féodalité dont l'armure pesait sans discontinuer sur les serfs, les premiers ne développent de courage qu'au moment de la conquête. Aussitôt après avoir déposé leur butin dans la fourmilière, les Amazones se délassent de leurs combats par les délices de l'oisiveté. Mais, bientôt énervés par celle-ci, les ravisseurs passent sous le joug de leur conquête. Leur dépendance est telle, que si désormais on leur enlève leurs esclaves, les privations et l'inaction détruisent bientôt toute la tribu.

Ces spoliateurs, si ardents à la curée, se révoltent contre tout travail intérieur; ils ne s'entendent qu'à batailler. Incapables de construire leurs demeures ou de nourrir leur progéniture, ce sont les esclaves qui seules se chargent de ce double soin. Si la tribu est forcée d'abandonner une fourmilière trop ancienne ou trop exiguë, elles seules aussi en décident et en opèrent l'émigration. A ce moment, les Amazones semblent même éprouver une honteuse défaillance. Chaque esclave saisit avec ses mandibules un de ses maîtres dégénérés, et le transporte à la nouvelle habitation, comme une chatte porte à sa gueule le petit qu'on a ravi à son berceau.

L'ingénieux Huber voulut déterminer expérimentalement jusqu'à quel point allait la dépendance des deux catégories sociales. Il reconnut bientôt que les chefs, abandonnés à eux-mêmes, étaient absolument dans l'impossibilité de subvenir à leurs besoins, même au milieu de l'abondance. Ce naturaliste, ayant enfermé, avec une ample provision d'aliments, une trentaine d'Amazones, mais sans mettre avec elles aucune esclave, vit celles-ci tomber dans la plus profonde apathie, quoiqu'il eût placé à leurs côtés des larves et des nymphes, pour les stimuler au travail. Toute besogne cessa immédiatement, et les recluses se laissaient même périr de faim plutôt que de manger seules. Déjà plusieurs avaient succombé, quand il vint à l'idée du savant genevois de leur rendre une esclave. Celle-ci se trouvait à peine introduite au milieu des morts et des mourants, que déjà elle était à l'œuvre, donnant la pâture aux survivants, prodiguant ses soins aux jeunes larves et leur construisant des abris. Elle sauva la colonie.

Rien n'est plus incroyable que tous ces faits, et cependant ils ont été constatés avec le soin le plus scrupuleux, soit par le grand historien des Fourmis, soit, plus récemment, en Angleterre, par MM. F. Smith et Darwin.

Mais les mœurs extraordinaires de ces Fourmis diffèrent un peu selon les localités qu'elles habitent ou le nombre d'ilotes que possède la fourmilière. En Suisse, Huber a observé que les esclaves travaillent ordinairement à la construction de l'habitation de la tribu, et que ce sont elles qui, comme de vigilantes portières, en ouvrent les issues à l'aube du jour, et les ferment soigneusement quand arrive le soir ou quelque pluie d'orage.

En Angleterre, selon Darwin, la vie des esclaves est beaucoup plus sédentaire qu'ailleurs. Jamais ce savant ne les a vues sortir de la fourmilière, où elles s'occupent simplement des travaux domestiques. Mais cela dépend peut-être, comme il le dit, du plus grand nombre de serviteurs que l'on rencontre dans les tribus de la Suisse, ce qui permet de leur confier une partie de la besogne du dehors.

Toutes les espèces de Fourmis ne se façonnent pas aussi facilement à l'esclavage. Il y en a de toutes petites, et telle est la Fourmi jaune, qui résistent aux Amazones, et, quoique beaucoup plus faibles qu'elles, les terrifient par leur aspect : le courage supplée à la force. Ainsi, la Fourmi sanguine, qui est une des plus esclavagistes que l'on connaisse, ne s'avise jamais d'aller piller la demeure de la Fourmi jaune, qui combat avec fureur pour défendre ses foyers, sa famille et sa liberté. Cela est si vrai, qu'à sa grande surprise, M. Smith rencontra une petite tribu de cette vaillante espèce qui habitait sous une pierre, tout près d'une fourmilière d'esclavagistes. Là elle savait s'en faire respecter, et même épouvantait l'autre par son attitude belliqueuse.

La conquête des ilotes n'occupe pas seule les tribus esclavagistes; fréquemment aussi elles se répandent sur les plantes pour y enlever des Pucerons. C'est là leur bétail; ce sont leurs vaches laitières, leurs chèvres : on n'eût jamais pensé que les Fourmis fussent des peuples pasteurs. Celles-ci sont extrêmement friandes d'une liqueur sucrée que distillent deux petits mamelons que les Pucerons portent vers l'extrémité de leur dos. Souvent on les surprend éparpillées à la surface des végétaux, suçant tour à tour ce fluide sur chaque individu qu'elles rencontrent. D'autres fois, en compagnie de leurs esclaves, elles enlèvent ces Hémiptères et les emprisonnent dans leur habitation, pour les traire plus à leur aise ; et là ils sont nourris comme de véritables bestiaux à l'étable.

Huber a découvert aussi que les Fourmis sont tellement avides de cette liqueur sucrée que, pour s'en procurer plus commodément, elles pratiquent des chemins couverts qui, de la demeure de la tribu, s'étendent jusqu'aux plantes qu'habitent ces vaches en miniature. Parfois on les voit pousser la prévoyance jusqu'à un point encore plus incroyable. Afin d'obtenir plus de produits des Pucerons, elles les laissent sur les végétaux qu'ils sucent habituellement, et, avec de la terre finement gâchée, leurs bâtissent là des espèces de petites étables, dans lesquelles elles les emprisonnent. Le savant que nous venons de citer a découvert plusieurs de ces étonnantes constructions ; c'est donc un fait irrécusable.

Dans certaines circonstances, les Fourmis se livrent aussi des batailles qui ne paraissent avoir pour cause que des antipathies d'espèces ou de tribus.

Les combats des Fourmis ont eu leur historien, on pourrait presque dire leur chantre, car Huber fils les a décrits avec non moins de poésie qu'on en trouve dans les récits homériques ou les strophes de la Thébaïde.

On va le voir par le tableau de l'une de ces batailles, que

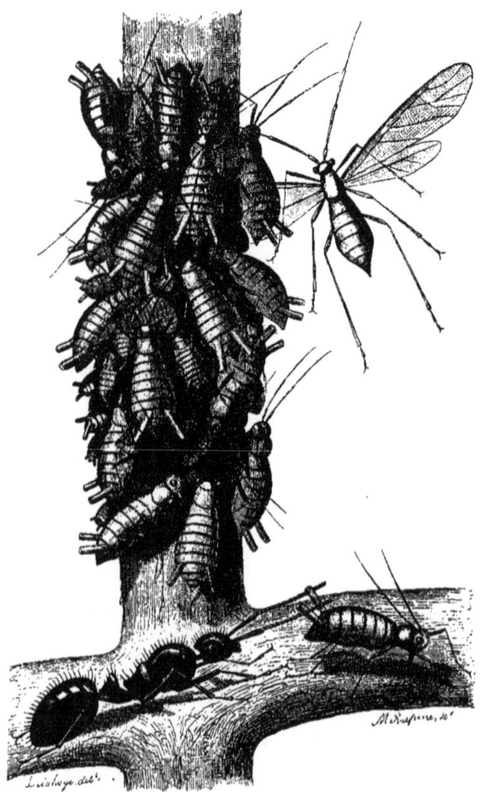

108. Fourmi allant traire des pucerons.

nous empruntons textuellement au savant Genevois. Celle-ci avait lieu entre deux fourmilières de la même espèce, situées à une centaine de pas l'une de l'autre. « Je ne dirai pas, s'écrie Huber, ce qui avait allumé la discorde entre ces deux républiques, aussi populeuses l'une que l'autre ; deux empires ne possèdent pas un plus grand nombre de combattants. Les armées se rencontrèrent à moitié chemin de leur résidence respective. Leurs colonnes serrées s'étendaient du champ de bataille jusqu'à la fourmilière, sur une largeur de deux pieds. Une immense réserve soutenait ainsi le corps de bataille. Dans celui-ci des milliers de Fourmis, montées sur les moindres saillies du sol, luttaient deux à deux, s'attaquant mutuellement à l'aide de leurs mâchoires. D'autres enlevaient des prisonniers, mais non sans de rudes combats, ceux-ci prévoyant le sort cruel qui les menaçait aussitôt leur arrivée dans la fourmilière ennemie. »

« Le champ de bataille, qui se développait sur un espace de deux à trois pieds carrés, était jonché de cadavres et de blessés, couvert de venin et exhalait une odeur pénétrante. Çà et là aussi, quelques combats particuliers s'engageaient encore. La lutte commençait entre deux Fourmis qui s'accrochaient par leurs mandibules en s'exhaussant sur leurs jambes. Bientôt elles se serraient de si près qu'elles roulaient l'une et l'autre dans la poussière. Le plus souvent alors les deux athlètes recevaient du secours, et l'on voyait des chaînes de six à dix Fourmis toutes cramponnées les unes aux autres, et tirant en sens inverse les deux adversaires jusqu'à ce que l'un ou l'autre lâchât prise ou fût entraîné par une force supérieure. »

A l'approche de la nuit, les deux armées opérèrent leur retraite et rentrèrent dans leurs demeures. Mais le lendemain le carnage recommença avec plus de fureur, et Huber vit la mêlée occuper six pieds de profondeur sur deux de front. L'acharnement des combattants était tel qu'aucun d'eux n'aperçut l'observateur et ne songea à l'attaquer.

VI

LES ARCHITECTES ET LES MANGEURS DE VILLES.

Si nous nous transportons dans les régions tropicales, où une nature plus vigoureuse multiplie partout les sources de la vie nous voyons des Insectes disputer pied à pied les possessions de l'homme. C'est une guerre en règle qu'ils lui font, en envahissant ses plantations ou sa demeure : guerre acharnée, sans merci, et dont il faut parfois que le canon décide.

Tel est le cas du Termite belliqueux des environs du cap de Bonne-Espérance, qui a fixé l'attention de tous les voyageurs à cause de ses extraordinaires constructions et de ses dégâts.

Les Termites, que l'on désigne souvent sous le nom de *Fourmis blanches*, vivent en républiques composées de diverses sortes d'individus : Les mâles, qui ont des ailes, et les travailleurs, les soldats et les reines qui n'en présentent pas.

Les *travailleurs*, ne s'occupent que de la construction des habitations.

Les *soldats*, n'ont pour mission que de défendre la colonie et d'y maintenir l'ordre.

Enfin, viennent les *femelles*, véritables Reines, adorées par toute une population dont la reproduction leur est confiée. Celles-ci ne sont que de monstrueux sacs à œufs, de véritables machines à pondre, d'une effrayante fécondité. Lorsque leur abdomen est gonflé de toute sa portée, il n'a pas moins de 2000 fois plus d'ampleur qu'auparavant; elles ne peuvent plus le traîner, et restent désormais clouées à la même place. La ponte est si rapide qu'il semble une fontaine jaillissante d'œufs; ce réceptacle à progéniture en lance soixante par minute, 80000 par jour!

Les dimensions et la solidité des nids du Termite belliqueux ont toujours fait l'étonnement des voyageurs, quand on les compare à la faiblesse de l'Insecte. Ils offrent parfois jusqu'à

109. Termites belliqueux. Soldat, travailleur, mâle et femelle gonflée d'œufs.

vingt pieds de hauteur. Leur forme pyramidale leur donne l'aspect d'un pain de sucre colossal, élargi à la base, et dont les flancs sont hérissés de petits monticules accessoires. Quand on parcourt les sites où les colonies de Termites abondent, dans le lointain on les prend pour des villages d'Indiens. Les murailles de ces demeures sont si solides que les Bœufs sauvages les gravissent sans les enfoncer, lorsqu'ils se placent dessus en sentinelle; et l'intérieur contient des chambres

110. Village de Termites belliqueux. D'après le mémoire de Smeatman.

tellement vastes qu'il en est dans lesquelles une douzaine d'hommes peut s'abriter. C'est souvent dans celles-ci que les chasseurs se mettent à l'affût des animaux sauvages.

Outre ces extraordinaires chambres, on rencontre aussi, dans ces espèces de phalanstères, de longues galeries offrant le calibre de la gueule de nos gros canons, et qui s'enfoncent jusqu'à trois ou quatre pieds dans la terre.

Les monuments dont nous nous enorgueillissons, sont bien peu de chose comparativement à ceux que construisent ces frêles Insectes. Les nids des Termites ont une élévation qui dépasse souvent cinq cents fois la longueur de leur corps; aussi a-t-on calculé que si nous donnions proportionnellement la même hauteur à nos maisons, elles seraient quatre ou cinq fois plus élevées que la plus grande des pyramides d'Égypte.

D'autres Termites, au lieu de construire ces étonnantes habitations, s'occupent fatalement à attaquer les nôtres et les rongent parfois de fond en comble ; tout y passe, la maison et le mobilier. Ce sont d'insidieux déprédateurs, qui cheminent sourdement sous le sol, et s'y pratiquent de longues galeries à l'aide desquelles ils infestent tout à coup nos demeures. Alors ils pénètrent dans toutes les charpentes et en rongent totalement l'intérieur, en ne laissant à leur superficie qu'une couche de bois de la minceur d'un pain à cacheter. Rien ne décèle aux yeux leurs dégâts occultes ; on voit sa maison, on croit à son existence réelle, mais on n'en possède plus que le fantôme, un château de cartes qui tombe en poussière au moindre ébranlement. Smeatman, qui nous a donné une si intéressante histoire de ces Névroptères, rapporte que parfois ils ont même détruit de grandes villes, qui avaient été abandonnées par leurs habitants.

Mistress Lee m'a dit que, dans les parages de l'Afrique où elle a séjourné, les Termites ne mettent qu'un temps fort court pour dévorer entièrement une habitation. Un escalier d'une assez bonne dimension, est mangé en une quinzaine de jours;

des tables, des fauteuils et des chaises, en beaucoup moins. La célèbre voyageuse m'a assuré qu'à Sierra-Leone, souvent, en rentrant chez soi après une courte absence, on ne retrouve plus que l'ombre de son mobilier. L'extérieur possède encore toute sa fraîcheur, mais le cœur manque, et chaque pièce creusée se pulvérise sous la main qui la touche ou sous la personne qui s'assied.

Au lieu de ces dômes coniques ornementés de clochetons et

111. Habitation de Termite des arbres. Du Muséum de Rouen.

rassemblés en villages au milieu des plaines, quelques espèces de ce groupe, et tel est le Termite des arbres, se plaisent à suspendre leurs nids au milieu des grosses branches des plus vigoureux végétaux. On est vivement frappé de leur masse aérienne mêlée au feuillage des arbres, car il en est qui ne sont pas moins gros que nos barriques à vin. Ces nids, extrêmement poreux, offrent à l'intérieur un inextricable labyrinthe de tortueux canaux ; ils sont formés d'une gangue ou pâte compacte composée de fines parcelles de bois, de gomme et de sucs de plantes.

Depuis un certain nombre d'années, deux espèces de ce genre se sont établies en France, où elles causent d'assez notables dégâts dans quelques-uns de nos départements méridionaux, ce sont le Termite lucifuge et le Termite des Landes ; leur introduction ne paraît guère remonter au delà de 1780.

Les dévorantes cohortes du Termite lucifuge ont envahi Rochefort, la Rochelle, et Aix où leur dent a complétement miné un certain nombre de maisons, qui se sont écroulées. A une époque, ces détestables déprédateurs s'étaient mis à ronger la préfecture de la Rochelle et ses archives, sans qu'on s'en doutât ; boiseries, cartons, papiers, tout s'anéantissait sans qu'aucune trace de dégâts parût à l'extérieur. Aujourd'hui on ne préserve les papiers des bureaux qu'en les conservant dans des boîtes en zinc.

A Tonnay-Charente, des Termites ayant rongé les supports d'une salle à manger sans qu'on s'en fût aperçu, pendant un repas, le plancher s'effondra, et l'amphitryon et ses convives passèrent au travers.

Dans les régions tropicales, certaines Fourmis ne sont pas moins redoutables que les Termites dévorants. Elles n'anéantissent pas nos habitations, mais envahissent les champs et y élèvent d'énormes fourmilières, qui ressemblent à autant de monticules de quinze à vingt pieds de hauteur. Là elles les multiplient à un tel point sur certaines plantations, que le colon est forcé de les abandonner. Quelquefois, cependant, celui-ci résiste aux envahisseurs, leur déclare une guerre d'extermination et incendie leurs établissements à l'aide de substances combustibles. Parfois même, c'est avec l'artillerie chargée à mitraille, qu'on renverse les hauts remparts de ces Fourmis et qu'on en disperse les décombres et les architectes.

Ainsi, c'est avec le canon que l'homme est obligé d'attaquer un Insecte !

D'autres fois, c'est même avec la Mine. C'est ce que l'on est contraint de faire pour certaines Fourmis ailées des contrées tropicales, qui enfoncent leurs nids jusqu'à vingt-cinq pieds dans le sol. Et ceux-ci sont tellement compactes et tellement solides, qu'on ne peut les faire sauter qu'à l'aide de la poudre, et en bouleversant tout le terrain. Ch. Müller rapporte qu'au Brésil, des provinces entières des bords du Parana ont été de cette façon transformées en espèces de déserts.

VII

LES FOSSOYEURS ET LES MINEURS.

Malgré cette suprématie que l'orgueil de l'homme s'attribue sur toute la création, souvent un frêle Insecte le surpasse en énergie et, dans certains cas, en intelligence. Abandonnez l'un de nous à la simple ressource de ses organes, et ordonnez-lui d'enterrer un Éléphant ou un Rhinocéros, il y dépensera une partie de sa vie. Ses ongles seront usés avant que la fosse du colosse soit achevée, et toutes ses forces s'épuiseront en vain pour l'y placer et le recouvrir de terre.

Un Coléoptère se charge, en quelques heures, d'exécuter un travail tout aussi herculéen.

Lorsqu'une Taupe morte est abandonnée dans un champ,

immédiatement vous voyez arriver près d'elle un petit Insecte bariolé de noir et d'orange, qui, en trois ou quatre heures, a parfaitement enterré le Mammifère. Et cependant, sa taille,

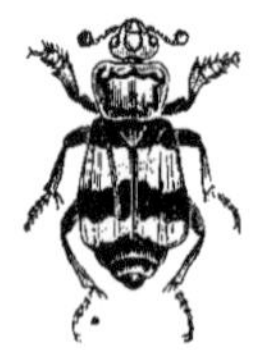

112. Nécrophore fossoyeur.

par rapport à ce dernier, ne dépasse pas celle de l'homme comparée aux proportions de l'éléphant.

Faites plus, donnez à l'un de nous des pics et des brouettes pour attaquer et remuer le sol, et il mettra encore plus de semaines à accomplir sa besogne qu'un Nécrophore fossoyeur, c'est le nom de l'insecte, n'y met d'heures.

C'est l'instinct maternel qui guide et anime le Fossoyeur. Il lui faut une Taupe morte, ou quelque autre petite espèce de Mammifère, pour lui confier sa progéniture; et il ne l'enfouit sous la terre qu'afin qu'elle se conserve fraîche jusqu'au moment où écloront ses larves dévorantes.

L'Insecte veut pour celles-ci un aliment de prédilection ; si vous lui en offrez un autre, il n'en profite nullement. Jetez une grenouille ou un oiseau sur la terre, il ne les enfouit pas. Mais dans votre jardin, où jamais vous ne voyez de Nécrophores, abandonnez une Taupe morte, et aussitôt l'un de ces coléoptères, qui l'a sentie de loin, arrive et l'enterre.

A cet effet, le Nécrophore ne creuse pas un trou, comme on pourrait le croire ; il reste constamment invisible et caché sous le cadavre qu'il enfouit. Le travail se fait sans qu'on s'en doute, et consiste à rejeter sur les côtés de la taupe la terre qui est au-dessous. Cette manœuvre se continuant, en même temps, sous toutes les parties du mort, celui-ci disparaît en s'enfonçant peu à peu. Et lorsqu'il est enfin parvenu au-dessous du niveau du sol, pour le dérober totalement et terminer son œu-

113. Nécrophores enterrant un petit Rat.

vre, le Fossoyeur n'a que quelques-unes des parcelles nouvellement remuées à jeter sur le petit animal, qui s'est absolument enfoncé comme si on l'eût placé sur un liquide pâteux.

Ainsi se termine ce travail, que j'ai plusieurs fois vu exécuter sous mes yeux et que certaines personnes révoquent en doute, tant il est extraordinaire.

D'autres Insectes ne creusent la terre que pour y trouver leurs aliments et construire un gîte destiné à leur progéniture; ce sont de vrais Mineurs, dans toute la force du terme.

Beaucoup appartiennent à cette catégorie, mais il n'en est guère dont les travaux soient aussi redoutés par les cultivateurs que ceux du Taupe-grillon. Dans quelques contrées de l'Allemagne, l'effroi qu'inspire cet insecte est tel, qu'un dicton populaire intime au voiturier de tuer, sans pitié, tous ceux qu'il rencontre, dût-il même arrêter son attelage sur la rampe d'une montagne ou le penchant d'un précipice.

Cet Orthoptère, dont le nom rappelle à la fois les mœurs souterraines et la famille, fait souvent de désastreux dégâts parmi nos jardins en creusant ses galeries, et en coupant toutes les racines des plantes qui se trouvent dans leur direction.

La nature lui a donné à cet effet de redoutables armes. Ce

114. Taupe-grillon.

sont ses pattes antérieures, dont l'extrémité évasée a la plus grande analogie, pour la forme et par la manière dont l'Insecte s'en sert, avec les larges mains de la Taupe ; elles agissent comme de véritables et puissantes pioches tranchantes, à l'aide desquelles il fend la terre et en disperse les parcelles.

D'autres animaux de la même classe pratiquent leurs galeries dans un sol d'élite ; c'est au milieu des tissus des plantes qu'ils en creusent les tortueux détours. A cet effet, ils attaquent indistinctement les feuilles, les fruits et le bois ; rien ne résiste à leur dent, car c'est elle qui agit.

Réaumur a même fait une classe à part pour des Chenilles qui se creusent des galeries entre les deux lames des feuilles, et il les nomme, avec raison, les *Mineuses*. Nous pouvons observer chaque jour leurs travaux sur les feuilles de nos arbres, où elles pratiquent des chemins tortueux, qui se dessinent en blanc, parce qu'elles en ont mangé toute la substance verte, en ne laissant que l'épiderme de l'organe.

VIII

LES TAPISSIERS ET LES CHARPENTIERS.

Malgré son orgueilleuse prétention, combien aussi notre industrie n'est-elle pas abrupte, quand on la compare à celle des plus infimes créatures ! Le fil ourdi par l'homme est-il comparable à celui de l'Araignée? Cependant, le travail de l'Insecte nous offre une complication à laquelle nous sommes loin de nous attendre. Nonobstant son extrême ténuité, ce fil résulte de l'agglomération de beaucoup d'autres. Il est produit par quatre ou six mamelons situés à l'extrémité du ventre, et la substance soyeuse en sort elle-même par un crible dont les trous, selon Bonnet, sont au nombre de plus de mille sur chacun d'eux. A mesure que les filaments sont projetés au dehors, ils s'agglutinent ensemble, de façon que chaque fil est au moins composé de quatre mille autres, et quelquefois de six mille. Et, néanmoins, celui-ci offre encore une telle ténuité, que Leuwenhoeck prétendait qu'il en faudrait bien quatre millions pour composer une soie de la grosseur d'un poil de sa barbe [34].

Les fils de quelques espèces exotiques possèdent une résistance beaucoup plus considérable qu'on ne l'observe pour les nôtres. Les voyageurs rapportent que dans les contrées équatoriales, on rencontre des toiles d'Araignées qui ont tant de force qu'elles arrêtent les Oiseaux-mouches, comme le ferait un filet; et l'on dit même que l'homme ne les rompt qu'avec difficulté.

La soie de nos Arachnides est constamment d'un gris sale; mais, dans les régions tropicales, sa coloration varie quelquefois. Plusieurs de ces Insectes produisent des fils diversicolores qu'ils entrelacent avec un art admirable. Les uns sont rouges, les autres jaunes, d'autres sont noirs; avec le tout ils forment un canevas tricolore.

L'industrie a fait de vaines tentatives pour utiliser la soie de l'Araignée. Chez nous, son peu de résistance n'a jamais permis d'en tirer aucun parti. Les entomologistes rapportent cependant que Louis XIV s'en fit confectionner un vêtement; mais le peu de solidité de cette étoffe de nouvelle invention, le dégoûta bien vite de sa fantaisie. Cependant, il paraît que les toiles de quelques espèces de l'Amérique ont assez de résistance pour se prêter à cet emploi. Al. d'Orbigny s'en fit faire un pantalon, qui lui dura fort longtemps.

Durant une magnifique matinée d'automne, je me promenais, il y a quelques années, dans les vastes prairies qui bordent la Seine; le ciel était d'azur et le soleil resplendissant; quel ne fut pas mon étonnement en reconnaissant qu'un réseau d'une miraculeuse finesse couvrait absolument toute la surface de l'herbe fraîchement tondue!

Les rayons lumineux, en miroitant obliquement sur cet immense voile blanchâtre, en irisaient toute l'étendue. Et l'harmonieuse régularité de cette nappe de soie qui s'étalait à perte de vue, n'était interrompue que par les longues déchirures qu'y faisaient les vaches à la pâture, dont les jambes, couvertes de flocons soyeux, attestaient les larcins. Enfin, çà et là quelques-uns de ces filaments blancs, enlevés par la brise à la surface de la prairie, erraient dans l'atmosphère et tombaient sur nos vêtements.

J'avais ainsi surpris toutes les phases d'un phénomème dont les savants ont été longtemps sans pouvoir pénétrer le mystère. Ce tissu soyeux, répandu sur toutes les herbes, n'était que le travail de myriades de petites Araignées, secondé par la beauté du ciel. Et ces flocons, errant dans l'air, n'en représentaient que les débris, et n'étaient autre chose que ces filaments inexpliqués, que le vulgaire désigne sous le nom de *Fils de la Vierge*.

En effet, ces flocons que l'on voit tomber de l'atmosphère durant les belles journées de l'automne, après avoir été considérés comme un simple produit chimique de l'air, condensé

115. Épeïre diadème mâle.

116. Épeïre diadème femelle.

par quelque agent spécial, ont été reconnus par Latreille comme n'étant que le travail de diverses espèces d'Arachnides, et en particulier des Épeïres, transporté au loin par l'agitation de l'atmosphère [35].

D'autres Araignées, au lieu d'étaler leurs produits en tapis nuageux sur la verdure des campagnes, confectionnent des tentures serrées et solides, dont elles tapissent l'intérieur de leur habitation. C'est à quoi s'occupe la Mygale maçonne, si bien nommée. C'est une véritable sybarite, qui s'enferme dans sa demeure et s'y repose sur de moelleuses draperies.

Son habitation consiste en un trou de plusieurs pouces de profondeur, parfaitement cylindrique. L'ouvrière en tapisse tout le pourtour. A cet effet, elle imite le décorateur qui ne met qu'une étoffe grossière en contact avec la muraille, et la recouvre ensuite de sa tenture de luxe. L'Araignée, elle aussi, se sert d'une double toile. L'une, qu'elle applique sur la paroi de terre abrupte de son souterrain, est épaisse et négligemment œuvrée; l'autre, qui est placée au-dessus, est au contraire tissée de sa plus fine soie et habilement tendue.

L'entrée de l'habitation est close on ne peut plus hermétiquement, par une petite porte ou couvercle dont le dessous est légèrement convexe et garni d'un coussin de soie; tandis que le dessus est plan et formé des mêmes matériaux que le sol; de manière que quand l'Insecte est enfermé dans sa demeure, rien au dehors n'en révèle l'existence. Cette porte, elle seule, est un petit chef-d'œuvre de fini et de patience. La Mygale a l'intelligence du mineur, mais n'a nullement celle du menuisier ou du potier de terre; aussi c'est seulement avec ses propres ressources qu'elle apprend à barricader son refuge. L'opercule solide qui lui sert à cet effet, est un composé de lames de toile, entre chacune desquelles se trouve une petite couche de terre. Quand le travail est achevé, on compte alternativement une quarantaine de lames de soie et de terre; et c'est avec les premières, qui vont du sol à la porte, que se trouve formée la petite charnière élastique.

Lorsque l'Araignée veut sortir, elle soulève cette espèce de couvercle mobile; et une fois rentrée dans son souterrain, elle en clôt strictement le seuil et s'endort en sécurité. Mais si quelque bruit, quelque ébranlement, lui révèle qu'on tente de violer sa demeure, sa vigilance s'éveille à l'instant. D'un bond, elle s'élance vers la porte, s'y cramponne avec la moitié de ses pattes, et à l'aide des autres s'accroche à la tapisserie du souterrain. Si alors, d'une main curieuse, on soulève délicatement cette porte, on éprouve une petite résistance ; et quand elle

117. Mygale maçonne et intérieur de son habitation.

s'entre-bâille, on aperçoit les efforts suprêmes de l'Arachnide et sa tête menaçante : elle défend ses foyers jusqu'à l'extrémité.

On peut donner le nom de *Menuisiers* à des légions d'Insectes qui coupent et taillent le bois à l'aide de robustes mandibules, soit pour s'en nourrir, soit pour confectionner de petites salles munies de cloisons et destinées à recevoir leur progéniture.

Dans la première catégorie se trouve la larve d'un Papillon de nuit, qui acquiert jusqu'à quatre à cinq pouces de lon-

118. Cossus ligniperde. Papillon, larve et chrysalide.

gueur et est plus grosse que le doigt. Elle ronge l'intérieur des gros arbres et fait dans leur tronc de larges et longues galeries tortueuses, qui parfois suffisent pour les tuer. On la voit travailler avec d'autant plus de zèle que son labeur est la satisfaction d'un besoin : elle vit de bois.

Quand plusieurs de ces robustes chenilles attaquent en même temps un Orme, il succombe très-rapidement. On a parfois vu cet Insecte anéantir totalement de vigoureuses avenues de haute futaie ; aussi lui donne-t-on le nom de Cossus gâte-bois.

Ce Cossus est malheureusement assez commun en France. Souvent, en nous promenant le long d'une plantation d'Ormes, nous apercevons à la surface de quelques-uns de ces arbres, des trous d'où sort une sciure de bois humide. C'est l'entrée des souterrains que ronge la larve du redoutable Papillon.

La larve du Grand capricorne, *Cerambyx heros*, qui mine

119. Larve du Grand capricorne.

l'intérieur des anciens chênes, et souvent gâte les plus belles pièces de charpente, a le dos cuirassé de plaques solides et rugueuses, qui lui servent ainsi que les genouillères du ramoneur et protégent sa peau, lorsqu'elle grimpe dans ses cheminées ligneuses.

Mais nous trouvons des ouvriers bien autrement ingénieux dans une certaine tribu d'Abeilles, que l'on appelle *menuisières* à cause de leur habileté à travailler le bois. Celles-ci vivent particulièrement dans les contrées tropicales ; l'une d'elles cependant habite nos climats ; elle a l'apparence d'un gros bourdon de la plus belle couleur bleue ; on la connaît sous le nom d'Abeille charpentière. Uniquement mue par l'instinct maternel, son travail, qui consiste en autant de petites chambres qu'elle produit d'œufs, est un chef-d'œuvre d'art et de prévoyance. Ce sont ordinairement les poutres que cette

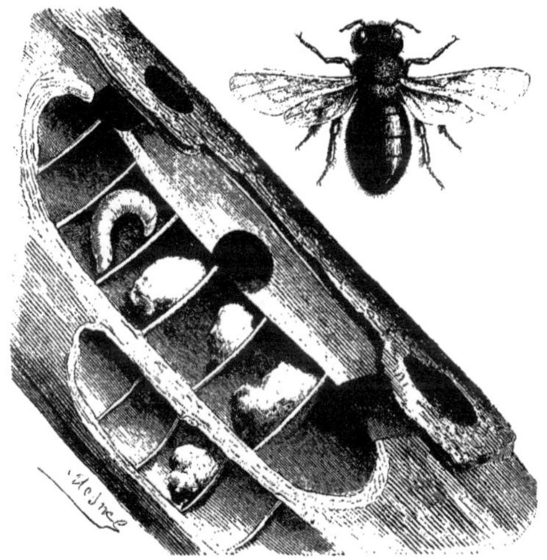

120. Abeille charpentière et ses chambrettes.

Abeille attaque. Elle y creuse, dans le sens longitudinal, des canaux qui ont jusqu'à douze ou quinze pouces de profondeur et plus d'un centimètre de largeur.

Quand l'une de ces grandes excavations a atteint toute sa longueur, l'ouvrière s'occupe d'y abriter sa progéniture. A cet effet elle partage le canal en autant de chambrettes qu'elle veut y déposer d'œufs. Chacune de celles-ci n'en reçoit qu'un, et avant de la clore hermétiquement, l'Abeille y emmagasine un amas de miel et de pollen, suffisant pour tous les besoins de la larve qui doit y naître. A la suite de cela, l'habile menuisière, à l'aide de fine râpure de bois agglutinée avec sa salive, confectionne une mince cloison qui isole ce premier compartiment de celui qui suit. Dans la longue excavation qu'il a creusée, l'Insecte forme ainsi une douzaine de petites cellules, qui toutes sont encombrées de bouillie alimentaire.

Lorsque le petit naît, il ne trouve qu'un espace assez restreint; mais à mesure que sa nourriture diminue, ses mouvements deviennent plus libres. L'aliment a été sagement proportionné aux besoins; la vie de la larve s'achève au moment où la famine va se déclarer. La Chrysalide reste emprisonnée dans la chambrette; mais quand la Mouche en a rejeté les enveloppes, il lui faut impérieusement l'air et la lumière. Alors elle ronge les cloisons qui se trouvent sur son passage et s'élance dans l'atmosphère pour recommencer bientôt des travaux semblables à ceux que fit sa mère. Tel est son destin.

IX

LES TONDEURS DE DRAPS ET LES MANGEURS DE PLOMB.

Les marins admirent beaucoup quelques Crustacés de mœurs fort singulières : ce sont des accapareurs d'une étrange espèce, mangeant des propriétaires pour s'emparer de leur domicile. Après avoir dévoré le Mollusque qui habite certaines coquilles, ils font de celle-ci une demeure qu'ils traînent partout avec eux, et sous le toit de laquelle ils s'abritent contre leurs ennemis, en s'y enfonçant comme un soldat dans sa guérite, comme un cénobite effrayé, dans sa cellule. De là les noms de *soldat* ou de *Bernard l'Ermite* que l'on donne à ces curieux brigands de nos rivages.

Certains Insectes ont dans leurs mœurs moins de férocité et beaucoup plus d'intelligence. Trop débile pour supporter les injures de l'air, leur larve sait se tailler un habit en plein drap. Feutré avec une admirable délicatesse, celui-ci est élargi à

121. Bernard l'ermite dans son gîte d'emprunt.

mesure qu'elle grandit : elle y ajoute constamment des pièces. Si vous vous plaisez à dépouiller le ver de son vêtement, immédiatement il en confectionne un autre. Et même si vous le placez successivement sur des étoffes de couleurs différentes, comme son travail est incessant, il se confectionne un véritable habit d'arlequin, fait de pièces et de morceaux diversicolores. Cet insecte, c'est la Teigne du drap, malheureusement trop commune dans nos garde-robes, et qui, après s'être métamorphosée, nous donne un petit papillon d'une insidieuse beauté.

Certaines larves aquatiques ne se trouvant pas suffisamment protégées contre les poissons et les grenouilles par le fin habit de drap de la Teigne, veulent avoir une plus robuste en-

122. Larves de la teigne des draps, grossies.

123. Papillon de la teigne des draps, grossi.

veloppe, et pour la confectionner choisissent les matériaux les plus variés. Souvent elles se font un fourreau d'une extrême solidité, en agglutinant, en maçonnant ensemble, de petites pierres.

Parfois aussi les Phryganes, c'est ainsi que l'on nomme ces prudents ouvriers, construisent leur guérite avec des coquilles d'eau douce ; d'autres fois, enfin, elles coupent, à cet effet, de fines herbes et s'en enveloppent tout le corps, de manière qu'elles ressemblent au fond des mares, à de petites bottes de foin qui marchent toutes seules, car on n'en aperçoit pas le timide habitant.

Du reste, la Phrygane commune semble peu tenir à la nature des matériaux qu'elle emploie, et volontiers elle se sert de tous ceux qui se trouvent à sa portée. Ayant extrait avec soin plusieurs de ses larves de leurs fourreaux de coquillages, et les ayant ensuite placées dans des vases d'eau, dont le fond était uniquement tapissé de petites perles de couleurs variées, je les vis se mettre immédiatement à l'ouvrage, pour se confectionner un nouveau domicile, en choisissant çà et là les perles les plus diversicolores ; de manière que quand la construction fut terminée, chaque vêtement de Phrygane ressemblait à un petit étui en mosaïque, qui se promenait sur les parois de mon vase en cristal.

D'autres Insectes, au lieu de ces demeures portatives, se

124. Phrygane à fourreau. Larve et insecte adulte.

creusent laborieusement un refuge dans les corps les plus durs, même les métaux. Le plus extraordinaire que l'on puisse citer sous ce rapport est un robuste Hyménoptère, le Sirex géant,

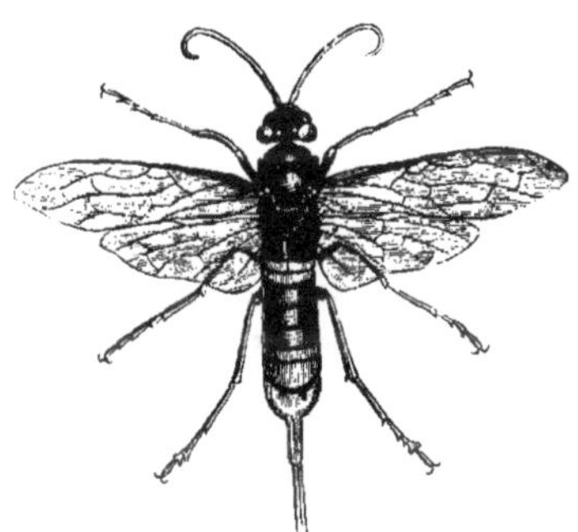

125. Sirex géant dont la larve ronge le plomb.

dont la larve, durant notre expédition de Crimée, rongeait les balles des cartouches de nos soldats, et les perforait d'un trou profond pour s'y abriter en sécurité. Le maréchal Vaillant présenta à l'Académie des sciences plusieurs balles ainsi transpercées par ce plombier inconnu.

On cite plusieurs de ces rongeurs de métaux; les larves d'une Cétoine, on le savait déjà, traversent parfois les couvertures en plomb de nos terrasses; et l'on m'a apporté dernièrement au muséum de Rouen, un fragment d'une gouttière d'église, qui présentait de nombreuses perforations produites par une Callidie.

X

LES HYDRAULICIENS ET LES MAÇONS.

La cloche à plongeur a été inventée par une petite Araignée; nous n'avons eu qu'à l'imiter : seulement le copiste est resté au-dessous de l'inventeur. En effet, c'est sous l'eau que l'Insecte édifie, commence et achève son travail; et ce n'est que quand son œuvre est terminée qu'il la remplit d'air vital.

C'est une charmante petite maison de soie, qui suffit à tous les besoins de l'Arachnide. Celle-ci y passe l'hiver et y élève sa progéniture; et quand la faim la presse, elle lui sert d'antre du fond duquel l'infime carnassier guette sa proie et se jette dessus au passage. Cette cloche en miniature adhère aux herbes voisines par un nombre considérable de fils, comme ces liens multiples qui retiennent un aérostat, jusqu'au moment où on lui permet de s'élancer dans les nuages; eux aussi ils empêchent que l'air amassé n'enlève la demeure.

Ces petites Araignées nagent facilement; et c'est à leur vie absolument aquatique qu'elles doivent le surnom de *Naïades*, que leur a imposé Walckenaer, leur ingénieux historien. Une couche d'air fixée par les poils de leur corps, et qui leur donne sous l'eau l'éclat d'une perle animée, facilite leur natation en les allégeant. C'est même à l'aide de celle-ci qu'elles parviennent à remplir de gaz respirable leur petite cloche, aussitôt qu'elle est édifiée. A cet effet, l'Araignée vient à la surface du ruisseau prendre une bulle d'air sous son abdomen, puis la porte à son refuge submergé; et elle répète ses voyages jusqu'à ce qu'il en soit totalement gonflé.

Les entomologistes connaissent encore d'autres Hydrauliciens, mais aucun n'égale en intelligence les Naïades dont nous venons de parler.

Un de nos grands coléoptères de France, l'Hydrophile, dont le nom rappelle les mœurs aquatiques, bâtit bien aussi sous l'eau une imperméable retraite de soie, mais il ne l'habite pas et se contente de lui confier sa progéniture; c'est une simple coque pour ses œufs.

D'autres fois, c'est avec des matériaux plus solides que les Insectes construisent. Ils emploient le mortier et la pâte; ce sont de véritables Maçons, qui, au lieu de travailler dans les marais, placent leur œuvre en plein air, sur nos monuments élevés ou vers la cime des arbres.

La Mégachile des murailles, qu'on nomme vulgairement *Abeille maçonne*, s'est acquis une grande célébrité à cause des nids en fines pierres ou en mortier qu'elle applique contre les édifices. Ils représentent des cellules ovoïdes, pouvant contenir une noisette. Ce sont autant de gîtes auxquels cette mouche confie sa progéniture. Lorsque, après un long labeur, le monument en miniature est achevé, la mère place à l'intérieur un de ses œufs, puis se retire par l'ouverture restée béante vers le haut, et qu'elle maçonne hermétiquement avant de s'envoler.

La progéniture de l'Abeille se trouve ainsi enfermée vivante dans un tombeau ; mais la tendresse maternelle a déployé là toutes les ressources de la plus extrême prévoyance. Avant de sortir, la Mégachile en a tapissé la paroi d'une fine tenture de soie. Ainsi sa larve délicate se trouve abritée contre le froid des nuits, et n'a plus à redouter le contact des parois abruptes de sa chambrette. En opérant de laborieux voyages, la mère a eu le soin d'amasser dans ce berceau, la quantité de pâtée qu'il faut à son petit. Et quand enfin elle l'enferme dans son réduit à l'aide d'une cloison de maçonnerie, elle sait qu'il y possède l'air et la nourriture suffisante pour arriver à bien ; et qu'au moment de prendre son essor, lui aussi, il aura, comme sa mère, des instruments de travail pour défoncer la muraille sous laquelle il est emprisonné.

Dans les pays où les Abeilles maçonnes sont rares, leurs nids sont isolés ou fort peu nombreux les uns à côté des autres. Souvent on les rencontre dans des enfoncements de pierres ou sur des cannelures de colonnes. J'en ai trouvé d'isolés sur divers monuments d'Italie; ils étaient appliqués sur des colonnes et construits avec de petites pierres agglutinées par un mortier très-fin. Leur solidité était extrême.

En Égypte, où les Abeilles maçonnes sont fort communes, on rencontre de nombreuses agglomérations de leurs nids dans beaucoup de monuments. La voûte de quelques-uns de ces antiques temples souterrains que l'on appelle Spéos, en est parfois totalement obstruée. Ils y sont même tellement tassés et empilés les uns sur les autres, qu'ils pendent aux plafonds, comme les stalactites de nos cavernes. Mais ces nids ne sont plus édifiés en petites pierres ; imitant les fellahs de la Haute-Égypte, là c'est avec le limon du Nil que l'Abeille maçonne construit sa demeure.

Le plafond d'une salle d'un temple de l'île de Philœ, dans laquelle je bivouaquai quelques jours, était totalement masqué par ces nids. Pendant que j'étais couché, je voyais circuler au milieu d'eux, et avec une surprenante agilité, de ces Lézards qui s'accrochent si bien aux moindres aspérités des murailles, des Geckos qui se jetaient sur les jeunes Abeilles sortant de leurs demeures, ou croquaient les larves dont le réduit offrait quelque brèche [36].

Mais, si quelque Insecte mérite la palme de l'architecture, il faut absolument la décerner à la Guêpe cartonnière. Celle-ci

126. Guêpes cartonnières.

se bâtit des demeures beaucoup plus ingénieuses encore que notre abeille domestique. Si les gâteaux en cire de cette dernière offrent des alvéoles d'une merveilleuse régularité, c'est surtout par l'ordonnance générale de son monument que brille

127. Nids des Guêpes cartonnières.

la Guêpe dont nous parlons. Celui-ci se compose d'étages régulièrement disposés les uns au-dessus des autres dans une espèce de tour circulaire. Quelques-unes de ces maisons possèdent jusqu'à quinze à vingt étages, qui communiquent tous entre eux par un trou placé vers le centre de chacun. Les alvéoles qui abritent les architectes se trouvent situées au plafond de chaque compartiment. Toute la demeure de cette Mouche, qui ordinairement pend aux arbres, est construite en une espèce de pâte brune, tout à fait analogue à du carton, et c'est de là que lui vient le nom sous lequel on la connaît. Mais où l'Insecte, qui habite Cayenne, prend-il ses matériaux? C'est ce qu'on ignore absolument.

LIVRE IV.

LES RAVAGEURS DES FORÊTS.

Sous un tel titre, on s'attend à voir entrer en scène des animaux dont la taille se proportionnera à leurs formidables dégâts. Eh bien, c'est tout le contraire. Ce n'est ni l'auroch à la crinière hérissée, ni le cerf puissant, ni le sanglier, qui ravagent nos forêts ou les anéantissent, mais ce sont d'infimes Insectes qui en tuent les hôtes séculaires.

Lorsque la chaude haleine du printemps chasse les dernières rigueurs de l'hiver et ranime la campagne, si vous pénétrez dans quelques-unes des grandes forêts de Conifères de l'Allemagne, vous êtes tout surpris, au lieu du silence que vous alliez y chercher, du tumulte et de l'activité qui y règnent : tout est en mouvement.

Des masses de bûcherons, de forestiers et de verdiers manœuvrent par centaines, et s'étendent au loin, espacés à l'instar de colonnes de tirailleurs ; c'est comme une véritable armée en bataille, qui se développe sur de grands espaces et dont on perd parfois les ailes dans les détours des chemins ou

128. Bombyce ou Fileuse du pin. *Phalæna bombyx pini*, Linnée. Larve, Cocons et Papillon. D'après Ratzeburg.

la saillie des coteaux. Cette masse d'hommes évolue toujours en ordre, distribuée par escouades que commandent des chefs expérimentés. Tous sont pourvus de longs engins; de loin, on dirait de lances.

Ailleurs, au contraire, c'est une longue file de pionniers régulièrement espacés, et qui se perd dans le lointain; tous, avec une fébrile activité, creusent le sol et font de longues tranchées de plusieurs lieues de circonvallation, qui suivent les chemins et tendent à isoler les uns des autres les cantons de la forêt.

Si votre excursion se fait la nuit, un autre spectacle vous attend. Toute la forêt paraît embrasée. Dans chaque district brûlent quelques grands arbres, debout et isolés, semblables à d'immenses torches menaçantes, dont la flamme s'élève vers les nuages et éclaire sinistrement tout le site environnant. Quelques bûcherons, debout et silencieux, regardent les progrès de l'incendie et surveillent ses ravages. D'autres fois enfin, mais c'est la ressource suprême, la forêt entière est la proie de l'embrasement, et les tourbillons de l'incendie, menaçants et terribles, se répandent de tous côtés; une région forestière naguère fertile, est totalement dévorée par le feu; d'un tel amas de richesses, il ne reste plus qu'une immense montagne de charbon.

On se demande contre quel formidable ennemi on a rué une telle armée d'hommes! Qui donc les uns vont-ils attaquer avec les bâtons qu'ils brandissent de toutes parts? De quels agresseurs puissants les autres prétendent-ils arrêter la marche par les longs fossés qu'ils creusent? Pourquoi ces feux effrayants au milieu de la nuit? Pourquoi cet embrasement général?

L'ennemi formidable, ce n'est parfois qu'un seul Insecte. Mais celui-ci menace tout de sa dent meurtrière, et l'on aime mieux décimer la forêt que de la perdre totalement.

En effet, on est stupéfait en voyant que tant et tant d'efforts puissants ne sont absolument dirigés que contre la progéniture d'un simple Papillon ; mais ses Chenilles se sont parfois tellement multipliées, que pour préserver de la ruine toute la forêt il faut entièrement les exterminer. Là les bûcherons et toutes leurs familles, qu'on lève en masse, ne sont occupés qu'à écraser sur les troncs des arbres cette funeste lignée. Ailleurs, les autres circonscrivent de fossés les districts empoisonnés, afin d'arrêter l'invasion des chenilles qui, lorsqu'elles ont tout dévoré dans un site, vont par bandes immenses envahir les parties saines.

Mais, malgré tant de labeur, l'homme est parfois vaincu par l'Insecte ; il ne lui reste qu'une ressource extrême, c'est de mettre le feu à la forêt et d'en brûler les envahisseurs.

Toute cette guerre d'extermination, dont nous venons de tracer le tableau succinct, n'est dirigée que contre un petit nombre de nos ennemis, car, pour la plupart, ceux-ci savent se soustraire à l'empire du cultivateur, et leur formidable armée défie notre impuissance.

Ces grands travaux sont surtout entrepris contre quelques Papillons de nuit, car ce sont de simples Phalènes qu'on doit ranger parmi les plus funestes Ravageurs des forêts.

On les attaque sous leurs trois états ; on écrase leurs chenilles sur les troncs des arbres, au moment où elles y montent.

Quand, après avoir dévoré tout un district de bois, celles-ci vont en colonnes serrées envahir une région saine, elles tombent dans les fossés creusés par les pionniers ; et lorsqu'elles les ont encombrés, on les y étouffe en masse en les recouvrant de terre. Les grands feux allumés dans les forêts sont dirigés contre les Phalènes nocturnes ; leur lueur les attire, et bientôt elles se trouvent grillées par la flamme en voulant trop s'en approcher.

Le Bombyce du pin mérite la triste prérogative d'être cité au premier rang parmi les ennemis des forêts. C'est l'insecte le plus nuisible à l'arbre dont il porte le nom. Il attaque surtout les bois de soixante à quatre-vingts ans, et l'on connaît

120. Bombyce moine. *Bombyx monacha*, Fabricius. Chenilles de deux âges, Chrysalide et Papillon.

maint exemple de forêts de cet âge, qui ont été totalement dévastées par ses chenilles, que les agronomes allemands nomment *Fileuses du Pin*, à cause des nombreux cocons dont elles tapissent les feuilles de ce végétal.

Les forestiers redoutent tout autant une autre Phalène qu'ils appellent vulgairement le *Moine* ou la *Nonne* à cause de sa robe chamarrée de noir et de blanc, comme celle de certains religieux. Elle est d'autant plus funeste que sa chenille attaque non-seulement les forêts de Conifères, mais encore toutes celles de Bois feuillus, tels que les hêtres,les chênes et les bouleaux. Ses papillons se rencontrent à l'automne, et parfois en telle abondance que dans le lointain on croirait voir voltiger des flocons de neige. C'est aussi contre le Bombyce moine que l'on dirige les exterminations en règle dont il a été question plus haut.

Au nombre des Papillons dont la progéniture dévaste nos bois, il faut citer aussi la Phalène pinivore. Ses chenilles, qui se multiplient parfois extraordinairement, font alors de grands dégâts parmi les forêts de pins. Elles sont surtout redoutables parce qu'elles se montrent de très-bonne heure et dévorent les jeunes pousses. On les combat avec les mêmes moyens que les précédents : on en arrête l'invasion par des tranchées, et dans certains pays l'homme se joint comme auxiliaire, des troupeaux de porcs, qui en mangent des masses. A cet effet, on conduit ceux-ci dans les forêts vers le mois d'août, moment où ils saisissent les chenilles, lorsqu'elles descendent des arbres pour aller hiverner sous la mousse ou la terre.

D'autres Insectes, au lieu d'attaquer les tiges ou les feuilles, s'en prennent aux bourgeons. L'un d'eux, en rongeant ceux des Pins, produit d'assez amples dégâts. Sa chenille, qui est toute petite, après s'être introduite sous les écailles du bourgeon, ronge une partie de celui-ci, de façon que la flèche, altérée dans son organe initial, perd sa direction rectiligne, se tord et devient tout à fait difforme. Lorsque ces ouvrières ont envahi un district de forêt, on s'en aperçoit au loin par l'aspect étrange qu'offrent ses sommités. Toutes les pousses terminales sont plus ou moins gibbeuses et contournées, au lieu d'avoir leur direction normale. C'est à ce résultat que l'espèce

130. Phalène pinivore. *Phalæna bombyx pinivora*. Ratzeburg.

a dû le nom de Tordeuse du pin, sous lequel les forestiers la désignent communément.

Certains ravageurs, au lieu de cette guerre déclarée au grand jour, opèrent sourdement et dans l'ombre ; ce sont des ennemis cachés que rien ne peut dépister ; on ne se doute souvent de leur présence que lorsqu'ils ont tué leur victime. Les uns vivent de bois et se creusent dans celui-ci d'amples et tortueuses galeries, qui bientôt altèrent si profondément l'organisme des arbres, que les plus robustes y succombent. D'autres

131. Tordeuse de bourgeons. *Tortrix Turionana*. Ratzeburg. Chenille et Papillon grossis et de grandeur naturelle.

travaillent entre l'écorce et l'aubier, en œuvrant des matériaux moins rebelles à leur dent.

Dans la première catégorie, il faut placer les Cossus, ardents menuisiers dont nous avons déjà parlé ; tel est aussi le Bombyce du Chêne dont la chenille affecte de suivre un trajet rectiligne au milieu des jeunes rameaux de l'arbre de nos forêts.

Dans la seconde, vient se ranger la nombreuse légion des Typographes, des Calcographes et des Sténographes, surnommés ainsi à cause de l'apparence des ciselures dont on les voit ornementer si déplorablement la surface du bois. Chaque espèce trace toujours le même dessin, de manière qu'à l'œuvre on reconnaît l'artisan ; sans le voir on sait à quel ennemi on a affaire.

Presque tous ces travailleurs sont des Coléoptères de fort petite taille, appartenant aux genres Bostriche et Hylésine. Leur dent, d'une activité funeste, creuse de nombreuses gale-

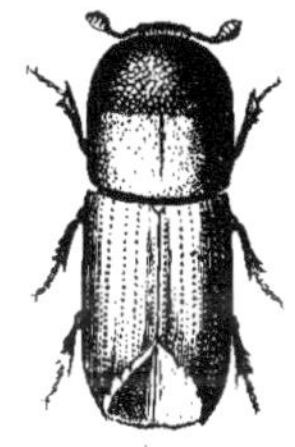
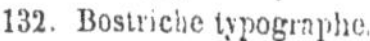

132. Bostriche typographe.

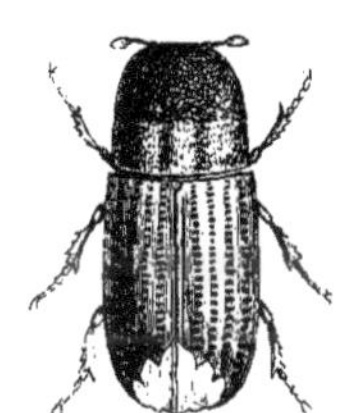

133. Bostriche à dents recourbées.

ries entre le bois et l'écorce, en entamant à la fois l'une et l'autre de ces parties. Ces infimes ravageurs n'ont souvent pas plus de quatre à cinq millimètres de longueur ; aussi, comme leur corps est grêle en proportion, n'ont-ils besoin que d'un bien étroit boyau pour s'y promener tout à l'aise. Cependant, comme chaque Insecte procrée beaucoup, le nombre des galeries creusées par une seule famille, couvre parfois une large surface de l'arbre ; et si l'espèce s'est multipliée à l'entour de celui-ci, son travail en détache totalement l'écorce et la fait tomber en poussière.

Presque toujours, comme l'ont révélé les observations attentives des forestiers, le couple de Typographes entre dans l'arbre en perforant l'écorce ; et ce premier travail accompli, il y creuse une galerie centrale qui n'est pour les deux époux qu'une véritable chambre nuptiale. Là, s'efforçant de se rendre la vie le plus agréable possible, à cet effet, ils pratiquent, à travers l'écorce, deux à quatre trous qui ne sont autres que des espèces de ventilateurs destinés à aérer la chambrette, et peut-être aussi à en éclairer les détours. La femelle pond ses œufs tout le long de celle-ci ; elle en produit de cinquante à cent, et c'est après en être sorties que les jeunes larves creusent, pour se nourrir, toutes les petites galeries qui rayonnent le long du réduit de leurs parents. C'est vers leur extrémité qu'elles se métamorphosent, et qu'en arrivant à l'état parfait, leur vient le désir d'aspirer l'air pur ; alors ces insectes percent l'écorce et se répandent au dehors.

De tous ces graveurs de bois c'est le Bostriche typographe

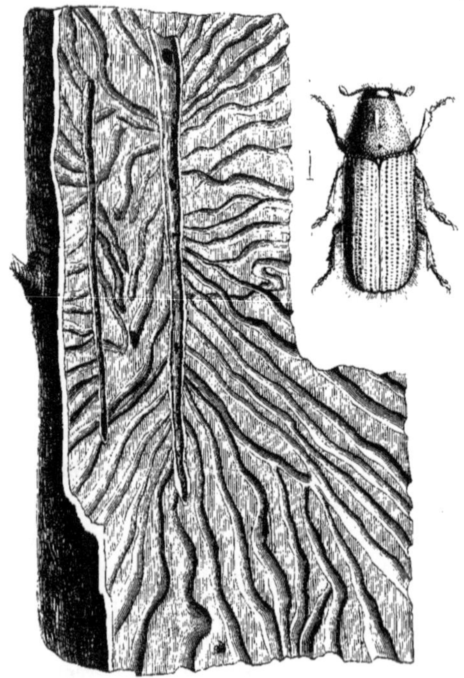

134. Chambrette nuptiale de l'Hylésine du pin, de grandeur naturelle; et l'Hylésine du pin grossie.

qui est regardé par M. Ratzeburg comme le plus dangereux. Il dit qu'il ravage de telle sorte les forêts d'Épicéas que souvent pas un arbre n'échappe à ses atteintes. C'est sans doute pour peindre l'étendue de ses déprédations, que ce savant donne à ce tout petit insecte le nom effrayant de *grand rongeur du Sapin*. Près de lui il faut aussi mentionner le Bostriche à dents recourbées et l'Hylésine du pin qui ont à peu près les mêmes mœurs.

Chaque organe a son ennemi. Que nos pommes et nos prunes soient rongées et labourées par des vers, leur tissu mou se prête à merveille à leurs dégâts, mais des fruits aussi durs et aussi bien protégés que ceux des Conifères sembleraient devoir être à l'abri de telles attaques. Il n'en est rien.

Pyrale des Cônes. *Tortrix strobilana*. Ratzeburg. Chenille et Papillon grossis et de grandeur naturelle. Coupe d'un cône d'Épicéa pour faire voir le travail de la Chenille.

La progéniture de quelques infimes papillons, celle des Pyrales des Cônes, se fait un jeu de ronger et de détruire les robustes écailles de ceux-ci. Elle se creuse des galeries dans leur axe et de là se rend dans les interstices des squammes.

LIVRE V.

LES DÉFENSEURS DE L'AGRICULTURE.

Près de ces innombrables légions d'ennemis, dont la dent dévorante, perpétuellement active, décime ou ruine l'agriculture, il a été créé une courageuse armée qui seule sait en arrêter les ravages. Mais trop souvent, l'homme, par frivolité ou ignorance, détruit ses providentiels auxiliaires, et trop souvent aussi il ne les rappelle qu'après les avoir exterminés. Il met leur tête à prix aujourd'hui, et demain il les rachète au poids de l'or.

Tous les aimables hôtes de nos bocages ont subi cette alternative. Les Mésanges, les Fauvettes, les Rossignols, les Merles et tant d'autres détruisent des masses de toutes ces chenilles qui nous ruinent, et ils sont plus habiles que nous pour les découvrir dans leurs retraites cachées. Parmi nos auxiliaires il faudrait presque citer tous les petits oiseaux de nos bois. Et cependant, combien de fois l'arme du chasseur a-t-elle détruit ces charmants et actifs ouvriers ! Il n'y a que peu de temps qu'on a suspendu ses ravages et protégé leurs couvées.

Si quelques Rongeurs grugent nos récoltes, ils trouvent des exterminateurs naturels parmi la nombreuse légion des Mammifères carnassiers et celle des Oiseaux carnivores.

A la tête des protecteurs de l'agriculture, il faut aujourd'hui ranger la Taupe, dont les mœurs ont été si longtemps méconnues.

Loin d'être nuisible aux productions de la terre, c'est un de leurs plus efficaces gardiens ; occupé du matin au soir à dévorer tous les ennemis des racines, lui n'en attaque jamais une seule.

Le régime de la Taupe se compose de Mans, de Courtilières

136. Taupe d'Europe. *Talpa Europæa.* Linnée.

et d'Insectes de toute espèce. Un naturaliste a calculé qu'une Taupe dévorait annuellement 20 000 Mans. Mais l'animal auquel elle paraît surtout faire une guerre acharnée est le ver de terre. Elle est tellement vorace qu'il faut qu'elle mange toutes les six heures. Aucun animal n'est aussi bien favorisé que la Taupe dans son instinct carnivore ; quarante-quatre dents hérissées de pointes, ne cessent de fonctionner du matin au soir. Elle a un tel besoin de nourriture que si celle-ci lui manque pendant une seule journée, elle périt d'inanition. C'est une véritable *machine à manger*, engloutissant chaque jour proportionnellement une énorme quantité d'aliments; aussi, M. de la Blanchère a-t-il pu dire avec raison : « Grandissons la Taupe à la taille du Lion et nous serons en présence de la bête la plus terrible que la terre ait portée [37]. »

Ce que l'on ne croirait pas si cela n'était attesté par un savant tel que E. Geoffroy Saint-Hilaire, c'est que la Taupe, cet animal souterrain par excellence, quoique plongée sous le sol, n'en attrappe pas moins des oiseaux pour les dévorer. Le rusé mammifère se livre à cette chasse en agitant un peu son museau à fleur de sa taupinière. L'oiseau croit voir là un vermisseau qui remue, et se précipite dessus pour le saisir, mais il ne trouve que la gueule affamée du terrassier qui l'engloutit à l'instant.

La structure de l'ouvrier est merveilleusement adaptée à son genre de vie ; ses membres antérieurs représentent deux larges pelles tranchantes mues par un appareil musculaire tellement puissant qu'à lui seul il pèse presque autant que tout le reste du corps. Son museau, boutoir mobile, perfore d'abord le sol, et les pattes le déblaient à mesure. Secondée par de tels organes, la Taupe perce ses canaux souterrains avec une vélocité prodigieuse; c'est une *tarière vivante,* un véritable *instrument à terrasser*.

Cet animal dévore sa proie avec tant de gloutonnerie, que quand celle-ci est d'un certain volume, si c'est un rat ou un oiseau, par exemple, il entre en quelque sorte dans ses entrailles; la tête et les pattes de devant s'y trouvent tellement enfoncées, qu'on ne le voit presque plus. Le carnassier fouille sa victime comme s'il perforait la terre.

Jamais la Taupe ne rongeant de racines, j'en ai ouvert des centaines sans en rencontrer une seule dans leur estomac, qui, au contraire, était toujours gorgé de mans et de vers de terre. Cet insectivore est donc un de nos ardents auxiliaires; on le sait bien là où l'agriculture est confiée à des mains expérimentées. Là aussi, et cela a lieu dans certains vignobles dévastés par les Mans, on en achète pour leur confier la destruction de ces redoutables ennemis [38].

Un autre Mammifère bienfaisant, et sur lequel on a été tout aussi trompé qu'à l'égard du précédent, c'est le Hérisson.

Représenté partout comme un pillard de nos vergers, enfilant les pommes et les poires avec ses épines, et allant les manger dans sa retraite, le Hérisson, au contraire, ne touche jamais à un fruit. C'est un actif carnassier, qui ne se nourrit que de vers, d'insectes, de limaçons, et de rongeurs nuisibles à nos habitations. Loin de dévaster nos jardins et nos terres, il les protége. Aussi, cela est-il parfaitement connu dans quelques pays où, comme à Astrakan, par exemple, on le substitue au chat dans les maisons de la ville.

A ces auxiliaires d'une activité notable, il faut en ajouter

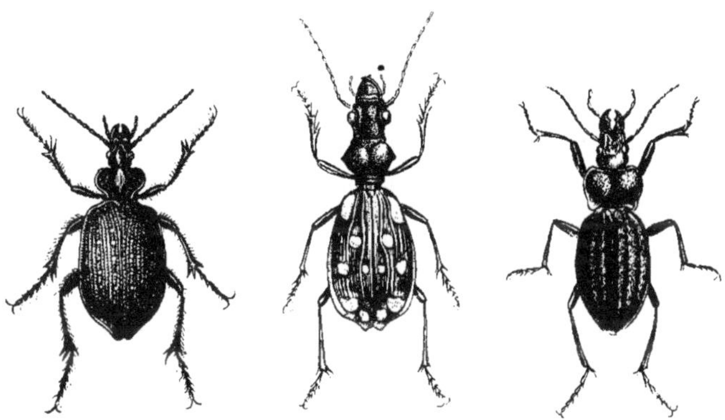

Coléoptères carnassiers de la tribu des Carabiques.
137. *Calosoma sycophanta.* 138. *Anthia duodecimpunctata.* 139. *Carabus gryphæus.*

une ample légion de beaucoup plus petits, mais dont le travail, en se multipliant, arrive ainsi à un chiffre notable. Ceux-ci se trouvent, comme une providentielle compensation, dans cette classe des Insectes, qui nous cause tant de dégâts. Ces bienfaiteurs, perdus, méconnus au milieu de l'ennemi, appartiennent principalement à la tribu des Carabiques aux dévorantes mâchoires : ce sont surtout les Calosomes, les Cicindèles et les Carabes tout resplendissants de pourpre et d'or, qui pleins de vaillance, se jettent courageusement sur tous les

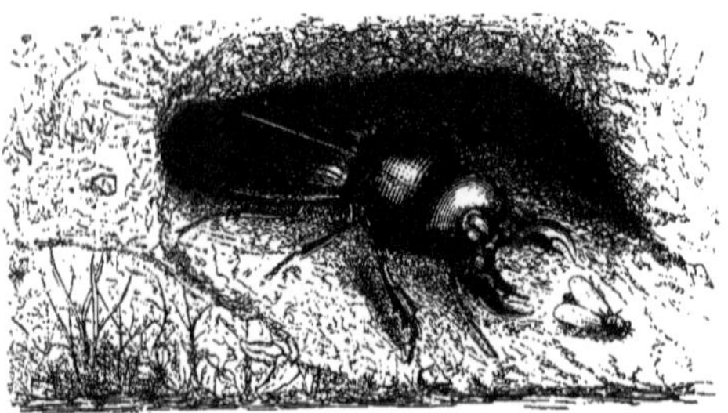

140. Scarite géant à l'affût.

insectes lorsqu'ils passent à leur portée. Ailleurs nous trouvons les insidieux Scarites cachés dans leur souterrain, et y guettant leur proie au passage.

Au lieu d'écraser impitoyablement ces Coléoptères bienfaisants, comme on le fait ordinairement quand on les rencontre dans les jardins ou la campagne, il faut les protéger, car ils y dévorent en masses les chenilles qui les ruinent.

LIVRE VI.

L'ARCHITECTURE DES OISEAUX.

L'extrême diversité des constructions des Oiseaux a excité l'admiration de tout le monde. Ces animaux en varient à l'infini les formes, le style et les matériaux; aussi est-il possible d'en faire autant de catégories que nous avons de professions. Les uns charpentent, d'autres tissent; quelques-uns bâtissent, et l'on trouve parmi eux des terrassiers, des maçons et de véritables mineurs; il n'y manque que des forgerons.

Près de nos gigantesques monuments, tels que Saint-Pierre de Rome et les pyramides des Pharaons, le nid de l'Oiseau n'est qu'un point dans l'espace; mais le travail grandit subitement à nos yeux lorsque l'on compare la faiblesse de l'ouvrier à l'ampleur de son œuvre; car quelques-uns de nos Architectes aériens, pour édifier leurs demeures, amassent plus de terre en une seule saison, qu'un homme n'en amoncellerait proportionnellement en toute sa vie!

Leurs constructions animent tous les sites de la nature. Les uns, ainsi que les Aigles et les Vautours, ne les édifient que

141. Nid de Pie commune. *Corvus pica*, Linnée. Du Muséum de Rouen.

sur les sommets déchirés des montagnes, sur la roche aride et nue; d'autres, plus délicats, tels que certains Colibris, les laissent se balancer au gré du zéphyr, et se contentent de les suspendre à l'extrémité d'une feuille de palmier que rase une nappe d'eau. Quelques oiseaux ne nidifient que dans le fond des cavernes ou au milieu des ruines que ne foule jamais le pied de l'homme : se soustraire à tout regard est pour eux un impérieux besoin. Au contraire, il en est qui recherchent notre contact. Persuadés de toute l'affection qu'on leur porte, pleins de confiance, ils entrent même dans nos demeures, comme s'ils étaient du logis, et malgré le bruit et le fracas qui se fait autour d'eux, s'endorment paisiblement dans le berceau qu'ils y ont suspendu.

Les Hirondelles semblent instinctivement savoir que personne n'oserait leur faire de mal. Presque toutes les autres espèces nous fuient; elles seules s'installent en sécurité près de nous ; ce sont nos hôtes.

L'Hirondelle de cheminée, dont le nid est représenté plus loin, avait construit son gîte au centre de l'usine de l'un de mes honorables amis, à la voûte d'une forge en pleine activité, sans s'effrayer ni de l'ardeur du feu, ni des torrents de fumée, ni du retentissement continuel des marteaux.

L'amour maternel, chez l'oiseau, s'ingénie au suprême degré. Si la Caille et la Perdrix, mères trop confiantes, déposent leur progéniture sur la terre, à découvert, et l'exposent à la voracité de chaque Carnassier qui passe, d'autres espèces prennent des précautions infinies pour la défendre. Le Martin-pêcheur creuse un profond et sinueux souterrain pour abriter la sienne. La Pie, pour protéger ses petits, construit une véritable citadelle casematée, où elle n'entre et ne sort que par un chemin étroit. Seulement, au lieu de charpente ou de terre, ce sont des branches étroitement entrelacées qui couvrent le nid et le défendent contre les Aigles et les Faucons, ces véritables brigands de l'air.

Parmi les diverses peuplades aériennes, une seule espèce, étrange sous tous les rapports, autant Poisson qu'Oiseau, se dérobe à la loi générale, et ne confie sa progéniture à aucun nid ; c'est le Manchot de Patagonie, qui ne vit qu'au milieu des glaces, des brisants et des flots, et dont les ailes sont absolument impropres au vol. Mais, avouons que l'amour que le couple déploie pour sa couvée, fait immédiatement pardonner sa paresse et sa stupidité.

Semblable aux Kanguroos, ces mammifères de l'Australie

142. Le Manchot.

qui cachent leurs petits dans une bourse abdominale, la femelle du Manchot porte constamment son œuf unique dans une poche formée par un repli de la peau du ventre; et il y est si fortement étreint, qu'elle saute ou roule parfois de rocher en rocher, sans le laisser choir. Elle fait bien, car quand

143. Dinornis gigantesque restitué. *Dinornis giganteus*. R. Owen.

ce malheur lui arrive, le mâle la corrige impitoyablement. Cet œuf est même caché là avec tant de soin par la mère, que pour s'en emparer, il faut lui livrer un véritable combat. Le mâle se met aussi de la partie ; aux cris de colère de sa compagne, il accourt et se jette sur le ravisseur avec une fureur qui ne cesse que lorsque celui-ci le fait expirer sous le bâton.

I

LES GÉANTS ET LES PYGMÉES.

La nature nous offre partout les plus extrêmes oppositions. Les Oiseaux ont aussi leurs pygmées et leurs géants; leurs paresseux et leurs infatigables travailleurs. Leurs mœurs présentent, côte à côte, l'imbécillité et l'intelligence, la solitude et la vie de famille.

Souvent, dans les régions tropicales, là où le soleil darde ses plus ardents rayons, vous voyez voltiger sur les fleurs de brillants oiseaux, qui passent rapides comme l'étincelle d'une topaze ou d'un rubis ; ce sont les Colibris, véritables diamants vivants, plus frêles que certains insectes, et qui deviennent fréquemment la pâture des grosses Araignées.

Le géant de ce groupe atteint à peine la taille d'un moineau, et le plus petit ne dépasse pas la grosseur du bout du doigt de l'une de nos belles dames. Aussi pour ces Oiseaux-mouches, comme le vulgaire les nomme, chaque parcelle de la création est un monde. Une simple feuille suffit aux ébats de toute une famille ; une fleur devient le trône parfumé sur lequel s'accomplit l'hyménée ; et les pétales de sa corolle s'épanouissent en dais velouté qui voile leurs chastes amours.

Si vous compariez la taille des Oiseaux entre eux, vous arriveriez à des chiffres prodigieux. Lacépède, qui sans doute ne se piquait pas de l'exactitude d'Archimède, avait supputé qu'il faudrait mille millions de Musaraignes pour équivaloir au poids d'une baleine. Si cela était vrai, il faudrait aussi entasser quelques millions d'Oiseaux-mouches pour contre-balancer la pesante Autruche !

Nous venons de parler de l'Autruche, mais celle-ci n'est elle-même qu'une assez faible créature comparée aux deux merveilles de l'ornithologie, dont on a dû la récente révélation à d'illustres zoologistes, R. Owen et Isidore Geoffroy Saint-Hilaire.

L'une d'elles, le Dinornis gigantesque de la Nouvelle-Zélande, dont le Muséum des chirurgiens de Londres possède une partie du squelette, devait avoir environ dix-huit pieds de hauteur. L'os de la jambe d'un homme n'est qu'un grêle fuseau près de celui de cet oiseau colossal.

La disparition de ce monstrueux animal date d'une époque assez rapprochée de nous, et tout atteste que les premiers habitants de la Nouvelle-Zélande l'ont parfaitement connu. Les anciennes légendes de cette île nous révèlent que lors de sa découverte, on la trouva remplie par des Oiseaux d'une effrayante taille. Là, il existe aussi de vieilles poésies dans lesquelles le père apprend à son fils comment on chasse le *Moa*, nom que portait primitivement l'espèce ; on décrit dans celles-ci le cérémonial que l'on observait aux repas qui avaient lieu après qu'on l'avait tué. On en mangeait la chair et les œufs; les plumes servaient à orner les armes des vainqueurs. Certaines collines sont encore jonchées d'ossements de Dinornis, débris de ces grands festins des chasseurs.

L'autre oiseau colossal, l'Épiornis, qui vivait naguère à Ma-

144. Aigle enlevant Marie Delex, dans les Alpes, en 1838.

dagascar, a dû être encore d'une taille plus élevée. L'un de ses œufs, qui est aujourd'hui au Muséum de Paris, est six fois plus volumineux que celui de l'Autruche ; et l'on a calculé que pour en combler la cavité il faudrait douze mille œufs

145. Dimensions comparées d'œufs d'oiseaux. 1. Épiornis. 2. Autruche. 3. Poule. 4. Oiseau-mouche.

d'Oiseau-mouche. Sa coque, épaisse de deux millimètres, ne peut être brisée qu'à coups de marteau. Quelle puissance fallait-il donc qu'eût le bec du jeune petit pour parvenir à la trouer !

Quelles différences aussi dans les forces ne trouve-t-on pas chez l'oiseau ?

En fuyant devant le chasseur, dont le coursier arabe la serre de plus en plus, l'Autruche effrayée et furieuse déchire le sol du désert en s'y cramponnant, et imprime de profondes traces sous chacun de ses pas, en lançant au loin un nuage de sable et de cailloux. Au contraire, lorsque attirée par les fleurs de la royale Victoria, épanouies et flottantes, une couvée de Colibris se joue et scintille tout autour, comme un écrin de topazes et de rubis frappé par les rayons du soleil, ni la nappe unie du lac, ni les belles fleurs, n'en sont pas le moindrement troublées. Et lorsque l'un de ces diamants ailés se perche sur quelque pétale de leur virginale corolle, il ne l'ébranle seulement pas. Puis, quand le frêle Oiseau s'envole, sa toute petite griffe n'en offense même nullement le moelleux velouté. Il eût pu se percher sur l'un des rameaux d'une pudique Sensitive sans qu'elle s'en fût alarmée.

Au contraire, doué d'une suprême vigueur, le Serpentaire,

146. Nid du Colibri à plastron noir. *Lampornis mango*. Gould.

sans cesse occupé à combattre les reptiles, d'un coup d'aile étourdit une tortue ou un menaçant serpent. Le Cygne casse la jambe d'un homme. Le Vautour gypaëte, à ce que rappor-

147. Nid du Colibri bec en scie. *Petasophora serrirostris.* D'après Gould.

tent quelques zoologistes, attaque parfois les chasseurs dans les passages dangereux des Alpes. Et l'Aigle, dans son vol audacieux, enlève des enfants à travers les plaines de l'air et les brise dans les précipices des montagnes [39].

Si nous examinons la forme que nos architectes ailés donnent à leur couche nuptiale ou les matériaux avec lesquels ils l'édifient, nous voyons qu'ils varient infiniment. Quelques oiseaux, tels les Aigles et les Autours, qui placent leur aire au milieu des solitudes et des rochers, ne font entrer dans leurs constructions que d'abruptes fragments de bûchettes entassées en désordre; d'autres y emploient des feuilles ou de la mousse qu'ils arrangent avec art. Mais, de tels matériaux sont encore trop rudes pour le corps délicat de la ruisselante armée des Colibris. Ceux-ci, à l'exemple du Serrirostre, se confectionnent souvent une moelleuse et charmante petite coupe en coton, pour y abriter leur écrin de rubis et de topazes, sans en ternir l'éclat. D'autres espèces du même groupe, tout en employant d'aussi doux coussins, garnissent de fragments de Lichens tout l'extérieur de leur nid; sans doute pour mieux le dérober aux animaux carnassiers, au milieu du feuillage; tel le fait le Colibri à plastron noir, de Buffon.

II

L'INSTINCT DE LA CHIMIE. LES CONSTRUCTEURS DE MONTAGNES ET LES GLANEURS.

Quelques Oiseaux se font remarquer et par l'ampleur de leurs constructions, et par les notions innées qu'ils semblent avoir sur certains phénomènes chimiques qu'on les voit parfaitement utiliser.

Tel monticule d'un parterre anglais, nous étonne par ses dimensions et le travail qu'il a exigé. Beaucoup de bras et de temps y ont été employés, et, cependant, si vous comparez l'ouvrage aux moyens de l'ordonnateur, cet amas de terre vous semble bien peu de chose. Un Oiseau, à lui seul, accomplit une besogne mille fois plus considérable : c'est le Mégapode tumulaire.

Celui-ci a le port et la taille d'une Perdrix, et sa modeste robe brune rappelle les sombres couleurs de presque tous les oiseaux de sa patrie, l'Australie, cette terre des merveilles zoologiques ; mais ses travaux et son intelligence font immédiatement oublier le triste aspect de l'ouvrier.

La nidification de cette espèce est vraiment une œuvre herculéenne ; et l'on n'y croirait pas, si elle n'était attestée par les plus authentiques témoignages.

C'est sur le sol que repose l'immense construction que fait

148. Nid de Mégapode tumulaire dans un site d'Australie. *Megapodius tumulus*. Gould.

le Mégapode. Il commence par y amasser une épaisse couche de feuilles, de branches et d'herbes. Ensuite, il y entasse de la terre et des pierres, et les jette tout autour de manière à former un énorme tumulus cratériforme, concave au milieu, endroit où les matières primitivement amassées restent seulement à nu. L'un de ces nids, dont l'illustre ornithologiste Gould a donné les dimensions exactes, avait 14 pieds de hauteur et offrait une circonférence de 150 pieds. Proportionnellement à la taille de l'oiseau, une telle montagne a vraiment des dimensions qui tiennent du prodige ; et l'on se demande comment, à l'aide de son bec et de ses pattes pour toute pioche et tout moyen de transport, il a pu rassembler tant et tant de matériaux !

149. Nid de Mégapode tumulaire. (Coupe verticale.) D'après Gould.

Le célèbre tumulus d'Achille, et celui de Patrocle ont assurément demandé moins de travail à l'homme.

Si l'on cherchait à établir une comparaison entre le travail du Mégapode et celui que pourrait produire un homme, on arriverait réellement à des résultats tout à fait inattendus. La taille comparative de l'animal étant difficile à déterminer à cause de la variété des attitudes, si l'on prend le poids, on reconnaît que le Mégapode pesant environ un kilogramme élève parfois son tumulus à plus de trois mètres ; or, comme un homme pèse en moyenne une soixantaine de kilogrammes, pour édifier une construction en rapport avec le nid de l'oiseau, il devrait accumuler une montagne de terre qui aurait presque le double de la hauteur et de la masse de la grande pyramide d'Égypte !

L'immense œuvre achevée, l'ouvrier lui confie ses œufs.

La femelle en pond ordinairement huit, qu'elle dispose en cercle au centre du nid, dans les herbes et les feuilles qui s'y trouvent entassées. Tous y sont mis à distances parfaitement égales et placés verticalement. Quand la ponte est termi-

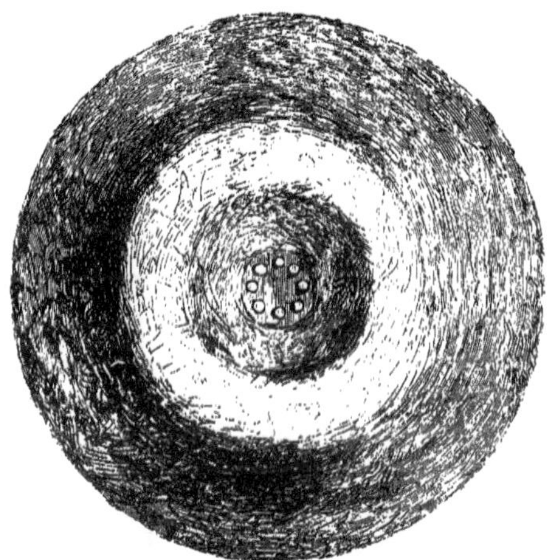

150. Nid de Mégapode tumulaire, vu en dessus. D'après Gould.

née, le Mégapode abandonne son chef-d'œuvre et sa progéniture ; la Providence lui ayant révélé qu'il leur est désormais inutile.

Doué d'un merveilleux instinct de chimiste, cet Oiseau n'a rassemblé tant et tant de substances végétales, que pour confier l'incubation de ses œufs à leur fermentation. C'est en effet sur la chaleur que celle-ci développe, qu'il a compté pour le remplacer : ainsi la mère substitue à ses soins un véritable procédé scientifique.

Réaumur proposait d'abandonner à la chaleur du fumier l'incubation des œufs de nos poules ; mais celui-ci les empoisonnait par ses vapeurs méphytiques. Le Mégapode, plus judicieux que le célèbre académicien, emploie la fermentation de l'herbe et des feuilles, ce qui n'a pas le même inconvénient.

151. Talégalle de l'Australie. *Talegalla Lathami*, glanant de l'herbe pour construire son nid. D'après Gould.

Tout est extraordinaire dans l'histoire de cet animal. Au lieu de naître nu ou couvert de duvet, et de sortir de l'œuf incapable de pourvoir à sa subsistance, quand le jeune Mégapode brise sa coquille, déjà il est pourvu de plumes propres au vol. A peine libre, il aspire l'air et la lumière ; écarte les feuilles qui l'entourent et l'étouffent ; monte sur la crête de son tumulus, sèche au soleil ses ailes encore humides et les essaye par quelques battements. Enfin, devenu rapidement confiant en ses forces et en sa fortune, après avoir jeté un regard inquiet et curieux sur la campagne environnante, le faible oiseau prend son essor dans l'atmosphère et abandonne à jamais son berceau ; il sait se nourrir en naissant !

Un autre Oiseau de l'Australie a les mêmes prévisions instinctives que celui dont nous venons de parler, mais au lieu d'être terrassier, lui, c'est un rude glaneur. Le Talégalle de Latham, c'est ainsi qu'on le nomme, qui a la taille et l'aspect d'une poule, confectionne son nid avec de l'herbe qu'il ramasse dans la campagne, et dont il fait un énorme tas comparable aux mulons que nos faneuses élèvent dans les prairies. Mais ce n'est pas avec son bec qu'il travaille, c'est avec ses pattes. A l'aide de l'une de celles-ci, il ramasse une petite botte de foin et l'étreint dans ses doigts ; puis il l'apporte au nid, en sautillant à cloche-pied sur l'autre patte. Quand, à la suite de ses incalculables voyages, le tas est devenu assez volumineux, la femelle lui confie ses œufs. Sachant, ainsi que nous, que le foin s'échauffe en séchant, c'est sur sa chaleur que celle-ci compte pour l'incubation de sa progéniture, qu'elle abandonne immédiatement après la ponte. Les jeunes Talégalles naissent également couverts de plumes, et sont aptes à se nourrir eux-mêmes lorsqu'ils sortent de l'œuf. Aussi, quelques minutes après avoir éparpillé le matelas qui les environne, ils prennent leur vol.

Un petit Rongeur des Alpes Sibériennes, le Lagomys, dont la taille n'atteint pas celle du Lapin, amasse de semblables monceaux de foin, qui ont jusqu'à cinq pieds de hauteur et huit de diamètre. Souvent les Tartares accaparent le fruit de son labeur pour nourrir leurs chevaux. On utilisera peut-être un jour ainsi les nids des Talégalles, qui sont encore de plus laborieux faneurs.

III

LE TRAVAIL ET LA FAMILLE.

Toute la tribu des Roitelets et des Mésanges fait oublier son infime stature par l'ingénieux fini de ses travaux et son amour exquis de la famille : c'est parfois merveilleux à voir.

Parmi ces charmants hôtes de nos buissons, on distingue le Troglodyte, qui construit un nid semblable à une petite demeure souterraine. Puis la Mésange à longue queue, dont l'habitation globuleuse n'excède pas la grosseur du poing et est composée de mousse et de lichen. La mère n'y accède que par une ouverture excessivement étroite, et y nourrit souvent dix à douze petits. Il est vraiment inexplicable qu'une si nombreuse famille puisse s'entasser dans une chambrette d'une telle exiguïté. On croirait qu'elle doit s'y étouffer ; mais empilés les uns sur les autres, les jeunes oiseaux ne s'en réchauffent que mieux, et toute la nichée vit heureuse et pleine de gaîté dans sa couchette exiguë.

Par rapport à l'élégance de la construction, la Mésange Rémiz étonne encore plus l'observateur. Son nid, suspendu aux branches des arbres, a exactement la forme d'une cornue de chimiste ; seulement au lieu d'être confectionné en aussi dure matière, il n'entre dans sa composition que de la fine mousse

152. Nid de Mésange à longue queue. *Parus caudatus*, Linnée. Du Muséum de Rouen.

et du duvet. L'ouverture en est tissée avec soin ; pas une fibre végétale ne dépasse l'autre !

Qui pourrait dire de quelle merveilleuse manière l'oiseau aborde son nid en volant, y entre ou en sort par une ouverture qui semble avoir à peine le diamètre de son corps, et sans jamais en déranger une fibrille !

La hutte de quelques sauvages reste constamment ouverte;

153. Nid de Mésange Rémiz. *Parus pendulinus*, Latham. Du Muséum de Rouen.

leur intelligence déshéritée ne leur a pas encore fait inventer la porte protectrice. Les Araignées sont plus ingénieuses : il en est qui, comme nous l'avons vu, savent s'enfermer dans leur souterrain, avec une porte habilement ouvrée ; quelqûes Oiseaux prennent des précautions analogues.

Dans son ouvrage sur les Oiseaux de l'Inde, M. Jerdon rapporte le curieux manége de certaines espèces du genre Homrains, dont les mâles ont l'habitude, à l'époque de la ponte, d'emprisonner la femelle dans son nid. Ils en ferment l'entrée au moyen d'un épais mur de boue, qui n'offre qu'un petit trou par lequel la couveuse respire et peut seulement passer le bec pour recevoir ses aliments. C'est par celui-ci, en effet, que son trop sévère époux lui en apporte, à chaque instant, quelque becquetée; car il faut dire, à sa louange, que s'il est assez barbare pour la cloîtrer, il la nourrit avec une extrême tendresse. Cette réclusion forcée ne cesse qu'au moment ou se termine l'incubation; alors le couple brise les portes de la prison.

Dans son voyage aux Indes, Sonnerat parle d'une Mésange du cap dont le nid en forme de bouteille et fait en coton mérite d'être signalé. Quand la femelle couve à l'intérieur, le mâle, vraie sentinelle vigilante, reste au dehors, couché dans une poche spéciale, ajoutée à l'un des côtés du goulot. Mais lorsque sa compagne s'éloigne et qu'il veut la suivre, à l'aide de son aile, il bat violemment l'orifice du nid, et parvient à l'obstruer, pour protéger la progéniture contre ses ennemis.

En fait de construction ingénieuse, suscitée par l'amour de la famille et du travail, il n'en est pas qu'on puisse comparer à l'œuvre du Républicain. Ce petit Oiseau du Cap, qui est de la taille de nos moineaux, auxquels il ressemble absolument, vit en sociétés nombreuses dont tous les membres se réunissent pour former une immense cité, ayant l'apparence d'une charpente circulaire, qui entoure le tronc de quelque grand végétal. On y compte parfois plus de trois cents cellules, ce qui indique qu'elle est habitée par plus de six cents oiseaux. Ce nid est tellement pesant, que Levaillant, qui en recueillit un durant son voyage en Afrique, fut obligé d'employer une voiture et plusieurs hommes pour le transporter. Quand, de loin, on en aperçoit dans la campagne, on croit voir de grands toits suspendus aux troncs ou aux branches des arbres qui s'y

154. Nid de Mésange du Cap. D'après Sonnerat.

trouvent disséminés, et sur lesquels se joue une multitude d'oiseaux.

Nous avons dit que, parmi la gent ailée, on trouvait des spécimens de presque toutes les professions. On ne s'attendait guère à y rencontrer de véritables couturières, car le bec des

155. Phalanstères de Républicains d'Afrique. *Loxia socia*, Latham.

oiseaux paraît assez impropre aux travaux à l'aiguille, et cependant quelques-uns de ces animaux en produisent d'absolument analogues à ceux-ci.

Je n'entends nullement parler ici des Tisserins, dont les nids en herbes fines, connus de tout le monde, représentent un lacis inextricable, mais de la Fauvette couturière, charmante espèce exotique, qui prend deux feuilles d'arbres très-allongées, lancéolées, et en coud exactement les bords en surget, à l'aide d'un brin d'herbe flexible en guise de fil.

156. Nid de Fauvette couturière. *Sylvia sutora*, Latham. Du muséum de Londres.

Après cela, la femelle remplit de coton l'espèce de petit sac que celles-ci forment, et dépose sa gentille progéniture sur ce lit moelleux, que berce doucement le plus léger souffle du vent.

Ce nid, qui est extrêmement rare, mais dont j'ai vu quelques spécimens au Musée britannique, est un véritable chef-d'œuvre d'intelligence.

Le Loriot de nos climats produit un travail analogue. Son nid ressemble à une coupe concave, circulaire, et il est formé d'un lacis d'herbes finement entrelacées. L'oiseau le suspend

157. Nid du Loriot jaune. *Oriolus galbula*, Linnée. Du muséum de Rouen.

constamment sous la bifurcation de deux branches d'arbres. Il choisit, à cet effet, celles qui sont étendues horizontalement, et il y coud toujours sa demeure aérienne à l'aide d'un surget exécuté non pas avec de l'herbe, mais avec quelque bout de corde ou de fil de coton, qu'il a volé dans une fabrique ou une habitation voisine ; aussi se demande-t-on parfois, comment il faisait avant que l'industrie inventât la ficelle ou la filature !

IV

LES PARESSEUX ET LES ASSASSINS.

Il semble que, chez l'Oiseau, l'activité et l'intelligence soient en raison inverse de la taille. Les paresseux et les brigands de l'air appartiennent généralement aux plus robustes tribus.

Le Troglodyte couve amoureusement sa charmante petite famille sous un dôme de mousse et de duvet, construit avec une délicate intelligence, et ordinairement abrité sous le rebord de nos toitures ; c'est une véritable sphère matelassée dont la mère ose à peine sortir, tant elle affectionne sa couvée.

L'Autruche, vivant emblème de l'indolence unie à la force, ne se donne pas la peine de construire un nid. Après avoir simplement éparpillé le sable à l'aide de ses pattes, elle dépose ses œufs sur l'arène, et abandonne au soleil ardent du désert le soin de leur incubation. Ce n'est que durant les nuits froides et humides qu'elle vient les réchauffer. Et encore, comme si cet effort maternel surpassait leur tendresse, on voit les femelles se partager le soin d'une maternité douteuse, car il paraît avéré que plusieurs Autruches entremêlent leurs œufs dans la même excavation de sable. Levaillant s'étant blotti toute une nuit dans un buisson pour y observer les manœuvres de ces oiseaux, vit quatre femelles se rendre sur le même tas d'œufs, « elles se relevaient, dit ce voyageur, l'une après l'autre [40]. » Le mâle est également appelé à suppléer à

158. Nid de Troglodyte d'Europe. *Troglodytes Europæus*, Cuvier. Du muséum de Rouen.

l'indolence de sa compagne ; il couve aussi : c'est une nourrice d'un autre sexe.

Les Ducs et les Hiboux ne se préoccupent guère plus de leur nidification. Presque tous ces nocturnes paresseux déposent simplement leurs œufs sur la poussière que le temps accumule dans les anfractuosités des rochers ou des cavernes; d'autres s'installent dans les églises ou les châteaux en ruines; quelques-uns se contentent des trous qu'offrent les troncs cariés des arbres séculaires. L'Effraie, un peu moins nonchalante, avant de pondre, tapisse d'un mince matelas de mousse la pierre nue de l'obscur souterrain dans le fond duquel elle élève une couvée qui craint tant la lumière.

Les oiseaux de la tribu de nos Cailles, de nos Perdrix et de nos Poules, sont tous de très-maladroits ouvriers, se contentant d'étaler leurs couvées sur la plus misérable litière ou même sur le sol aride. Les belles Colombes, elles-mêmes, ne prennent guère plus de soin de leur progéniture. Leurs nids négligemment suspendus sur les branches des arbres, ne sont formés que par une mince nappe de brindilles très-espacées; véritable claie en désordre, sans mousse et sans duvet, sur laquelle l'œuf, aéré de tous côtés, semble à tout instant menacé de choir. C'est l'œuvre d'une imprévoyante beauté, dont la couche parait plutôt devoir glacer que réchauffer la jeune famille.

On trouve plus d'ampleur, mais pas beaucoup plus d'intelligence dans les constructions des grands carnasssiers, tels que les Aigles, les Autours et les Faucons, ces dominateurs de l'air. Farouches et solitaires, les premiers suspendent leur nid au milieu des plus horribles précipices, sans s'effrayer ni du mugissement des cataractes, ni du fracas des avalanches. La masse de l'œuvre et le poids des matériaux sont proportionnés à la force de l'architecte. L'aire de l'Aigle n'est qu'un amas de grosses branches d'arbres, véritable fagot enchevêtré et formant un épais et rustique matelas de douze à quinze pieds de circonférence. Ce nid sert souvent toute la vie au couple qui l'a édifié, mais ses proportions augmentent avec le temps parce que tout autour s'entassent les ossements de tous les animaux apportés par les parents et dévorés par la famille affamée; de manière qu'à un moment donné l'aire de ces Rapaces n'est plus qu'un infect charnier.

Les constructions de l'Autour ont un moindre développe-

159. Nid de Chouette effraie. *Strix flammea*, Linnée. Du muséum de Rouen.

ment; il y emploie de simples petites bûchettes; cependant son nid offre encore quatre pieds de circonférence.

Quelques-uns de nos paresseux, ne voulant absolument rien faire, deviennent de simples voleurs; d'autres, plus courageux, sont de véritables brigands : ceux-ci attaquant de front l'en-

160. Nid d'Autour. *Astur palumbarius,* Bonaparte. Du muséum de Rouen.

nemi qu'ils veulent dévorer, ceux-là jetant leur victime par la fenêtre, pour envahir son domicile.

A cette légion, appartiennent les voraces Pies-grièches de nos bois, qui tuent tant de petits oiseaux, dont on les voit enfiler les cadavres sur les épines des buissons.

Au nombre des plus obstinés voleurs, il faut peut-être citer nos Moineaux. Linnée et Gmelin racontent comme un fait avéré, qu'avant le retour des Hirondelles, l'un de ceux-ci s'empare parfois du domicile abandonné par les voyageuses. Il s'y installe, et, lorsque reviennent les légitimes propriétaires, menace de les écharper avec son robuste bec. Les Hirondelles spoliées appellent à leur secours leurs compagnes des environs. Alors commence le siége de la place ; les unes retiennent l'ennemi prisonnier, tandis que les autres s'occupent à murer la porte avec force becquetées de terre ; et bientôt, l'usurpateur étroitement emprisonné dans le nid qu'il a envahi, y périt asphyxié [41].

Mais de tous ces spoliateurs ailés, le plus cruel est le Coucou. Voici son histoire.

Ce paresseux et sauvage habitant de nos forêts ne veut ni édifier de nid, ni couver ses œufs, ni nourrir ses petits. Par ruse il transmet ce fatal soin à d'autres oiseaux, et c'est constamment aux espèces de la moindre taille qu'il impose la besogne dont il se délivre.

Les plus illustres naturalistes de l'antiquité et des temps modernes, tels qu'Aristote, Pline et Linnée, avaient déjà reconnu que le Coucou s'emparait d'un nid étranger, dont les légitimes possesseurs étaient sacrifiés au profit de la progéniture de l'envahisseur. Mais ce n'est que récemment que ces odieuses menées ont été exactement dévoilées.

La nature, avare à l'égard du Coucou, ne lui a accordé que deux œufs. Cependant, on reconnaît là une sage prévoyance, car pour élever ses deux petits, un bon nombre d'autres sont barbarement sacrifiés.

C'est le nid d'un Roitelet ou d'un Troglodyte que cet oiseau choisit pour l'accomplissement de ses desseins, et il n'y place qu'un seul de ses œufs.

Déjà s'offre ici un curieux problème à résoudre. Les nids de ces charmants hôtes de nos bocages sont si exigus, qu'un oiseau de la taille du Coucou ne pourrait ni y entrer, ni s'y poser pour pondre ; comment donc y introduit-il sa progéniture? Levaillant désespérait de pouvoir pénétrer ce mystère, lorsque le hasard lui en fournit l'occasion. Le célèbre voyageur, en tuant une femelle de Coucou doré, en Afrique, trouva dans sa gorge un œuf entier, qu'il reconnut pour être celui de l'oiseau ; et son nègre lui assura que souvent en tuant de semblables Coucous au vol, il avait vu des œufs tomber de leur bec.

Un savant modeste, M. Florent Prevost, auquel on doit tant d'amples et curieuses observations, a reconnu que la même chose se passait à l'égard de notre Coucou commun. Il a vu que la femelle pondait son œuf sur le sol, et qu'ensuite elle le prenait avec son bec, le plaçait dans sa gorge, et allait le déposer dans le nid de l'espèce insectivore dont elle a fait choix.

Pline raconte, au long, que lorsque le jeune Coucou est éclos au milieu de la petite famille de la Mésange, celle-ci, par un sentiment de vanité maternelle, en le voyant si fort et si beau, sacrifie tous ses autres petits, et les lui laisse dévorer sous ses yeux, jusqu'au moment où elle-même devient sa pâture.

Telle est la fiction ; abandonnons-la pour la réalité, non moins extraordinaire, et qui nous fut révélée par un homme d'immortelle mémoire, Jenner, l'inventeur de la vaccine.

Ce n'est pas la mère qui se charge de l'assassinat, mais le petit Coucou. Voici comment le grand médecin raconte le fait dans les *Transactions philosophiques :* «Le jeune Coucou, peu d'heures après sa naissance, en s'aidant de son croupion et de ses ailes, tâche de se glisser sous le petit oiseau dont il partage le berceau et de le placer sur son dos où il le retient en élevant ses ailes. Alors il se traîne à reculons sur les bords de

161. Coucou massacrant des Roitelets.

son nid, s'y relève un instant; puis, faisant un effort, jette sa charge hors de ce nid. Après cette opération, il s'arrête quelques moments, comme pour s'assurer du succès de son entreprise. »

Le spoliateur déploie une affreuse persistance dans l'accomplissement de son œuvre de destruction ; il y travaille d'une manière incessante, et jette successivement hors du berceau tout ce qui s'y trouve. Le colonel Montagu vit un jeune Coucou expulser pendant quatre jours, avec une infatigable persévérance, une Hirondelle nouvellement éclose qu'il avait soin de replacer chaque fois à ses côtés.

Or, comme la couvée de chaque Troglodyte ou de chaque Roitelet, se compose d'une dizaine de petits, il en résulte que, pour élever sa progéniture, le Coucou sacrifie annuellement une vingtaine de jeunes oiseaux. Voici pourquoi le Coucou s'est attiré l'animadversion générale, et, à juste raison, est devenu en Allemagne le symbole de l'ingratitude.

D'après les auteurs du Dictionnaire général des sciences, la femelle du Coucou se chargerait parfois, elle-même, de massacrer les petits déjà éclos, au moment où elle va déposer son œuf dans les nids.

V

L'ARCHITECTURE DE PLAISANCE.

L'amour maternel, nous l'avons vu, opère des prodiges, et ne néglige rien pour le bien-être et la protection de la famille. Ici ce sont des Oiseaux qui sacrifient simplement au luxe et aux plaisirs ; et, au lieu de nids ingénieux, édifient d'élégants bosquets de plaisance, destinés à la simple promenade, aux tendres ébats, aux rendez-vous d'amour.

162. Bosquet nuptial du Chlamydère tacheté. *Chlamydera maculata*. D'après Gould.

Le plus habile de ces faiseurs de charmilles, de ces Le Nostre de l'ornithologie, est le Chlamydère tacheté, qui ressemble beaucoup à notre perdrix. Cependant il s'en distingue, à la première vue, par son plumage foncé relevé de gouttes claires, et par son cou orné d'un gracieux collet rose.

Le couple procède par ordre à l'édification de son bosquet. C'est ordinairement dans un lieu découvert qu'il le place, pour mieux jouir du soleil et de la lumière. Son premier soin est de faire une chaussée de cailloux arrondis et d'un volume à peu près égal; quand la surface et l'épaisseur de celle-ci lui semblent assez considérables, il commence par y planter une petite avenue de branches. On le voit, à cet effet, rapporter de la campagne de fines pousses d'arbres, à peu près de la même taille, qu'il enfonce solidement, par le gros bout, dans les interstices des cailloux. Ces Oiseaux disposent ces branches sur deux rangées parallèles, en les faisant toutes converger l'une vers l'autre, de manière à représenter une charmille en miniature. Cette plantation improvisée a presque un mètre de long, et sa largeur est telle, que les deux amants peuvent se jouer ou se promener de face sous la protection de son ombrage.

Aussitôt que le bosquet est achevé, le couple amoureux songe à l'embellir. A cet effet, il erre de tous côtés dans la contrée, et butine chaque objet brillant qu'il y rencontre, afin d'en décorer l'entrée. Les coquilles à nacre resplendissante sont surtout l'objet de sa convoitise ; aussi les issues de la charmille en sont-elles pourvues d'une épaisse couche miroitante.

Si ces collectionneurs d'un nouveau genre trouvent dans la campagne de belles plumes d'oiseau, ils les recueillent et les suspendent, en guise de fleurs, aux ramilles fanées de leurs résidences. On est certain qu'aux environs de celles-ci tout objet vivement coloré ou éclatant dont le sol est accidentellement jonché, en est immédiatement enlevé. M. Gould me racontait même que, dans les sites où ces oiseaux édifient, si quelque voyageur perd sa montre, son couteau, son cachet, il est inutile de les chercher sur le lieu où ils sont tombés ; ils en ont été emportés par les Chlamydères du canton, mais on les retrouve toujours dans la plus voisine de leurs promenades.

La découverte de ce bosquet d'amour étant un fait ornithologique absolument inattendu, M. Gould craignit qu'en Europe sa narration ne fût suspectée : il voulut y joindre des pièces à l'appui. A cet effet, ayant enlevé du sol une de ces promenades extraordinaires, à l'aide de soins infinis, il parvint à la transporter au British Museum, où l'on peut l'admirer aujourd'hui.

Lorsque l'on connut le travail, on voulut essayer l'ouvrier. L'un de ces champêtres architectes fut apporté vivant au Jardin zoologique de Londres. On l'avait mis dans une grande salle, environné de tous les matériaux nécessaires à ses constructions ; mais le pauvre Oiseau n'avait fait là que de bien mauvaise besogne : l'air et le soleil de la patrie lui manquaient; le courage s'était énervé. C'était à peine s'il avait commencé à planter irrégulièrement quelques branchages dans un tas de pierres et de terre qu'il avait rassemblées.

163. Nid de Poule d'eau. *Fulica chloropus*, Linnée. Du muséum de Rouen.

VI

L'ARCHITECTURE NAVALE.

On a raconté bien des choses inexactes au sujet des constructions navales de certains oiseaux. La fiction a détrôné la vérité, et celle-ci cependant est infiniment plus intéressante que les contes qu'on lui a substitués.

Un des plus robustes habitants de nos marécages, la Poule d'eau, nous surprend par la forme et l'élégance de ses nids qu'elle place près de leurs bords. Ce sont autant de petits autels élevés au-dessus du sol et couronnés par une tonnelle de roseaux, dont les feuilles recourbées forment une élégante petite voûte de verdure au-dessus de la couvée.

On a souvent répété dans les vieux ouvrages d'histoire naturelle, que la Fauvette des roseaux fixait à ceux-ci son nid d'herbes entrelacées, et que l'élégant berceau, rempli de la jeune famille, flottait à la surface de nos rivières, montant ou descendant le long de son support aquatique, en suivant les mouvements de l'eau, et toujours surnageant, pour sauver la couvée du naufrage.

Le nid de cette Fauvette offre une structure ingénieuse ; mais tout se borne là. Il est formé d'herbes enchevêtrées, et se trouve presque constamment fixé vers le haut de trois tiges de roseaux à balais. C'est là que la gracieuse petite femelle couve en sécurité ses œufs. Mais son gîte ne peut ni monter ni descendre sur le trio de plantes qu'il lie étroitement ; et s'il le pouvait, il ne flotterait même pas : l'eau submergerait la pauvre couvée. C'est une erreur à rectifier.

Tous les auteurs de l'antiquité racontent une fable charmante à l'égard des nids flottants de l'Alcyon. C'était vers le coucher des Pléiades, à ce qu'ils rapportent, que l'oiseau des orages les construisait. Alors cessait le murmure des flots, et les vents se taisaient pour que l'œuvre de Dieu pût s'accomplir sur une mer tranquille. C'étaient même ces belles journées,

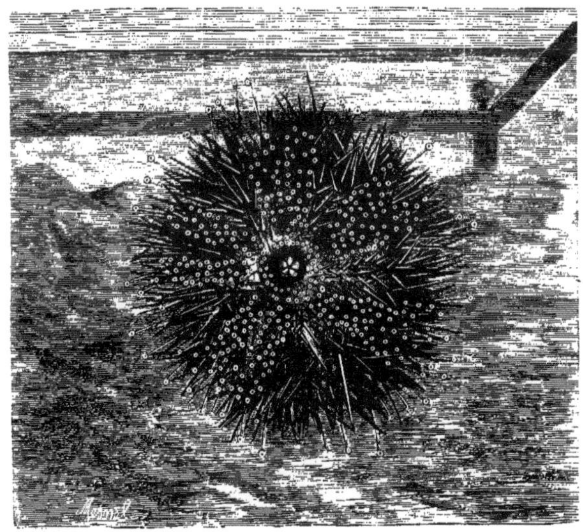

164. Oursin comestible de nos rivages.

si rares au solstice d'hiver, que le nocher appelait les *jours de l'Alcyon.*

« Ces nids sont admirables, dit Pline ; ils ont la figure d'une boule et ressemblent à de grandes éponges. On ne peut les couper avec le fer, mais un choc violent les brise. » Plutarque croyait qu'ils n'étaient composés que d'os de poissons entrelacés. Mais il paraît que ce philosophe avait pris pour des nids d'Alcyon, des carapaces d'Oursins que les flots apportent sur le rivage.

165. Nid de Fauvette rousserolle. *Motacilla arundinacea*, Gmelin. Du muséum de Rouen.

S'il est bien reconnu aujourd'hui que l'Alcyon de l'antiquité, qui n'est autre que notre Martin-pêcheur, ne confie point de nids flottants au calme de la mer, les ornithologistes ardents qui étudient les mœurs des habitants de nos marécages, ont découvert quelques espèces dont la merveilleuse nidification surpasse encore le mythe célèbre.

Telle est celle du Grèbe castagneux. Ce Palmipède couve sa progéniture sur un véritable radeau, qui vogue à la surface de nos étangs. C'est un amas de grosses tiges d'herbes aquatiques, très-serrées ; et comme celles-ci contiennent une notable quantité d'air dans leurs amples et nombreuses cellules, et qu'en outre elles dégagent divers gaz en se putréfiant, ces fluides aériformes, emprisonnés par les plantes, rendent le nid plus léger que l'eau. On le trouve flottant à sa surface, dans les sites solitaires peuplés de joncs élevés et de grands roseaux. Là, dans ce navire improvisé, la femelle, sur son humide lit, réchauffe silencieusement sa progéniture. Mais si quelque importun vient à la découvrir, si quelque chose menace sa sécurité, l'Oiseau sauvage plonge une de ses pattes dans l'onde et s'en sert comme d'une rame, pour transporter sa demeure au loin. Le petit batelier conduit son frêle esquif où il lui plaît ; entraînant souvent, tout autour, une grande nappe d'herbes aquatiques, il semble une petite île flottante emportée par le labeur du Grèbe, qui s'agite au centre d'un amas de verdure.

Ainsi la vérité est plus extraordinaire que la fiction [42].

VII

LES MINEURS ET LES MAÇONS.

Tous les voyageurs qui abordent les rivages des mers australes sont frappés de l'aspect des innombrables bandes de Manchots qui les animent.

Oiseaux par le fond de l'organisation, par les mœurs ce sont de véritables Poissons. Leurs ailes, transformées en nageoires, les rendent inhabiles au vol, et leurs pattes ne sont propres qu'à la natation. Aussi, ne pouvant ni s'élever dans l'air, ni se dérober par la course, quand ils veulent fuir leurs agresseurs, ils trébuchent et tombent à chaque pas sur la terre. Les marins comptent sur leurs chutes pour les assommer, et ils en font souvent un énorme carnage. Mais la scène change aussitôt que les Manchots ont gagné l'eau, leur élément de prédilection. Ils s'y précipitent du haut de rochers qui s'élèvent de dix à quinze pieds au-dessus des flots, et, arrivés dans la mer, plongent et nagent avec une prestesse qui nargue les gros poissons, et fait le désespoir des petits, leur pâture habituelle.

Assis sur leur queue et toujours debout sur la plage, ces Oiseaux, éparpillés en bandes immobiles, par leur ventre blanc, leur capuchon et leur manteau noirs, rappellent le costume de certaines corporations religieuses, ce qui les fait comparer par tous les marins à des processions de pénitents.

Grands nageurs, mais mauvais marcheurs, les Manchots ne

166. Nids de Grèbe castagneux. *Colymbus minor*, Gmelin. d'après le dessin original de M. Noury.

pouvant nidifier ni dans les arbres, ni dans la mer, il leur a fallu s'accommoder du rivage. Trop bornés pour tisser un nid, ils se contentent de creuser un trou dans la terre : ce sont de simples mineurs.

C'est ordinairement sur les îlots déserts et couverts d'herbes que ces animaux établissent leur demeure souterraine. Ils la creusent à l'aide de leur bec et de leurs pattes, à fleur du sol, et lui donnent souvent jusqu'à trois pieds de profondeur. L'intérieur, par sa forme, rappelle un four, et l'entrée étroite et surbaissée en représente la gueule. De toutes les cavernes partent de véritables chemins dérobés, tracés au milieu des herbes et recouverts par leurs cimes. C'est par ces routes tortueuses et ombragées, que les Oiseaux se rendent de leurs nids au rivage.

Ces travaux souterrains sont si multipliés dans certains parages, qu'il arrive souvent aux marins de s'y enfoncer en marchant. Le Manchot troublé par cet envahissement inattendu, se jette sur l'imprudent qui défonce sa demeure, et souvent la jambe du visiteur ne s'en retire qu'après avoir eu à subir de rudes coups de bec, de vives blessures. Plus d'un pantalon de matelot y abandonna quelque portion de son étoffe.

La tribu des Maçons est fort nombreuse, et ces architectes ailés emploient pour leurs constructions des matériaux assez variés. Beaucoup, ainsi que les anciens Germains, ne construisent leur demeure qu'avec de la terre ou de l'argile. D'autres emploient des végétaux après les avoir gâchés comme une sorte de mortier ou de mastic.

Le plus robuste, mais en même temps le plus maladroit de toute notre lignée de maçons est le Flamant, auquel nous pardonnons ses rustiques constructions en faveur de son resplendissant plumage lavé de rose et de rouge rutilant. Ce grand Échassier, dont les troupes flamboyantes se plaisent sur tous les rivages des contrées chaudes, construit ordinairement ses nids non loin de la mer, et donne à ceux-ci une disposition toute particulière, car ses jambes démesurément longues n'auraient pu s'accommoder à la nidification normale.

Les Flamants placent leurs nids sur le sol et ne les édifient qu'avec de la vase grossièrement gâchée. Ceux-ci ont la forme d'un cône étroit allongé, d'une hauteur d'environ un demi-mètre, et dont le sommet tronqué offre une concavité au fond de laquelle la femelle dépose deux à trois œufs blancs. Pour les couver, elle pose son ventre dessus et laisse ses jambes pendre des deux côtés du cône élevé que forme sa construction.

Nos passagères Hirondelles sont déjà de plus habiles ouvrières que les Flamants. Les Chambrettes nuptiales qu'elles construisent sous la corniche de nos fenêtres ou dans les ogives gothiques des églises, ne sont maçonnées qu'avec de la terre pure, qu'elles vont chercher becquetée par becquetée, sur la berge de nos fleuves.... en combien de voyages?...

Les Hirondelles Salanganes, qui habitent la Chine et les îles qui l'avoisinent, façonnent des nids qui ressemblent à autant de petits bénitiers, qu'elles accolent par milliers sur les rochers inaccessibles ou dans les sombres cavernes, comme pour y dérober leurs chastes amours à tous les regards importuns.

Ces nids sont formés d'une substance d'un blanc sale, absolument analogue à de la colle de poisson; étrange aspect qui leur fit donner les plus diverses origines. Ils semblaient si drôles à Kæmpfer, qu'il n'y voulait pas croire; le célèbre explorateur du Japon prétendait même qu'on les fabriquait de toutes pièces avec de la chair de divers Polypes.

M. Poivre, qui au titre de gouverneur de l'Ile-de-France en réunissait un autre dont il tira beaucoup plus de renommée, celui de savant distingué, éclaira le premier l'histoire des Salanganes, et recueillit de sa propre main quelques-unes de leurs constructions; mais il se trompa en prétendant que ces Hirondelles les édifiaient avec du frai de poisson, opinion ayant eu longtemps cours.

167. Nids de Flamants rouges. *Phœnicopterus ruber*, Cuvier.

Ce fut M. Lamouroux qui, pour la première fois, en 1821, nous donna d'exactes notions sur la composition de ces nids extraordinaires. Il reconnut que les oiseaux les construisaient avec diverses plantes marines qu'ils récoltaient dans les flots, et appartenant surtout aux genres *Gelidium* et *Sphærococcus*. En rasant les vagues, les Hirondelles les enlèvent à leur surface, les avalent et les rejettent ensuite mêlés à leurs sucs di-

168. Nids comestibles de la Salangane. *Hirundo esculenta*, Latham.

gestifs, ce qui les rend glutineux, et facilite l'édification du gîte maternel.

La récolte de ces nids est dangereuse parce que les Salanganes les placent souvent au fond de cavernes inabordables, dans lesquelles il faut se glisser avec des cordes, ou descendre à l'aide de longues échelles de bambou. Les Chinois qui font l'état de les recueillir, n'y procèdent souvent qu'après s'être attiré la protection des dieux par quelques sacrifices préliminaires; et en parfumant l'entrée des précipices avec du benjoin ou d'autres substances odoriférantes.

Les nids de Salanganes ont acquis une grande célébrité à cause de l'usage que l'on en fait à la Chine, pour l'alimentation.

169. Nid de Merle mauvis. *Turdus iliacus*, Linnée. Du muséum de Rouen.

Là, ceux-ci sont l'indispensable ornement de tout repas de luxe. Dans le potage, hachés en petits fragments, ils remplacent le riz ou le tapioca [43].

Mais le plus charmant de tous nos maçons aériens est assurément le Roitelet omnicolore, couronné de sa brillante huppe

170. Nids du Roitelet omnicolor. *Regulus omnicolor*, Vieillot. Du muséum de Rouen.

d'or. Ses nids ressemblent à autant d'éteignoirs renversés, que l'on aurait collés, par le côté, sur des tiges de roseaux. Ces véritables petites coupes à couver ne sont composées que de brins d'herbes collés avec de la boue et de la

171. Nid de Fournier. *Furnarius rufus*, Vieillot. Du muséum de Rouen.

salive, pour en former une mince muraille presque aussi compacte que du carton. C'est un passage aux nids des Salanganes.

Il y a aussi des ouvriers qui emploient des matériaux mixtes;

on ne sait où les classer. Le Mauvis est dans ce cas. Au dehors, son beau nid est entièrement formé de touffes de mousses moelleusement éparpillées, et à l'intérieur il se trouve lambrissé d'une muraille de terre compacte, sur laquelle la couvée repose à nu, comme si les parents redoutaient pour elle la chaleur de l'édredon. Cet oiseau n'est donc qu'à moitié maçon.

Nous avons vu, au commencement de ce chapitre, un Palmipède qui se creuse un four : un Passereau de l'Amérique est plus ingénieux, il le construit; c'est un véritable maçon, aussi lui a-t-on tout naturellement donné le nom de *Fournier*. C'est un plus robuste ouvrier que les hirondelles. On s'étonne du nombre de voyages qu'il a dû faire pour porter au haut des arbres la terre gâchée, presque pure, qui compose sa demeure de famille. Le Fournier est de la taille d'une Caille. Ses nids hémisphériques, placés à la bifurcation des grosses branches d'arbres, ont plus de huit pouces de diamètre ; ils pèsent de trois à quatre livres. Si cette construction n'est point comparable, pour le travail, à celle du Mégapode, elle est cependant remarquable par sa maçonnerie serrée et son ouverture exactement analogue à la gueule d'un four de boulanger.

Le prince Ch. Bonaparte nous a fait connaître une charmante et curieuse Chouette, qu'on doit placer aussi dans la catégorie qui nous occupe. C'est un enfant révolté, dédaignant toutes les traditions de famille, et qui, malgré sa nocturne livrée de hibou, déserte les vieilles ruines et l'obscurité des cavernes, et ne chasse qu'au grand jour, à la vive lumière qui aveuglerait tous ses camarades.

Cette espèce pullule sur le territoire du Mississipi, où elle s'abrite dans des souterrains de plusieurs mètres de profondeur, dont l'entrée est surmontée d'un tumulus de terre. On l'appelle Chouette mineur, mais cependant elle ne mérite pas strictement ce nom, car c'est souvent une simple spoliatrice, qui s'installe dans les villages des Marmottes qu'elle en chasse probablement. Ce qu'il y a de certain, d'après l'illustre orni–

172. Nid de Troupiale. Du muséum de Rouen.

thologiste, c'est que les deux animaux n'habitent point ordinairement ensemble ; seulement, dans un danger commun, la Marmotte et l'Oiseau se blottissent au fond du même souterrain,

173. Nid et coupe du terrier de la Chouette mineur. *Strix cunicularia*, Ch. Bonaparte.

où parfois on les trouve environnés d'hôtes les plus inattendus ; au milieu d'une compagnie de Crapauds, de Serpents à sonnettes et de Lézards !

VIII

LES TISSERANDS.

Beaucoup d'Oiseaux confectionnent, pour leurs nids, une sorte de canevas composé d'herbes enchevêtrées d'une ma-

174. Nid de *Fondia erythrops*, Bonaparte. Du muséum de Rouen.

nière fort serrée, ressemblant à un tissu grossier, sortant du

175. Nid de Synalaxis à tête noire. *Synalaxis melanops*, Bonaparte.

métier de quelque peuplade primitive. Ce sont de véritables Tisserands, ouvrant des fibres végétales en guise de laine ou de coton, et n'ayant pour tout métier que leur bec, dont ils se servent avec une extrême agilité pour entrecroiser les fines tiges des graminées et en former une sorte de membrane difficile à déchirer. Ces travailleurs ailés confectionnent diverses sortes d'habitations. Les unes consistent en des espèces de bourses ayant à l'intérieur de petits paniers accolés à leurs parois, et dans lesquels la femelle place sa couvée. Souvent alors l'entrée du nid, ainsi que cela a lieu pour celui de quelques Troupiales, est située à sa partie inférieure, qui représente une sorte de canal béant. D'autres sont simplement de longs et grands sacs à une ou plusieurs ouvertures, que les artisans aériens suspendent aux branches des arbres.

On a désigné à cause de cela, sous le nom de *Tisserins*, une tribu de Passereaux qui se fait remarquer par la perfection de ses produits; mais d'autres oiseaux imitent leur industrie, quoique appartenant à des familles différentes.

Certains tisserands, des moins habiles, se contentent d'enlacer grossièrement quelques herbes et d'en former une espèce de petite cupule dans laquelle la femelle se tient profondément enfoncée. C'est là qu'elle couve attentivement ses œufs, en regardant tout ce qui se trouve autour d'elle. La *Fondia erythrops* confectionne un de ces nids d'un imparfait tissu.

Le Synalaxis à tête noire est déjà un ouvrier beaucoup plus habile, un Tisserin de premier ordre, sinon pour le fini de ses constructions au moins pour leur solidité. Il édifie son nid avec des herbes en les enlaçant d'une manière serrée et inextricable; celui-ci a la forme globuleuse et ne présente qu'une petite entrée sur l'un de ses côtés, c'est à peine si l'oiseau peut y passer.

Les Cassiques et les Baltimores méritent d'être cités en première ligne parmi ces ouvriers d'un nouveau genre, à cause de l'ampleur des véritables poches de famille qu'ils suspendent aux arbres.

Les nids du Cassique Jupuba sont confectionnés avec des herbes sèches; ils ressemblent à de très-longs sacs évasés au

176. Nid du Carouge Baltimore. *Oriolus baltimore*, Gmelin. Du muséum de Rouen.

fond, offrant pour entrée une fente allongée, située vers le haut et placée latéralement, de sorte que l'eau de la pluie ne peut y pénétrer. Ils ont parfois deux mètres de longueur. Aussi, lorsque ces oiseaux sont nombreux dans la contrée et

177. Nid du Cassique jupuba. *Cassicus hæmorrhous*, Cuvier.

qu'ils y bâtissent beaucoup de nids, ceux-ci, en pendant au feuillage des arbres, donnent aux paysages intertropicaux un aspect tout particulier.

Les nids du Carouge Baltimore sont plus courts et confectionnés avec un duvet finement enchevêtré ; c'est un ouvrier qui travaille plus délicatement que l'autre, et auquel il faut une couche plus chaude et plus moelleuse. Ses constructions ont l'apparence de petits sacs de laine grossièrement tricotés.

LIVRE VII.

LES MIGRATIONS DES ANIMAUX.

Beaucoup d'animaux, entraînés par d'impérieux besoins ou par une force instinctive irrésistible, à un moment donné, abandonnent en masses leur résidence habituelle et se dirigent vers des régions éloignées. De telles Migrations, dont le but se dérobe souvent à notre pénétration, s'observent dans presque toutes les classes du règne animal. Le plus ordinairement on les voit se produire périodiquement; mais d'autres fois aussi elles ne se montrent qu'accidentellement et viennent tout à coup étonner les populations des contrées qui en sont le théâtre, et où des envahisseurs inattendus apportent parfois la dévastation, la famine ou la mort.

D'autres fois enfin, c'est la violence qui force des légions d'animaux à déserter les lieux où ils se sont établis. Dans les contrées où l'homme ne les décime pas, ceux-ci pullulent en telle abondance, et s'y trouvent tellement entassés, qu'on a peine à comprendre comment ils y peuvent subsister : on est effrayé de leur nombre. Les tableaux que Livingstone nous a

178. Abondance des animaux dans certaines contrées de l'Afrique. Rives du Zambèse, d'après Livingstone.

tracés de l'exubérance du gibier dans les sites sauvages de l'Afrique centrale, et en particulier aux bords du Zambèse, suffiraient pour nous donner une idée de la fécondité de la nature. Mais celle-ci est elle-même funeste aux espèces débiles; les plus fortes, en venant à dominer, les chassent ou les anéantissent, il n'y a pas de choix pour elles. Ce sont des migrations forcées.

La civilisation procède de la même manière. Les animaux disparaissent à mesure que celle-ci s'avance; elle les refoule devant elle ou les détruit radicalement. Beaucoup de grosses espèces qui s'abritaient dans les anciennes forêts de la Gaule, l'Aurochs et d'autres, ont aujourd'hui disparu de nos contrées. Nous n'y retrouvons plus que les ossements altérés de ces Mammifères sauvages que nos robustes aïeux y chassaient.

Lorsque les animaux opèrent annuellement leurs lointains voyages, on observe un ordre et une prévoyance qui n'ont point lieu lors de leurs migrations erratiques. Durant ces dernières, parfois toute la colonie expire vaincue par les éléments ou la faim : partie du lieu natal en colonnes innombrables, pas un seul individu ne le revoit. Durant les autres, au contraire, instruite sans doute par une expérience dont tous profitent, le voyage s'accomplit avec un ordre qui nous étonne.

L'arrangement qu'affectent les Oies en traversant le ciel, lorsqu'elles se rendent dans une patrie éloignée, décèle chez elles certaines combinaisons mentales. Toutes se trouvent placées à la suite les unes des autres, sur deux longues lignes obliques qui forment un angle aigu en avant, disposition la plus favorable pour fendre l'air. Et comme l'individu placé à la tête de la phalange déploie plus d'efforts pour ouvrir la route, quand il se trouve fatigué, on le voit s'abaisser, prendre le dernier rang, tandis qu'un autre lui succède.

J'avais pensé qu'il y avait peut-être plus de poésie que de véracité dans ce qu'ont dit sur cela les naturalistes anciens; mais ayant fréquemment vu, le long du Nil, des bandes d'Oies traverser le ciel en se dirigeant vers la Nubie, j'ai pu vérifier l'exactitude de leurs récits.

J'ai reconnu aussi que, lorsque ces voyageurs exténués de fatigue se reposaient sur les bords du fleuve, de place en place, tout autour de leurs masses tassées et endormies, il y avait d'immobiles sentinelles qui, l'œil au guet et l'oreille attentive, observaient les environs, et donnaient l'éveil à tout le camp, aussitôt que quelque ennemi s'en approchait.... Nos chasseurs tentèrent, mais toujours en vain, de les surprendre. Longtemps avant qu'ils se trouvassent à portée de fusil, on voyait ces

179. Chasse aux Oies. Tirée des peintures des temples souterrains de Beni-Hassan. D'après Lepsius, *Monuments d'Égypte et d'Éthiopie.*

vedettes vigilantes élever le cou, observer l'approche, hésiter quelques instants en battant des ailes, puis enfin s'envoler en jetant un léger cri ; alors toute la troupe émigrante les suivait.

Cependant, il est probable que les anciens Égyptiens, plus habiles que nous, parvenaient à surprendre ces bandes voyageuses. En effet, parmi les peintures ou les hiéroglyphes des monuments des Pharaons, on a fréquemment représenté des chasses d'Oies au filet et des gens portant de ces oiseaux dans

180. Promenade du Bombyce processionnaire. *Bombyx processionea*. Fabricius.
Chenilles en marche, Nid, Chrysalide, Cocon et Papillons.

des paniers. Lepsius a reproduit, dans son bel ouvrage sur l'Égypte, plusieurs de ces scènes cynégétiques, d'après les peintures et les bas-reliefs de Beni-Hassan et des grandes pyramides de Gizeh.

Certains Insectes n'affectent pas un ordre moins remarquable quand ils s'éloignent de leur demeure. Une espèce de Lépidoptère est même devenue célèbre à cause de la règle que ses larves affectent constamment durant leurs pérégrinations. En sortant du repaire ou sac dans lequel s'abrite et s'entasse toute leur famille, une chenille marche en tête de la bande ;

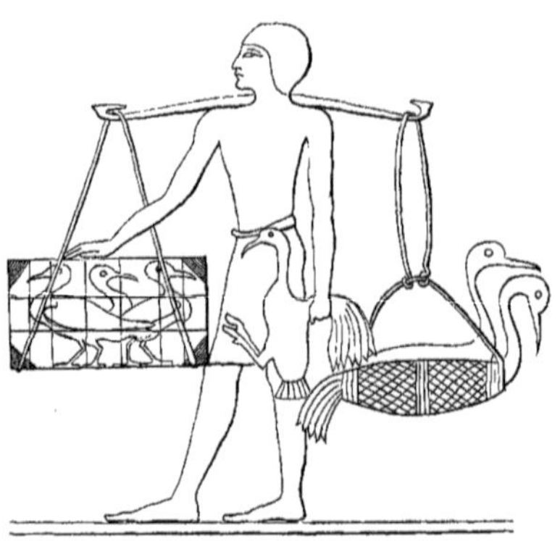

181. Égyptien portant des Oies au marché. D'après Lepsius. Tiré des pyramides.

puis en viennent deux; ensuite un rang de trois; après un de quatre; et toujours les escouades s'augmentent et marchent régulièrement à la suite les unes des autres. Leurs files, qui s'étendent parfois sur une longueur de trente à quarante pieds, font ainsi de nombreux détours sur les pelouses et les chemins, en imitant l'ordre d'une procession en mouvement. C'est ce qui a valu le nom de Bombyce processionnaire au Papillon qui donne naissance à cette funeste cohorte, qu'il faut laisser en repos lorsqu'on la rencontre, car sous peine d'un rigoureux châtiment, il est défendu à l'homme et aux animaux d'en troubler la marche ou même d'en approcher. Les poils qui recouvrent ces chenilles, se détachant pendant leurs évolutions et voltigeant tout autour de leur armée, sont extrêmement dangereux à respirer; aussitôt qu'il en entre avec l'air dans la poitrine, on se trouve subitement pris d'une toux opiniâtre et douloureuse, qui va presque jusqu'à la suffocation.

Le besoin impérieux, irrésistible, de changer de site ou de patrie, ne se manifeste ordinairement que chez les individus jouissant de toute la plénitude de leurs forces. Cependant, on l'observe aussi pour quelques jeunes à peine éclos. C'est ce qui a lieu au printemps à l'égard des Anguilles. La progéniture de ces poissons, dont la mystérieuse origine n'est point encore débrouillée, remonte alors nos fleuves par bandes tellement serrées, que tous les voyageurs se touchent, et que tout dénombrement en serait impossible.

Ces jeunes Anguilles forment près des berges de la Seine un cordon d'un mètre de largeur, qui met parfois plus d'une semaine à traverser les environs de Rouen ; et, après ce temps, ces myriades d'animaux disparaissent subitement sans laisser aucune trace. D'où nous arrive cette voie lactée vivante, et que devient enfin cette progéniture diaphane à peine ébauchée? C'est encore un impénétrable secret [44].

Nos relations commerciales avec les régions éloignées favorisent aussi les migrations de certains animaux, mais pas autant cependant qu'on serait tenté de le croire. Transportés sous un climat étranger, ceux-ci y meurent le plus souvent: le froid glace les uns, la chaleur étouffe les autres. Il n'est pas rare de voir errer dans les ports de l'Europe quelque Serpent ou quelque Araignée des contrées tropicales, que nos navires y ont débarqués avec leurs cargaisons de bois de teinture. Mais, engourdis par notre soleil avare, bientôt ces exilés expirent en regrettant une plus heureuse patrie.

182. Familles d'Hippopotames sur les bords du Zambèse. D'après le docteur Livingstone.

I

MIGRATIONS DES MAMMIFÈRES.

Généralement, les Mammifères lourds et volumineux ne s'éloignent guère de leur résidence ; pour eux, voyager est difficile, et, assez forts pour ne craindre aucun ennemi, ils restent paisiblement cantonnés dans les lieux où se trouve une nourriture propice. C'est ce que font surtout les grands Herbivores aquatiques, qui doivent rencontrer réunies dans le même site deux conditions essentielles, des aliments et de l'eau. Là où celles-ci existent, ils y établissent leur colonie.

Telles sont les Hippopotames qu'on découvre vivant en nombreuses et paisibles familles dans les fleuves de l'Afrique centrale. Là, se livrant à tout le bonheur d'une vie tranquille, les uns s'y baignent, ou se jouent dans les grandes herbes, tandis que les mères promènent tendrement leur petit sur leur dos à la surface de l'eau.

La nombreuse tribu des Kanguroos reste également attachée au site natal. Ses membres de derrière démesurément longs, leur donnent, il est vrai, une grande agilité pour sauter, mais leurs pattes de devant étant trop exiguës, cela ne leur permet pas de longues marches. Et d'ailleurs, le sol vierge de l'Australie leur offre toujours une abondante nourriture au milieu de ses hautes herbes.

Ce qu'il y a de plus remarquable, c'est que ce sont les Mammifères, doués en apparence des plus grandes facilités de transport, qui offrent l'existence la plus sédentaire : telles sont les Chauves-souris. Quoique ayant d'amples ailes on ne les voit jamais s'éloigner du gîte qu'elles se sont choisi. Ainsi, les Nyctères de la Thébaïde, qui se rendent si légères en remplissant d'air les sacs qu'elles portent sous la peau, ne s'éloignent guère des sombres détours des pyramides ou des temples de l'ancienne Égypte, où elles sont parfois si nombreuses qu'elles éteignent, en voltigeant, les flambeaux des voyageurs.

183. Nyctère de la Thébaïde.

Mais quelques Mammifères, quoique placés dans des circonstances beaucoup moins favorables que bien d'autres animaux, accomplissent cependant des migrations dont le grandiose et l'intelligence provoquent l'étonnement et l'admiration.

Rien n'offre peut-être un spectacle plus imposant que les immenses troupes de Bisons qui traversent les savanes de la Louisiane. Quand les décrets de la Providence en ont marqué l'instant, l'un de ces sauvages Mammifères s'érige en chef de

184. Kangouroo.

la troupe émigrante. Ses mugissements retentissent dans les vallées du Meschacebé, et il rassemble bientôt autour de lui une troupe formidable prête à le suivre à travers le désert. « Lorsque le moment arrive, dit Chateaubriand, ce chef secouant sa crinière, qui pend de toutes parts sur ses yeux et ses cornes recourbées, salue le soleil couchant, en baissant la tête et en élevant son dos comme une montagne ; un bruit sourd, signal du départ, sort en même temps de sa profonde poitrine, et tout à coup il plonge dans les vagues écumantes, suivi de la multitude des génisses et des taureaux qui mugissent d'amour après lui. »

Plus ingénieuse et moins bruyante, est la migration des légions d'Écureuils qui animent les forêts de la vieille Scandinavie.

Tandis que les formidables Bisons renversent tout sur leur chemin, des colonies d'Écureuils timides et silencieux vont à travers mille péripéties se fixer loin de leur site natal. Des voyageurs assurent qu'en Amérique et en Laponie, quand un fleuve leur barre le passage, chaque membre de la famille errante transforme en radeau quelque fragment de bois ou d'écorce, déploie sa large queue au vent, et que la petite flottille vivante, emportée par le souffle du zéphyr, atteint le rivage opposé [45].

De gentils Mammifères de la Laponie, les Lemmings, qui ne sont guère plus gros que des souris, accomplissent encore des migrations plus extraordinaires et surtout plus courageuses. A certaine époque de l'année, ces aventuriers, poussés par un mystérieux instinct, descendent des montagnes, par troupes si nombreuses que, sur des espaces considérables, la campagne est absolument couverte par leur armée grouillante et serrée. Toujours marchant sans trêve ni relâche, aucun obstacle ne les arrête, ni les fleuves, ni les lacs, ni les bras de mer ; cent ennemis les déciment, cent dangers les menacent, rien ne les rebute ; les longs rubans vivants que forme leur troupe n'en continuent pas moins d'avancer vers le lieu qu'ils veulent fatalement atteindre.

Étonnés de l'invasion subite de ces innombrables légions de Rongeurs, qui dévastent tout sur leur passage, les grossiers habitants du nord s'imaginent que ce fléau tombe du ciel. C'est surtout quand un hiver prématuré produit la disette sur les hauteurs, que les Lemmings gagnent les basses terres.

Tous ces émigrants sont animés d'une vaillance qu'on ne s'attendrait pas à trouver dans de si faibles créatures. Ils s'avancent en ligne droite, gravissent les rochers, passent les fleuves à la nage et se défendent contre quiconque les attaque. L'homme lui-même ne les effraye pas en leur barrant le passage ; leurs dents impuissantes mordent son bâton.

Si le départ coïncide avec la naissance de la progéniture, l'amour maternel enfante des prodiges ; chaque mère prend un petit à sa gueule et en porte un autre sur le dos.

Mais tant de courage, tant d'énergie et de persévérance n'aboutissent ordinairement qu'à des désastres. Les émigrants laissent derrière eux une longue traînée de cadavres ; bien peu revoient leurs montagnes. Beaucoup deviennent la proie des Renards, des Poissons et des Oiseaux carnassiers ; d'autres périssent au milieu des flots ou sont décimés par la faim et la fatigue ; parfois même, la mort les moissonne en nombre si prodigieux que l'air en est infecté.

185. Le grand Vautour des Andes ou Condor. *Vultur gryphus*, Linnée.

II

MIGRATIONS DES OISEAUX.

Nul animal ne révèle autant de force et d'instinct que l'Oiseau durant ses lointaines excursions : celles-ci tiennent du prodige. Ce n'est qu'à l'aide d'instruments de précision et de calculs épineux que le marin s'aventure sur la mer; nos voyageurs ailés, sans guide et sans boussole, se transportent du cercle polaire aux régions tropicales : des Grues passent l'été sur les grèves orageuses de la Scandinavie, et l'hiver dans les ruines des palais des Pharaons.

Le mécanisme des Oiseaux est admirablement disposé pour seconder leurs courses rapides. Leurs rames aériennes, mues par des muscles d'une extraordinaire puissance, se prêtent aisément à toutes les témérités de leurs pérégrinations à travers les hautes régions de l'air. Il est de ces animaux pour lesquels le vol est si facile, qu'ils semblent s'en faire un jeu; telles sont nos Hirondelles. Une force passive vient encore favoriser leur suspension dans les plaines de l'atmosphère ; un air raréfié par la chaleur du corps pénètre dans toutes ses cavités et jusqu'à l'intérieur des os. Rendus ainsi spécifiquement plus légers, comme des Montgolfières gonflées de gaz échauffés, ils planent sans efforts au milieu des nuages. Tel est le vol audacieux de ces Condors, qui, des cimes glacées des Andes, s'élançaient vers les cieux, et bientôt disparaissaient à la vue de M. d'Orbigny, sans qu'on s'expliquât comment ils pouvaient respirer dans une atmosphère si raréfiée.

L'Oiseau, quoique doué d'une si frêle organisation, dépasse cependant en puissance les lourdes machines qui glissent sur

186. Nid de Grue sur un monument égyptien.

nos rails de fer. Ses vaisseaux et ses fibres, malgré leur prodigieuse délicatesse, fonctionnent et résistent plus énergiquement que nos pesants rouages et nos épais canaux de fonte; là est le doigt de Dieu, ailleurs seulement le génie de l'homme!

187. Nid de l'Hirondelle de cheminée. *Hirundo rustica*, Linnée.

Lancé comme un trait dans l'espace, un Oiseau, en se jouant, franchit silencieusement vingt lieues à l'heure. En marchant à toute vapeur, une locomotive, enveloppée de feu et de fumée, n'atteint la même rapidité qu'en dévorant des masses de charbon et d'eau, au bruit infernal de ses engrenages et de ses pistons.

Les Mouettes qui nichent sur les rochers des Barbades, à ce que nous rapporte Hans Sloane, font chaque jour une promenade de cent trente lieues en mer pour aller, sur une île éloignée, trouver le plaisir et la nourriture. L'animal l'emporte sur l'industrie humaine !

188. Mouettes à pieds jaunes.

Durant leurs audacieuses excursions, les Oiseaux suivent infailliblement leur route, guidés par des sensations d'un ordre inconnu et d'une extrême délicatesse, parmi lesquelles la vue et l'odorat jouent, sans doute, un grand rôle. Tous les historiens racontent qu'après la bataille de Pharsale, les émanations putrides des morts entassés sur le sol attirèrent des Vautours de l'Asie et de l'Afrique, qui y vinrent faire la curée. Ce qu'il y a de certain, d'après de Humboldt, c'est qu'au milieu des plus solitaires passages des Cordillères, là où l'on ne supposerait même pas qu'il existât des Condors, si l'on tue un cheval ou une vache, bientôt après, plusieurs de ces sordides carnassiers, avertis par l'odorat, arrivent pour se gorger de ses chairs putréfiées.

Les migrations de certains oiseaux sont parfaitement connues ; on sait d'où ils partent, où ils font leurs haltes, en quel lieu ils s'arrêtent. Tout cela s'accomplit avec une telle régularité, qu'à jour fixe on peut prédire leur passage. Ainsi, constamment, à l'automne, des bandes de Cailles, en émigrant, tombent épuisées sur l'île de Malte et n'y trouvent qu'une fatale hospitalité. On les prend en masse dans les rues de la ville ou sur les chemins ; et comme les habitants ne peuvent consommer entièrement cette moisson vivante, on l'expédie sur des marchés lointains. J'en vis encombrer le pont du navire sur lequel je sortais du port.

La mystérieuse migration des Hirondelles a surtout exercé les savants. Que deviennent ces ravissants messagers, lorsqu'on les voit tout à coup disparaître ? C'était ce qu'on ne savait pas. Naguère encore on faisait à cet égard les plus étranges suppositions.

Comme à l'automne, ces oiseaux vont butiner dans les marécages et semblent s'y plonger, on crut longtemps qu'ils s'enfonçaient alors dans leur limon, pour n'en sortir qu'au retour de la chaleur printanière, qui les ranimait après une asphyxie de six mois. Olaus Magnus, naturaliste du Nord, plus érudit qu'observateur, fut le premier qui propagea cette fable, allant jusqu'à prétendre que les pêcheurs de la Norvége prenaient souvent, dans leurs filets, un grand nombre d'Hirondelles mêlées aux poissons. On assurait même, qu'en exposant à la chaleur du poêle les pauvres oiseaux tout souillés de vase, détrempés d'eau et engourdis par le froid, bientôt on les voyait se sécher et renaître à la vie.

Linnée, Buffon, et même Cuvier ont cru de tels faits ! Doit-on leur en faire un crime, quand on voit encore quelques

189. Hirondelle Ariel et ses nids. *Hirundo ariel*, d'après Gould.

physiologistes de notre époque s'obstiner à professer que certains animaux ressuscitent [46] !

Les Hirondelles nous ayant longtemps voilé leur résidence hivernale, celle-ci a été l'objet de toutes les suppositions. Divers savants prétendaient qu'au lieu d'émigrer dans de lointaines régions, elles se cachaient et s'engourdissaient au fond de quelque caverne, ainsi que le font nos chauves-souris. Un des hommes les plus dignes de foi que l'on puisse citer, le chirurgien Larrey, rapportait même avoir découvert, dans les environs de Maurienne, une grotte dont la voûte était tapissée d'une masse d'Hirondelles, qui s'y tenaient accrochées comme un essaim d'abeilles.

Mais les expériences de Spallanzani ont ruiné toutes ces fausses croyances. Ce savant abbé vit, non pas s'endormir, mais périr les Hirondelles qu'il voulait faire hiverner dans une glacière.

Adanson nous a appris que c'est au Sénégal que se réfugient les Hirondelles durant la froide saison. Celles qui se trouvent dispersées dans nos régions, se rassemblent à l'automne sur les rivages de la Méditerranée, et la traversent par bandes nombreuses, quand une aspiration suprême ordonne leur départ. Ainsi donc, l'été, l'Hirondelle maçonne sa demeure sous la somptueuse corniche de nos palais, et l'hiver elle habite les huttes de la Sénégambie.

Toutes n'atteignent pas le but de leur pèlerinage. Les flots engloutissent celles qui ont trop compté sur leurs forces, si quelque rocher ou quelque navire propice ne se trouve à temps pour leur offrir un refuge. Durant une de mes pérégrinations à travers la Méditerranée, au milieu de la mer, des Hirondelles égarées vinrent tomber totalement épuisées sur le pont de la frégate qui me portait en Afrique. Tout le monde, matelots et soldats les environnèrent de soins qu'elles recevaient pleines de confiance. Quand elles eurent enfin dissipé leurs fatigues, elles reprirent leur voyage vers les hautes régions du Sénégal;

et depuis longtemps peut-être elles s'y reposaient sous les cabanes des sauvages, que nous n'avions pas encore salué les ports de l'Algérie.

Mais, après leurs longs et périlleux voyages, ces charmants hôtes de nos demeures reviennent chaque année, avec une touchante fidélité, retrouver leur ancien asile. Si les pluies ou les vents l'ont altéré, les architectes le réparent rapidement avant de le rendre témoin de leurs amours. Spallanzani a même vu que ces couples ailés s'attachent vivement à leurs constructions. Ayant noué des rubans diversicolores aux pattes de quelques-uns, il les reconnut l'année suivante, lorsqu'ils vinrent en reprendre possession. Il en vit revenir ainsi pendant dix-huit années de suite. Combien parmi nous ne font pas un si long bail !

Une autre espèce du même groupe, l'Hirondelle Ariel, revient avec amour à sa république formée de nids entassés, plus ingénieux que ceux de nos hirondelles, et ressemblant à autant de bouteilles à goulot très-évasé qu'on aurait suspendues par leur fond dans des lieux inaccessibles.

Moins remarquable par l'instinct qui la guide que par l'innombrable multitude de son armée, la Colombe voyageuse parcourt les forêts de l'Amérique en masses si serrées qu'elles interceptent absolument les rayons du soleil, et projettent sur la terre une ample traînée de ténèbres. Ses colonnes compactes offrent de telles proportions que l'œil ne peut en embrasser toute l'étendue. On a supputé qu'elles avaient souvent une soixantaine de lieues de longueur. Le passage de ces colonnes dure parfois trois heures, et comme ces Oiseaux voyagent à peu près à raison de vingt lieues par heure, nécessairement leur armée doit se développer dans le ciel sur un espace de cinquante à soixante lieues.

L'immense armée ne voyage jamais la nuit ; aussitôt que celle-ci la surprend, elle se précipite, haletante et épuisée, sur la plus prochaine forêt, pour s'y refaire de ses fatigues. Ses

190. Ménage de Colibris émeraudes. *Chlorostilbon prasinus*, Gould.

légions s'entassent sur les arbres, en tel nombre que les grosses branches plient sous leur poids, et bientôt tous ces envahisseurs se livrent au repos.

Mais à peine les Pigeons sont-ils installés, que tous les gens valides de la contrée accourent et en font un véritable carnage. Le bruit et la fusillade nourrie n'interrompent nullement le sommeil de ces voyageurs harassés. Les victimes tombent ; les femmes et les enfants les ramassent ou même tuent à coups

191. Colombe voyageuse.

de bâton les Pigeons qui se sont perchés à leur portée. La récolte devient tellement abondante que, ne pouvant manger tous les oiseaux sur place, on est souvent obligé de les saler et de les entasser dans des barils, pour les expédier au loin.

La rigueur de l'hiver chasse la plupart des animaux des régions polaires, et ceux-ci gagnent alors des contrées plus favorisées du soleil. Les Manchots du Cap semblent seuls se dérober à cette loi universelle. Ces véritables Oiseaux-poissons, nageurs intrépides, ne se plaisent qu'au milieu des vagues mugissantes. Ils n'habitent guère les rivages de l'Afrique que pour y creuser leurs nids, couver leurs œufs et élever leurs petits. Puis, quand la jeune famille est devenue assez robuste pour soutenir les fatigues du voyage, tous ces Palmipèdes, mystérieusement emportés par un instinct dont le Créateur connaît seul le but, disparaissent subitement des plages africaines, et vont, durant six mois d'hiver, gagner les plus affreuses régions du pôle austral, condamnés à d'incessantes luttes au milieu des tempêtes et des glaces. Mais au retour du printemps, les Manchots reviennent en troupes nombreuses, et de nouveau encombrent subitement les rivages riants de verdure, en s'y groupant en longues processions, qui ne semblent occupées qu'à s'abreuver de lumière et d'amour.

A ces tableaux de la vie errante de certains oiseaux, on en peut opposer d'autres où, malgré la puissance de leurs ailes, ces hôtes de l'air mènent une existence tout à fait sédentaire, ne voltigeant qu'aux environs du site qui les nourrit. Si, dans leur vol audacieux, quelques Échassiers déchirent les nuages et embrassent tout un hémisphère, une petite famille de Colibris n'a parfois qu'un rosier pour tout univers. Semblable à une élégante coupe ornée de lichens, son moelleux nid de coton se balance à l'extrémité des plus grêles rameaux de la plante, tandis que ces diamants aériens butinent les insectes qu'attirent ses fleurs, ou s'abreuvent des perles de rosée que distillent leurs pétales; tel est le *Typhœna Duponti*.

De même ces Colibris à la robe d'un vert chatoyant, ces *Émeraudes du Brésil*, ainsi qu'on les nomme vulgairement, étagent leurs nids de famille sur les plantes volubiles dont ils ne s'éloignent guère (*Chlorostilbon prasinus*).

192. Famille de Colibris. *Typhæna Duponti*, Gould.

III

MIGRATIONS DES REPTILES ET DES POISSONS.

LES PLUIES DE GRENOUILLES.

Les Reptiles n'opèrent pas de ces Migrations qui étonnent soit par le nombre des voyageurs, soit par l'espace qu'ils parcourent; mais il est un fait de leur histoire qui a donné lieu à de longs débats : ce sont les *pluies de Crapauds* et de *Grenouilles*, qui ne représentent en réalité que de véritables *migrations forcées*.

Il en avait été question fort anciennement, mais on croyait généralement que les assertions des auteurs étaient controuvées. Quelques observations assez récentes, ont enfin démontré l'existence réelle de ce phénomène, que l'on explique aujourd'hui d'une manière fort rationnelle.

Ces averses de Grenouilles devaient être assez communes dans l'ancienne Grèce, puisque Aristote leur impose un nom particulier. Par allusion à l'idée dominante de son temps, qui les faisait provenir du ciel, il les appelait des *envoyées de Jupiter*.

Deux cas bien observés dans ces temps derniers, ont surtout entraîné les savants.

Le premier fut attesté par toute une compagnie de nos soldats, qui, durant la Révolution, étaient en marche dans le nord de la France. En pleine campagne, ceux-ci furent assaillis par une pluie de petits Crapauds qui leur cinglaient le visage, en tombant avec des torrents d'eau. Étonnés de cette surprenante agression, et voulant constater que cette averse vivante provenait bien d'en haut, les militaires tendaient leurs mouchoirs au niveau de leur tête et les en trouvaient aussitôt couverts. Après l'orage, l'étonnement fut général quand les soldats virent cette progéniture inattendue sautiller dans les replis de leurs tricornes.

La seconde pluie de Crapauds bien constatée tomba, en 1834, sur la ville de Ham, et immédiatement les rues, les toits et les gouttières furent remplis d'une grande quantité de ces jeunes animaux.

Déjà, à l'époque de la Renaissance, un médecin célèbre, Cardan, qui a produit tant et tant d'hypothèses étranges, avait cependant, pour ce phénomène, mis le doigt sur la vérité. Il supposait que les pluies de Grenouilles devaient être attribuées aux trombes qui enlevaient ces animaux sur les montagnes et allaient les déposer au loin quand elles venaient à crever. Récemment, le sage et savant Duméril, dans le sein de l'Académie des sciences, lorsque ce phénomène donna lieu à de si grands débats, se rapprocha de cette opinion. Il supposa que les trombes, en passant sur des marécages, en pompaient l'eau ainsi que ce qu'elle contenait, et allaient au loin verser le tout.

A l'appui de cette hypothèse fort rationnelle, Arago rapporta que, dans leurs tourbillons, les vents enlèvent parfois à la mer des masses d'eau, qu'ils laissent ensuite tomber sous forme de pluie à six ou sept lieues des rivages. Des grêlons, beaucoup plus pesants que de petits Crapauds, se trouvent bien suspendus pendant un certain temps dans les nuages.

On prétendit que si cette opinion était positive, il devait aussi tomber des pluies de Poissons. On a répondu à cette objection en en citant divers exemples. Les érudits mentionnent quelques averses d'Épinoches, ces véritables infiniment petits de leur classe, vivant dans les mares et les ruisseaux de nos contrées.

On a vu de ces poissons pompés avec l'eau des marécages, par l'aspiration de quelque trombe, aller retomber en masse, à de grandes distances de leur séjour.

Ainsi donc, la science moderne a constaté un fait avancé par l'antiquité, et dont l'étrangeté avait longtemps fait douter [47].

Parmi les Poissons, il en est quelques-uns dont les migrations ont une grande célébrité ; telles sont surtout celles des

193. L'Épinochette et son nid.

Harengs. On pense que les mers du Nord doivent être considérées comme la résidence de prédilection de leurs innombrables cohortes, et que c'est de là qu'annuellement partent les longues bandes qui viennent en Europe apporter tant de nourriture, et donner l'essor au commerce maritime. Leur extrême fécondité explique seule comment ces poissons subsistent encore malgré l'énorme consommation que nous en faisons depuis tant de siècles. Quand leurs masses errantes sortent des mers polaires, elles se divisent, dit-on, en deux colonnes. L'une d'elles s'avance vers l'Islande et longe l'Amérique; l'autre descend à l'opposé, le long des rivages accidentés de la Norvége, fournit un rameau à la Baltique, tandis que la masse vient se répandre sur les côtes de la France et de l'Angleterre. La route est tellement régulière que certains savants

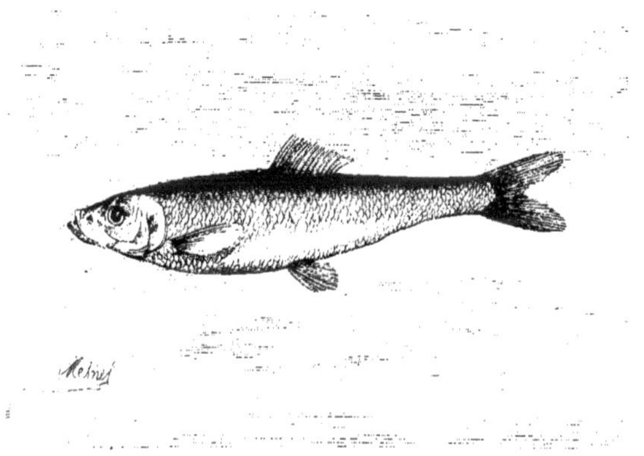

194. Hareng commun.

n'ont pas craint de la tracer sur les cartes géographiques qui accompagnent leurs ouvrages.

Les pêcheurs reconnaissent au loin la présence des bancs de Harengs ; le jour, aux nuées d'Oiseaux de proie qui les accompagnent, dévorant tous ceux qui s'approchent de la surface des flots ; la nuit, au long sillon lumineux qui s'étend sur la mer dans tout le parcours de l'émigration [48].

Les Thons et les Maquereaux exécutent aussi de pareils voyages.

IV

MIGRATIONS DES INSECTES.

Les plus grands déprédateurs du globe ne sont ni ces imposants Bisons dont les mugissements ébranlent le désert, ni ces envahisseurs ailés qui dévastent nos forêts, ce sont d'infimes Insectes, que la colère de Jéhovah disperse sur la terre pour y manifester sa puissance.

Telle est la Sauterelle émigrante, l'un des plus terribles fléaux de l'agriculture. En Afrique et en Asie, ses innombrables cohortes sont tellement tassées, que lorsqu'elles s'avancent dans le lointain, elles ressemblent à d'immenses nuages noirs qui interceptent les rayons solaires, et plongent le pays dans les plus profondes ténèbres. Un bruit formidable, que Forskal compare à celui d'une cataracte, annonce l'arrivée de ces redoutables Orthoptères. Ceux-ci en s'abattant sur le sol, y forment parfois une nappe vivante de plus d'un pied d'épaisseur; et lorsque, exténués de fatigue, ils s'entassent sur les arbres, les branches plient et se brisent sous leur poids. Tout le parcours de ces Insectes dévorants semble avoir été ravagé par un incendie ; on n'y aperçoit plus aucun vestige de verdure.

Le génie humain est impuissant pour conjurer ce fléau. En vain les armées et les peuples se lèvent-ils en masse pour arrêter ces terribles dévastateurs, ils échouent. Et si la mort frappe tous ces hôtes affamés, leurs cadavres amoncelés sur le sol exhalent des vapeurs pestilentielles; à la ruine succède la mortalité; les hommes expirent par milliers.

Ces effrayantes migrations ont été observées à toutes les époques de l'histoire. Déjà Moïse nous apprend qu'à la voix de l'Éternel, des Sauterelles couvrirent toute la terre d'Égypte, rongèrent ses moissons et envahirent même les palais des Pha-

195. Sauterelle émigrante.

raons. Pline dit qu'en Afrique quelques contrées ont même été dépeuplées par leurs ravages. L'épouvante qu'elles inspiraient arrache cette exclamation à saint Jérôme : « Qu'y a-t-il de plus fort et de plus terrible que les Sauterelles ? Toute l'industrie humaine ne peut leur résister. Dieu seul règle leur marche [49]. »

L'histoire moderne n'a eu que trop souvent à enregistrer de ces désastreuses apparitions. L'une d'elles, semblable à un ouragan obscurcissant le soleil, barra le passage à l'armée de

Charles XII, lorsqu'elle traversait la Bessarabie, et la força de s'arrêter [50].

De tout temps aussi l'homme s'est efforcé de conjurer ces redoutables invasions. Dans l'antiquité, de sévères lois ordonnaient le massacre de ces Insectes errants. Dans l'île de Lemnos, comme tribut annuel, chaque particulier était forcé d'apporter au magistrat un certain nombre de mesures de Sauterelles. Pline raconte que dans la Cyrénaïque, la loi contraignait même le peuple à leur faire trois fois par année une guerre d'extermination. Le citoyen qui s'y refusait était puni comme déserteur.

Le naturaliste ancien prétend qu'en Syrie on y employait parfois les légions romaines. Ce fait s'est reproduit à diverses reprises dans les temps modernes.

M. Virey dit qu'il y a peu d'années, en Transylvanie, on eut recours aux soldats pour atteindre le même but. Des régiments entiers ramassaient des Sauterelles, et quinze cents hommes n'étaient occupés qu'à écraser, brûler ou enterrer leur moisson vivante . Cela se passait en 1780. Mais, l'année suivante, le fléau reparut, et ses ravages prenaient de telles proportions, qu'on fut obligé, pour le combattre, de lever le peuple en masse. Cependant une foule de campagnes n'en furent pas moins ruinées de fond en comble.

Récemment, Ibraïm-Pacha employa toute son armée pour écraser l'une de leurs cohortes et en détruire les vestiges infects. Bravant le plus ardent soleil, le grand capitaine excitait de sa présence le zèle de ses soldats [51].

D'autres Insectes se font moins remarquer par leur nombre que par l'ordre qui préside à leurs migrations ; ils y procèdent avec la prudence d'une armée en campagne. Un chef intelligent semble diriger tous leurs mouvements; tel est ce qu'on observe pendant les excursions du *Termite voyageur*. Lorsqu'une légion de ces Névroptères entreprend une pérégrination lointaine, elle s'avance en droite ligue, et tous les Travailleurs marchent en colonnes de dix à quinze individus, aussi serrés qu'un troupeau de moutons. Pendant ce temps, les Termites qui sont armés de fortes mandibules et font l'office de véritables soldats, se dispersent en éclaireurs sur les côtés de la phalange, afin de la protéger contre toute attaque. Si une herbe plus élevée que les autres se trouve sur le passage de l'émigration, on les voit souvent grimper sur ses plus hautes feuilles, et y rester suspendus comme autant de vedettes chargées d'éclairer la route. Si quelque danger surgit, ces soldats, en frappant la feuille à l'aide de leurs pattes, produisent un petit cliquetis ; c'est un ordre qui ébranle toute l'armée. Celle-ci y répond par un sifflement, et immédiatement double le pas avec une ardeur nouvelle.

Parallèlement aux Insectes émigrants, on doit mentionner ceux qui, sans exécuter d'aventureux voyages, apparaissent subitement en masses compactes, et deviennent des fléaux passagers pour nos campagnes.

L'un de ces voraces déprédateurs est le Hanneton, si commun en France. Dans son magnifique ouvrage sur les ennemis de l'industrie forestière, M. Ratzeburg n'hésite pas à le représenter comme *le plus terrible destructeur de nos cultures.* Les annales de l'agriculture abondent en affligeants détails sur les dégâts causés par cet Insecte. On le voit parfois, en un temps fort court, dévorer totalement le feuillage de forêts d'une vaste étendue. J'ai pu observer une semblable dévastation dans l'une de celles du département de la Seine-Inférieure. Tous les arbres avaient été absolument dépouillés de leur verdure ; pas une feuille, strictement parlant, ne restait sur l'un d'eux ; et dans cette forêt, que nous parcourions au milieu de l'été, nous eussions pu nous croire en plein hiver, si le soleil ardent, en traversant les branches dénudées, ne nous eût brûlé de ses rayons.

Les Hannetons abandonnent souvent les forêts pour infester les champs. Ils pullulèrent tant en 1574, sur les côtes de l'Angleterre, qu'en tombant dans la Saverne, ils entravaient les roues des moulins. On lit dans une chronique de 1688, que ces Insectes se multiplièrent si fatalement alors en Irlande, que, dans le comté de Galway, l'air en fut obscurci. Et leur abondance était telle au milieu des campagnes, qu'on avait peine à se frayer un chemin.

Mais ce qui cause encore de plus grands dégâts que le Hanneton, parmi les forêts et les cultures, ce sont ses larves, que

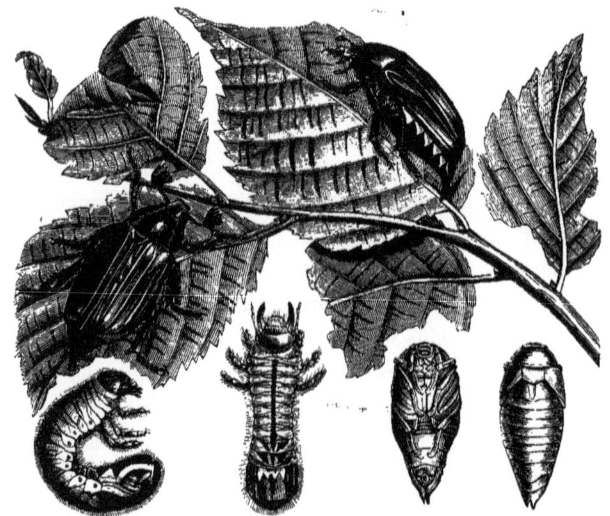

196. Hanneton commun. *Melolontha vulgaris*, mâle, femelle, larve et nymphe.

les paysans appellent *mans*. Celles-ci vivent sous le sol, lieu où il est difficile de les traquer, y rongent les racines des plantes et parfois dévastent totalement de riches campagnes. Durant les années où leur multiplication est favorisée, elles deviennent un redoutable fléau pour les populations agricoles. La Normandie, que leurs légions dévorantes ravagent assez souvent, a imploré à diverses reprises la législation, pour obtenir quelque loi propre à en arrêter l'invasion. En 1866, les Mans étaient tellement abondants au sein de plusieurs cantons de la Seine-

Inférieure, qu'ils y anéantissaient absolument des champs de betteraves et de colzas. Dans l'un d'eux seulement, et en une quinzaine de jours, on recueillit assez de ces vers pour en remplir totalement un train de chemin de fer composé de trente-deux wagons.

Quelques Insectes, même ceux de la moindre taille, dévastent et dévorent toutes nos cultures; partout où ils apparaissent, aucune puissance humaine n'en arrête les ravages. Selon M. Guérin-Méneville, ceux-ci engloutissent même annuellement une forte portion de nos récoltes ; parfois le quart y passe, ce qui élève leurs dégâts à plus de 500 millions de francs.

L'effrayante facilité avec laquelle certains Insectes pullulent, malgré leur petitesse, par leur énorme dépense alimentaire, vient constater la malheureuse exactitude de ce chiffre. Un expérimentateur ayant renfermé douze Charançons mâles et douze femelles dans une caisse de blé, au bout de six mois, ces Coléoptères, qui ont à peine trois millimètres de longueur, avaient déjà produit une innombrable progéniture, et mangé avec elle, quinze kilogrammes du grain au milieu duquel on les avait enfermés. Aussi a-t-on calculé que ce petit Charançon, à lui seul, dévore pour plus de 100 millions de blé dans les greniers de l'Europe.

Par rapport à leurs migrations, on a peu étudié les Crustacés; on sait seulement que quelques animaux de ce groupe, doués d'étranges mœurs, en opèrent de tout à fait singulières : ce sont de gros Crabes appelés Gécarcins. Charpentés comme leurs congénères pour respirer l'eau à l'aide de branchies, ils habitent cependant la terre, et se rencontrent par bandes serrées dans les montagnes et les forêts du Brésil, où ils nichent dans des trous. Mais chaque année, ces animaux font un pèlerinage à la mer, pour y déposer leur progéniture, et après cet acte accompli, ils reviennent vers leurs sites de prédilection.

Comme pendant ce double et long voyage il faut respirer, sinon de l'eau au moins un air humide, tout a été prévu par la nature. Les Tourlourous, car ces Crabes sont vulgairement désignés sous ce nom, possèdent, à cet effet, au-dessus des branchies, des espèces de sacs qui ne sont que des réservoirs de liquide. Quand l'un de ces Crustacés veut voyager, il commence par faire sa provision d'eau, en remplissant ceux-ci complétement. Puis, durant sa course, le liquide se distille goutte à goutte sur les organes respiratoires et en humecte les vaisseaux. Les branchies se trouvant ainsi continuellement imbibées, l'animal aquatique peut mener une vie aérienne et circuler en bravant la sécheresse et la chaleur. Ainsi qu'une locomotive en voyage, il porte avec lui sa provision d'eau; il n'a plus qu'à se nourrir.

Un Poisson singulier offre une organisation absolument analogue au Crabe dont nous venons de parler : c'est l'Anabas. Celui-ci remplit d'eau une cavité labyrinthiforme qui se trouve également située au-dessus de ses branchies. Puis, après avoir pris cette précaution, le prudent Poisson sort vaillamment des flots et mène la vie d'un habitant de l'air. Il grimpe sur les

197. Réservoir à eau de l'Anabas.

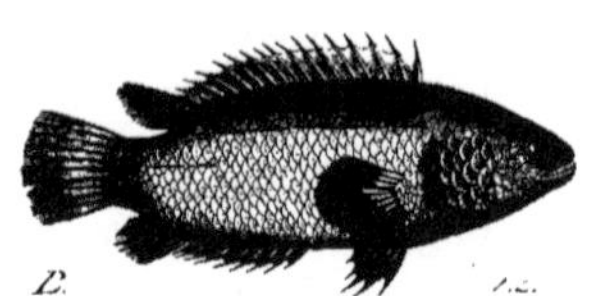

198. Anabas.

rivages et les rochers à l'aide de ses nageoires épineuses, en ayant le soin, pendant sa course vagabonde, d'humecter peu à peu son appareil respiratoire avec le liquide dont il a rempli les cellules de sa tête. On dit même que l'on a parfois rencontré des Anabas montant à des arbres, en profitant des fissures de leurs tiges; et souvent des dessinateurs ont reproduit ce fait....

LE
RÈGNE VÉGÉTAL

Paisibles végétaux, vos silencieuses merveilles m'annoncent la puissance de la Divinité ; votre perfection qui s'ignore ramène mon esprit, avide de connaître, jusqu'aux réflexions les plus sublimes. L'image d'un Dieu se déploie à mes yeux au sein même de vos muettes apparences.

(SCHILLER, *le Misanthrope*, scène VII.)

LE

RÈGNE VÉGÉTAL.

Tout n'est qu'une mobile et perpétuelle transmutation dans l'harmonie des globes. Les cieux se peuplent de nébuleuses nouvelles, et de vieilles étoiles disparaissent en s'abîmant dans l'immensité. Sur la terre surgissent de nouvelles générations d'animaux et de plantes, tandis que la faux du temps moissonne celles qui s'y épanouissaient naguère. Là, c'est la masse de l'être animé qui révèle ostensiblement sa vitalité, tandis qu'ailleurs ses forces occultes se dérobent et n'opèrent que dans les plus cachés replis de l'organisme. Mais tout est emporté par la suprême puissance de la vie, ce mystère inexpliqué et insondable !

Là ce sont les animaux qui, à une certaine saison, à un instant donné, viennent irrésistiblement se montrer ou disparaître, guidés providentiellement par une force inconnue. Parfois il semble qu'un rayon de lumière les attire, tandis que l'obscurité les chasse ; d'autres fois c'est l'opposé.

Lorsque la nuit commence à répandre ses sombres voiles sur la terre, déjà des légions de Papillons crépusculaires voltigent lourdement près de leur refuge, tandis que la Chauve-souris, sortant de ses ruines, secoue ses ailes membraneuses et s'élance à leur poursuite. Quelques Mollusques délicats affluent vers l'aurore à la surface de la mer, et s'enfoncent sous ses flots aussitôt que le soleil en dore les onduleux replis.

Ailleurs, ce sont les plantes ou leurs corolles qui se montrent ou s'ouvrent selon les saisons ou les heures de la journée. Attentif à suivre ces phénomènes, l'observateur sagace s'aperçoit rapidement, tant ils sont précis, que d'après eux il peut dresser des Calendriers ou des Horloges, dont le doigt de la charmante déesse des fleurs indique, avec précision, toutes les divisions.

On sait que Pline, après avoir noté avec soin l'époque de la floraison des plantes, avait eu l'idée qu'on pourrait s'en servir pour marquer les différentes saisons de l'année. Cuvier prétend même que le naturaliste romain se proposait d'exécuter un véritable Calendrier de Flore; mais ce projet n'a été réalisé à fond que par Linnée, et c'est une des plus gracieuses conceptions de son génie.

Ce Calendrier végétal est d'une assez grande précision, et l'on reconnaît que chacun des mois de l'année s'y trouve exactement indiqué par l'épanouissement de certaines fleurs. Le premier de ceux-ci, malgré ses neiges et ses glaces, voit déjà éclore l'Ellébore noire. Durant le second, l'Aune secoue ses chatons et le Bois gentil semble sourire au printemps en éparpillant ses fleurettes sur ses rameaux. En mars, les Ravenelles décorent toutes les vieilles murailles de leurs corolles dorées, et, dans nos jardins, l'Impériale ouvre ses perfides cloches. Le mois suivant, la Pervenche étend ses réseaux à l'ombre de nos forêts. En mai, les fleurs abondent : les Iris, les Muguets et les Lilas partout embaument l'air. Pendant les mois de juin et de juillet, Flore étale toute la pompe de son empire : les Digitales, les Sauges, les Coquelicots, les Menthes et les Œillets s'épanouissent dans les champs et les bois. En août, les Asters, les Dahlias et les Hélianthus semblent braver l'ardeur du soleil. Enfin, en septembre, le Colchique jonche de ses fleurs purpurines toutes nos prairies et nous annonce le retour de l'hiver : c'est lui qui, selon Linnée, donne le signal du repos au botaniste.

L'heure à laquelle chaque fleur s'épanouit est elle-même tellement précise que, par son observation, on peut créer des Horloges de Flore d'une assez grande précision.

Le père Kircher y avait déjà songé, mais vaguement et sans rien indiquer ; aussi est-ce à Linnée qu'il faut encore reporter l'ingénieuse idée d'indiquer toutes les heures de la journée par le moment où les végétaux ouvrent ou ferment leurs corolles. Le botaniste suédois avait créé une Horloge de Flore pour le climat qu'il habitait ; mais, comme sous nos latitudes l'aurore plus brillante et plus radieuse rend les fleurs plus matinales, Lamarck a été obligé de reconstruire pour la France une autre horloge qui avance un peu sur celle d'Upsal [52].

Cette régularité dans l'épanouissement des fleurs frappe tout le monde. Certaines peuplades sauvages s'en servent pour diviser leurs journées et leurs travaux. On commence ceux-ci à l'heure où s'épanouit le Souci ; et le Natchez, dit Chateaubriand, donne un rendez-vous d'amour, pour le moment où les derniers rayons du jour vont fermer les fleurs de l'Hibiscus.

D'autres fleurs, moins régulières dans leurs habitudes, ne s'épanouissent que sous l'influence de certaines conditions atmosphériques, de là le surnom de Météoriques, qui leur a été donné. Quelques-unes d'entre elles possèdent une assez grande célébrité. Tel est le Souci des pluies, qui, dès que de sombres nuages s'amoncellent, clôt sa corolle avec le plus grand soin pour la préserver de l'orage. De mœurs tout à fait différentes, le Laitron de Sibérie, habitué aux frimas, semble redouter notre soleil ; il ne s'épanouit que lorsque le ciel est nébuleux, et ferme strictement ses fleurettes aussitôt que l'atmosphère s'échauffe.

Les rapports de l'homme et du règne végétal ne se bornent pas à ces curieuses investigations ; les plantes, vivant emblème du rapide passage des heures et du temps, cette éternelle leçon de sagesse, se trouvent associées à tous nos besoins, à tous nos plaisirs, à toutes nos douleurs.

Les plus robustes servent à construire nos demeures, d'autres forment notre plus naturelle nourriture.

L'existence de certaines peuplades dépend parfois d'une seule espèce végétale. Un Palmier qui étale ses forêts à l'entrée de l'Orénoque, suffit à tous les besoins de quelques tribus sauvages, qui, en compagnie des singes, vivent presque continuellement accrochées au milieu de son feuillage. Il leur offre des aliments, du vin, et même des cordes pour tresser les hamacs sur lesquels ils se suspendent pendant toute la durée des inondations [53].

De tout temps on a recherché l'éclat et le parfum des fleurs, et elles sont devenues l'indispensable ornement des moindres fêtes. Les anciens avaient leurs *plantes coronaires :* elles étaient consacrées à Vénus, et dans les festins, la tête de chaque convive en était parée. Mais on doit aussi leur rendre cette justice, que, pour les douloureuses cérémonies de la mort, ils employaient un ample cortége de *plantes funéraires :* chacune avait sa mission ou sa signification spéciale [54].

LIVRE I.

L'ANATOMIE DES PLANTES.

Trois hommes de génie, Grew, Malpighi et Leuwenhoeck, disséminés en Angleterre, en Italie et en Hollande, fondèrent presque en même temps l'anatomie végétale. L'antiquité n'en avait eu nulle connaissance, car comme ce n'est qu'à l'aide du microscope, ce grand révélateur, qu'on en pénètre les intimes secrets, la découverte de cet instrument devait nécessairement précéder celle de la structure des plantes.

Le Microscope nous apprit, bien rapidement, que tout l'édifice végétal dérivait de la Cellule, et que celle-ci n'était que l'élément créateur des divers organes de la plante, malgré leur diversité.

Les Cellules représentent de petites vésicules microscopiques d'abord globuleuses, mais qui, en s'accroissant et en se déprimant mutuellement, deviennent polyèdriques. Et ces éléments, qui se dérobent à nos yeux, animés d'une inconcevable force plastique, en se multipliant d'une façon prodigieuse, font surgir des mondes nouveaux. « Donnez-moi un levier et un point d'appui, et je soulèverai le globe, » disait Archimède. Presque en paraphrasant le géomètre de Syracuse, M. Raspail a pu dire : « Donnez-moi une cellule animée, et je reproduirai toute la végétation. »

Cependant, ce sont ces cellules, ces atomes vivants, ayant à peine un centième de millimètre de diamètre, mais doués d'une mystérieuse et incommensurable force de production, qui à chaque printemps couvrent notre sol de verdure, et font surgir l'effrayante savane ou l'immense forêt vierge.

Ces vésicules créatrices, en s'allongeant, deviennent des fibres ou des vaisseaux ; et ces éléments anatomiques, en se groupant, forment des racines, des tiges, des feuilles ou des fleurs. Leur multiplication se fait avec une si prodigieuse rapidité, qu'un de leurs amas, presque invisible et qui n'a pas la centième partie du volume de la tête d'une épingle, produit parfois, en une seule nuit, une plante qui atteint la grosseur d'une citrouille ! C'est ce qui a lieu pour quelques champignons.

Malgré l'extrême exiguïté qu'offre l'intérieur des Cellules, celles-ci n'en contiennent pas moins des corps de nature fort variée et qu'on est parfois même tout surpris d'y rencontrer.

Dans les feuilles, elles sont toutes remplies de petits granules verts, qui donnent à la végétation la couleur qu'elle étale partout. Parfois on y observe de fins cristaux. Vaucher et Morren y ont même rencontré des animalcules parfaitement vivants, sur quelques végétaux aquatiques. Enfin, M. Trécul a démontré récemment à l'Académie des sciences que le tissu cellulaire des Caladiums était parfois envahi par de nombreux végétaux rudimentaires dont, selon ce savant, au milieu de ce tissu si profond et si parfaitement clos, il est impossible d'expliquer l'apparition autrement que par la génération spontanée [55].

Mais ce que l'on rencontre le plus souvent à l'intérieur du tissu cellulaire, c'est notre fécule alimentaire. Chacune de ses

129. Arbre à pain d'Otahiti. *Artocarpus incisa.* Linnée.

utricules microscopiques en est parfois toute bourrée. On en observe dans tous les organes, les racines, les tiges et les fruits.

Nous nous étonnons, lorsque les navigateurs nous racontent que les insulaires d'Otahiti confectionnent un véritable pain en plaçant tout simplement sur un brasier quelques tranches d'un gros fruit de leur île, qui, aussitôt qu'elles sont enlevées du gril, offrent absolument le goût du produit de nos boulangeries. Cela s'explique facilement. Les fruits de l'*arbre à pain*, car c'est ainsi qu'on le nomme, parvenant à un volume

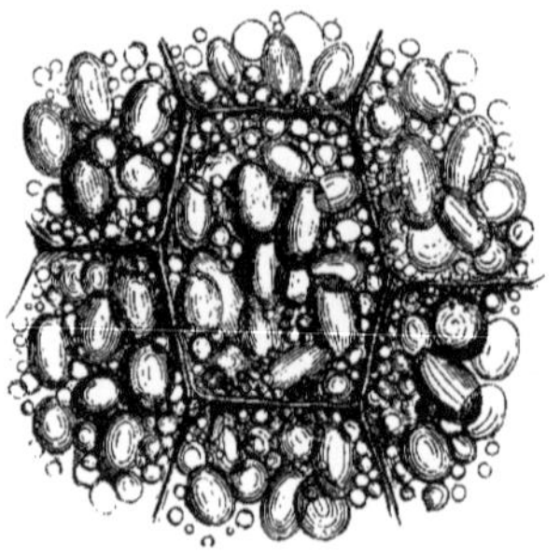

200. Tissu cellulaire rempli de fécule, vu au microscope.

énorme, pesant ordinairement plus d'un kilogramme et quelquefois quatre à cinq, sont bourrés de fécule; et il suffit, par cela même, d'en exposer des tranches sur le feu, pour que celles-ci se transforment immédiatement en véritables morceaux de pain chaud.

Strabon rapporte que lorsque l'armée d'Alexandre traversa la Gédrosie, manquant absolument d'aliments, elle ne se nourrit, pendant un certain temps, qu'avec la moelle d'une espèce de palmier. Le même fait se passa, au rapport de Xénophon, durant la fameuse retraite de ses dix mille Grecs à travers l'Asie. Tout cela s'explique naturellement aussi par l'abondance de fécule alimentaire que contient la tige de certains Palmiers. Une semblable chose se répète chaque jour, de notre

201. Fruit de l'Arbre à pain, très-réduit.

temps, car c'est de la partie centrale et médullaire de celle-ci que nous extrayons le Sagou, si fréquemment employé sur nos tables.

I

DE LA RACINE.

Malgré le disgracieux aspect de ses tortueuses divisions, et le désordre de sa chevelure absorbante, la Racine de nos arbres n'en est pas moins organiquement identique à leurs rameaux réguliers, à leurs symétriques divisions. L'anatomie et l'expérience le démontrent.

On voit parfois, dans les forêts, de grosses branches serpentant à la surface du sol, enterrées par leur moitié inférieure, tandis que l'autre est plongée dans l'air. La première émet

202. Branches feuillues et racines adventives sur une même ramification demi-enterrée.

des radicelles qui s'enfoncent dans la terre, et l'autre des feuilles allant s'épanouir au sein de l'atmosphère. C'est donc le même organe qui est à la fois tige et racine.

L'expérience prouve encore mieux ce fait. Duhamel, en retournant des Saules, mit leurs racines en plein air et leurs rameaux dans la terre. Bientôt après, tant ces organes sont identiques, les racines s'étaient couvertes de feuilles, et les

203. Racines adventives sur un tronc. Expérience de Duhamel.

tiges, transformées en appareil souterrain, avaient poussé des radicelles absorbantes. En grand, cette curieuse expérience réussit de même. Dans ses Mémoires, M. de Raguse raconte avoir vu, chez un seigneur russe, une avenue de Tilleuls que celui-ci avait eu la fantaisie de transplanter la tête en bas. La métamorphose était complète, tous ces arbres renversés végétaient splendidement; les racines s'étaient totalement transformées en vigoureuses branches feuillues.

L'identité des deux organes est telle, que le physiologiste peut même transformer en racine la partie moyenne d'une tige, tandis qu'au-dessus et au-dessous de celle-ci poussent encore des branches chargées de feuilles, de manière que l'arbre représente ainsi deux végétaux placés l'un au-dessus de l'autre. Duhamel a démontré cela par une curieuse expérience. Il entoura la tige d'un Saule avec un tonneau rempli de terre, qui était suspendu au-dessus du sol, plus haut que les premières branches de l'arbre. Bientôt des racines adventives se produisirent sur le tronc de celui-ci, tandis qu'en haut et en bas il était chargé de rameaux couverts de verdure.

L'anatomie confie généralement trois fonctions aux racines; elles fixent le végétal, le nourrissent et remplissent en même temps l'office d'organes excréteurs.

Dans la plupart des Fucus la racine ne représente qu'une sorte de crampon, qui ne sert qu'à ancrer les plantes au fond de la mer, sans retirer la moindre parcelle nutritive du rocher qu'il étreint. Les myriades de petites griffes par lesquelles le Lierre s'attache à la pierre abrupte des tombeaux et des murailles, semblent aussi uniquement destinées à le cramponner sur son sol de prédilection.

Au contraire, la Lentille d'eau, qui étale son tapis de verdure à la surface de nos mares, ne possède que des radicelles absorbantes. La Pontédérie qui flotte sur les fleuves de l'Inde, n'a aussi qu'une fine chevelure éparpillée dans leurs ondes.

204. Spongiole de Pontédérie.

Mais ce sont là de rares exceptions. La racine enfoncée dans la terre y accomplit obscurément ses trois fonctions.

A cet effet, chacun de ses filaments capillaires est terminé par un petit renflement ou Spongiole auquel la fonction d'absorber est spécialement départie, et qui, comme une invisible éponge, s'imbibe des sucs nourriciers du sol qui l'environne.

II

DE LA TIGE.

Si les formes multiples des Tiges s'opposent à ce qu'on les classe rigoureusement, on peut au moins reconnaître qu'elles se présentent souvent sous trois aspects strictement définis dont les types se trouvent dans nos Arbres, dans les Palmiers et dans les Graminées.

La tige de nos arbres, appelée Tronc, représente un cône fort allongé, allant en s'amoindrissant à mesure qu'elle s'élève. Sur sa coupe nous distinguons trois parties nettement dessinées : l'écorce, le bois et la moelle.

L'écorce, qui en est la plus extérieure, est formée de couches assez nombreuses. On trouve surtout à y signaler : l'épiderme, membrane fine et transparente, laissant ordinairement apercevoir le tissu sur lequel il est appliqué. La couche subéreuse, ordinairement inapparente tant elle est mince, mais qui acquiert plusieurs centimètres d'épaisseur sur quelques végétaux, et en particulier sur le Chêne liége. C'est cette couche qui constitue le liége dont nous faisons une si grande consommation pour nos besoins domestiques. Dans le midi de l'Europe et en Afrique on en dépouille les arbres ; et comme ce tissu repousse quand il a été enlevé, tous les sept ou huit ans on peut en faire une nouvelle récolte. Le liége ne représente donc pas l'écorce, mais seulement sa partie superficielle ; car, comme lorsqu'on dépouille un tronc de son enveloppe corticale il meurt, on n'en pourrait faire plusieurs enlèvements successifs, les arbres seraient tués.

Sous la couche subéreuse se voit la zone herbacée, que caractérisent à première vue ses petites cellules remplies de gra-

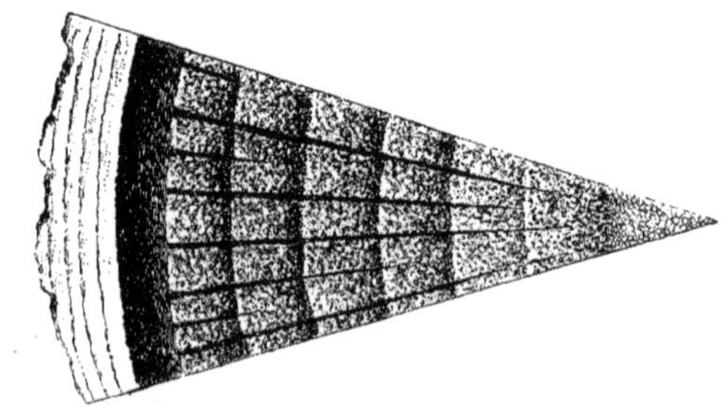

205. Coupe d'un tronc de chêne-liége. Zones subéreuses et libériennes; et zones concentriques et rayons médullaires.

nules ordinairement verts, dont la coloration s'aperçoit à travers l'épiderme.

Les couches libériennes se trouvent encore plus profondément. Elles forment de minces membranes tissues de fibres allongées et souvent d'un beau blanc. Ces couches sont superposées comme les feuillets d'un livre, et on les isole parfois avec facilité; disposition à laquelle elles ont dû le nom de *liber*, ou celui de *livret* sous lequel on les désignait autrefois.

Les longues et résistantes fibres du Liber sont parfois simplement accolées les unes aux autres, aussi, nous donnent-elles de précieux fils textiles. D'autres fois, intimement entrecroisées, les sauvages les transforment en objets variés. En distendant l'écorce d'une petite baguette de la grosseur d'une plume, ils confectionnent un bonnet de nuit, ou un fouet qui a la flexibilité de ceux que nous faisons avec nos plus fines cordes.

Le Liber de quelques végétaux imite absolument nos étoffes; ce sont des vêtements tout confectionnés que la nature nous offre. Les habitants de la Nouvelle-Zélande transforment en fortes draperies le tissu libérien de quelques-uns de leurs végétaux ; et après l'avoir recouvert de dessins d'impression, ils s'en servent diversement, soit pour orner leurs habitations, soit pour confectionner leurs costumes. A la Havane, les négresses se font des robes avec un Liber plus moelleux et plus fin. Sur le Lagetto, qui est célèbre à cause de cela, on en trouve des couches dont les fibres entrecroisées ont la finesse de notre mousseline. Celles-ci la remplacent même dans la toilette des dames, aussi a-t-on donné le nom de *Bois-dentelle* à l'arbre qui les produit.

Les couches internes de l'écorce sont parfois formées de feuillets assez serrés et assez compactes pour composer une sorte de papier. C'était avec elles que les Égyptiens confectionnaient leurs célèbres *papyrus*, sur lesquels ils écrivaient, et qui, respectés par les siècles, viennent dérouler, à nos yeux étonnés, des œuvres qui remontent au temps des Pharaons. Le Souchet à papier, dont l'aspect est si étrange, et qui croît sur les bords du Nil, a longtemps passé pour fournir ce précieux objet[56].

Le Bois est composé de zones concentriques, emboîtées les unes dans les autres et formées de vaisseaux et de fibres.

Au centre de la tige se trouve la moelle, presque uniquement formée de tissu cellulaire. C'est avec de très-minces feuillets de cet organe, découpés à l'aide d'un couteau tranchant, que les Chinois confectionnent le beau papier sur lequel ils peignent, et qui est désigné, à tort, sous le nom de *papier de riz* [57].

Le second type de tige appartient aux Palmiers. Cette tige, qui porte le nom de *stipe*, est ordinairement cylindrique et dépourvue de ramifications et d'écorce.

Enfin vient le *chaume*, composé d'un fût offrant de place en place des nœuds ; il appartient particulièrement à la famille des Graminées.

206. Papyrus des Égyptiens. *Cyperus papyrus*, Linnée.

III

DES FEUILLES.

C'est à la tunique de feuilles qui recouvre les plantes que sont dues toutes les magnificences de la création. Les fleurs forment bien un ornement charmant, qui attire et séduit les yeux, mais elles passent inaperçues dans les grandes scènes de la nature, quand elle déroule devant nous ses plus splendides paysages, ses sombres forêts ou ses immenses horizons de verdure.

C'est aux feuilles que se trouve confiée l'une des plus importantes fonctions de la vie végétale, la respiration : elles ne sont donc que les poumons des plantes. Il est fort rare que celles-ci en soient absolument privées ; cependant c'est le cas de quelques Euphorbes, dont la tige démesurément renflée les remplace absolument, et n'en porte que des rudiments tout à fait insignifiants.

La feuille se compose de deux parties : du Pétiole ou support, et de la Lame, qui s'élargit sous la forme d'une membrane. Ce n'est que par exception que celle-ci est perforée comme un élégant réseau; nous en trouvons des exemples dans quelques plantes marines ; ailleurs la lame est réduite à son simple squelette de nervures, ce qui a lieu sur l'Hydrogéton fenêtré, dont la dénomination tient à cette singulière particularité, et c'est ce qu'on voit aussi sur les feuilles submergées de quelques plantes aquatiques, qui semblent par cette disposition rappeler l'organe respiratoire des poissons, les Branchies.

Chez certains végétaux, elles sont transformées en longs filaments capillaires, qu'on voit mollement onduler dans le courant de nos rivières, comme la chevelure d'une Naïade, entraînée sous une eau limpide. C'est ainsi que se présentent

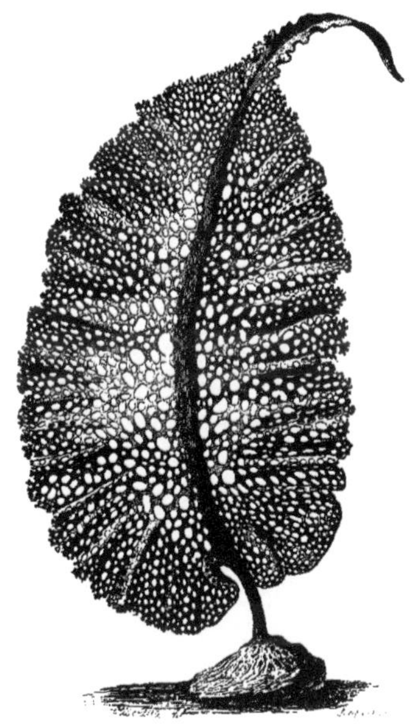

207. Agare de Gmelin. Fronde foliacée à réseau.

celles de quelques Renoncules aquatiques, qui forment de mobiles tapis verts au fond de nos ruisseaux.

Si nous nous transportons sur les ondes agitées de l'Amazone, nous y rencontrons des feuilles qui s'étalent à leur surface, semblables à d'immenses plaines de verdure; ce sont celles de la *Victoria regia*. Ces feuilles, presque circulaires, ont six à huit pieds de diamètre. Elles naissent d'un pétiole qui, partant du fond du fleuve, s'étend loin de sa souche, à une vingtaine de pieds, et vient se terminer sous leur lame en y formant, par ses ramifications, une véritable charpente solide, renforcée de cloisons extrêmement saillantes, comme n'en possède aucune autre plante. Au contraire, le dessus des feuilles de la Victoria est très-uni et d'un beau vert ; aussi, de loin, celles-ci ressemblent-elles à autant de tables flottantes, couvertes d'un tapis velouté. Grâce à leur charpente de nervures, ces feuilles nageantes peuvent supporter un grand poids sans s'enfoncer. Les oiseaux aquatiques viennent se reposer, ou

208. Feuilles aériennes ou pulmonaires et feuilles aquatiques ou branchiales. *Ranunculus aquatilis*. Linnée.

passent les nuits sur ces radeaux naturels. La demoiselle de l'un des plus illustres botanistes de l'Angleterre me disait, qu'étant enfant, son père l'avait placée sur une de ces feuilles gigantesques, et qu'elle y marchait sans la submerger.

La mythologie indienne n'est donc pas très-loin du possible, lorsqu'elle raconte que c'est sur une feuille de Nymphea que le dieu Vichnou, armé d'un trident, a franchi l'abîme des eaux éternelles ; et que l'une de celles-ci servit de conque flottante à la gracieuse déesse Laeckmie.

D'autres feuilles ne s'étalent pas, il est vrai, en élégantes nappes de verdure, comme celles de la Victoria; mais, en se déployant, elles étendent encore leurs nombreuses lanières d'une façon bien plus extraordinaire. Telles sont celles du *Corypha umbraculifera*, grand Palmier qui habite l'Inde, et dont le nom spécifique rappelle l'ampleur de l'ombrage que sa

209. Site rempli de feuilles nageantes de *Victoria Regia*.

couronne de verdure projette sur le sol. Ses feuilles sont supportées par un long et robuste pétiole qui a la hauteur d'un homme ; et sous leur vaste limbe, on peut abriter une quarantaine de personnes. On voit assez souvent des feuilles de cet arbre appliquées au plafond des collections d'histoire naturelle, qu'une seule masque parfois entièrement.

IV

DE LA FLEUR.

Lorsque nous frôlons une fleur avec nos doigts, que son coloris séduit nos regards et que son parfum nous enivre, il nous semble que nous connaissons parfaitement ce que c'est. C'est une erreur. Rien n'est plus difficile que de s'en faire une idée exacte. De graves botanistes, tels que Haller et Adanson y ont renoncé ; les autres n'ont dit rien qui vaille à ce sujet. « Quand on ne me demande pas ce que c'est que le temps, je le sais fort bien ; je ne le sais plus quand on me le demande. » Ces paroles de saint Augustin, que rapporte J. J. Rousseau, s'appliquent parfaitement à la fleur, dont chacun s'imagine connaître l'essence, et que personne cependant n'était encore parvenu à bien décrire. Cet honneur était réservé au philosophe de Genève, qui confesse avoir trouvé tant de bonheur dans l'étude de la botanique [58].

S'il est si difficile de décrire rationnellement la fleur, il ne l'est pas moins de débrouiller sa mystérieuse généalogie.

En fouillant intimement l'essence primordiale de celle-ci, Goethe, triplement illustre comme naturaliste, poëte et philosophe, est arrivé à une découverte tout à fait inattendue. Il a scientifiquement démontré que, quel que soit le somptueux éclat de la fleur, chacune de ses pièces n'est cependant que le résultat de la métamorphose d'une humble feuille. C'est donc avec raison que nous disons que nous effeuillons des roses, lorsque nous arrachons leurs lobes colorés, car chacun d'eux, en effet, ne représente qu'une feuille transfigurée.

Lorsque l'appareil floral est complet, il est formé de quatre rosettes ou verticilles de feuilles surbaissées et concentrées.

Ces feuilles se transforment en deux sortes d'organes. Les unes deviennent le *périanthe*, partie la plus brillante de la fleur; véritable organe de protection, formant des langes moelleux pour les délicats appareils qu'il renferme, et comme des miroirs ardents réfléchissant sur eux la chaleur et la lumière. Les autres, plus modifiées encore, se sont élevées à la dignité d'appareils reproducteurs.

210. Périanthe pétaloïde du Lis blanc. *Lilium candidum*, Linnée.

Le plus souvent, le périanthe est double. Le *calice*, ou son enveloppe externe, est formé par la première rosette de feuilles métamorphosées. Et comme la transfiguration de celles-ci est beaucoup moins profonde que dans les autres parties, les diverses pièces de cet organe, ou les sépales, rappellent assez souvent les feuilles par leur structure et leur coloration. L'enveloppe interne, ou la *corolle*, quoique beaucoup plus brillante que l'autre, n'en est pas moins formée aussi par un verticille de feuilles, par le second. Chacune de ses lames porte le nom de pétale. Les Étamines, qui représentent l'appareil mâle des plantes, proviennent de la métamorphose de la troisième rosette de feuilles : celles-ci se trouvent tellement loin de leur type normal, que l'analogie seule en révèle l'essence. Enfin, les Pistils, véritables appareils de maternité, dérivent du quatrième et plus interne verticille foliacé.

La simple analogie avait fait supposer aux naturalistes de l'antiquité que les plantes, ainsi que les animaux, offraient deux sexes. Mais ils n'eurent jamais sur ceux-ci que des idées fort confuses.

Ce ne fut qu'au dix-septième siècle, que Camérarius, médecin de Tubinge, mit strictement le doigt sur la vérité, dans une lettre devenue fort célèbre.

Cet écrit alluma la discorde dans le camp des botanistes; les uns se passionnèrent pour cette découverte, les autres la combattirent à outrance. La dispute était acharnée : les écoles prenaient fait et cause; on se querellait à ce sujet de tous côtés, les élèves sur leurs bancs, et les professeurs dans leur chaire. Au jardin du Roi, Tournefort et Le Vaillant s'étaient brouillés à mort. Pontedera, savant hargneux et entêté, s'imaginant que la sexualité des fleurs en souillait la pureté virginale, traitait de botanistes éhontés tous ceux qui admettaient cette nouvelle hérésie. Il n'y avait cependant là rien qui pût même alarmer la pudeur d'une rose.

Mais, malgré les dénégations de Tournefort, et malgré les invectives du vieux professeur de Padoue, il fallut bien reconnaître l'exactitude de cette découverte, car l'expérience la démontrait de toutes parts.

Tout le monde connaît ces délicats filaments qui s'élèvent dans la blanche fleur du Lis : ce sont là ses organes reproducteurs.

Ceux qui, au nombre de six, barbouillent d'une poussière d'un beau jaune les doigts qui les frôlent, sont les étamines.

On désigne sous le nom de Pollen, cette poussière qui est généralement élaborée dans deux petits sacs que nous appelons Anthères; mais que les botanistes allemands désignent sous le nom plus pittoresque d'*Ateliers du pollen*. En effet, ce sont de merveilleux laboratoires dans lesquels se distillent imperceptiblement les insaisissables agents de la vie végétale. Si vous les retranchez, la plante meurt sans postérité.

Le plus ordinairement, les Anthères se débarrassent de leur produit en se fendant dans toute leur longueur. Parfois elles se percent de trous à leur sommet, et le pollen en sort comme

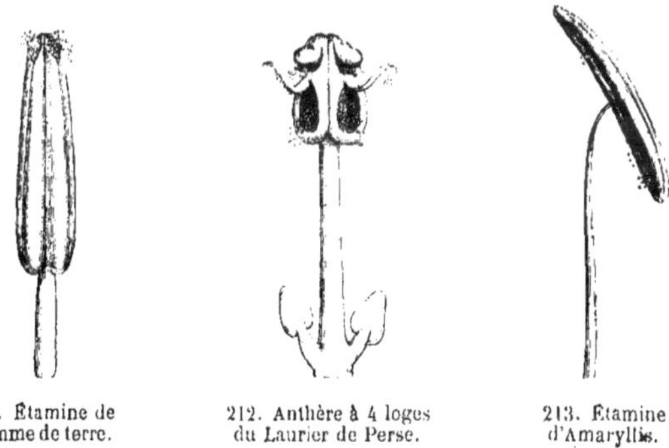

211. Étamine de Pomme de terre.

212. Anthère à 4 loges du Laurier de Perse.

213. Étamine d'Amaryllis.

un nuage de fumée. Enfin, dans quelques fleurs, chaque sac offre une ou deux petites portes en miniature, s'ouvrant sur des charnières microscopiques, et dont la gueule béante vomit la poussière animée.

Pour le pollen, l'infinie délicatesse de son organisation est montée au niveau de l'importance du rôle qui lui est confié. On était loin, avant l'invention du microscope, de supposer tout ce qu'il présente de curieux. On croyait que ce n'était qu'une poussière informe, mais le précieux instrument nous a révélé qu'il offre, au contraire, une configuration parfaitement arrêtée, et variant beaucoup, soit pour sa forme générale, soit pour l'ornementation de sa surface. Cette diver-

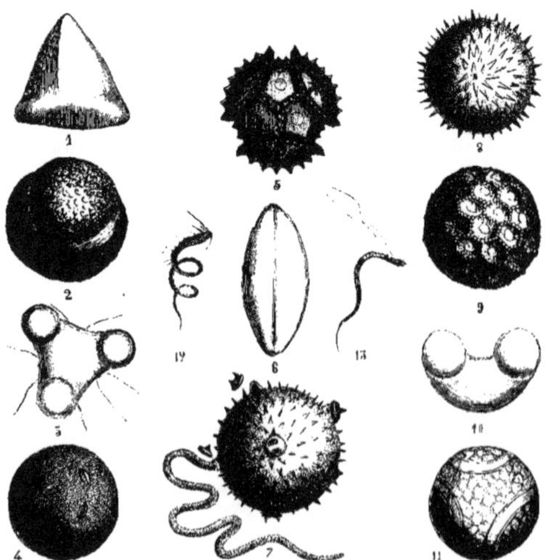

214. Pollen de divers végétaux, vu au microscope.

1. Ellébore. — 2. Plumbago. — 3. Epilobium. — 4. Convolvulus. — 5. Scolymus. — 6. Lis. — 7. Citrouille. — 8. Hibiscus. — 9. Cobea. — 10. Pin. — 11. Passiflore. — 12. Animalcules polliniques des Fougères. — 13. Animalcules de Chara.

sité a même suffi à des botanistes pour en faire la base de leurs classifications végétales [59].

C'est la forme globuleuse qui domine généralement, mais il

215. Pistil du Pavot.

216. Pistil de la Garance.

y a aussi des grains qui sont ovoïdes ; on en connaît de triangulaires ; d'autres ressemblent à des gourdes ou à des pyramides. Leur surface est tantôt lisse et tantôt hérissée de papilles ou défendue par une armature d'épines. Mais la micrographie ne s'arrête pas là, elle nous révèle que chacun de

217. Fleurs protégées par une Spathe. Iris de Florence. *Iris Florentina*, Linnée.

ces grains polliniques représente une espèce d'utricule à double enveloppe, qui récèle un fluide dans lequel nagent parfois des myriades d'animalcules [60].

Sur le Lis, que nous avons pris pour exemple, le Pistil, est représenté par la petite colonne située au centre de la fleur.

On y signale trois parties : l'Ovaire, qui en forme la base renflée et n'est que le fruit en miniature ; le Style, qui le surmonte ; et enfin le Stigmate qui s'épanouit en renflement trilobé à son extrémité.

Tels sont les éléments de la fleur, et ceux-ci par leurs soudures ou leurs monstrueuses anomalies viennent lui donner cette infinie variété de formes que nous admirons d'un bout à l'autre du règne végétal.

Source incessante de fécondité, cette fleur dont les produits

218. Spathe de Palmier servant de baignoire à un négrillon.

sont destinés à tapisser tout le globe de verdure, a été l'objet de la protection la plus raffinée.

A peine ébauchée, de moelleuses écailles la réchauffent et forment un doux coussin à ses premiers linéaments ; et l'extérieur du Bourgeon est imbriqué d'écailles minces et sèches, enduites de résine, pour protéger l'organe contre l'humidité.

Quelques fleurs, par un excès de précaution, sont voilées d'une enveloppe ou Spathe, qui ne tombe qu'au moment de l'épanouissement. Dans les monocotylédones de petite taille, telles que les Iris et les Aulx, cette enveloppe est très-mince, membraneuse et transparente, tandis que chez les grandes espèces, les Palmiers, ce véritable berceau supplémentaire des jeunes fleurs, acquiert des proportions colossales; il est épais, ligneux et ressemble à une ample coupe d'un à deux mètres de longueur, ce qui fait que les négresses s'en servent parfois en guise de baignoires pour leurs enfants.

LIVRE II.

LA PHYSIOLOGIE DES PLANTES.

I

ABSORPTION.

C'est aux Racines et aux Feuilles que la nature a confié l'absorption, cette source absolue de nourriture.

Les feuilles pompent l'air humide par toute leur surface, par tous leurs pores, tandis que ce n'est qu'à l'aide de leur fine chevelure que les racines s'imbibent de l'eau du sol. Et encore, sur la racine l'absorption se trouve absolument localisée : elle ne se produit même pas sur toute l'étendue de ses filaments capillaires, mais seulement par la spongiole microscopique qui termine chacun d'eux, et fait l'office d'un suçoir ; aussi Linnée a-t-il pu comparer les racines aux vaisseaux chylifères des animaux.

Les grosses racines des végétaux, auxquelles le vulgaire a dû naturellement attribuer la principale fonction de la vie, lui sont cependant presque absolument étrangères. Une expérience bien simple le démontre. Si vous placez dans du sable sec le corps radical d'une plante, tandis que vous mettez seulement son chevelu dans une terre propice ou dans l'eau, elle continue de végéter en étalant la plus fraîche verdure. Mais si, au contraire, sa grosse racine se trouve entourée d'un sol

219. Mandragore ayant ses radicelles dans l'eau, et vivant.

favorable, tandis que ses fines extrémités ont été éparpillées dans le sable aride, bientôt le sujet se fane, languit et meurt.

Une puissance instinctive, irrésistible, guide la racine vers son but. Rien ne l'entrave ; pour l'atteindre, elle fend les rochers, traverse l'eau, ou se suspend et se contourne de mille manières.

Un Acacia de la Nouvelle-Angleterre devenu débile et languissant, après avoir épuisé le sol stérile dans lequel il se trouvait implanté, avide enfin de se désaltérer, envoya une de ses racines à travers une cave de 66 pieds, se plonger dans un puits voisin et y éparpiller sa chevelure au beau milieu de l'eau. A compter de ce moment, à ce que rapporte Malherbe, auquel on doit cette histoire, l'arbre releva ses rameaux penchés et son feuillage flétri, puis s'accrut avec une merveilleuse rapidité.

Le Figuier religieux, célèbre dans l'Inde à cause de la vénération dont il est l'objet et de son aspect étrange, est encore plus remarquable. De ses vigoureux rameaux horizontaux tombent, de place en place, de fines racines aériennes, semblables à de simples filaments. Ces appendices descendent lentement vers le sol, comme attirés par lui, et ne grossissent

220. Mandragore ayant ses radicelles dans le sable sec, et se mourant.

nullement jusqu'à ce qu'ils s'y soient enfoncés. Mais tout change aussitôt qu'ils l'ont touché. Ces frêles expansions prennent alors un accroissement considérable, en formant tout autour du tronc maternel une splendide colonnade végétale, dont les multiples piliers suspendent une imposante voûte de verdure. Le brame place parfois ses idoles sous ce temple rustique et mystérieux, où l'Indien incline son front vers le Gange sacré. C'est à cette coutume que l'arbre doit son nom vulgaire de *Figuier des pagodes*.

Le nombre des racines aériennes de ce Figuier est parfois considérable, et l'arbre mère produit tout autour de lui une impénétrable colonnade composée de fûts de toutes les grosseurs. Il en est qui comptent plus de 350 de ces grosses racines, auxquelles s'en adjoignent 2 à 3000 petites ; il semble une forêt au milieu de la forêt. Une tradition indienne affirme qu'Alexandre passa près de l'un de ces gigantesques arbres, qui existe encore sur le Nerbuddah.

Les racines aériennes du *Clusia rosea* produisent d'autres effets. La plante les laisse pendre du haut des Palmiers. D'abord frêles et inoffensives, elles en enlacent innocemment les tiges ; mais bientôt, en se soudant, et en trouvant dans le sol une surabondance de vie, ces racines forment un épais manteau ligneux, et leurs bras tortueux, étreignant de plus en plus leur protecteur, finissent par l'étouffer en l'enserrant au milieu d'une sorte de fourreau inextensible. Ainsi le *Figuier maudit*, c'est le nom vulgaire du parasite, est le vivant symbole de l'ingratitude.

De Candolle admet, sans ambages, que l'absorption est un phénomène essentiellement vital, et nous partageons absolument l'opinion du plus grand botaniste des temps modernes, laquelle fut aussi celle de Sennebier, Saussure et Desfontaines[61].

Puis, à la succion de la spongiole, qui cesse aussitôt que la vie s'éteint, se joignent accessoirement quelques forces purement physiques, telles que l'endosmose, la capillarité et l'hygroscopicité, que divers savants ont eu le tort de considérer comme en étant spécialement les agents.

Les radicelles semblent instinctivement choisir dans le sol l'aliment de la plante, qui y est éparpillé ; ainsi qu'au milieu de la nourriture qui remplit l'intestin des animaux, les vaisseaux chylifères pompent seulement le fluide qui va régénérer l'organisme. Comme ces derniers, les spongioles des végétaux se trompent parfois, en introduisant avec la séve quelque poison qui les tue. Mais l'absorption est si peu reléguée aux puissances physico-chimiques, que certaines plantes végètent au milieu d'un sol bourré de substances mortelles, sans en ressentir

221. Figuier des Pagodes avec ses racines aériennes ou adventives. *Ficus religiosa*, Linnée.

la moindre atteinte. Dans des contrées où l'Arsenic abonde, il en est qui bravent son action. Ainsi quand tout expire autour d'elles, certaines Légumineuses couvrent de verdure le sol rocailleux de la Cornouaille, qui contient cinquante pour cent de sulfure arsenical, et dont le reste n'est composé que de silice et de sulfure de fer [62].

On démontre, à l'aide d'expériences fort simples, que l'absorption des racines est un acte vital. Si d'un côté on plonge une racine intacte dans une solution saline, et qu'à côté on mette la même plante après en avoir préliminairement tronqué les divisions, au bout d'un certain temps on reconnaît que le végétal intact n'a pas absorbé ce sel dans la même proportion qu'il se trouve dans la solution; tandis que celui qui a eu ses racines tronquées et où tout a été abandonné à l'empire des causes physico-chimiques, a pompé le liquide sans aucun choix.

L'eau est le principal aliment du végétal, mais les radicelles puisent aussi dans la terre quelques autres corps. Il leur faut du carbone et de l'azote. Les Graminées exigent une certaine quantité de silice. Le chaume du blé en renferme déjà une notable proportion, mais cette substance consolide bien autrement la robuste tige des Bambous. Celle-ci, selon Davy, en contient jusqu'à 71 centièmes, et, ainsi que nos cailloux, fait feu avec le briquet. D'après De Candolle, l'analyse démontre que d'autres végétaux absorbent du fer et même de l'or. On a aussi trouvé du cuivre dans le café et le blé ; et un chimiste a supputé qu'en France 3650 kilogrammes de ce métal entraient annuellement dans notre alimentation avec cette céréale.

En voyant la quantité d'eau que les plantes absorbent chaque jour, Boyle en avait conclu que ce fluide était seul employé à leur nutrition. L'opinion du célèbre physicien anglais fut adoptée par Van Helmont; et celui-ci pensa l'avoir élevée à la hauteur d'une démonstration, en voyant rester bien portant un Saule qu'il n'arrosait qu'avec de l'eau de pluie, laquelle, au temps de cet alchimiste, passait pour être d'une admirable pureté....

La science a renversé ces assertions, en prouvant que l'eau distillée ne suffisait nullement pour entretenir la vie des plantes.

Les organes aériens des végétaux jouent aussi un grand rôle dans l'absorption; il suffit d'arroser les feuilles de certaines plantes pour que celles-ci s'accroissent avec la même rapi-

222. Glaciale. *Mesembryanthemum cristallinum*, Linnée.

dité que si l'on imbibait leurs racines. Quelques végétaux spongieux et tout gorgés de fluides aqueux, semblent ne se nourrir exclusivement qu'à même l'atmosphère. C'est ainsi que durant les brûlantes journées de l'été, j'ai rencontré des tapis de Glaciales sur les plus arides rochers de la Grèce. Quoiqu'il n'eût pas plu depuis un mois, ces végétaux offraient une admirable fraîcheur, et leur feuillage n'en était pas moins recouvert de sa tunique de glaçons [63] !

L'absorption des feuilles était connue des anciens. Théophraste en fait déjà mention; mais il faut arriver jusqu'à l'époque de Mariotte pour obtenir la démonstration de ce phénomène, que le botaniste grec n'avait fait qu'indiquer. Le physicien français y parvint ostensiblement à l'aide d'une expérience très-simple. Il prenait une branche bifurquée, plaçait l'une de ses portions dans un vase rempli d'eau, et laissait l'autre à l'air. L'eau qu'absorbait la première suffisait pour entretenir la seconde verte et fraîche pendant longtemps. L'une absorbait donc pour l'autre.

Nous ne pouvons omettre de dire qu'il est même certains

223. Absorption des feuilles. Expérience de Mariotte.

végétaux chez lesquels la fonction est absolument déplacée : c'est seulement à la tige qu'elle est confiée. Tel est le cas des Cactus, êtres étranges, qui ne consistent que dans une tige monstrueusement renflée et toute couverte d'épines. N'habitant que les rochers et les sables brûlés par le soleil, où tous les autres végétaux tombent en poussière autour d'eux, ces plantes grasses déploient une inexplicable fraîcheur. Par des secrets inconnus aux myriades d'espèces dont les cadavres desséchés les environnent, elles savent pomper dans l'atmosphère l'abondance d'eau qui gonfle leurs tissus. Chez ces *pronostiqueurs des sols ruinés,* comme les appelle Ch. Müller, les racines représentées seulement par quelques rares fibres desséchées, ne puisent absolument rien sur la roche calcinée qui les supporte. Là, c'est donc la tige qui se nourrit elle-même; on peut la considérer comme absolument dépourvue de feuilles, tant celles-ci y sont rudimentaires, inapparentes.

Dans nos serres chaudes, tous les jours le même phénomène se présente; des Cactus que l'on n'arrose jamais, y végètent splendidement à même l'atmosphère humide et tiède dont ils sont environnés.

II

CIRCULATION VÉGÉTALE.

Plus on l'étudie, plus la nature s'agrandit. La science, en pénétrant ses secrets, nous révèle souvent que là où nous n'apercevons que l'inertie, il existe parfois des forces imposantes et cachées. L'obscure vitalité des Plantes, mise en évidence par le génie des savants, se manifeste elle-même à nos yeux avec une puissance tout à fait inattendue.

Ainsi que les animaux, les plantes ont une circulation. C'est à Claude Perrault, génie universel, à la fois médecin, architecte et naturaliste, que l'on doit la découverte de ce phénomène.

La Séve, ce véritable sang des végétaux, circule dans leurs vaisseaux à l'aide d'une force qui dépasse peut-être de beaucoup celle qui chasse le sang dans les artères d'un éléphant.

Le célèbre Hales fit à ce sujet une expérience fort curieuse.

Ayant adapté un long tube à une jeune tige de vigne qu'on avait amputée, il vit ce fluide s'y élever à 44 pieds.

De tels résultats ayant paru extraordinaires aux physiologistes français, ils s'empressèrent de répéter les expériences du savant étranger; mais leur étonnement fut grand, quand ils reconnurent qu'elles étaient au-dessous de la vérité.

En effet, De Candolle, qui s'est occupé l'un des derniers de ce sujet, a vu que la force avec laquelle la Séve s'élève dans les vaisseaux des plantes était égale au poids de deux atmosphères et demie; résultat qui dépasse énormément, et presque du double, l'appréciation du chanoine de Windsor, puisque cela équivaut à la pesanteur d'une colonne d'eau de 80 pieds de hauteur.

Ainsi, une fonction occulte qui s'accomplit si mystérieusement dans les végétaux, par l'expérience, nous révèle une suprême énergie; énergie qui dépasse même la circulation si apparente et si tumultueuse des plus gros animaux. Plusieurs savants ont avancé, non sans quelque fondement, que la Séve s'élève dans les vaisseaux de la Vigne avec cinq fois plus de force que le sang ne circule dans l'artère crurale du cheval, le plus important des canaux sanguins de sa cuisse; et avec sept fois plus de puissance que dans le même vaisseau du chien.

Ce qu'il y a de certain, c'est que le sang que le cœur projette si violemment dans les vaisseaux des grands animaux, n'y est pas poussé avec autant de force que celle qui anime la séve dans son mouvement d'ascension. En effet, des expériences faites sur le bœuf et le cheval ont montré que l'impulsion du sang artériel ne soulèverait qu'une colonne d'eau d'environ deux mètres; l'avantage est donc là où on était loin de le supposer, puisque, d'après ce qui précède, la circulation végétale soulève un poids environ 14 fois plus considérable que ne le fait celle des plus grands mammifères [64].

Ainsi ce sont les vaisseaux des plantes, qui n'ont pas le diamètre d'un cheveu, qui l'emportent sur ceux des animaux, plus gros que le doigt.

Après avoir fait ses expériences sur la force d'ascension de la séve dans les vaisseaux, Hales voulut s'éclairer sur la rapidité avec laquelle celle-ci marchait. Pour atteindre ce but, après avoir creusé un trou profond dans le sol, il mit à nu une petite racine d'arbre, et l'introduisit dans un tube qui était rempli d'eau et plongeait dans du mercure; puis bientôt, à

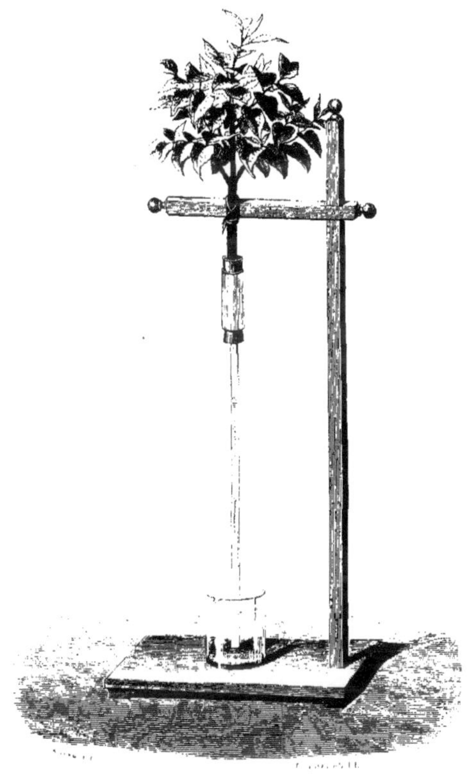

224. Énergie de la circulation et de l'absorption végétales. Expérience de Hales, modifiée à l'amphithéâtre de Rouen.

son grand étonnement, il vit que ce métal s'élevait dans ce tube d'un demi pouce par minute.

Lorsque dans notre amphithéâtre nous répétons chaque année cette expérience avec une simple branche d'arbre, nous voyons souvent en une demi-heure tout le tube envahi par un liquide coloré que nous avons mis dans le vase inférieur.

La Séve se forme et se meut avec une telle vigueur dans divers végétaux, qu'il n'est pas rare d'en pouvoir extraire, en un temps assez court, une quantité fort notable. L'Érable à sucre, disséminé sur les montagnes du Canada, en produit un seau par jour. Et c'est d'elle que l'on extrait, en grande partie, le sucre que l'on consomme dans les pays où il croît [67]. Il ne s'agit pour cela que de perforer l'arbre avec une tarière; le fluide séveux s'en écoule, et, après l'avoir recueilli, on le fait évaporer au feu. La cassonade se condense au fond des chaudières.

Un végétal des contrées tropicales donne un produit non moins précieux à l'homme, c'est un vin tout préparé. Celui-ci n'est autre que la sève d'une espèce de palmier, le Sagouyer vinifère, qui croît dans l'Afrique occidentale et dont le nom caractéristique indique si ostensiblement le bienfait. Cette séve vineuse est douce et sucrée quand on vient de l'extraire, mais quelques heures après elle fermente et devient une boisson fortement enivrante. Elle est d'un usage fort répandu, et le végétal en donne à profusion. Les nègres en remplissent rapidement leurs calebasses en les suspendant aux pétioles des feuilles qui ont été amputées à cet effet, près de leur naissance.

La circulation végétale a une telle énergie, et le liquide qu'elle charrie se reproduit avec tant de puissance, que Scott assure qu'au printemps certains Bouleaux laissent écouler une quantité de fluide séveux qui égale leur poids.

En présence de ces résultats tout à fait inattendus, on se demande quelle association de forces mystérieuses produit de tels phénomènes. Si les anciens se sont parfois égarés en exagérant les facultés des végétaux, notre époque est souvent tombée dans l'excès opposé.

Beaucoup de savants modernes, en rétrogradant vers la philosophie cartésienne, n'expliquent les actes vitaux des plantes que par l'intervention des forces purement physiques ou chimiques. Pour les uns, leur circulation n'est qu'un phénomène de capillarité ou d'endosmose ; pour d'autres, ce n'est qu'une simple fermentation ou une série de décharges électriques [65].

Mais une seule objection, une seule, fait immédiatement crouler toutes ces hypothèses que le matérialiste accepte avec tant d'empressement. Ces phénomènes physico-chimiques sont si peu la cause initiale de la circulation, que jamais, jamais, ils ne peuvent ranimer la vie d'un végétal que l'on a tué sans altérer ses tissus; et si les causes de la vie étaient absolument sous l'empire de forces matérielles, les fauteurs de ces étranges opinions, qui ont tant de cours, devraient pouvoir ressusciter des organismes morts.

Mais nous sommes heureux de pouvoir dire que les chefs de la physiologie ne sont point tombés dans les erreurs que nous venons de relever.

Bichat, notre immortel anatomiste, n'hésite nullement à cet égard, et donne l'exemple à tous, en attribuant la circulation des plantes à la même cause vitale qui fait mouvoir le sang dans les vaisseaux capillaires des animaux.

Les plus grands botanistes de notre époque imitent l'auteur de l'Anatomie générale. Pour De Candolle, c'est à la contraction vitale des tissus qu'il faut attribuer l'ascension de la séve; sa cause, dit-il, doit être liée à la vie. Achille Richard, après avoir entrevu toute la force de la circulation végétale, la compare à celle des Insectes [66].

D'un autre côté, Schultz de Berlin, qui a tant étudié cette fonction, la considère aussi comme essentiellement due à l'action vitale des vaisseaux. A l'aide du microscope, on peut voir,

225. L'Érable à sucre et sa récolte en Amérique. *Acer saccharinum*, Linnée.

selon lui, ceux-ci se contracter pour pousser les fluides qu'ils contiennent. Le savant prussien entrevoit même une grande analogie, par rapport à ce phénomène, entre les plantes et certains animaux inférieurs de la classe des vers.

Après de telles autorités, il n'est plus possible d'hésiter, et il faut admettre que c'est essentiellement à une cause vitale qu'est due la circulation des plantes. Puis, comme puissances accessoires, viennent les actions variées de la chaleur, de la capillarité, de l'endosmose et de l'électricité.

III

RESPIRATION DES PLANTES.

Les plus grands animaux, la Baleine, le Rhinocéros et l'Autruche, ainsi que l'Homme, n'aspirent l'air que par un seul canal, et ce n'est, en quelque sorte, que dans un seul matras, le poumon, que se manipulent toutes les réactions chimiques de leur respiration. Sous ce rapport, les plantes sont encore mieux partagées qu'on ne le suppose généralement. Au lieu d'un appareil unique, c'est par milliards que l'on compte chez elles les laboratoires microscopiques où s'accomplissent mystérieusement toutes leurs combinaisons pneumatiques; une seule feuille en présente parfois plus d'un million dans ses interstices.

Les Feuilles ne sont, en effet, que les poumons des plantes. Le microscope fait découvrir à leur surface une foule d'ouvertures allongées, bordées d'un bourrelet et assez semblables aux boutonnières de nos habits : ce sont les Stomates, ou les orifices béants par lesquels l'air entre dans les chambres respiratoires. De dimension excessivement restreinte, puisqu'elles se trouvent dans l'épaisseur de la feuille, ces invisibles chambrettes sont creusées dans le tissu cellulaire, et leur voûte est supportée par de fines colonnades de cellules placées bout à bout, et dont l'air parcourt le merveilleux labyrinthe.

Quelques plantes aquatiques, qui vivent dans la profondeur des fleuves, n'offrent point cette organisation. N'ayant nul rapport avec l'atmosphère, ces cavités aériennes ne leur seraient d'aucune utilité ; aussi offrent-elles une disposition toute particulière se rapprochant de ce que présentent les poissons, qui ont un appareil respiratoire spécial, des branchies, disposées pour s'emparer des parcelles d'air imperceptibles contenues dans l'eau, en quantité assez notable pour suffire à leur respiration. On découvre une disposition analogue chez divers végétaux de la famille des Naïades, habitant au milieu de nos mares et de nos fossés. Leurs feuilles sont dépourvues d'épiderme et représentent des espèces de branchies, disposées pour agir sur les particules aériennes contenues dans le milieu où elles vivent. Tels sont les Potamogétons, qui, par rapport à leur respiration, considérée isolément, sont de véritables plantes-poissons.

La respiration des animaux est funeste à la composition de l'air atmosphérique ; ils le vicient d'une manière incessante, soit en en absorbant le principe vital, ou l'oxygène, soit en y versant un poison, l'acide carbonique.

On a calculé que l'Espèce humaine, à elle seule, consommait annuellement 160 milliards de mètres cubes d'oxygène et que les animaux quadruplent cette dépense.

D'un autre côté, tout homme exhale chaque jour dans l'atmosphère 250 grammes de gaz acide carboniqne ; ce qui donne environ 75 grammes de charbon combustible. De façon que,

226. L'Arbre à vin ou Sagouyer vinifère. *Sagus vinifera*, d'après Martius.

sans compter la masse produite par les animaux, on a évalué à 2 500 000 tonnes de charbon ce que la seule population de France verse dans l'atmosphère.

On est effrayé en présence de cette menaçante altération de notre fluide vital; elle semble devoir amener la catastrophe finale de l'animalité. Mais tout à côté de l'élément perturbateur, il y a une providentielle réparation : le manteau de verdure du globe remédie à tous les désordres que suscite le règne animal ; chaque plante représente une véritable *machine à épurer l'air*.

227. Respiration des plantes. Dégagement d'oxygène sous l'eau.

Les végétaux, pour se nourrir et constituer leur squelette solide, ont besoin d'une grande quantité de charbon. A cet effet, ils absorbent tout l'acide carbonique qu'ils peuvent rencontrer dans l'air; et ensuite fixent son carbone dans leurs tissus et en exhalent l'oxygène. Double moyen par lequel ils assainissent et régénèrent l'atmosphère en lui rendant le gaz vital que les animaux absorbent, et en y enlevant le poison qu'ils y versent continuellement.

Ce contraste harmonieux frappera tous les esprits ; et, on le voit, il est destiné à remédier aux altérations incessantes que le règne animal introduit dans l'atmosphère et à la garantir de toute perturbation. Selon M. A. Brongniart, la loi d'équilibre est telle en ce moment que les plantes semblent verser dans l'air autant d'oxygène que les animaux en dépensent.

Rien n'est plus facile que d'apprécier la quantité d'oxygène que les végétaux distillent dans l'atmosphère, par tous leurs pores. Il ne s'agit, pour cela, que de mettre l'un d'eux sous une cloche à expérience, remplie d'eau, et immédiatement après que celui-ci se trouve exposé à la lumière, tout son feuillage se couvre de bulles de gaz qui s'en dégagent, et montent sans discontinuer vers le haut du vase. Si alors on analyse le produit qui s'est rassemblé là, on reconnaît, par l'éclat qu'il donne aux corps en ignition, que c'est de l'oxygène jouissant de tous ses attributs.

Mais, chose remarquable, cette salutaire intervention des végétaux ne se manifeste que sous l'influence de la lumière. Si l'astre dont elle émane venait à s'éteindre, elle cesserait au même moment, et le globe, plongé dans l'obscurité, se dépouillerait bientôt de sa tunique verdoyante. Aussi Lavoisier a-t-il pu dire avec raison :

« L'organisation, le sentiment, le mouvement spontané, la vie, n'existent qu'à la surface de la terre et dans les lieux exposés à la lumière. On dirait que la fable du flambeau de Prométhée était l'expression d'une vérité philosophique qui n'avait point échappé aux anciens. Sans la lumière, la nature était sans vie, elle était morte et inanimée : un Dieu bienfaisant, en apportant la lumière, a répandu sur la surface de la terre l'organisation, le sentiment et la pensée. »

Mais la nuit les phénomènes respiratoires des plantes changent absolument de direction ; celles-ci se comportent comme des animaux. Elles absorbent la partie vitale de l'air et filtrent de l'acide carbonique par toutes leurs porosités ; de manière que quand on couche dans une chambre étroite dans laquelle on a imprudemment laissé quelques arbustes, l'air en est autant vicié que si l'on y eût enfermé un égal nombre d'hommes.

Mais cette respiration nocturne est loin d'anéantir le bienfait de l'exhalation de la journée. Les végétaux, sous l'influence de la lumière, versent dans l'atmosphère beaucoup plus d'oxygène qu'ils n'en absorbent la nuit ; et ils lui enlèvent infiniment plus d'acide carbonique chaque jour, qu'ils n'en produisent pendant les ténèbres.

Ce sont donc les Plantes qui se trouvent chargées d'entretenir l'harmonieuse composition de l'air. Aussi, est-il évident que si l'importante fonction confiée aux végétaux de toute la surface du globe, venait à s'anéantir subitement, dans un temps donné, tout le règne animal succomberait à son tour. Cependant, selon les calculs de M. Dumas, cet événement ne se produirait qu'après une longue suite de siècles, tant l'atmosphère est riche en oxygène ! Le savant chimiste prétend qu'il ne faudrait pas moins de 800 000 ans à tous les animaux du globe pour absorber ce gaz en totalité, et que 10 000 années s'écouleraient même sans que sa diminution fût sensible à nos plus parfaits instruments de physique [68].

A l'aide d'ingénieuses investigations, le professeur Liebig a même prouvé que la nature chimique de l'atmosphère n'avait pas varié sensiblement depuis plus de deux mille ans. Il prit l'un de ces petits vases en verre, dans lesquels les dames romaines recueillaient leurs larmes, et qui, après en avoir été en partie remplis, étaient scellés hermétiquement au feu, et déposés dans le sarcophage du mort. Ce vase lacrymatoire ayant été brisé, et l'air qu'il contenait analysé, ce savant reconnut que cet air avait absolument la même composition que le fluide que nous respirons aujourd'hui.

Par de délicates expériences, M. Lacrèze-Fossat a pu déterminer quelle était la proportion de gaz respirable que certains végétaux versaient dans l'atmosphère. Cet observateur a reconnu qu'en douze heures, la face inférieure des larges feuilles flottantes que le Nénufar jaune étale sur nos fleuves, produisait 17 centilitres d'oxygène. Et, selon lui, un seul pied de cette plante, se composant de quinze feuilles, verse dans l'espace de cinq mois d'été 535 litres de ce gaz dans l'atmosphère.

Combien donc un grand arbre en doit-il produire en une seule saison, lui dont la surface respiratoire a tant d'étendue comparativement à celle de la plante aquatique [69] !

IV

TRANSPIRATION DES PLANTES.

La physiologie végétale se rapproche beaucoup de celle des animaux. Ainsi qu'eux, les plantes exhalent, par toute leur surface, une abondante transpiration. C'est celle-ci, qui condensée sur les feuilles par le froid des nuits, y forme les limpides gouttelettes d'eau que le vulgaire croit à tort provenir du dépôt de l'humidité atmosphérique.

Ce fut à l'un des professeurs qui ont le plus contribué à illustrer l'Université de Leyde, à Muschenbroeck, que vint l'idée de démontrer que les plantes transpiraient tout comme les animaux. A cet effet, il environna d'une plaque de plomb tout l'alentour d'un Pavot somnifère, afin d'empêcher les vapeurs de la terre d'entraver son expérience. Ensuite, celui-ci fut recouvert d'une cloche de verre, que l'on mastiqua sur le plomb. Après cela, lorsque chaque matin le physicien venait observer la plante emprisonnée, il s'apercevait constamment que, même durant les nuits les plus sèches, ses feuilles étaient recouvertes d'une innombrable quantité de ces gouttelettes d'eau, auxquelles on donne le nom de Rosée ;

228. Découverte de la transpiration des plantes. Expérience de Muschenbroeck.

et que les parois de la cloche en étaient elles-mêmes toutes brouillées. Ce n'est donc pas de l'air que provient la rosée des prairies et des gazons, mais bien, comme le reconnut le savant hollandais, de la transpiration des végétaux ; la rosée n'est que leur sueur condensée.

Ce fait étant parfaitement établi, il ne restait plus qu'à fixer le chiffre qu'atteint la transpiration végétale. Mariotte tenta à ce sujet une expérience toute élémentaire. Ayant coupé une branche, et en ayant enduit la section avec un mastic imperméable, il reconnut que les feuilles, en se fanant, avaient perdu deux cuillerées d'eau en deux heures, pendant un temps assez chaud. Ce physicien en conclut qu'en douze heures la branche en perdrait douze cuillerées.

Mais une telle appréciation était loin d'être rigoureuse. Guettard fit mieux, il eut l'idée de ne point séparer la branche du végétal et de l'enfermer dans un ballon de verre terminé extérieurement par un col qui se rendait dans un flacon. Lorsque le tout était hermétiquement mastiqué, la transpiration, en se condensant peu à peu sur les parois du ballon,

229. Transpiration des végétaux. Expérience de Guettard.

tombait ensuite goutte à goutte dans le vase situé au-dessous où on pouvait la recueillir, sans qu'il y ait eu la moindre déperdition. Ainsi la nature était abandonnée à elle-même.

Enfermée dans cet appareil, une branche de Cornouiller qui ne pesait que cinq gros et demi, distillait chaque jour une once trois gros d'eau. C'est-à-dire qu'elle transpirait en 24 heures presque le double de son poids. On était loin de s'attendre à de tels résultats.

Lorsque dans les détours d'un parterre, par une brûlante

journée d'été, exténués et ruisselants de sueur, nous contemplons un Soleil des jardins, nous admirons sa lourde couronne de fleurons penchée vers l'astre qu'elle accompagne sans cesse dans sa course, et ses feuilles amples et immobiles; mais ce calme apparent nous voile une énergie vitale que nous sommes loin de supposer.

En effet, qui pourrait se douter que la sueur qu'exhalent les pores de la plante est beaucoup plus abondante que celle qui imbibe notre front? C'est cependant ce que la science a prouvé, car après avoir démontré l'existence de la transpiration végétale, elle a eu la prétention d'en évaluer comparativement le produit.

Un vieux médecin de Padoue, dont l'originalité est devenue célèbre, Sanctorius, eut la patience de passer une grande partie de sa vie dans une balance, se pesant et se repesant à chaque instant du jour, pour apprécier quelle était la déperdition que son corps éprouvait par la transpiration [70].

Hales, sans avoir la même persévérance, voulut estimer quel était le poids d'eau qu'un Soleil perdait journellement par la transpiration insensible de ses feuilles. A cet effet, il mit l'une de ces plantes dans un pot, dont le dessus, hermétiquement bouché avec une plaque de plomb, n'offrait qu'un seul petit goulot pour recevoir l'arrosement. En pesant chaque jour ce Soleil, ses balances lui indiquèrent qu'il perdait vingt onces d'eau toutes les vingt-quatre heures, par la seule transpiration de ses feuilles.

L'expérimentateur, en supputant ensuite quel est le rapport en surface entre la peau d'un homme et les feuilles d'un Soleil, trouva que la première était à l'autre comme 26 est à 10; et, qu'à surfaces égales, conséquemment, le Soleil avait une transpiration insensible dix-sept fois plus considérable que la nôtre.

Sur certains végétaux le phénomène ne se passe pas aussi mystérieusement; leurs feuilles transpirent avec une abondance surprenante ; l'eau ruisselle de toutes leurs porosités.

Ruysch rappelle qu'un Arum qu'il possédait dans les serres du jardin botanique d'Amsterdam, distillait l'eau goutte à

230. Transpiration du soleil des jardins. Expérience de Hales.

goutte par l'extrémité de ses feuilles, pour ainsi dire, à mesure qu'on l'arrosait !

On pourrait penser qu'il peut y avoir là de l'hyperbole ; mais de récentes et curieuses observations, que l'on doit à un expérimentateur de Toulouse, ont prouvé toute l'exactitude du fait avancé par le grand anatomiste hollandais. M. Ch. Musset a découvert, qu'une plante de la même famille que celle dont il vient d'être question, la Colocase comestible, lançait même en l'air, et sous forme de jet, de petites gouttelettes

231. Colocase comestible. *Colocasia esculenta*, Schott.

d'eau qui s'exhalent des porosités qu'on voit à la pointe de ses magnifiques feuilles sagittées, ondulées comme les vagues de la mer. L'ingénieux et savant observateur de cet extraordinaire phénomène a compté que chacun de ces pertuis lançait ainsi, à quelques centimètres de distance, dix à cent gouttelettes d'eau par minute !

Mais la merveille végétale, sous le rapport de la transpiration, est l'*Arbre qui pleure*, que l'on voyait il y a quelques années dans l'une des îles Canaries. L'eau tombait de son feuillage touffu, semblable à une abondante pluie, ce que les botanistes ont voulu exprimer en l'appelant *Cæsalpinia pluviosa*. Amassée à son pied, elle y formait une espèce de mare où les habitants du voisinage s'approvisionnaient d'eau [71].

J'avais d'abord soupçonné d'exagération ce que les voyageurs racontaient par rapport à la transpiration de cet arbre ; mais, depuis que j'ai vu, dans l'une des serres du jardin botanique de Rouen, un Fuchsia arborescent faire pleuvoir tant d'eau sur les plantes qui l'entouraient qu'on était forcé de les en éloigner, j'ai cru à leurs récits.

La transpiration insensible se démontre par l'expérience la plus élémentaire. Il ne s'agit pour cela que de mettre une plante sous une cloche sèche dont la base plonge dans du mercure. Quelques instants après, toute la surface intérieure du vase employé se couvre de fines gouttelettes d'eau qui bientôt se condensent et coulent vers le bas.

Les Feuilles de quelques autres végétaux, plus avares de la sueur qu'elles distillent, la recueillent dans des godets, qui se trouvent à leur extrémité ; tantôt constamment ouverts, et tantôt se fermant et s'ouvrant à l'aide d'un couvercle mobile.

Au premier rang, nous devons mentionner le fameux Népenthès distillatoire. Ses feuilles offrent une forte nervure médiane, qui se plonge au delà du limbe et se termine par une gracieuse coupe cylindrique, munie d'un opercule à charnière, qui s'ouvre et se ferme spontanément, selon l'état de l'atmosphère. Durant la nuit, ce couvercle se rabat et clôt hermétiquement le petit vase, qui se remplit alors d'une eau limpide, exhalée par sa paroi. Le jour, l'opercule se relève et

232. L'Arbre qui pleure. *Cæsalpinia pluviosa. Laurus fœtens.* Ait?

le liquide s'évapore plus ou moins complétement. Le salutaire Népenthès a fréquemment étanché la soif de l'Indien égaré dans ses brûlants déserts.

Dans les forêts marécageuses de l'Amérique septentrionale,

233. Népenthès distillatoire. *Nepenthes distillatoria*, Linnée.

la Providence a confié ce soin à une autre plante distillatoire, la Sarracénie pourpre, dont la structure est non moins bizarre. Les feuilles de celles-ci, en se soudant par leurs bords, se transforment en élégantes amphores, dont l'ouverture rétrécie est surmontée d'une ample oreillette verte, décorée de veines d'un rouge écarlate auxquelles l'espèce doit son nom. Ces coupes offertes par l'empire de Flore, et qui se dressent de place en place aux pieds du voyageur, sont remplies d'une eau délicieuse et pure, dont le bienfait le rend d'autant plus reconnaissant qu'il n'est environné que de marais dont les eaux sont tièdes et nauséabondes.

Généralement la transpiration des feuilles n'a lieu que par

234. La plante aux amphores. *Sarracenia purpurea*, Linnée.

leur face inférieure. Knight l'a démontré par une expérience très-simple. Il enfermait une feuille de vigne entre deux lames de verre et observait alors que ce n'est que celle qui se trouve en contact avec cette face qui se couvre de buée. Je réussis encore mieux, et rends cette expérience plus rationnelle, en me servant d'une feuille de Marronnier d'Inde attachée à sa branche et pompant l'eau dans un vase voisin à mesure qu'elle transpire. Tout le dessous de cette feuille se couvre bientôt de gouttelettes d'eau visibles à l'œil et qui brouillent la glace avec laquelle il est en contact, tandis que

235. Transpiration des feuilles. Expérience de Knight, modifiée à l'amphithéâtre de Rouen.

celle sur laquelle l'autre face est appliquée offre à peine quelques traces de vapeurs.

V

DE L'ACCROISSEMENT.

L'Accroissement de nos arbres ne fut longtemps qu'un impénétrable mystère.

Duhamel prétendait que c'était l'écorce qui produisait le bois ; et durant près d'un siècle, on crut sur parole ce célèbre académicien, lui qui avait fait tant et tant d'expériences sur ce sujet. On ne s'était pas avisé de lui demander d'où provenait alors l'écorce.

Après bien des discussions, il a été enfin démontré que le corps ligneux et son enveloppe se forment, chacun de son côté, à leur jonction, l'écorce s'accroissant à l'intérieur, et le bois en dehors, par couches concentriques qui s'ajoutent les unes au-dessus des autres. Une se produit chaque année, de manière que si vous comptez ces zones circulaires à la base d'un tronc, leur nombre vous donne exactement l'âge de l'arbre.

Avant que ce fait nous eût été dogmatiquement enseigné par les botanistes, il était connu du vulgaire. Il en est déjà question dans le *Voyage en Italie* de Michel Montaigne ; singulier ouvrage publié en 1581, et dans lequel, au lieu de l'Italie, on ne trouve guère que la liste et l'effet des divers remèdes qu'employait l'illustre maire de Bordeaux, dans chaque ville où il passait. Un ouvrier tourneur lui montra qu'il appréciait fort bien l'âge des arbres sur leur coupe. « Il m'enseigna, dit-il, que tous les arbres portent autant de cercles qu'ils ont duré d'années, et me le fit voir dans tous ceux qu'il avait dans sa boutique. Et la partie qui regarde le septentrion est plus étroite et a les cercles plus serrés et plus denses que l'autre. Par cela il se vante, quelque morceau qu'on lui porte, de juger combien d'ans avait l'arbre, et dans quelle situation il poussait. »

Plus tard, le botaniste Adanson put, à l'aide de l'observation, démontrer l'exactitude des assertions de notre célèbre écrivain. Une avenue d'arbres des Champs-Élysées plantée depuis deux cents ans, ayant été abattue de son temps, on comptait un même nombre de zones ligneuses sur la coupe transversale des troncs de chacun d'eux. Cette coupe révélait ainsi leur âge.

Ces notions sur l'accroissement expliquent certains phénomènes qui souvent ont fait crier au miracle.

Lorsque, comme un impérissable témoignage de leur constance, deux amants gravent leurs chiffres enlacés sur l'écorce, les ciselures de l'arbre, hélas ! ne durent souvent pas plus que leurs serments. L'écartement incessant qu'éprouve cette enveloppe, par l'accroissement annuel, a bientôt déformé d'abord, puis ensuite totalement effacé les lettres.

Mais si la gravure est plus profonde, si l'instrument a traversé les couches de l'écorce et atteint le bois, tout se passe différemment : l'ouvrier a buriné sur un organe stable. Comme les années ne font que déposer de nouvelles couches ligneuses à la surface de l'œuvre, celle-ci se conserve intacte. Et, quand après un long laps de temps on fend le tronc, les ciselures apparaissent aux yeux étonnés, merveilleusement entières, dans la profondeur de ses couches.

Des corps solides introduits dans les couches ligneuses ne tardent pas eux-mêmes à en être recouverts, et à disparaître au-dessous d'elles. Le professeur Desfontaines nous montrait ordinairement, dans ses leçons, un bois de cerf qui avait été enveloppé presque complétement par le tronc d'un arbre, dans lequel l'animal l'avait sans nul doute un peu enfoncé en s'en débarrassant.

Il y a quelques années, en fendant un gros arbre des environs d'Orléans, on rencontra vers son centre une cavité absolument close, contenant une tête de mort et deux os en sautoir. L'étonnement du public fut extrême, on cria partout au prodige. Cependant il ne s'agissait là que d'un phénomène vital dont la

236. Corne de cerf recouverte par le développement des couches du bois. Du Muséum de Paris.

physiologie donne l'irrécusable explication. A une époque reculée, quelque anachorète de la forêt ayant probablement creusé l'arbre, se prosternait et priait devant ces ossements humains, qu'il avait confiés à son excavation. Puis, avec les années, le solitaire ayant disparu, la nature en reprenant son œuvre, avait ingénieusement conservé l'oratoire en le masquant d'épaisses couches ligneuses.

Lors du siége de Toulon, un boulet de la flotte anglaise

entra profondément dans la tige d'un Pin des environs. Aujourd'hui la blessure est totalement invisible. Si la tradition de ce fait se perd, quand on abattra l'arbre, combien ne sera-t-on pas étonné d'y rencontrer cette énorme masse de fer !

Généralement, plus les végétaux offrent de densité et plus leur accroissement se fait avec lenteur ; plus, au contraire, leurs tissus sont mous, et plus aussi ils se développent rapidement.

Quelques plantes sont surprenantes sous ce dernier rapport ; et il en est même dont l'énergie vitale a tant d'activité qu'on peut, en quelque sorte, surprendre les secrets de leur évolution ; aussi vint-il à Cavanilles l'idée de voir l'herbe pousser. A cet effet, il dirigeait de fortes lunettes munies d'un fil micrométrique horizontal, sur l'extrémité de la tige de certains végétaux, imitant les astronomes lorsqu'ils placent la croisée de leurs télescopes sur un astre dont ils veulent apprécier le mouvement. Le botaniste espagnol fit principalement ses observations sur des Agavés et des Bambous. Pour ces derniers, l'expérience pouvait donner des résultats fort apparents, puisqu'ils s'élèvent avec une telle vigueur, qu'en un mois on les voit parfois atteindre la hauteur d'une maison de trois étages.

Un Bambou qui végétait, il y a quelques années, dans l'une des serres du Jardin des Plantes de Paris, allongeait sa tige de quinze centimètres par jour ; aussi aurait-on pu facilement le voir pousser, puisque sa marche d'ascension s'opérait aussi vite que le mouvement de la grande aiguille d'une pendule de salon.

Mais on observe quelque chose de bien plus extraordinaire encore sur certains Champignons ; et, sans hyperbole, on pourrait dire d'eux qu'ils croissent à vue d'œil. Tel est le Lycoperde gigantesque, qui, né d'une semence tellement petite qu'elle échappe absolument à nos regards, en une seule nuit parvient à la grosseur d'un Potiron. De façon que l'on peut dire, sans exagération, qu'en une seule nuit, cette plante de l'ordre le plus dégradé, acquiert un volume qu'un de nos enfants n'atteint qu'au bout d'une dizaine d'années ! Ce végétal n'étant absolument composé que de cellules microscopiques, il en faut un nombre immense pour le constituer ; et il faut, en outre, que celles-ci surgissent avec une rapidité qui tient du prodige. M. Lindley a calculé qu'un semblable Lycoperde contenait

237. Lycoperde ou Vesse-Loup gigantesque. *Lycoperdon giganteum*, Batsch, poussé en une nuit. D'après nature.

plus de 47 000 000 000 de cellules ; et qu'en fixant la durée de son évolution à douze heures, il en produisait donc environ 4 milliards chaque heure et 96 millions chaque minute !...

Mais combien ne doit-il pas encore régner plus d'activité fébrile dans le laboratoire vital de ces Lycoperdes monstrueux, de neuf pieds de circonférence, dont parle Bulliard, dans son Histoire des Champignons ?

VI

LES SÉCRÉTIONS.

Partout, dans le règne végétal, apparaissent les plus extraordinaires oppositions. Nous les retrouvons aussi bien dans les détails que dans l'ensemble de l'organisme, dans le port de la plante que dans les obscures fonctions de la cellule. Les mêmes porosités transsudent, tour à tour, une bienfaisante nourriture ou un perfide poison, des sucs adoucissants ou des liqueurs corrosives. Le même fruit ou la même racine, nous nourrit, ou nous tue instantanément.

Le Tapioka, dont s'alimente le sauvage américain, et qui est si souvent employé sur nos tables, nage au milieu d'un poison aussi foudroyant que les philtres de Locuste. On isole l'aliment pour le livrer au commerce; mais les nègres, qui connaissent l'énergie du suc léthifère, mangent la racine entière lorsqu'ils veulent se suicider. L'effet est presque aussi rapide que celui de l'acide prussique [72].

Là, s'épanouissent des fleurs amies, dont les replis ne distillent qu'un nectar parfumé que l'abeille transforme en miel; ailleurs, de sombres corolles, ainsi que celles de l'Impériale et de quelques Azalées, n'exsudent que des sucs vénéneux. Malheur à l'insecte qui s'en nourrit, car il ne donne plus que de funestes produits. On se rappelle l'accident qui frappa l'armée de Xénophon aux environs de Trébizonde, dans la fameuse retraite des dix mille Grecs. Ses soldats s'étant jetés sur du miel qu'ils rencontrèrent près de la mer, tous jonchaient la terre quelques instants après, gravement empoisonnés. Tournefort, avec raison, attribue cet accident à ce que les Abeilles

238. La plante au Tapioka. *Manihot utilissima*. Pohl.

de la contrée avaient pompé les sucs que recèlent les calices de l'Azalée pontique, qu'il reconnut être vénéneux.

La main de la Providence puise amplement dans le règne végétal, pour satisfaire nos plaisirs et nos besoins.

Les Roses, les Jasmins et les Tubéreuses, ont leurs pétales

imbibés d'essences précieuses qui parfument l'air tout autour d'elles, et que l'art leur ravit en masses pour les raffinements du luxe [73].

D'autres plantes d'une apparence plus modeste, telles que les Menthes, les Romarins, les Mélisses et les Lavandes, sont mieux dotées sous ce rapport, car leurs huiles odoriférantes s'exhalent de tous leurs tissus, et elles les épanchent encore plus généreusement. Les espèces qui les recèlent se trahissent parfois au loin en embaumant l'air à de grandes distances. Bartholin assure que les émanations du Romarin font reconnaître les côtes d'Espagne à plus de dix lieues en mer ; et le vieil historien Diodore de Sicile raconte quelque chose d'analogue relativement à l'Arabie.

La Canne à sucre, *Saccharum officinarum*, originaire de l'Inde et de l'Arabie Heureuse, imbibe sa moelle de la substance alimentaire qu'on en extrait depuis tant de siècles.

En parlant des productions de ces deux pays, Strabon, dans sa Géographie, et Dioscoride, dans son grand Répertoire de matière médicale, mentionnent évidemment cette Graminée. C'est un Roseau qui donne du miel, dit le premier de ces écrivains. Dioscoride est encore plus explicite. Selon lui, les Roseaux de l'Inde et de l'Arabie fournissent un miel congelé et figé, dur comme du sel, qui se brise entre les dents et qu'on appelle sucre. D'après les érudits, les Chinois, dès la plus haute antiquité, ont connu la culture de la Canne et l'art d'en extraire le produit.

Bélon dit même que cette plante est indiquée dans une foule d'ouvrages indiens et arabes ; et de Humboldt semble confirmer tout cela en attestant qu'elle se trouve figurée sur les plus anciennes porcelaines de la Chine.

Ainsi donc, il ne peut y avoir de doute, la Canne à sucre est indigène de l'ancien continent, et sa culture y remonte à une époque fort reculée.

Mais ce fut vers le treizième siècle, que les marchands qui

imitèrent Marc Paul, en rapportant par terre des produits de l'Inde en Europe, introduisirent le végétal en Nubie et en Égypte, d'où, au quatorzième siècle, on le propagea en Sicile, en Syrie et à Madère. De là il fut enfin transporté en Amérique, peu de temps après sa découverte.

Une autre Graminée, le Maïs, contient aussi du sucre dans sa tige ; mais c'est moins à cause de cela que par rapport à sa beauté et à son emploi alimentaire, que cette plante était devenue presque sacrée chez les anciens peuples de l'Amérique. Les vierges péruviennes, consacrées au culte du soleil, en faisaient elles-mêmes du pain que les Incas offraient en sacrifice. Et quand la plante révérée manquait dans leurs jardins, on y en substituait d'or et d'argent, que l'art avait imitées [74].

La Manne, précieuse aussi sous tant de rapports, est le sucre qu'un arbre fournit tout préparé. Il coule et se concrète sur le tronc et les branches du Frêne à fleur, que l'on cultive en Sicile, où l'on en recueille les stalactites blanches et sucrées, à l'aide d'un couteau de bois [75].

Quelques végétaux curieux, ont, au contraire, leur tronc ou leurs fruits tout couverts d'une épaisse couche de Cire, absolument analogue à celle de l'Abeille, et qui la remplace pour l'éclairage et tous ses usages. Tel est le Palmier à Cire qui habite les Andes et dont le stipe est tout enduit de cette substance, que les sauvages enlèvent en le grattant pendant qu'ils y grimpent. Tel est aussi le *Myrica cerifera ;* mais chez lui ce sont les fruits qui exsudent la précieuse matière, et on l'en extrait en les faisant simplement bouillir ; elle surnage bientôt au-dessus de l'eau.

Ailleurs, des sucs obscurément sécrétés dans la profondeur des tiges de quelques arbres, et recueillis par l'intelligente main de l'homme, viennent ajouter à la richesse des nations. Là, le Pin maritime répand des trésors sur les landes de Bordeaux, naguère stériles. De ses blesssures découle une Térébenthine que les résiniers, agiles comme des singes, recueillent dans les innombrables godets suspendus aux troncs des arbres des forêts [76].

C'est cette sécrétion qui donne au bois des Conifères une si

239. L'arbre à la manne et sa récolte en Sicile, d'après Houel.
Fraxinus ornus, Linnée.

ongue durée ; plus elle abonde dans leurs conduits résinifères, et plus ils peuvent braver les siècles. Le bois du Pin des Canaries en est tout imprégné, aussi est-il presque impérissable. Les anciennes habitations de Ténériffe, qui en furent entièrement construites, il y a plus de quatre siècles et demi, lors de la conquête de l'île, sont tout aussi fraîches que si elles venaient d'être élevées. La résine suinte encore de toutes leurs poutres pendant les ardeurs de l'été.

Au lieu de distiller goutte à goutte leurs produits résineux,

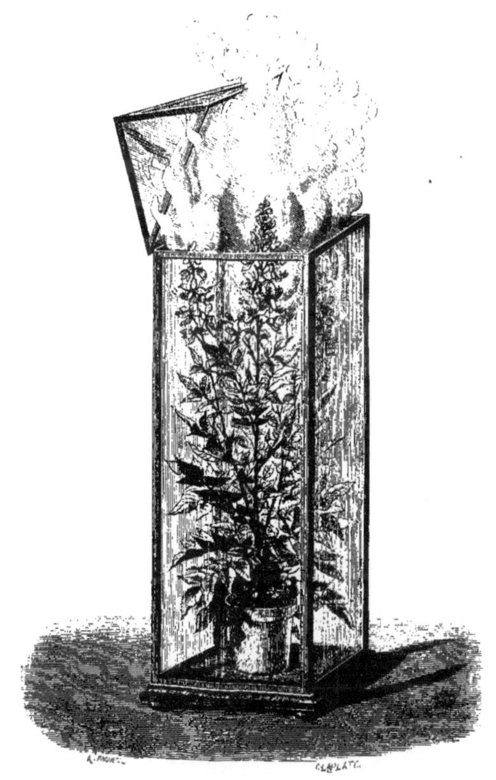

240. Combustion des vapeurs de la Fraxinelle. *Dictamnus fraxinella*, Persoon.

certains végétaux s'en forment une atmosphère gazeuse; et celle-ci est tellement circonscrite aux alentours des plantes, que, pendant le crépuscule des journées calmes et brûlantes de l'été, si l'on en approche une bougie allumée, elles s'en-

241. Le Palmier à cire des Andes. *Ceroxylon andicola*, Bonpland.

flamment et produisent une lumière vive qui enveloppe tout le feuillage, en petillant comme le Lycopode que l'on brûle sur les théâtres dans les torches des Furies. Tel est ce que l'on peut observer sur la Fraxinelle cultivée dans nos jardins. Si l'atmosphère est moins tranquille, l'expérience se produit facilement en entourant la plante d'une cage vitrée, comme on le voit dans notre figure. Aussitôt qu'on y plonge un corps en ignition, on détermine un embrasement général.

D'autres végétaux jettent d'inexplicables lueurs, des espèces d'éclairs, durant les ténèbres. Ce phénomène extraordinaire, que l'on attribue à l'électricité, fut d'abord signalé par mademoiselle Linnée, et ensuite reconnu par quelques savants [77].

En parlant des sécrétions végétales, il est aujourd'hui impossible d'oublier un bel arbre de la famille des Sapotilliers, naguère considéré comme inutile, et qui nous fournit actuellement une substance des plus précieuses, la *gutta-percha*. Répandu sur les côtes de Sumatra et de Java, c'est seulement depuis une vingtaine d'années que l'on y exploite avantageusement ses produits. Ce végétal, comme l'or de la Californie, a causé de grandes perturbations sociales dans les pays où il croît.

Dans les caracas de l'Amérique s'élève l'Arbre à la vache, qui, par la simple blessure de son tronc, fournit un lait abondant, dont le voyageur peut s'abreuver avec confiance, car il réunit toutes les qualités de celui de notre animal domestique, qu'il remplace presque absolument dans quelques contrées de l'Amérique.

Un des végétaux qui aujourd'hui rend à la vie intérieure des services tout aussi importants que l'espèce précédente, c'est l'Arbre à beurre. Il fournit aux nègres des rives du Niger une sécrétion qu'ils substituent à l'ingrédient de nos cuisines, et avec laquelle ils apprêtent tous leurs aliments. On la vend en abondance sur leurs marchés où elle est connue sous le nom de *beurre de Shéa* [78].

La nature nous offre à profusion les plus extrêmes oppositions. Là, d'une main généreuse et bienfaisante, elle nous prodigue des aliments ou des substances médicinales; ailleurs

242. Thyrse de fleurs du Quinquina jaune. *Cinchona cordifolia.* Mutis.

comme dans le laboratoire de Médée, elle ne distille que des poisons.

Ici, l'Opium, ainsi qu'une rosée de lait, suinte des têtes de nos pavots, et devient si indispensable à l'art médical, que Sydenham, l'Hippocrate des temps modernes, y eût renoncé, disait-il, si on lui eût enlevé cet énergique calmant. Ailleurs les

243. L'arbre à la gutta-percha. *Isonandra gutta*, Hooker.

poisons de la Belladone, du Datura et de la Jusquiame, nous sont tour à tour utiles ou funestes.

Mais aucun végétal n'élabore dans ses invisibles laboratoires d'aussi précieux cristaux que les Quinquinas; aucun médicament aussi héroïque ne nous est offert par la nature. Le Quinquina seul arrête dans leur marche fatale les ravages des

244. Cannellier. *Laurus cinnamomum*, Linnée

fièvres pernicieuses; sans lui, beaucoup de contrées seraient inhabitables, beaucoup de voyages impossibles. Aussi, dans leur enthousiasme pour sa merveilleuse puissance, divers médecins, à l'imitation de Torti, le décorèrent-ils du surnom d'*Antidote herculéen*[79]!

D'autres arbres, au lieu d'avoir leurs écorces imbibées de

sucs médicinaux, sécrètent dans celles-ci des aromates extrêmement recherchés, c'est le cas des Cannelliers, qui sont un élément de prospérité pour les lieux où, comme à Ceylan, on les cultive avec une certaine extension.

Près de ces végétaux, nous ne pouvons omettre d'en citer un

245. Muscadier. *Myristica moschata*, Lamarck.

autre qui, au lieu de l'écorce, choisit le fruit pour y épancher son arome, c'est le Muscadier. Il croît sous le soleil de l'Inde; et ses noix, objet d'un grand commerce, entrent fréquemment dans la confection de nos aliments.

Le Poivre, que nous fit connaître un intrépide novateur de ce nom, le gouverneur de l'Ile-de-France, dont nous avons parlé, contient également tout son arome dans ses fruits.

246. Extraction du lait de l'Arbre à la vache. *Galactodendron utile*, Kunth.

Si les Quinquinas et les Cannelliers ne recèlent leurs sucs actifs que dans l'épaisseur de leurs écorces, d'autres arbres, et tels sont les Lauriers camphriers, les répandent dans tous leurs organes, leurs tiges, leurs racines et leurs feuilles. Ces arbres couverts de feuilles brillantes et glacées, d'un vert clair,

247. Poivrier.

ornent les sites de l'Inde et de Java. Le *Camphre* qu'ils fournissent s'en extrait de la manière la plus facile; il ne faut que dilacérer l'arbre en petits fragments et chauffer ceux-ci dans de l'eau ; la précieuse essence se condense sur le couvercle des matras.

Ailleurs, au lieu de ces aromates excitants, ce sont les belles Mimosées, dont les fissures laissent découler les gommes adoucissantes; puis les Mauves, toutes gonflées de sucs émollients, que la médecine appelle à son secours.

Sous l'ardent soleil de l'Inde, où le Serpent à lunette distille son redoutable venin, les Orties sécrètent de mortels poisons. Ce rapprochement avec le reptile a une double exactitude, aussi n'est-on pas étonné de voir un botaniste allemand appeler les Urticées les *serpents du règne végétal*. C'est par un organe analogue, en effet, que ces plantes introduisent leur venin dans nos plaies; et si l'on songe à la minime quantité qu'un de leurs poils nous inocule, peut-être pas la cent cinquante millième partie d'un grain! à la rapidité et à l'intensité des accidents, il deviendra évident que le poison de l'Ortie est sans doute le plus foudroyant qui soit connu.

Nos espèces indigènes ne produisent qu'une brûlante sensation, qui se dissipe rapidement; mais celles des contrées tropicales donnent lieu à de sérieux accidents. Leschenault dit qu'il a vu des blessures de l'Ortie crénelée plonger des personnes une huitaine de jours dans d'horribles souffrances. Une autre espèce qui croît à Timor et que les naturels appellent Feuille du Diable, l'*urtica urentissima*, produit des piqûres tellement graves que, selon Schleiden, l'amputation seule préserve du trépas.

Mais au milieu de cette funeste cohorte de végétaux léthifères, l'Upas de Java est l'un de ceux qui distillent les plus terribles sucs. Leur action est telle, que l'arme qui en est imprégnée tue subitement l'animal qu'elle atteint. Des voyageurs rapportent avoir vu périr, en six minutes, plusieurs femmes coupables d'adultère, qu'on avait piquées, au-dessous du sein, avec une lancette imbibée du suc de cet arbre.

Jamais on n'a débité sur aucun végétal autant de ridicules fables qu'on l'a fait sur l'Upas; naguère encore celles-ci étaient populaires. Sur la foi d'un chirurgien hollandais nommé Foersche, on racontait que l'Upas découlait d'un arbre unique et singulier, qui végétait au milieu d'une affreuse solitude de

248. L'Arbre au camphre ou Laurier camphrier. *Laurus camphora*. Linnée.

Java, la *vallée de la mort*. Aucune créature vivante, selon ce voyageur, ne pouvait résister aux vapeurs empoisonnées qu'il exhalait; et, à trois et quatre lieues à la ronde, on ne rencontrait que des cadavres ou des squelettes d'hommes et d'animaux. Les oiseaux eux-mêmes, qui s'aventuraient dans l'air environnant, tombaient subitement foudroyés. Des criminels condamnés à la peine capitale essayaient seuls d'arracher l'infernal produit de l'arbre. Beaucoup tentaient ce périlleux voyage; bien peu en revenaient[80].

Il est honteux d'avouer que ce n'est qu'à Leschenault que nous devons d'avoir réfuté cette fabuleuse narration. Ce voyageur reconnut que le poison fameux est fourni par deux espèces d'arbres qui vivent au milieu des forêts de Java. Loin d'exercer une influence délétère sur leur voisinage, la végétation la plus luxuriante les environne; les oiseaux, les lézards et les insectes animent leurs rameaux et leur feuillage. Le savant français, en explorant l'un de ces arbres qu'il avait fait abattre, eut même le visage et les mains couverts des sucs qui découlaient de ses branches fracturées, et n'en ressentit aucune indisposition.

Mais il n'en est pas de même lorsque le produit est introduit dans les organes, à l'aide de la moindre piqûre. L'une d'elles fait périr un chien en cinq à six minutes, comme Magendie l'a reconnu dans ses expériences. Huit gouttes de suc d'Upas, injectées dans les veines d'un cheval, le tuent subitement.

Quelques végétaux plus heureusement dotés, au lieu de ces redoutables poisons, élaborent à la fois des agents médicinaux et des principes alimentaires. L'une de leurs parties sert au traitement de nos maladies, et une autre s'ajoute au luxe de nos tables. Les Rhubarbes sont dans ce cas. Leurs grosses racines sont toutes gonflées d'éléments purgatifs et fortifiants, tandis que leurs feuilles imbibées de sucs acidulés, offrent un robuste pétiole qui sert à l'alimentation. Au printemps, en

Angleterre, on en consomme énormément pour la confection des pâtisseries et des entremets; et à cette époque on voit arriver, sur les marchés de Londres, des files de voitures pesamment chargées de feuilles de Rhubarbe.

Depuis longtemps on avait remarqué qu'il existait une sorte de sympathie entre certains végétaux, comme si l'un se plaisait

249. Rhubarbe palmée. *Rheum palmatum*, Linnée.

à l'ombre de l'autre. C'est ainsi que, sur le bord de nos ruisseaux, les épis amaranthes de la Salicaire ornent constamment les alentours des Saules. D'autres plantes, au contraire, paraissent éprouver quelque aversion les unes pour les autres, et si l'homme s'efforce inconsidérément de les rapprocher, elles languissent ou elles meurent. Le Lin, par exemple, semble avoir une manifeste antipathie pour la Scabieuse.

On attribue aujourd'hui ces singuliers faits à ce que les racines émettent des produits favorables à certaines espèces et nuisibles à d'autres; produits que Plenk, avec la crudité d'un médecin de Molière, appelait *excréments des plantes.*

Déjà Duhamel s'était aperçu, en faisant abattre des Ormes, que la terre dans laquelle ceux-ci se trouvaient avait subi une certaine altération ; elle était onctueuse.

Un observateur de Genève, M. Macaire, alla plus loin. Il reconnut qu'en mettant des racines de Chicorée et d'Euphorbe dans de l'eau, elles y versaient un produit extractif coloré, qui ne pouvait être qu'une excrétion.

Enfin, Brugmans, professeur à l'Université de Leyde, fit encore plus; en recueillant cette substance sur des racines de Violettes, qu'il avait placées dans du sable fin et pur, il vit qu'elle agissait à l'instar d'un poison sur d'autres plantes.

Ainsi se trouve démontrée la cause de ces curieux rapprochements instinctifs, déjà entrevus par Mathiole qui les nommait *les amitiés des plantes.* En effet, ce vieux botaniste, dit, dans son œuvre, qu'il y a tant d'amitiés entre les Cannes et les Asperges, que si on les plante ensemble, elles prospèrent les unes et les autres à merveille.

En Allemagne, guidée par la science, l'agriculture apprend à tirer parti de ces mutuelles affections ; et dans ses savants ouvrages, Schwerz indique comment il faut allier les Céréales sociales pour augmenter le produit de nos champs.

VII

LE SOMMEIL DES PLANTES.

Plus on a fouillé les mystères de la vie végétale, et plus on lui a découvert de rapports avec l'animalité. Exténuées par le travail fonctionnel diurne, quand arrive la fin de la journée, beaucoup de plantes prennent une attitude particulière, qu'elles conservent toute la nuit : c'est leur sommeil.

Ce curieux phénomène, qu'un hasard heureux fit découvrir à Linnée, fut élevé par lui à la hauteur d'une démonstration. Il l'observa d'abord sur un Lotus pied d'oiseau, cultivé dans l'une des serres du jardin d'Upsal. L'ayant trouvé fleuri le matin, quel ne fut pas son étonnement lorsqu'en passant au milieu de la nuit près de la plante, il n'en aperçut plus les fleurs. Le botaniste s'imagina d'abord que quelque amateur infidèle les lui avait dérobées. Cependant, en examinant la plante plus attentivement, il reconnut que c'était elle qu'il fallait accuser du larcin. En effet, ce savant observa que chaque soir les feuilles de ce Lotus prenaient une position particulière, qui en dérobait les corolles[81] : c'était leur manière de dormir.

Pensant qu'un tel phénomène n'était point isolé, Linnée, un flambeau à la main, passa désormais les nuits à parcourir son jardin, pour en constater les effets. Ce fut ainsi qu'il reconnut qu'un grand nombre de végétaux prennent pour se livrer au sommeil une attitude toute particulière; c'est un besoin de repos qui, comme chez la plupart des animaux, coïncide avec l'absence de la lumière.

Dans certaines familles végétales, les plantes sont même tellement transfigurées pendant leur sommeil, qu'on ne les reconnaît plus. L'aspect d'une forêt ou d'une savane en est parfois absolument changé. Beaucoup rapprochent alors leurs rameaux de la tige, et leurs feuilles s'appliquent les unes aux autres pour se garantir mutuellement du froid. Quiconque a jamais vu une Sensitive durant la nuit, à ses rameaux abattus et comme affaissés par la fatigue, à ses folioles rapprochées ainsi que des paupières qui se ferment, reconnaît qu'alors elle se repose et sommeille.

Le phénomène dont il s'agit est même d'autant plus prononcé qu'on l'observe dans des régions plus chaudes. De Humboldt en parcourant les bords de la Madeleine, reconnut que là, les plantes s'éveillaient plus tard que dans les contrées moins brûlantes; comme si la végétation, dans ce climat, participait de la paresse qu'on observe chez tous les peuples disséminés sous l'équateur.

Chaque soir, beaucoup de fleurs se ferment elles-mêmes pour se livrer plus paisiblement au repos. Il en est, tels sont certains Liserons, qui, fort paresseuses, s'endorment longtemps avant le coucher du soleil et ne s'éveillent que très-tard chaque matin, quand il les darde de ses rayons.

Si une prairie où abondent ces fleurs impressionnables se présente le soir devant nous, son aspect attristé la rend méconnaissable. En plein midi, lorsqu'elle est émaillée de toutes ses corolles ouvertes, il semble un herbage rempli de grands yeux jaunes ou bleus qui nous regardent. Mais, lorsque le crépuscule est venu, comme si tous ceux-ci avaient clos leurs paupières pour sommeiller, le vivant aspect de la prairie s'est évanoui; tout y paraît inanimé; ses fleurs dorment.

On avait voulu d'abord attribuer aux variations de la température diurne et nocturne le phénomène dont il est ici question; mais en le voyant se produire dans des serres dont la chaleur était égale de nuit et de jour, on fut forcé de lui chercher une autre cause.

De Candolle a prouvé, par de curieuses expériences, que,

250. Sensitive endormie et Sensitive éveillée. *Mimosa pudica*, Linnée.

dans l'empire de Flore, c'est à l'absence de la lumière que doit être attribué le sommeil. En réfléchissant une vive clarté sur des Sensitives, pendant la nuit, et en les plaçant, au contraire, durant le jour, dans une profonde obscurité, le savant botaniste est parvenu à changer absolument leurs habitudes. Ces végétaux resserraient leurs folioles et s'endormaient toute la journée, trompés par les factices ténèbres dont on les enveloppait; et ils veillaient toute la nuit, lorsque six lampes projetaient sur eux une lumière qui équivalait aux cinq sixièmes de celle du jour.

C'est principalement parmi les plantes qui habitent les contrées intertropicales que l'on remarque le phénomène en question. Il est surtout ostensible dans la famille des Légumineuses et en particulier sur les Sensitives. Beaucoup de celles de nos campagnes nous l'offrent manifestement.

Si, vers six heures, à la fin de l'été, vos regards s'arrêtent sur une prairie de Trèfle, vous serez frappé de l'aspect qu'à ce moment, le premier de leur sommeil, toutes les plantes vous offriront. Les deux folioles latérales de chaque feuille se sont étroitement appliquées l'une contre l'autre, et la foliole moyenne les recouvre comme un toit protecteur; l'apparence de la plantation en est tout à fait changée.

VIII

LA SENSIBILITÉ VÉGÉTALE.

Quelles mystérieuses forces président à la vie des plantes? Ces êtres d'un aspect si gracieux ou si imposant, parés de couleurs éblouissantes, embaumant l'air des plus suaves parfums, ont-ils été déshérités de toutes les facultés qu'on accorde aux plus ignobles animaux?

Il y a deux Écoles qui, à ce sujet, ont également exagéré leurs prétentions; l'une s'est complue à trop élever l'essence intime des végétaux; l'autre à la dégrader.

L'antiquité avait surtout donné dans le premier excès. Empédocle n'hésitait pas à accorder aux plantes des facultés d'élite, et quelques-uns des successeurs du philosophe d'Agrigente l'ont même dépassé à cet égard[82].

La merveilleuse Mandragore passait, parmi eux, pour être douée de la plus exquise sensibilité. A la moindre blessure, la plante aux formes humaines, à ce que rapportaient les anciens, poussait de lamentables gémissements. Et ceux qui avaient l'audace de la cueillir, pour n'en point être terrifiés et braver ses maléfices, devaient employer certaines précautions.

Le plus illustre botaniste de l'ancienne Grèce, Théophraste, va même jusqu'à décrire les procédés qu'exige impérieusement la conquête de cette sombre Solanée. Il dit que pour l'arracher il faut tracer trois cercles magiques autour d'elle avec la pointe d'une épée, en regardant l'orient, tandis qu'un des assistants danse aux environs, en débitant des paroles obscènes[83].

Les hypothèses de la crédule antiquité se sont reproduites; on les a même dépassées de notre temps. Adanson, savant téméraire s'il en fut jamais, ne se contentait pas, à l'instar du sophiste sicilien, de doter les plantes d'une simple âme sensitive; plus audacieux encore, il prétend que chacune d'elles doit en avoir plusieurs[84].

Hedwig, botaniste profond, Bonnet, plus rhéteur que réellement instruit, et surtout Ed. Smith, accordaient aussi aux végétaux une sensibilité exquise, et même des sensations assez élevées.

Ces idées ont encore trouvé de nos jours d'ardents défenseurs en deux des plus célèbres savants de la studieuse Allemagne, Von Martius et Théodore Fechner. Ceux-ci considèrent la plante comme un être sentant et doué d'une âme individuelle; et le dernier pousse même la témérité jusqu'à fonder une sorte de psychologie végétale.

Dans son charmant petit livre, Camille Debans fait au système de ces deux botanistes une allusion pleine de poésie et de fraîcheur. Il peint une rose tellement affaiblie et languissante, que le moindre souffle de l'air, aussi léger que le

251. La Mandragore. *Atropa mandragora*, Linnée.

soupir d'une vierge, en arrache successivement les pétales souffrants et fanés. Et quand sa meurtrière haleine a enfin tué la fleur, naguère si belle et si parfumée, les gnomes tout en larmes emportent son âme en paradis sur leurs ailes diaphanes[85].

D'un autre côté, le génie de Descartes ayant été assez puissant pour faire admettre aux masses que les animaux ne représentaient que de simples automates montés pour accomplir un certain nombre d'actes; à plus forte raison, beaucoup de savants, et en particulier Hales, dont les belles expériences fondaient la physiologie végétale, eurent-ils la plus grande tendance à ne considérer les plantes que comme autant d'êtres absolument sous l'empire des forces matérielles.

Mais, ni les témérités des Cartésiens, ni les hypothèses des Animistes, ne trouvent aujourd'hui aucun asile dans le sévère domaine des sciences. On ne peut assimiler les phénomènes de la vie végétale, ni à de simples actes physico-chimiques, ni à une suprême direction intellectuelle. Il est évident qu'ils sont régis par une force vitale qui enchaîne tous les ressorts de l'existence; elle disparue, rien ne préserve l'être de la destruction[86].

Tous les savants qui ont traité la question en physiologistes sérieux, professent que les végétaux jouissent d'une vie toute aussi active que beaucoup d'animaux, et qu'ils possèdent des vestiges de sensibilité et de contractilité. Le plus illustre des anatomistes modernes, Bichat, dans ses magnifiques Recherches sur la vie et la mort, l'admet sans hésitation.

De nombreuses expériences attestent qu'il y a évidemment dans les végétaux des vestiges de sensibilité analogue à la sensibilité animale. L'électricité les foudroie, les narcotiques les paralysent ou les tuent. En arrosant avec de l'opium certaines espèces, on les a endormies profondément. Dans leurs curieuses recherches, MM. Gœppert et Macaire ont reconnu que l'acide prussique empoisonne les plantes avec autant de rapidité que les animaux.

Est-ce que la Sensitive ne se contracte pas ostensiblement quand on l'irrite? Et ne sait-on pas que les tissus végétaux se crispent eux-mêmes lorsqu'on les met en contact avec le moindre stimulant? Carradori a vu qu'il suffisait d'exciter les sommités d'une Laitue pour en faire jaillir des gouttelettes de sucs propres.

Divorçons avec toutes nos vieilles idées sur la vie végétale, observons simplement les phénomènes, et nous arriverons à des conclusions qui nous étonneront nous-mêmes. Nous serons tout surpris de reconnaître que l'énergie des actes biologiques des plantes surpasse souvent tout ce que nous présente le règne animal; fait qui n'a été méconnu que parce que nous avons, à tort, considéré les manifestations turbulentes de l'animalité comme en étant la suprême expression.

Si, vers le crépuscule d'une brûlante journée d'été, nous entrons dans une serre où serpentent en lacis épineux, inextricable, les longues tiges cannelées du Cactus à grandes fleurs, nous apercevons çà et là sur celles-ci des boutons lancéolés, aigus et d'un assez médiocre volume. Rien ne fait encore supposer le spectacle qui va s'offrir à nos yeux.

Mais vers huit heures et demie, au moment où l'obscurité se répand sur la terre, tout à coup, chaque fleur de Cactus étale ses mille lanières aurores et blanches, et sa couronne de cinq cents étamines s'agite et frémit autour du pistil; puis, de son vaste calice s'exhale un parfum de vanille qui embaume toute la serre.

Cependant, une telle exubérance de vie n'est que bien éphémère. Un bouton de deux pouces de tour s'est transformé en une fleur d'un pied de circonférence. Quelques minutes ont suffi pour produire une des merveilles de l'empire de Flore; quelques minutes suffiront également pour la détruire. Vers minuit, toutes les pièces de cette couche nuptiale, si brillante et si parfumée, se flétrissent et se décomposent totalement.

Quel animal nous montre à la fois une si active et si passagère puissance organique? Aucun, et nous n'y avons fait nulle attention. Cette splendide fleur, en quelques heures, vit plus qu'un Mollusque en toute une année!...

Parmi les diverses plantes douées de sensibilité, il n'en est aucune qui frémisse et s'agite avec autant d'animation que la reine des Mimosées, la pudique Sensitive[87]. Si, par le plus léger attouchement, on ébranle une seule de ses folioles, toutes se ferment; puis, quelques secondes après, toutes les branches s'affaissent successivement vers la terre; la plante éprouve une commotion profonde, elle semble foudroyée.

En vain certains botanistes ont-ils tenté d'expliquer cet extraordinaire phénomène par l'intervention des forces physico-chimiques; il est évident qu'il ne s'agit ici que d'une manifestation vitale.

Si, en préservant une Sensitive de tout ébranlement, on dépose sur une de ses feuilles une gouttelette d'un acide, son contact irritant suffit pour faire crisper toute la plante. Et si même on se contente de chauffer simplement l'une de ses petites folioles en la plaçant au foyer d'un verre ardent, la douleur est immédiatement ressentie dans toutes les régions de cette frêle Mimosée; et, frappée de stupeur, elle abat subitement son feuillage et ses rameaux.

Cette charmante Légumineuse, objet de tant d'ingénieuses comparaisons, possède une délicatesse de sensation qu'on serait loin de s'attendre à rencontrer dans le règne végétal. Lorsque Von Martius traversait les savanes de l'Amérique tropicale, où elle abonde, il remarquait que le bruit des pas de son cheval faisait au loin contracter toutes les Sensitives, comme si elles en étaient effrayées. Un rayon de soleil ou l'ombre d'un nuage suffit même pour produire une animation manifeste au milieu de leurs groupes.

De tels et si remarquables phénomènes devaient suffire pour faire supposer que la fibre végétale cachait, dans ses replis, quelques vestiges de l'appareil qui préside partout à la vie animale. Dutrochet crut même y avoir trouvé le régulateur de tant de mystérieux actes, un système nerveux. Selon lui, cet appareil était représenté par les granulations qui se trouvent interposées entre les cellules. Mais l'œil, armé du meilleur microscope, ne peut apercevoir là rien qu'on puisse assimiler aux nerfs des animaux.

Quoique dans les plantes l'existence des nerfs soit encore paradoxale, il n'en est pas moins vrai que l'irritabilité qu'offre la Sensitive semble absolument sous l'empire d'organes analogues à ceux-ci, puisqu'elle se trouve impressionnée par les mêmes agents, et de la même manière que le sont les animaux. Les narcotiques affaiblissent sa sensibilité comme ils affaiblissent la nôtre. Arrosée avec de l'Opium, la plante cesse de sentir les irritations mécaniques et ne se contracte plus : elle est paralysée. Et comme nous l'avons dit, une décharge électrique la tue.

Phénomène encore plus étrange! cette Légumineuse sait, ainsi que nous, se façonner aux circonstances variées dans lesquelles elle se trouve. Pendant un voyage, Desfontaines en ayant placé une avec lui, dans une voiture, la vit contracter immédiatement toutes ses feuilles, aussitôt qu'elle sentit l'ébranlement des roues. Puis, chose extraordinaire, le voyage s'étant prolongé, revenue de sa frayeur, la Sensitive rouvrit peu à peu toutes ses feuilles et les tint étalées tant que dura le mouvement. Elle s'y était accoutumée. Mais, si la voiture s'arrêtait, on voyait la même particularité se reproduire : au départ, la plante se contractait de nouveau pour ne se rouvrir que plus loin.

D'autres végétaux accomplissent instinctivement des actes presque incroyables en cherchant leur bien-être. Dans son charmant livre de botanique, écrit avec une remarquable indépendance, M. Grimard cite l'histoire d'une Clandestine écailleuse qui, ayant germé au fond d'une mine, s'est élevée à la prodigieuse hauteur de cent vingt pieds pour se porter vers la lumière; elle qui n'atteint ordinairement que cinq à six pouces de longueur!

IX

LES MOUVEMENTS DES VÉGÉTAUX.

Ainsi que les animaux, les plantes sont douées de mouvements. Il en est comme pour la sensibilité, la moindre observation les démontre ; mais, pour les reconnaître, certains savants mettent le même entêtement qu'on a opposé autrefois aux premières démonstrations de la rotation de la terre. Les végétaux ont beau se mouvoir avec la même apparence que l'aiguille à secondes d'une montre; prendre chaque jour des dispositions diverses pour dormir ou se soustraire à la douleur; comme la vieille science a proclamé qu'ils sont insensibles et privés de mouvement, quelques esprits timorés ne veulent pas en départir.

Cependant les mouvements des plantes sont de la dernière évidence ; seulement nous n'en découvrons pas les agents. Mais les connaissons-nous davantage dans les êtres les plus dégradés du règne animal? certainement non.

C'est avec beaucoup de raison que De Candolle et Tiedemann, foulant aux pieds ces vues purement théoriques, admettent la motilité des plantes. Le dernier physiologiste fait observer avec justesse qu'il n'est nullement besoin, pour expliquer cet acte, qu'elles possèdent des fibres analogues à nos muscles, et que les Méduses et les Infusoires se meuvent parfaitement, sans qu'on ait pu discerner rien de semblable chez eux.

Ces mouvements des plantes sont spontanés ou accidentels. Là on les voit s'opérer par la seule impulsion instinctive du végétal ; ailleurs, ce n'est que quand nous l'irritons qu'il se soustrait à la douleur.

Les plantes s'animent de mouvements divers, sous l'influence de la lumière et de la température. L'action en est telle sur tout l'organisme que celui-ci se trouve absolument transfiguré. C'est ce que nous voyons arriver dans le sommeil qui, comme nous l'avons vu, rend certaines espèces méconnaissables et change tout à fait l'aspect d'une prairie ou d'une forêt.

C'est surtout dans les feuilles que nous rencontrons ce remarquable phénomène qui rapproche tant les végétaux de l'animalité.

Sous ce rapport, la Desmodie oscillante doit occuper le premier rang, et sur elle la motilité surpasse énormément celle de beaucoup d'animaux inférieurs. C'est une plante de l'Inde, de la famille des Légumineuses, dont chaque feuille se compose d'une grande foliole terminale et de deux petites qui sont rapprochées de sa base. Quand le soleil frappe la Desmodie, ces deux dernières opèrent des oscillations continues infiniment remarquables. Elles s'avancent et s'éloignent successivement l'une de l'autre par un mouvement tremblottant, saccadé, qui imite absolument celui de l'aiguille d'une montre à secondes. Et il y a une telle similitude de causes entre ces mouvements et ceux des animaux, qu'ils cessent sous l'influence des mêmes agents. Si vous arrosez la plante avec de l'opium, elle tombe dans le narcotisme, et ses oscillations s'anéantissent !....

L'activité de la Desmodie a même tant d'énergie qu'elle ne s'arrête pas sur les rameaux qui ont été amputés à la plante. Broussonnet a vu les folioles d'une branche qu'il avait plongée dans de l'eau se mouvoir pendant trois jours.

Dans les feuilles du Népenthès, le phénomène n'est pas moins apparent. Chaque nuit, nous l'avons dit, le couvercle de leurs amphores s'abaisse pendant que l'eau se distille à l'intérieur; et le matin, le vase s'ouvre spontanément, comme pour s'offrir de lui-même au voyageur.

Dans une foule de fleurs, au moment de la fécondation, les étamines et les pistils s'agitent ostensiblement en se portant les uns vers les autres, pour accomplir leur mission. Là, comme dans les Cactus et l'Impériale, ce sont les premières qui s'animent d'une motilité insolite; ailleurs, ce qui est beaucoup plus rare, les pistils s'acheminent vers l'autre sexe, tel que cela s'observe dans les fleurs des Nigelles et des Passiflores.

Certains Nymphéas qui, le jour, épanouissent leurs fleurs sur

252. Desmodie oscillante.

la tranquille nappe d'eau du fleuve, vont la nuit s'endormir dans ses profondeurs.

A ces actes spontanés, il faut ajouter les irritations accidentelles, à l'action desquelles les organes s'efforcent si énergiquement de se soustraire. Nous avons vu avec quelle extraordinaire rapidité la sensitive se dérobe à la moindre impression douloureuse. L'ébranlement est tel que toute la plante semble choir vers la terre; les rameaux et les feuilles tombent, comme si la foudre les frappait.

Il suffit de la turbulence d'un Insecte pour agiter les feuilles de quelques autres plantes. C'est ce qui se voit sur plusieurs petites espèces devenues fort célèbres à cause de leur extrême irritabilité. La plus remarquable est la Dionée attrape-mouches, dont les feuilles ne sont que d'insidieux piéges à insectes, de véritables piéges vivants. Leur extrémité évasée offre deux petites palettes armées de dents sur leurs bords, et réunies à l'aide d'une charnière longitudinale. Chacune de ces palettes est armée de trois épines pointues, placées vers son milieu et environnées de glandes qui distillent un fluide sucré.

253. Dionée attrape-mouche. *Dionæa muscipula*, Linnée.

Lorsque quelque imprudent insecte, attiré par ce suc mielleux, se pose sur la feuille, celle-ci, irritée par son contact, rapproche brusquement ses valves comme un livre que l'on ferme, et le transperce de ses dards, en se serrant d'autant plus qu'il se débat davantage. Les palettes ne s'ouvrent que quand, tout à fait épuisé, ses mouvements cessent ; mais souvent alors il est trop tard, l'insecte est mort. La contraction de ces folioles a une telle énergie qu'on les déchire plutôt que de les ouvrir, quand elles se sont fermées [88].

Une plante de nos marais, la Drosère à feuilles rondes, est tout aussi perfide aux petits insectes ailés ; mais par un autre moyen, un moyen que l'on pourrait appeler physico-vital. Tout le dessus de ses feuilles est recouvert de filaments longs et grêles, portant à leur extrémité une gouttelette d'un fluide glutineux ; et toute Mouche imprudente qui vient butiner au milieu d'eux y trouve une mort certaine. Les filaments, irrités par son contact, s'entortillent autour d'elle ; et ses ailes et ses pattes, immédiatement engluées par leur sécrétion, rendent toute évasion impossible. Chaque fois qu'en herborisant on rencontre cette plante vers l'embouchure de la Seine, chaque fois aussi on observe que ses feuilles sont amplement garnies des cadavres de leurs victimes.

Ailleurs, c'est par l'expérience que le botaniste parvient à démontrer l'irritabilité végétale : à cet effet, il suffit d'exciter certains organes avec la pointe d'un fin scalpel ou d'une aiguille. Aussitôt que l'on touche les étamines de l'Épine-vinette, des Orties et des Cactus, on les voit se dérober vivement à l'instrument. De même, les pistils des Mimulus rapprochent leurs lames lorsqu'on les pique le moindrement.

Ailleurs enfin, on voit cette motilité se manifester spontanément avec une extraordinaire intensité. Telle est celle des animalcules polliniques de diverses plantes, qui ont à cet effet des organes spéciaux, des cils à l'aide desquels ils nagent de tous côtés dans le liquide qui les recèle ! (Voy. fig. 214.)

Les uns, vrais animalcules-plantes, ont la forme d'anguilles et se meuvent à l'aide de deux longs filaments qu'ils portent sur la tête : c'est ce que l'on voit dans le Chara commun. Les autres ressemblent absolument à des têtards de grenouilles et pirouettent dans les cellules des Mousses.

Et cependant, ce sont de tels êtres, dont on aperçoit si ostensiblement les organes locomoteurs, et que le micrographe voit cabrioler sous ses yeux aussi lestement que nos saltimbanques dans leurs sauts périlleux, que certains botanistes s'obstinent, par pure théorie, à considérer comme insensibles et immobiles. Quelques savants aussi ont-ils donc des yeux pour ne point voir?

X

PHYSIOLOGIE DES FLEURS.

Dans la fleur, ce pompeux et suprême effort de la vie végétale, la poétique imagination de Linnée ne voyait que le tableau d'un chaste hyménée. Le calice qui l'étreint de ses rustiques bras, n'en était que la couche virginale. Les voiles délicats et onduleux qui s'attachent au dedans, en formaient les mystérieux rideaux. Enfin, au centre, siégeaient les pudiques époux s'enivrant d'amour, enveloppés d'un nuage de parfums et les pieds baignés de nectar.

Mais toutes les plantes n'étalent pas ainsi à nos yeux les calmes magnificences de leur hymen. Ses intimes secrets nous sont même absolument voilés à l'égard de beaucoup d'entre elles, que le plus grand et le plus ingénieux des botanistes nommait à cause de cela *cryptogames*, ce qui signifie mariage clandestin.

Parmi les végétaux qui se décorent de fleurs apparentes, celles-ci nous offrent une infinie variété pour la taille, la forme, la coloration et le parfum.

Si quelques plantes, telles que les Valérianes, portent de si petites corolles, qu'on les distingue à peine, déjà les Lis et les Iris nous en offrent de grandes et magnifiques, qui séduisent tous les regards; puis certains végétaux exotiques laissent ceux-ci bien loin d'eux sous ce rapport.

La fleur d'une Aristoloche qui croît sur les bords de la Madeleine, présente la forme d'un casque à grands rebords. L'ouverture en est tellement ample, qu'elle peut admettre la tête d'un homme; aussi de Humboldt rapporte-t-il qu'en voyageant le long de cette rivière, il rencontrait parfois des sauvages coiffés avec cette fleur, en guise de chapeau.

Mais c'est à la surface des fleuves que s'étalent toutes les pompes de la végétation. La nature ne nous offre aucune autre fleur qui, pour la taille unie au coloris, puisse être comparée à celles des Nymphéas et des Nélumbos; elles passent par de douces teintes, du blanc le plus pur au rose le plus velouté, au bleu le plus tendre ! De tout temps, ces magnifiques plantes ont attiré l'attention de l'homme, et sont devenues l'objet de son admiration. L'art en a fait un splendide emploi; et les mythes anciens en ont tiré leurs plus délicates et leurs plus gracieuses conceptions.

Dans la mythologie et les monuments égyptiens, elles jouent un rôle immense. Les colonnades des temples de Thèbes et de Philœ, qui semblent défier les siècles, sont couronnées de chapiteaux représentant des fleurs de Nymphéas épanouies, auxquelles les sculpteurs des Pharaons ont parfois entremêlé des grappes de Dattiers.

Il n'est pas de monument égyptien sur lequel Isis ne soit représentée environnée de Lotus, ou en ayant des bouquets dans ses mains. Cette fleur était l'indispensable parure de la déesse immortelle. Sur les temples indous, c'est elle aussi qui sert de siége à Brama, lorsqu'il est représenté assis et tenant dans ses mains les Védas sacrés [89].

Cependant, la brillante fleur rose et blanche de la royale Victoria, qui décore les flots de l'Amazone, parvient encore à

254. Nélumbo ou Lotus sacré des Égyptiens. *Nelumbium speciosum*. Willdenow.

de plus remarquables dimensions que les précédentes ; fréquemment elle atteint jusqu'à un mètre de circonférence.

Mais combien la fleur de la Rafflésie d'Arnold, cette véritable monstruosité végétale, laisse derrière elle toutes celles que nous avons citées ! On la rencontre dans les forêts de Java et de Sumatra. Ses formes et ses gigantesques proportions s'éloignent tellement de tout ce que l'on connaît, que, malgré les assertions des voyageurs, les botanistes n'y voulaient pas croire, et s'obstinaient à ne considérer ce repoussant colosse que comme un champignon. La discussion ne cessa qu'au moment où l'une de ces fleurs ayant été envoyée à Londres, R. Brown en fit l'anatomie et dissipa tous les doutes. Chacune se compose d'une masse charnue pesant de douze à quinze livres. Son limbe, dont le périmètre n'a pas moins de dix pieds, offre cinq lobes, formant une excavation béante qui peut contenir une douzaine de pintes de liquide.

Cette bizarre et gigantesque fleur, que les botanistes regardent encore comme une des merveilles du monde végétal, a d'abord l'aspect de ces volumineux champignons vulgairement appelés Vesses de loup ; et ce n'est que quand elle a étalé ses pétales épais et de couleur de chair, que se révèle sa véritable nature. Il s'en exhale une repoussante odeur cadavéreuse.

Le savant reste stupéfait en présence d'une si exubérante production, mais le Javanais se prosterne devant elle ; il la divinise presque, et lui prête une miraculeuse puissance. Cependant, son volume, son poids et sa puanteur empêcheront toujours de l'utiliser pour nos besoins ou nos jouissances.

La poésie a épuisé toutes ses ressources en parlant du parfum et du coloris des fleurs. La nature a débordé l'art ; et la palette d'Apelles et de Rubens ne pourrait en reproduire toutes les magnificences. Une seule couleur fait cependant défaut au milieu de cette multitude de teintes variées : c'est le noir. Quelques corolles sont, il est vrai, d'un pourpre sombre, telles que celles de certaines Scabieuses, mais le noir absolu ne s'observe jamais sur cet organe.

Il se passe, au sujet de la coloration des fleurs, un phénomène dont on a beaucoup parlé, c'est celui de sa mutabilité. Pallas, en explorant les bords du Volga, remarquait avec étonnement qu'une espèce d'Anémone, l'*anemone patens*, portait tantôt des fleurs blanches, tantôt des fleurs jaunes et tantôt des fleurs rouges. Ce phénomène, encore inexpliqué, avait paru tellement anormal qu'on le mentionnait partout. Il est cependant assez commun ; et sans affronter un si long voyage, nous pouvons l'observer à chaque instant en France.

Le Mouron des champs, si abondant dans nos campagnes, nous l'offre fréquemment. Ordinairement sa fleur est d'un rouge de vermillon ; mais souvent aussi elle est d'un magnifique bleu de ciel, ce qui avait fait croire à certains botanistes que c'étaient deux espèces différentes.

Une jolie petite plante du genre Myosotis, que l'on rencontre dans nos terrains arides, varie encore plus singulièrement sa coloration, car c'est sur la même tige que l'on trouve à la fois des fleurs rouges, des fleurs jaunes et des fleurs bleues ; particularité à laquelle cette espèce doit le nom de Myosotis diversicolore qu'on lui a imposé.

D'autres végétaux présentent encore un phénomène beaucoup plus remarquable ; c'est la même fleur qui change de couleur à différentes heures de la journée. Tel est l'*Hibiscus mutabilis*, dont les corolles sont blanches le matin, deviennent roses vers le milieu du jour, et le soir prennent enfin une teinte d'un beau rouge.

La mutabilité successive des teintes des corolles se conçoit facilement ; elle peut dépendre de l'action vitale ou des réactions chimiques opérées par le temps ; mais, ce qui ne s'explique que bien plus difficilement, ce sont les fleurs qui, après avoir offert une certaine catégorie de colorations durant la journée, reprennent celles-ci tour à tour le lendemain. Cela

255. Fleur de Rafflésie, et Arbre au poison ou Upas de Java. *Rafflesia Arnoldi*, Brown. Et *Antiaris toxicaria*, Leschenault.

s'observe sur le Glaïeul multicolore, dont la corolle, brune le matin, devient bleue le soir; et le lendemain, reprend exactement la succession des teintes qu'elle présentait la veille.

Combien aussi le parfum des fleurs ne possède-t-il pas de variétés? Et cependant, malgré ses mille et mille nuances, avec des sens exercés, nous reconnaissons celui de chaque espèce. On raconte même, dans quelques ouvrages, qu'une jeune Américaine devenue absolument aveugle, en se guidant seulement à l'aide de l'odorat, herborisait au milieu des prairies émaillées d'une végétation luxuriante, et, dans sa moisson, ne commettait jamais aucune erreur.

Les odeurs qui émanent des végétaux sont presque toujours exquises; ce n'est que rarement qu'ils en produisent de repoussantes.

Les vapeurs vireuses qui enveloppent les Pavots et les Nénufars décèlent leurs propriétés narcotiques. Des exhalaisons infectes, absolument analogues à celles de la viande putréfiée, s'échappent des fleurs des Stapélias et des Arums; aussi l'Insecte trompé par elles vient-il confier à leurs calices une progéniture carnivore, qui doit infailliblement y périr. Quelques plantes émettent des odeurs qui rappellent absolument celles que produisent certains animaux : un Satyrion de nos forêts nous repousse par sa puanteur de Bouc; d'autres végétaux nous attirent par leur suavité : la Mauve musquée distille le même parfum que le Chevrotin porte-musc.

Le parfum des fleurs semble dépendre de la volatilisation d'une huile essentielle, qu'elles sécrètent dans leurs plus cachés replis : sur certains végétaux, ce fait est palpable. Quand l'atmosphère est très-tranquille, les vapeurs odorantes se concentrent tout autour d'eux, et l'on peut les enflammer à l'aide d'un corps en ignition.

En employant des procédés fort variés, les successeurs de ces cauteleux parfumeurs que Catherine de Médicis nous amena d'Italie, s'approprient ces essences odorantes exhalées par les fleurs, et qui imbibent aussi beaucoup d'autres organes. L'Essence de Rose, l'un des trésors de l'Orient, n'est que cette huile concrétée[60]. Le Camphre nous en offre encore une autre sous la forme de cristaux.

La sécrétion du parfum est ordinairement continue : commençant au moment où la fleur s'épanouit, elle cesse à l'instant où celle-ci se fane. Si même la corolle, tout à fait éphémère, n'a que quelques instants de vie, on la voit aussi n'embaumer l'air que durant de rapides moments. Tel est ce qui s'observe sur le magnifique Cactus à grandes fleurs. Absolument inodore quelques instants avant son épanouissement; quand son calice s'ouvre, vers le crépuscule, il en sort un nuage parfumé; puis, quand à minuit, la fleur se meurt et se putréfie, le prestige disparaît.

Ne dédaignant pas d'animer les nuits, quelques fleurs aux mœurs nocturnes ne répandent leurs parfums que durant les ténèbres; ce sont les véritables Chauves-souris de la végétation. Souvent aussi leur coloration sombre et triste a porté les botanistes à leur imposer de disgracieuses dénominations; ils désignent sous les noms de *tristes* ou de *nocturnes* presque toutes les plantes qui offrent cette singularité. Tels sont le *Pelargonium triste*, le *Gladiolus tristis*, le *Cestrum nocturnum*.

Les émanations des plantes produisent sur nous des effets physiologiques fort dignes d'être étudiés. Par trop concentrées, elles donnent lieu aux plus graves indispositions, à des convulsions, à des spasmes, et parfois même elles déterminent la mort.

Ces divers phénomènes ont surtout été observés sur des personnes qui gardent des bouquets près d'elles pendant la nuit. Les fleurs exhalent, on le sait, de l'acide carbonique; cependant, dans ces circonstances, ce n'est point à ses vapeurs léthifères qu'on doit attribuer les accidents, mais aux exhalaisons odorantes des fleurs, qui agissent, ainsi que le dit Orfila, à l'instar de poisons relatifs, car elles frappent fatalement certains individus, tandis qu'elles épargnent absolument les autres.

A Londres, en 1779, une femme mourut pendant la nuit, pour avoir gardé dans sa chambre un volumineux bouquet de fleurs de Lis. Triller a vu une jeune fille périr de la même manière par l'effet d'un bouquet de Violettes; et l'on rapporte que des ouvriers qui s'étaient imprudemment endormis sur des ballots de Safran, y trouvèrent la mort.

L'odeur des Roses, si recherchée par tout le monde, cause une certaine aversion à quelques personnes et en incommode d'autres. Catherine de Médicis ne pouvait la souffrir; et sa répulsion pour ces fleurs était telle, qu'il lui suffisait d'en apercevoir en peinture pour être prise d'un certain dégoût. Le chevalier de Guise, plus impressionnable encore, s'évanouissait à la vue d'un bouquet de Roses.

On cite même quelques observations dans lesquelles l'odeur de celles-ci a pu produire instantanément la mort; mais elles sont peut-être apocryphes[91].

XI

LES NOCES DES PLANTES.

Darwin a écrit un poëme délicieux, intitulé *Les Amours des Plantes*, et qui est entre les mains de toutes les dames de la Grande-Bretagne. La chaste plume du naturaliste anglais y a esquissé, de la plus attrayante manière, la mystérieuse histoire de la fécondation des végétaux. Tout ici se dérobe sous de gracieux voiles; et il n'y a pas là de quoi alarmer la plus rigide susceptibilité.

La fleur est difficile à décrire, comme nous l'avons vu. Linnée, par une des plus ingénieuses métaphores, en donne une idée charmante : c'est, dit-il, le Lit nuptial dans lequel se célèbrent les noces des plantes. Ceci exhale un délicieux parfum de poésie, mais dès que l'on aspire à plus d'exactitude, la difficulté commence.

Ce que le vulgaire considère comme la fleur, n'en est que l'inutile et somptueux ornement; ses plus essentielles parties passent inaperçues à ses yeux. Pour le botaniste, le véritable appareil floral ne consiste que dans les petits filaments situés vers le centre. Ce sont là les époux : les pistils ou les fiancées, les étamines ou les maris.

C'est pour eux que la nature étale ses plus délicates somptuosités. Les rideaux veloutés de leur couche virginale, tissés par la main des fées, les abreuvent de lumière et de feu dans leurs replis de pourpre et d'émeraude. Là, d'infidèles maris disséminent profusément la fécondité et la vie sur tout ce qui les entoure; ailleurs, de chastes ménages vivent retirés, et de jalouses fiancées dérobent leurs amants sous des dômes d'azur et d'or.

Les délicates enveloppes qui séduisent nos regards, ne représentent que le palais éphémère et embaumé dans lequel vont s'accomplir les mystères de l'hymen. Mais aussitôt que la poussière dorée des étamines s'est répandue sur l'autel, les sources odorantes se tarissent, les voiles du temple se fanent et se dessèchent, et bientôt le merveilleux édifice jonche le sol, tandis que la mère fécondée nourrit son fruit précieux.

Toutes les fleurs ne présentent pas le même luxe d'organes. Généralement elles ont deux enveloppes protectrices et contiennent à la fois d'ardents maris et de tendres épouses. Plus rarement elles n'offrent qu'un seul sexe. Alors, les unes, sans ornement et sans parfum, ne recèlent que quelques rares cénobites, tandis que d'autres étalent les splendeurs d'un harem, dont les lambris parfumés ne voilent qu'un essaim de sultanes.

Le but de la nature est toujours nettement dessiné, et pour l'atteindre ses ressources sont à profusion. Quelques grains de pollen, presque invisibles, suffisent pour féconder une fleur, et c'est à pleines mains qu'elle les verse; les quatre-vingt-dix-neuf centièmes pourraient se perdre. Une seule épouse, et c'est le cas de certains Cactus, est parfois environnée de cinq cents maris !

On remarque même que, pour assurer la reproduction des plantes dont les sexes résident chacun dans une fleur séparée, et parfois sur des végétaux fort éloignés, la nature multiplie encore ses ressources. Les corolles à étamines produisent une énorme quantité de poussière pollinique, qui compense l'entrave des communications. C'est ce qui frappe tous les observateurs aux environs des forêts de Pins. Le pollen est souvent enlevé de celles-ci avec tant d'abondance, qu'il couvre de sa poudre jaune toutes les campagnes environnantes. C'est ce phénomène que l'on désigne sous le nom de *pluie de soufre*. En effet, par sa couleur, par la manière dont il brûle avec une vive flamme, le pollen a pu être rapproché du soufre par quelques observateurs peu exercés. Quelquefois, en tombant sur les toits des villes voisines, il les teint entièrement d'un jaune pâle [92].

Au moment où s'ouvrent les rideaux de la couche nuptiale, les plantes paraissent éprouver une surexcitabilité fébrile. On remarque d'insolites mouvements dans leurs organes floraux, et la température s'y élève parfois d'une façon tout à fait extraordinaire. Il semble, comme l'a dit le physiologiste Burdach, que dans ces moments la plante sort de son humble sphère et nous offre des vestiges d'animalité. Là ce sont les étamines qui s'agitent et se déplacent en se portant vers les stigmates. Plus rarement, comme si la pudeur était inhérente à la délicatesse des fleurs, les pistils s'avancent vers leurs époux.

A l'aide d'aiguilles thermo-électriques, on a constaté que l'élévation de température de la fleur au moment de la fécondation était un phénomène général. Sur diverses plantes, cette chaleur est telle qu'il n'est nul besoin d'instruments de précision pour la reconnaître, le plus simple thermomètre suffit. Il ne faut même que toucher la fleur de certains Arums pour s'apercevoir qu'elle est brûlante; et l'on s'étonne alors que celle-ci, sans en être consumée, puisse supporter une telle température! En effet, De Candolle a reconnu qu'un thermomètre plongé dans la spathe de l'Arum d'Italie[93] s'y élevait à 62°.

Dès la plus haute antiquité, on semble avoir pénétré les mystérieuses amours des plantes. La question était même résolue pratiquement, puisque Hérodote nous apprend que les Babyloniens savaient distinguer les Dattiers mâles des Dattiers femelles; et que, de son temps, aux environs de leur immense ville, on s'occupait de la fécondation artificielle des derniers.

Les premiers voyageurs qui, à l'exemple de Prosper Alpin, nous ont donné de véridiques notions sur les mœurs des Orientaux, rapportent que ceux-ci connaissaient si bien le pouvoir fertilisant des étamines, qu'ils avaient l'habitude, depuis les temps les plus reculés, de placer leurs Dattiers femelles sous le vent des mâles, afin qu'ils en reçussent plus efficacement la poussière prolifique.

Aujourd'hui même, les Nègres savent parfaitement que la perte des pieds mâles anéantit la production des fruits. Aussi, en temps de guerre, lorsqu'ils veulent affamer leurs ennemis, se contentent-ils de détruire les Palmiers à étamines, qui sont bien moins nombreux.

Depuis des siècles, en Égypte, on assure la récolte des dattes en montant aux Palmiers et en secouant des régimes mâles sur les fleurs femelles. En 1802, lors de l'invasion française, ce soin ne put être pris par les Arabes, plus occupés à la guerre qu'aux travaux de l'agriculture; aussi, cette année là, à ce que rapporte le botaniste Delille, qui faisait partie de l'Expédition, les Dattiers furent-ils frappés de stérilité.

Cependant, on doit avouer que si les anciens entrevirent la sexualité des plantes, souvent ils se sont trompés sur celle-ci. Seul parmi eux, Pline, dans son treizième livre, décrit la fécondation du Palmier avec une perfection qu'il est presque impossible de surpasser.

Mais il faut arriver jusqu'à Linnée pour voir, pour la première fois, ce fait démontré expérimentalement.

C'est dans une production charmante, intitulée « le Mariage des plantes, » *Sponsalia plantarum*, que le grand botaniste nous a initié à tant de merveilles inattendues. Il y raconte qu'ayant pris deux Mercuriales, l'une mâle et l'autre femelle, vivant chacune dans un pot séparé, la fécondité de la dernière fut d'autant plus prospère que son époux en était plus rapproché. A d'assez grandes distances, la fécondation n'en avait pas moins lieu : l'air devenait le mystérieux intermédiaire du ménage. Mais si on enlevait tout à fait de la serre où l'on expérimentait le pied chargé d'étamines, l'épouse délaissée restait absolument stérile[94].

Peu d'années après ce savant botaniste, Gleditsh confirma aussi la fécondation végétale par une démonstration transcendante. Il avait, dans son jardin de Berlin, un Palmier femelle, dont, chaque année, la couronne de verdure ombrageait de nombreuses fleurs; et chaque année celles-ci étaient infailliblement frappées de stérilité. Mais ayant appris qu'il existait à Dresde un pied mâle de la même espèce, qui y fleurissait aussi, il eut l'idée d'en faire venir du pollen, afin de féconder artificiellement le sujet en sa possession. La poussière pollinique lui fut adressée immédiatement, par la poste, et, peu de temps après qu'il l'eut versée sur les stigmates de son Palmier, il vit toutes les fleurs fécondées par ce contact, produire autant de fruits [95].

Les Insectes jouent un grand rôle dans la végétation ; quelques botanistes les considèrent même comme les principaux agents de la fécondité. En se vautrant parmi les étamines. et les pistils, ils enlèvent la poussière fécondante des premières et la transportent sur les autres. Les agriculteurs des bords du Rhin ont même remarqué que les vergers dans lesquels on élève des Abeilles sont infiniment plus productifs que ceux où il n'y en a point.

Dans le Levant, les Insectes passent pour avoir une certaine influence sur les produits du Figuier. Là où on le cultive en grand, on apporte des rameaux de l'espèce sauvage, chargés de Cynips qui les fréquentent, et on les dépose sur les pieds domestiques. Ces Mouches, en pénétrant dans l'obscur receptacle de leurs fleurs cloîtrées, répandent sur elles des germes de fécondité. C'est cette opération qu'on appelle Caprification [96].

Ainsi, une simple Mouche qui vit sur le Figuier, assure providentiellement la subsistance et la richesse commerciale des plus grandes cités de l'Orient.

Un infime Coléoptère, par sa friandise, procure le même bienfait au Groënland, en y facilitant la reproduction du Lis du Kamchatka, dont les bulbes, dans les rigoureux hivers de ces régions polaires, garantissent seuls de la famine toute la population.

Willdenow, à l'aide d'une expérience curieuse, a démontré ostensiblement le rôle des Insectes par rapport à la fructification. Il prit une Aristoloche clématite et la plaça sous une cage recouverte d'une gaze. Celle-ci empêchant ces animaux d'y arriver et de pénétrer dans les fleurs, la plante ne produisit aucun fruit. Au contraire, une autre Aristoloche de la même espèce restée à côté, à l'air libre, et que les Insectes fréquentaient tout à leur aise, eut toutes ses fleurs fécondées.

L'idée de l'intervention des Insectes domine tellement Burdach, qu'il va jusqu'à supposer que chaque plante en nourrit de particuliers, dont la seule mission est de présider aux mystères de son hyménée. Selon le physiologiste allemand, les fleurs ne conservent même leur pureté virginale que parce que leur fidèle visiteur leur consacre toute son éphémère

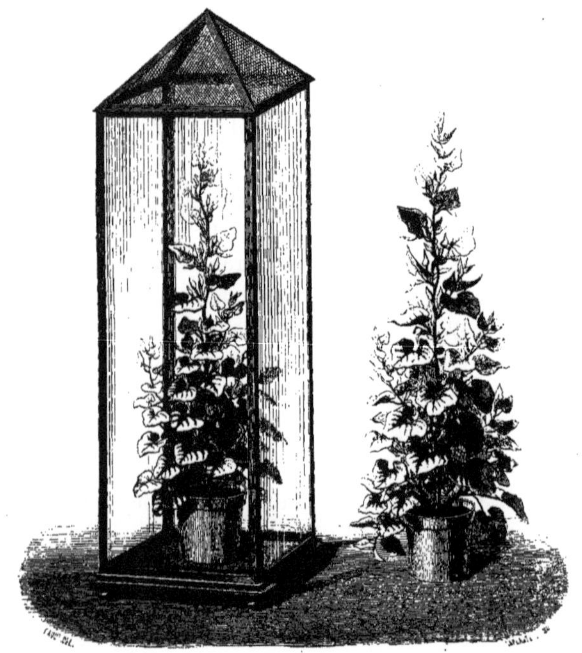

256. Influence des Insectes sur la fécondation des fleurs. Expérience de Willdenow.

existence, et ne se transporte jamais sur une autre espèce. Aux fleurs nocturnes sont affectés aussi d'utiles parasites qui ne s'animent que durant les ténèbres.

Conrad Sprengel pense même que si tant de fleurs sont frappées de stérilité dans nos serres chaudes, quoique y étalant avec luxe les appareils de maternité, c'est que leur indispensable Insecte n'y a point été apporté avec elles : telle est la Vanille. Fleurissant chez nous, elle pourrait fructifier, réchauffée par nos calorifères, et cependant elle reste inféconde. Les corolles oranges de la royale Strélitzie sont absolument dans la même circonstance [97].

C'est surtout dans deux grandes familles, les Asclépiadées et les Orchidées, dont les étranges fleurs rappellent les formes et le brillant coloris des Insectes, que la nature semble appeler ceux-ci à son secours. Là, les Anthères, analogues à de petites massues glutineuses, s'attachent aux Mouches lorsqu'elles s'abreuvent du nectar, et ce sont elles qui les transportent d'une fleur à l'autre et les déposent sur les stigmates. Sans de tels visiteurs, ces plantes s'éteindraient sans progéniture [98].

Pour d'autres végétaux, c'est à l'aile des vents que la nature confie les soins de l'hyménée. C'est le cas des Plantes dioïques, dont les sexes se trouvent séparés et résident sur des pieds distincts, souvent fort éloignés. Dans leurs tourbillons, les vagues de l'air enlèvent le pollen, le promènent dans les nuages et le laissent enfin tomber sur les fleurs comme une rosée féconde.

La science conserve religieusement l'histoire de deux Palmiers nés en Italie, et qui ont offert le plus frappant exemple de ce que nous venons de dire. L'un de ceux-ci croissait aux environs d'Otrante; c'était un individu femelle, qui se couvrait annuellement de luxuriantes fleurs et cependant restait constamment stérile. Chaque saison, depuis un long laps de temps, apportait les mêmes prémisses de fécondité et le même avortement. Puis, quel ne fut pas l'étonnement général, quand, après tant de déceptions, on vit un jour le Palmier d'Otrante se charger de fruits! On apprit alors qu'un autre Palmier de la même espèce, mais un individu mâle, pour la première fois, avait fleuri à Brindes. Il ne pouvait y avoir de doutes : c'étaient les vents qui, en enlevant le pollen du dernier,

FLEUR D'ORCHIDÉE, LYCASTE SKINNERI
ET COLIBRIS, MYIABEILLIA TYPICA, Bonaparte,
d'après Gould.

étaient venus en saupoudrer l'autre. Ainsi, la poussière fécondante avait été transportée par eux à quinze lieues de distance. A compter de ce moment, chaque année, le Palmier d'Otrante offrit une récolte.

Les fleurs ne célèbrent leur chaste union qu'en plein soleil; il leur faut des flots d'air et de lumière, et pour s'y plonger, on les voit souvent accomplir les actes les plus inattendus.

Les Plantes aquatiques se font principalement remarquer sous ce rapport. C'est surtout au pédoncule que semble confié ce soin. Sur quelques végétaux enracinés au fond de nos marais, ce support s'allonge, et même démesurément s'il le faut, jusqu'à ce qu'il ait suspendu sa fleur au-dessus de la nappe d'eau. Cela s'observe souvent sur les Nénufars, ces magnifiques Lis des marais, qui les décorent splendidement de leurs virginales corolles. Si la plante réside sur le bord et se trouve totalement à sec, elle n'a que des pédoncules d'un à deux pouces de longueur; tandis que, si elle est implantée dans une eau profonde, ces organes s'allongent de trois à quatre pieds, pour épanouir leurs fleurs à la surface de l'onde.

Tels végétaux, dans l'impossibilité d'exécuter de semblables manœuvres, y suppléent par un procédé équivalent. Ce fut ce que Ramond observa sur une Renoncule aquatique qu'il rencontra dans les Pyrénées. Placée dans des eaux profondes, et ne pouvant amener ses fleurs au contact de l'atmosphère, celle-ci se trouvait remplacée par un ingénieux moyen. Chaque corolle avait sécrété une grosse bulle d'air, qui l'enveloppait totalement; de manière que, quoique sous l'eau, la fécondation s'accomplissait, comme si l'appareil floral se fût trouvé absolument émergé.

Mais la Vallisnérie à spirales est de toutes les plantes celle dont la fécondation a le plus de célébrité. Cette espèce Dioïque vit dans les fleuves du midi de la France. Ses fleurs femelles, attachées à de longs pédoncules roulés en spirale, viennent s'épanouir à la surface de l'eau, dont elles suivent tous les mouvements. Ainsi qu'un ressort, leur spire s'allonge quand celle-ci monte, et se raccourcit lorsqu'elle descend.

257. Les noces de la Vallisnérie à spirales. *Vallisneria spiralis*, Linnée.

Les mâles, privés de cet appareil élastique, se trouvent enchaînés au fond de l'eau, au pied de la plante. Comment donc se réuniront les époux? La nature a tout prévu. Lorsque l'instant est arrivé, le pédoncule des mâles se rompt, et ceux-ci montent à la surface de l'eau, s'y épanouissent et forment un cortége nombreux, flottant autour des femelles. Ainsi s'accomplit l'hyménée de la Vallisnérie. Et cette curieuse scène a un but si franchement dessiné, qu'aussitôt l'acte accompli, les fleurs fécondées raccourcissent leurs spirales et vont mûrir leur fruit sous l'eau [99].

Nos marais nourrissent une plante encore plus curieuse ;

258. Noces de l'Utriculaire commune. *Utricularia vulgaris*. Linnée.

c'est l'Utriculaire, doublement remarquable par son singulier aspect et par son ascension. Cependant sa fécondation est loin d'avoir la célébrité de celle de la Vallisnérie, la poésie ne s'en étant point emparée, comme elle l'a fait pour l'autre. Ce végétal ressemble, au fond de l'eau, à une chevelure en désordre. Quand on l'en retire et qu'on l'examine, on s'aperçoit que ses ramifications capillaires offrent, de place en place, de petites feuilles vésiculaires, représentant autant d'utricules en miniature, dont l'ouverture béante paraît gardée par deux filaments saillants. Tout le temps que l'Utriculaire ne s'occupe qu'à vivre pour elle, ses vésicules se trouvent remplies d'un fluide muqueux, dont le poids les surcharge, et l'herbe alourdie reste appuyée sur le fond du marais, auquel elle n'adhère cependant nullement.

Mais, plus tard, quand arrive l'époque de la floraison, les

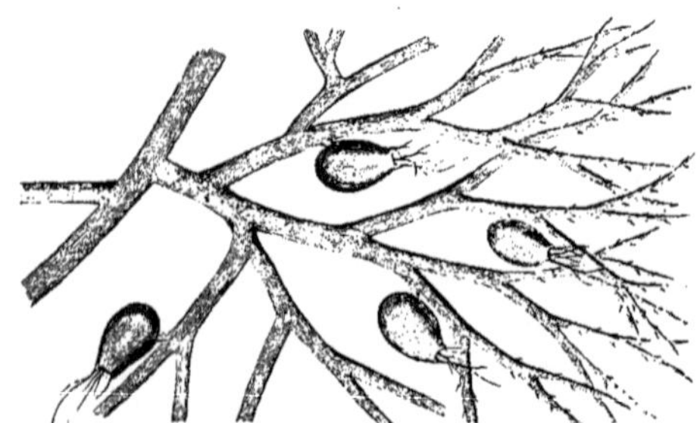

259. Rameau d'Utriculaire chargé de ses feuilles vésiculaires hydrostatiques

vésicules absorbent le mucus qui les remplissait, et le remplacent par un fluide aériforme. Alors, la plante, devenue tout à coup plus légère que l'eau, s'échappe du fond, et vient flotter à sa surface, où s'étalent et se fécondent toutes ses jolies fleurs d'un jaune doré.

Puis enfin, par un revirement inattendu, lorsque les flambeaux de l'hyménée viennent à peine de s'éteindre, les vésicules expulsent le gaz qu'elles contenaient et se remplissent de nouveau de mucus pesant. A ce moment suprême, l'Utriculaire retombe dans la profondeur du marécage, où les époux vont expirer en mûrissant leurs fruits.

Un végétal plus robuste, l'Aldrovandie, qui habite les lacs de l'Italie, arrive au même but par des procédés moins ingénieux, et qui semblent avoir une certaine brutalité. Il vit au fond de l'eau; mais quand le moment de la fécondation a sonné pour lui, il coupe net sa grosse tige à la naissance de la racine, et tout à coup vient voguer sur les flots.

Ainsi, par des voies différentes, la nature parvient à ses fins.

LIVRE III.

LA GRAINE ET LA GERMINATION.

La Graine n'est qu'un véritable *œuf végétal ;* et Linnée, en lui donnant déjà ce nom, dans sa philosophie botanique, en a ainsi entrevu toutes les analogies.

Quand on compare toutes celles-ci, on reconnaît même que l'avantage est du côté de la plante, et que son œuf s'est élevé à une plus grande puissance organique que celui de l'Oiseau. Chez ce dernier, c'est à peine si l'on aperçoit le germe du nouvel être qui en sortira, tandis que lorsqu'on écarte les panneaux et les membranes de la semence végétale, on y voit déjà l'Embryon tout formé. On en distingue, même à l'œil nu, la petite racine, la tige et les feuilles délicates, tout y est; ce n'est qu'une jeune plante endormie dans son berceau. Dans beaucoup de Graines, on va jusqu'à discerner les cordons par lesquels le petit tient aux mamelles qui vont le nourrir !

Le jeune chaume du Blé existe déjà dans le grain que nous mangeons; le petit Palmier, roide comme le stipe vertical qu'il va produire, se voit aussi dans la noix de coco;

tandis que l'Embryon de la fève, incurvé sur lui-même, révèle les tendances qu'a sa tige à s'enrouler sur tout ce qu'elle trouve à sa portée.

Organe essentiellement rudimentaire, la Graine, ainsi que l'œuf des animaux, se présente presque constamment sous des formes élémentaires; elle est généralement globuleuse, ovoïde ou réniforme, rarement anguleuse.

Quelques Graines ont une telle petitesse qu'elles nous sont absolument invisibles sans le secours du microscope, telles sont celles des Champignons; tandis que d'autres, à l'instar des Cocos des Maldives, acquièrent la grosseur du tronc d'un homme.

Les unes ne conservent leur faculté germinative que quelques heures; si vous ne les semez pas au moment où la plante vous les présente en quelque sorte d'elle-même à maturité, elles avortent constamment. D'autres, au contraire, conservent leur vie latente pendant plusieurs siècles, abritées dans nos monuments ou enfouies sous un sol impropice. Après un si long sommeil, et peut-être plusieurs milliers d'années?... si elles se trouvent placées dans un lieu d'élection, elles se développent alors à notre grand étonnement.

Deux parties sont à distinguer dans la semence : le Tégument et l'Amande.

Le Tégument, qui n'en est que l'enveloppe, offre ordinairement une consistance coriace; quelquefois cependant, ainsi que cela a lieu dans le Grenadier, il n'est formé que d'une couche aqueuse. Sa surface, ordinairement lisse, est parfois chagrinée, villeuse ou finement alvéolée.

Dans une de ses régions, on voit la trace du lieu où s'implantait le Cordon qui attachait la graine à la plante mère, et lui transmettait les sucs nutritifs. Cette empreinte porte le nom d'Ombilic.

L'Amande est formée par l'Embryon, véritable plantule en miniature, environnée des parties qui doivent présider à son évolution.

Parmi celles-ci, les Cotylédons occupent le premier rang. Ce sont des organes ordinairement charnus et parfois foliacés, qui préparent à la petite plante sortant de l'œuf, une nourriture appropriée à sa délicatesse, jusqu'à ce qu'elle puisse elle-même la pomper dans le sol. Il n'y en a ordinairement qu'un ou deux.

Quand les Cotylédons sont peu développés, leur fonction alimentaire est confiée à un autre organe, le Périsperme. Celui-ci, que Gaertner comparait avec raison à l'albumine de l'œuf, varie beaucoup pour son volume et sa consistance. Dans le Cocotier, il est en partie laiteux. Notre pain n'est confectionné qu'avec le Périsperme farineux du blé; notre café n'est que celui de la semence cornée du Caféier de l'Arabie.

On connaît des végétaux dont le Périsperme offre une consistance qui dépasse encore de beaucoup celle qu'il présente dans le Caféier. C'est ce qui a lieu pour les semences du Coroso, où cet organe est blanc et aussi dur que l'ivoire; ce qui fait que, dans le commerce, on en confectionne divers objets que l'on débite comme ayant été ouvrés avec cette substance. Cette particularité a fait désigner ce Palmier sous le nom de *plante éléphant*, *Phytelephas;* et ses fruits, dont on apporte des cargaisons en France, sous celui d'*ivoire végétal*.

Ce fut Leuwenhoeck qui s'aperçut, pour la première fois, que la semence contenait déjà la jeune plante en miniature, toute ébauchée au milieu de ses enveloppes, et n'attendant que les circonstances favorables pour épanouir ses feuilles et ses fleurs. Aussi, envisageant philosophiquement le sujet, peut-on dire que certains végétaux sont vivipares. Il en est même chez lesquels l'impatience de l'Embryon est telle que, pour aspirer plutôt l'air et la lumière, il se précipite hors de son œuf, lors même que celui-ci est encore adhérent à la mère.

On observe cette singularité sur les Palétuviers, étranges végétaux, moitié arbres et moitié poissons, vivant à demi plongés dans la mer ou les lagunes de l'Amérique tropicale et de l'Inde, et y formant parfois d'impénétrables forêts. Suspendus au-dessus de l'eau par leurs branches recourbées et souvent toutes recouvertes d'huîtres, ces arbres laissent pendre à travers leur feuillage les longues racines des Embryons germés dans le fruit. Ceux-ci, parfaitement appropriés à l'acte qu'ils vont accomplir, ressemblent à de petites massues pointues, et sont déjà longs de trois à quatre décimètres au moment où ils vont choir dans l'eau, pour aller pesamment s'enfoncer dans la vase qui entoure la plante mère et lui former un cortége de famille.

La germination, ce véritable allaitement végétal, n'est que le développement de l'Embryon jusqu'à la chute des Cotylédons.

Cet acte s'accomplit presque toujours dans la terre; il n'y a guère que les plantes aquatiques qui l'opèrent sous l'eau. Cependant, quelques parasites germent sur les végétaux ou les animaux à la surface desquels on les rencontre. Tels sont les Champignons microscopiques qui attaquent notre chevelure et notre barbe, et y occasionnent de déplorables maladies, des dartres, des teignes, ce que les travaux des micrographes de notre époque ont parfaitement mis hors de doute. Telles sont aussi certaines plantes parasitaires qu'on ne découvre jamais que sur tel ou tel Insecte.

D'autres fois, c'est dans des conditions tout à fait étranges que s'opère l'évolution de la semence. Vandermonde a observé des enfants dans les narines desquels des Pois avaient germé, après y avoir été introduits imprudemment. Un autre médecin, Bréra, dit avoir ouvert le cadavre d'un soldat dont l'estomac était rempli d'Orge qui déjà s'y développait.

Il y a deux sortes d'actes à considérer dans la germination : les phénomènes physiologiques, et les phénomènes chimiques.

Traitons d'abord des premiers, nous nous occuperons ensuite des autres. Aussitôt que la semence est confiée à la terre, elle s'imbibe d'eau et se gonfle. Bientôt après, le Tégument se déchire irrégulièrement, et la jeune plante apparaît au dehors. Quelquefois, cependant, cet acte s'opère avec symétrie. La semence offre une sorte d'opercule ou de petite porte, que la jeune plante ouvre en la poussant pour se diriger vers le sol, ainsi qu'on le voit sur les Balisiers. Puis après, la racine s'y enfonce et la tige s'élance vers la lumière.

Ce double phénomène a beaucoup occupé les physiologistes. On avait d'abord attribué la direction des racines à l'humidité de la terre ou à sa composition chimique. Mais Duhamel ayant

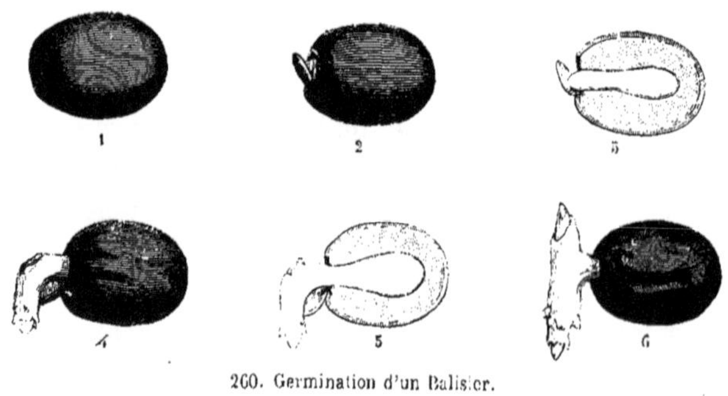

260. Germination d'un Balisier.

vu que de jeunes racines ne s'enfonçaient point dans des éponges mouillées, entre lesquelles on faisait germer des graines; et Dutrochet ayant reconnu que des semences suspendues dans des boîtes remplies de terre les abandonnaient pour se porter en bas, on a été forcé de renoncer à ces deux hypothèses.

Knight et Dutrochet ont vu qu'en faisant germer des graines dans les auges d'une roue mise en mouvement par un mécanisme, toujours les radicelles se portaient au dehors et les tiges en dedans, et ils en ont conclu que la direction opposée de ces organes était sous l'influence de la gravitation terrestre.

261. Forêt de Palétuviers.

On pensa aussi que la direction des racines tenait à ce qu'elles tendaient à fuir la lumière; mais à l'aide d'expériences dans lesquelles des plantes suspendues étaient éclairées en dessous, on reconnut que ces organes se portaient vers le lieu éclairé. Donc cette hypothèse, pas plus que les autres, n'explique réellement la cause de la direction des végétaux.

A mesure que l'Embryon se développe, les Cotylédons,

262. Racines éclairées en dessous et se dirigeant vers la lumière.

comme l'avait déjà vu Malpighi, se remplissent de vaisseaux chargés de sécréter les premiers fluides nutritifs de la jeune plante; car celle-ci n'eût trouvé au milieu du sol que des aliments trop actifs ou trop grossiers pour ses tissus à peine ébauchés. Puis, quand ces véritables mamelles végétales, ainsi que les appelait Bonnet, ont accompli leur fonction et que les racines sont assez vigoureuses pour se nourrir elles-mêmes, leur rôle étant fini, ces organes se fanent et tombent.

Telle est la dernière phase de l'évolution de la jeune plantule.

En même temps que se produisent ces divers actes vitaux, la germination est le théâtre d'importants phénomènes chimiques. Pour s'accomplir, elle exige impérieusement un certain degré de chaleur, de l'eau et de l'air. Si l'un de ces facteurs manque, cette première manifestation de la vie devient absolument impossible. A la température de zéro, toute végétation cesse.

Lorsque le froid saisit les graines, il les conserve indéfiniment; comme il a conservé les compagnons de Bilbao, le découvreur de la mer du Sud, dont les cadavres ont été naguère retrouvés dans les neiges des Cordilières; comme il a conservé les restes de ces Éléphants et de ces Rhinocéros antédiluviens dont on a trouvé l'ossature encore enveloppée de ses chairs, dans les glaces de la Sibérie.

La route que suit l'eau qui va imbiber la graine et préluder à son évolution, n'est pas toujours la même.

Dans les semences qui ont un test coriace, peu hygroscopique, telles que celles du Maïs ou du Blé, c'est par l'ombilic qu'entre le liquide. Poncelet et De Candolle ont, en effet, démontré qu'on pouvait enduire tout l'extérieur de ces graines avec de la cire, et que cela ne les empêchait pas de germer, si on avait eu la précaution de n'en pas recouvrir la cicatricule ombilicale.

Dans les semences dont la peau est molle et s'imbibe facilement, telles que celles des Haricots, au contraire, c'est elle qui donne principalement accès à l'eau indispensable à la vie primordiale.

L'air joue aussi un grand rôle dans les phénomènes chimiques de la germination. Le savant Homberg en avait nié l'importance, parce qu'il vit des graines se développer sous le récipient de sa machine pneumatique. Mais Boyle, Muschenbroeck et Boerhaave ont démontré que cet agent est absolument indispensable à l'évolution végétale, et que si le grand chimiste a professé le contraire, cela ne peut être attribué qu'à l'imperfection de ses instruments, avec lesquels il n'obtenait qu'un vide fort imparfait.

Cependant tout l'air n'est pas employé dans la première phase de la vie végétale; de ses deux principaux éléments, l'oxygène seul y sert. C'est au chimiste Scheele que revient la gloire de cette découverte.

Quelques graines n'en absorbent que peu : un ou deux millièmes de leur poids leur suffisent; c'est ce qu'on observe sur le Froment. D'autres, telles que les Haricots, en dépensent, selon de Saussure et Woodhouse, jusqu'à un centième.

Au moment où les semences germent, elles exhalent de l'acide carbonique et de l'eau, en même temps qu'elles dégagent une notable quantité de chaleur.

Diverses causes viennent accessoirement hâter l'évolution de la plantule.

L'électricité est dans ce cas. Ce fut l'abbé Nollet qui découvrit son action. H. Davy et A. Becquerel ont reconnu, plus récemment, que c'était l'électricité négative qui seule donnait de l'énergie au phénomène, tandis que l'électricité positive, au contraire, l'entravait.

Si, en effet, on fait passer un circuit électrique sous une plate-forme ensemencée, les graines s'y développent beaucoup plus rapidement que sur un plateau qu'on n'a point électrisé.

La différence est très-sensible quand on expérimente avec des plantes qui germent fort vite. Déjà le premier plateau est recouvert d'une végétation verte et serrée, lorsque sur l'autre aucune plante n'est encore sortie de terre.

On a longtemps professé, avec Ingenhouz et Sennebier, que

la lumière était contraire à la germination. C'est une erreur, comme l'a reconnu Saussure. Cependant, tous les rayons colorés de celle-ci ne lui sont pas favorables; les rayons chimiques et les rayons calorifiques ont séparément, sur le phénomène, une action opposée. Les premiers, qui sont le rayon bleu et le rayon violet, l'activent évidemment; les seconds, ou les rayons rouge et jaune, lui nuisent.

La connaissance des conditions fondamentales qu'exige la germination nous explique certains phénomènes qui parfois ont frappé le vulgaire. Quand ces conditions manquent, les graines se conservent souvent un long laps de temps endormies dans le lieu qui les recèle; et si, à un moment donné, elles se trouvent sous l'influence de circonstances favorables, elles couvrent certains sites d'une végétation qui leur était de mémoire d'homme absolument inconnue.

Ainsi, au rapport de J. Ray, après le grand incendie de Londres, un Sisymbre, le *Sisymbrium irio*, pullula tout à coup sur les décombres de cette ville, où précédemment il était inconnu. Quand on brûle certaines forêts, on voit après surgir sur leur sol des masses de végétaux qu'on n'y trouvait jamais auparavant. On a fait des remarques analogues après le desséchement d'anciens marais. Leur fond mis à nu se recouvre parfois d'une végétation toute nouvelle, absolument inconnue dans la contrée, et provenant, sans doute, de semences enfouies sous l'eau et qui s'y sont conservées jusqu'au moment où exposées enfin au contact de l'air, elles y ont trouvé toutes les conditions de germination qui leur manquaient précédemment.

LIVRE IV.

LES EXTRÊMES DANS LE RÈGNE VÉGÉTAL.

I

LA ROCHE AUX LICHENS ET LES FORÊTS VIERGES.

Le Règne végétal est l'emblème de la diversité dans l'harmonie. Si ses extrêmes limites offrent les plus manifestes oppositions, tout cependant s'y enchaîne et s'y lie par d'imperceptibles anneaux, et met en évidence la sagesse qui a présidé à sa distribution hiérarchique. Dans certaines tribus prédominent la force et la majesté ; d'autres attirent les regards par la délicatesse de leurs formes ou le charme de la beauté. Là, ce sont de robustes êtres sculptés par la main des géants ; ailleurs, de frêles ébauches tissées par les doigts des fées.

Que d'étonnants contrastes entre ce Palmier, dont la couronne déchire audacieusement les nuages en se balançant au-dessus des forêts tropicales, et ce Lichen noirâtre, mince couche colorante, qui salit nos statues et nos murailles. Depuis la splendide fleur de la royale Victoria, jusqu'à l'imperceptible corolle de l'Ortie; depuis ces indestructibles végétaux dont les semences ont germé sur le tiède limon du globe naissant, jusqu'à ces organismes éphémères qui meurent en sortant de la terre; depuis ce bois que l'on substitue au fer, jusqu'à la plante gélatiniforme que le moindre contact écrase, quelles infinies variétés, quelles séries de gradations!... Et cependant, au milieu de cet inextricable chaos, la science nous révèle l'ordre et l'éternelle sagesse.

Le sceptre de la végétation appartient au Chêne. Lorsque vous errez au milieu de la nuit dans la sombre et sévère ceinture de l'Etna, l'imposante majesté de ses hôtes séculaires, les grandes ombres de leurs cimes agitées et mugissantes, en vous pénétrant de respect et de terreur, vous révèlent que vous êtes en présence du roi de nos forêts. On craint d'entendre ces plaintifs gémissements qui glacent le Dante de terreur, en s'exhalant des noirs rameaux du Bois des suicidés :

Io sentia già d'ogni parte trar guai,
E non vedéa persona che'l facesse :
Perch' io tutto smarrito m'arrestái.

Les Palmiers, décorés de leur ondoyante couronne, sont, pour tout le monde, l'emblème de la végétation tropicale. Les poëtes en ont souvent chanté la magnificence; et Linnée, subjugué par leur brillante apparence, les décore du nom de *princes du règne végétal*.

Mais ceux qui voyagent en Orient, ce que n'avait pas fait le grand botaniste suédois, trouvent que les amas de Palmiers sont loin d'avoir l'aspect grandiose et imposant de nos forêts européennes. C'est une suite de colonnes nues et monotones, dont la coupole feuillue laisse passer les rayons du soleil; aussi un dicton populaire des anciens rappelle-t-il que « personne

263. Forêt de Palmiers sur les bords du Nil.

ne voyage impunément sous les Palmiers. » Les explorateurs sérieux de la vallée du Nil ont fait observer, avec raison, que les poëtes n'auraient pas écrit leurs idylles sur ces arbres, s'ils s'étaient trouvés sous les Dattiers de l'Égypte aux heures les plus ardentes de la journée.

Un seul fait exception : c'est le Doum de la Thébaïde. Ses tiges amplement ramifiées, terminées par de nombreuses touffes de larges feuilles, et auxquelles pendent de monstrueuses grappes de fruits, donnent à ses forêts une diversité, un pittoresque qui manque à ses congénères.

Le Palmier n'étale réellement toute sa splendeur et sa force, que quand il se présente par petits groupes audacieusement campés au milieu des rochers, et dont les cimes, balancées par la tempête, ne semblent s'incliner que pour défier la furie des flots qui se brisent tumultueusement à leurs pieds.

La beauté des Liliacées, dont les grandes fleurs sont émaillées des plus vives couleurs, avait aussi séduit Linnée. Il les représente comme les *nobles de l'empire de Flore*, étalant leur blason sur les panneaux de leur resplendissante corolle.

Enfin, parmi ces nombreuses tribus de plantes qui animent le globe, pour le Législateur de la botanique, la grande, mais humble famille des Graminées, représentait *le Peuple*. « Ce sont, dit-il, les Plébéiens, les pauvres, les paysans du règne végétal. Elles en forment la partie la plus simple, la plus nombreuse et la plus vivace; aussi, c'est en elles que reposent la puissance et la force; et plus on les foule aux pieds, plus on les maltraite, et plus elles se multiplient [100]. »

Ailleurs, les plantes grasses donnent aux paysages équatoriaux le plus étrange aspect; tels sont ceux du Mexique, cette patrie privilégiée des Cactus. C'est là que végète, presque miraculeusement, le Cierge gigantesque (*Cereus giganteus*. Engelm). On est tout étonné de le rencontrer sur les plus stériles rochers, là où l'œil découvre à peine quelques parcelles de terre. Comment une plante aussi volumineuse, aussi charnue, aussi aqueuse, peut-elle s'accroître sans rien soustraire au sol, et en pompant seulement tous ses éléments nutritifs au milieu de l'air brûlant? Quand cette Cactée est totalement développée, elle offre l'aspect d'un immense candélabre atteignant jusqu'à soixante pieds de hauteur, et qu'on s'étonne de voir respecté par la tempête.

Lorsque des animaux nous passons au règne végétal, nous trouvons que là, malgré le calme silencieux qui préside à tous les actes de la vie, celle-ci n'en a pas moins une énergie, une ténacité que nous étions loin de soupçonner. Aux plus extrêmes dimensions s'opposent d'incalculables différences dans la durée. Aucun animal ne s'accroît avec la prodigieuse rapidité que l'on observe chez certaines plantes; aucun non plus n'atteint cette fabuleuse longévité qui est l'apanage de beaucoup d'arbres.

Tel végétal passe comme l'Éphémère : un rayon de soleil le voit naître et périr. Tel autre défie les siècles : issu de la création, il semble ne devoir s'ensevelir que sous les débris du globe.

Quelques-unes de nos plus communes Moisissures parcourent en une seule journée toutes les phases de leur vie : ce laps de temps leur suffit pour apparaître, fructifier et mourir. Mais, par une singulière opposition, certaines plantes du même embranchement ne s'accroissent qu'avec une inexplicable lenteur. L'un de ces Lichens dont les plaques d'un jaune doré adhèrent à la toiture de nos habitations, fut observé pendant quarante ans par Vaucher, sans qu'il l'ait vu grandir d'une manière bien appréciable. Aussi De Candolle a-t-il pu dire que les Lichens qui couvrent nos rochers, remontent peut-être aux époques des cataclysmes qui ont mis ceux-ci à nu!

Mais c'est surtout parmi les végétaux de la classe des Dicotylédons que la longévité est le plus extraordinaire. Il en

264. Forêt vierge des régions équatoriales.

est même qui s'accroissent avec une telle lenteur que les siècles semblent à peine en modifier les dimensions.

Maintenant, si nous considérons la végétation disséminant çà et là ses grandes familles sur le globe, nous y trouvons encore les mêmes oppositions, la misère à côté du grandiose. La roche dénudée qui étend ses masses brisées sur les pentes des montagnes, ne se colore que d'une croûte de Lichens et de Mousses, qui s'étalent à sa surface comme autant de maculatures de pinceau. Puis, au-dessous de ces régions où l'âpreté de l'air dévore tout, nous voyons apparaître les Chênes et les Pins torturés et rabougris; et plus bas enfin, s'élèvent les magnifiques et sombres forêts de Conifères ceignant les montagnes de leur noir bandeau.

Les Palmiers composent de nombreux groupes dans toutes les contrées équatoriales. Mais la vie végétale se révèle surtout avec toute sa variété et sa splendeur dans les immenses forêts vierges des tropiques, là où jamais la cognée de l'homme n'en a enlevé l'exubérance. Quelques-unes présentent une telle profusion d'arbres séculaires enlacés de Fougères et de tant d'interminables Lianes, qu'elles sont absolument impénétrables, à moins que quelque cours d'eau n'y promène ses détours en fournissant un chemin naturel à d'audacieux explorateurs.

La nature spéciale de la végétation de quelques-unes de ces forêts leur donne un aspect absolument caractéristique. Lorsque les Orchidées parasites y dominent, celles-ci forment de tous côtés d'élégantes girandoles de verdure et de fleurs; ou bien elles se suspendent de place en place à de grêles et longues pousses, et semblent autant d'Araignées gigantesques étalant leurs robustes griffes en se balançant çà et là au bout de leur fil.

Ailleurs, ainsi que cela se présente à la Nouvelle-Zélande, des Fougères arborescentes au port de Palmiers, donnent aux paysages forestiers un air qu'on ne retrouve nulle part.

L'impénétrable forêt vierge nous épouvante par son aspect sombre et terrible. Là de vigoureux parasites envahissent les arbres séculaires et forment avec eux un inextricable lacis, que la hache ne divise qu'avec peine, tandis que la marche est embarrassée par les buissons et les hautes herbes, où se cachent tant de redoutables ennemis. Le jour tout est silencieux, l'affreuse chaleur paralyse les hôtes de cet empire de la végétation; le sommeil y règne. Mais la nuit arrivée, tout s'anime, Oiseaux, Mammifères et Reptiles, et la guerre est déclarée; de tous côtés retentissent les rugissements et les cris rauques de la douleur ou du trépas....

II

LES GÉANTS DU RÈGNE VÉGÉTAL.

Ainsi que les animaux, les plantes ont aussi leurs infiniment petits et leurs infiniment grands; les unes nous stupéfient par leurs colossales proportions, tandis que les autres échappant à nos regards, nous sont seulement révélées par le microscope.

L'étude du développement diamétral des végétaux nous fournit déjà de curieuses oppositions.

Quelques plantes rudimentaires, tels que les Ascophores, moisissures qui envahissent si souvent le pain, et les Aspergillus que l'on voit former dans nos boissons des membranes glaireuses qui répugnent, ne possèdent qu'une tige presque

265. Forêt vierge encombrée d'Orchidées parasites et de Lianes.

invisible. Les végétaux ligneux, au contraire, nous étonnent souvent par l'énorme dimension de cet organe.

Les auteurs anciens qui ont décrit la Germanie disent qu'il

266. Fougères arborescentes des forêts de la Nouvelle-Zélande.

y existait des arbres dont, avec un seul tronc, on faisait des barques qui portaient jusqu'à trente hommes.

Dès l'antiquité, on a aussi signalé la riche végétation des Platanes des rivages du Bosphore de la mer Noire. Et les savants de notre époque ont pu constater que ce qu'en avaient dit nos devanciers n'a rien d'exagéré.

On était presque tenté de douter du récit de Pline lorsqu'il raconte qu'il existait de son temps, en Lycie, un robuste et magnifique Platane, dans le tronc duquel se voyait une vaste grotte de quatre-vingt-un pieds de circonférence, dont tout le pourtour avait été tapissé par la nature d'une verte et veloutée tenture de mousse. Licinius Mutianus, gouverneur de la province, émerveillé de la délicieuse fraîcheur de cette salle agreste, y donna un souper à dix-huit convives de sa suite. Puis, après l'orgie, ceux-ci transformèrent le lieu de leur festin en une hôtellerie, et y passèrent commodément la nuit.

Ce fait a été pleinement confirmé par les voyageurs modernes. De Candolle rapporte, d'après l'un d'eux, que dans les environs de Constantinople, il existe encore aujourd'hui un énorme Platane dont le tronc n'est pas moins volumineux que celui dont nous venons de parler. Il a cent cinquante pieds de circonférence et offre aussi une anfractuosité de quatre-vingts pieds de tour.

J. Rai, ministre anglais, qui a écrit un ouvrage important sur les plantes, y parle d'un chêne existant de son temps en Allemagne, et qui offrait de telles dimensions qu'on l'avait transformé en citadelle. En restant peut-être un peu plus dans le vrai, disons simplement que son intérieur servait de corps de garde, et mentionnons un autre arbre de la même espèce, végétant encore aujourd'hui en Normandie, et qui, au contraire, a été consacré à la piété. C'est le chêne-chapelle d'Allouville, dans lequel il existe un autel voué à la Vierge, où, à certains jours, on dit la messe. L'ample excavation de cet arbre fournit non-seulement l'oratoire, mais, au-dessus, on a pratiqué une chambre à coucher où il existe un lit, et à laquelle on monte par un escalier extérieur : on y trouve donc le logement d'un anachorète. Cet arbre, qui a peut-être abrité de

267. Chêne-chapelle d'Allouville en Normandie. D'après le dessin de Marquis. 1824.

son ombrage les compagnons du seigneur de Bethencourt lorsqu'ils allaient s'embarquer pour la conquête des Canaries, est en grande vénération dans la contrée.

L'un de nos plus illustres botanistes philosophes, Marquis, si grand par le savoir et la dignité, en a mesuré le tronc et lui a trouvé trente pieds de contour près du sol.

J'ai vu aussi, sur les bords du Bosphore, des Platanes ayant des troncs creusés par d'énormes cavités. Aux environs de Smyrne, l'un de ces arbres est célèbre par sa taille et sa vétusté. Sa tige, tout à fait percée à jour, est extrêmement évasée à sa naissance, et représente trois colonnes qui convergent l'une vers l'autre en formant une sorte de portique à travers lequel passe facilement un homme à cheval [101].

Cependant, le Baobab des bords du Niger, surpasse encore tous les géants du Bosphore par sa splendide végétation,. Il se fait surtout remarquer par son accroissement diamétral, qui contraste avec son peu d'élévation. C'est un colosse d'aspect peu gracieux. Presque toujours dépourvu de feuilles, et n'en portant que dans la saison des pluies, son tronc blanchâtre et conique, à peine haut de quinze à vingt pieds, offre plus de cent pieds de circonférence au niveau du sol. Il lui fallait ce court et robuste support pour soutenir son incroyable dôme de feuilles, dont l'ampleur est parfois telle que le Baobab, vu de loin, ressemble plutôt à une petite forêt qu'à un seul arbre. Ses grosses branches offrent de cinquante à soixante pieds de longueur. Lorsque le temps a creusé les tiges de ces vigoureux végétaux, les nègres en utilisent la cavité. Là ils la transforment en un lieu d'agrément, en rustique boudoir, où ils viennent fumer le chibouk et prendre des rafraîchissements; ailleurs, au contraire, ils en font une prison. On connaît l'un de ces arbres dont les Sénégambiens ont disposé l'intérieur en une salle de conseil; l'entrée en est revêtue de sculptures qui indiquent sa sévère destination.

Mais la merveille végétale, par rapport à ses colossales

dimensions, est assurément le Châtaignier fameux qui vit sur les premières assises de l'Etna. Le comte de Borch, qui en a mesuré exactement le tronc, lui a donné cent soixante-dix-huit pieds de circonférence. Dans l'immense excavation qu'il offre, on a bâti une maison qui abrite un pâtre et son troupeau. Durant l'hiver, le bois de l'arbre suffit pour chauffer l'habitant de cette solitaire retraite, et ses fruits abondants le nourrissent l'été [102].

Ce colosse de nos forêts, que l'on appelle le *Châtaignier aux cent chevaux*, doit son nom à la vaste étendue de son feuillage. Les habitants de la contrée racontèrent au peintre J. Houel « que Jeanne d'Aragon, allant d'Espagne à Naples, s'arrêta en Sicile et vint visiter l'Etna accompagnée de toute la noblesse de Catane. Elle était à cheval, ainsi que sa suite ; et un orage étant survenu, elle se réfugia sous cet arbre, dont le vaste feuillage suffit pour mettre à couvert de la pluie cette reine et tous ses cavaliers. C'est de cette mémorable aventure, ajoutèrent-ils, que le vieil arbre prit le nom de Châtaignier aux cent chevaux [102]. »

Cependant, quel que soit l'étonnement que nous occasionne les dimensions extraordinaires du tronc des végétaux, la hauteur à laquelle parviennent certains arbres nous frappe beaucoup plus encore que leur accroissement diamétral. Le roi de nos forêts, le Chêne, que la fiction poétique considère comme l'emblème de la force passive, soulève son dôme de feuillage jusqu'à cent pieds du sol.

Dans l'Orient, les imposants débris de l'antique forêt employée à la construction du temple de Jérusalem, les Cèdres du Liban, objet de tant de vénération, et que le pèlerin n'aborde qu'en entonnant des chants sacrés, étalent leurs sombres nappes de verdure à cent cinquante pieds au-dessus de la montagne.

Soutenu seulement par sa flexible colonne, qui s'incline et se courbe sous l'effort des tempêtes, sur les Andes, le Palmier

268. Le Châtaignier aux cent chevaux. D'après le dessin de Houel, en 1784. *Voyage en Sicile.*

à cire balance sa couronne ondoyante dans le sein des nuages, à deux cents pieds au-dessus des cimes qu'il habite.

Mais, aucun arbre ne darde sa tête vers le ciel aussi audacieusement que le Cèdre gigantesque de la Californie, le *Wellingtonia gigantea*. Un de ces colosses, aujourd'hui foudroyé et étendu sur le roc, présentait, quand il était debout et menaçant, plus de cent cinquante mètres de hauteur, ce qui fait à peu près huit fois l'élévation d'une maison à cinq étages. Il avait quarante mètres de tour.

Le tronc de l'un de ces géants des forêts américaines, a été en partie transporté au palais de Sydenham, dont il forme l'une des plus splendides merveilles. C'est une monstrueuse colonne d'une quarantaine de mètres de hauteur, et qui, au niveau du sol, a près de dix mètres de diamètre. Je me suis trouvé à l'intérieur de cet arbre en compagnie d'une quinzaine de personnes. A San-Francisco, on a même installé un piano et donné un bal à plus de vingt personnes, dans le tronc d'un Wellingtonia qui y avait été apporté. L'âge du colosse correspond à ses dimensions. En comptant sur leur coupe transversale le nombre des zones annuelles, on reconnaît que ces monstrueux végétaux doivent être âgés de trois à quatre mille ans; de façon qu'ils semblent avoir été contemporains de la création biblique, et avoir dû ainsi assister debout et inébranlables à toutes les commotions du globe.

Près de ces géants renversés sur le sol, l'homme n'a l'air que d'un pygmée et sent sa petitesse. Il les appelle les *Mammouths de la forêt*, pour indiquer que, semblables à ces effrayants animaux qui surpassaient tous les autres par leur taille, eux aussi dominent toute la végétation. L'un de ces Cèdres, creusé d'une profonde caverne, doit le nom d'*École d'équitation* à ce qu'un homme à cheval, peut s'enfoncer jusqu'à soixante-quinze pieds dans sa ténébreuse excavation.

Si de ces robustes végétaux, déchirant si fièrement les

nuages, nous passons à ceux dont l'humble tige rampe sur le sol, nous voyons parfois aussi ces derniers acquérir une longueur qui tient du prodige.

Frappé de l'aspect des Vignes de l'Italie, dont les multiples guirlandes s'enlacent de branche en branche et disparaissent au milieu du feuillage des arbres, sans qu'on en voie ni le commencement ni la fin, Pline prétendait que celles-ci croissent indéfiniment : *Vites sine fine crescunt*, disait le naturaliste romain.

Mais nous avons sur la taille de divers autres végétaux des données précises. Ainsi, dans les forêts vierges de l'Inde, les Rotangs, qui grimpent sur les troncs séculaires, passent de l'un à l'autre et retombent sur la terre pour y remonter de nouveau, selon le voyageur Loureiro, acquièrent de quatre à cinq cents pieds de longueur.

Le Fucus gigantesque parvient encore à de bien plus extraordinaires dimensions ; les vagues de l'Océan, à ce que rapporte de Humboldt, nous en fournissent des lanières qui ont jusqu'à quinze ou seize cents pieds de long.

Dans un curieux article de la *Revue germanique*, M. A. Boscowitz dit même qu'il a existé au jardin botanique de Caracas, un Convolvulus qui, dans l'espace de six mois, atteignit l'incroyable longueur de six mille pieds. Il s'accroissait donc de plus d'un pied par heure ; on eût pu le voir pousser à vue d'œil !

269. Cèdre gigantesque de la Californie. *Wellingtonia gigantea.*

III

LONGÉVITÉ VÉGÉTALE.

Mais, si quelque chose a le droit de nous étonner dans la vie des plantes, c'est leur longévité; il faut même dire plus, le principe d'éternité que recèlent évidemment plusieurs espèces, dont la fin semble plutôt dépendre de circonstances fortuites que du fait de l'âge.

La vie de l'animal est tout à fait éphémère, comparée à celle de nos arbres. De minutieuses investigations nous ont éclairé sur la chronologie de beaucoup de ceux-ci. Certains vivent normalement deux à trois cents ans.

Les Pins et les Marronniers peuvent assurément prolonger leur existence jusqu'à quatre ou cinq cents ans. On retrouve dans l'île de Ténériffe beaucoup de vénérables Pins et d'énormes Marronniers, qui, selon toute probabilité, y ont été plantés par les *Conquistadores*, au commencement du quinzième siècle, époque à laquelle remonte l'invasion de cette île. Les premiers, *Pinus Canariensis*, se reconnaissent parmi les autres, à ce que la piété des conquérants les décora presque tous d'une petite madone, que l'on y retrouve encore suspendue à leurs rameaux.

Le Tilleul de Morat, planté à Fribourg le jour de la célèbre bataille, est un des végétaux les plus âgés de l'Europe. Cette belle page de l'histoire de la Suisse s'étant produite en 1476, l'arbre vénéré, entouré d'une colonnade et dont les vieux rameaux sont soutenus par une charpente, doit donc avoir aujourd'hui près de 400 ans.

Les Sapins parviennent encore à un âge plus avancé. Dans l'une des plus anciennes forêts séculaires de l'Allemagne, située sur le sommet du Wurzelberg, dans la Thuringe, il en existe sur les troncs abattus desquels on a compté jusqu'à sept cents couches annuelles.

L'Olivier tant révéré par l'ancienne Grèce et qui inspira de si beaux vers à Sophocle dans sa tragédie d'*OEdipe*, d'après le mythe antique, accumulait encore plus de siècles. Pline assurait même que l'on voyait de son temps, dans la citadelle d'Athènes, l'Olivier célèbre que la lance de Minerve fit jaillir du sol, lors de la fondation de la ville de Cécrops [103].

Les anciens peuples, frappés du noble aspect de nos Chênes, les ont de tout temps enveloppés des nébulosités de leurs légendes, en les faisant remonter à la plus haute antiquité. Telle était cette Yeuse robuste qui, du temps de Pline, végétait dans l'enceinte de Rome, et sur le tronc de laquelle une inscription étrusque, en caractères d'airain, indiquait qu'avant l'existence de la ville éternelle, déjà elle était l'objet de la vénération populaire. Le naturaliste romain assure aussi que dans le royaume de Pont, aux environs d'Héraclée, il était de tradition que deux Chênes qui ombrageaient les autels de Jupiter Stragius, avaient été plantés par Hercule [104].

On perdait encore dans un plus extrême lointain l'origine de certains arbres.

L'imposante terreur de la forêt Hercynienne a impressionné tous ceux qui ont décrit la Germanie, Pline et Tacite au premier rang. Les Chênes séculaires de ses sombres vallées, où erraient l'Élan et l'Auroch, avaient surtout émerveillé le naturaliste romain; il ne peut s'empêcher d'en parler dans les termes les plus pompeux. « La majestueuse grandeur du Chêne, dans cette forêt, dit-il, surpasse toutes les croyances imaginables; cet arbre n'y a jamais été frappé par la cognée,

270. Tilleul de la bataille de Morat. D'après le dessin de M. Pouchet, en 1838.

il est contemporain de la création du monde, et il semble être le symbole de l'immortalité ! »

Ne s'en tenant pas à cette splendide image, Pline y ajoute encore quelques détails : « Je veux passer sous silence, s'écrie-t-il, des choses extraordinaires qui seraient considérées comme fabuleuses, mais ce qui est incontestable, c'est que là où les racines se rencontrent, elles élèvent la terre en un monticule ; et si le sol ne cède pas, les racines se pressent l'une contre l'autre et forment de hautes montagnes qui s'élèvent jusqu'aux branches ; elles s'entrelacent les unes dans les autres, de manière à former de véritables arcades, sous lesquelles peuvent chevaucher des escadrons entiers. »

Cette idée d'immortalité chez les arbres se retrouve souvent dans les œuvres des anciens. L'historien Josèphe rapporte, dans sa *Guerre des Juifs*, qu'il existait de son temps, aux environs de la ville d'Ébron, un Térébinthe qui remontait à l'époque d'Adam (liv. V, chap. XXXI).

C'était aux naturalistes modernes qu'il appartenait de démontrer que toutes ces assertions, malgré ce qu'elles ont d'extraordinaire, sont parfois rigoureusement vraies ; et que plusieurs de nos arbres, en quelque sorte indestructibles, ont pu, en effet, assister aux scènes finales de la création ; et, après avoir bravé l'action de tant et tant de siècles, se trouver encore debout et vivants aujourd'hui.

Il y a une centaine d'années que, par d'ingénieuses supputations, Adanson prouvait aux savants que de telles idées, quoique tenant du merveilleux, n'en sont pas moins des faits scrupuleusement exacts. Ce naturaliste, par un hasard heureux, trouva à l'intérieur du tronc d'un Baobab des îles du Cap-Vert, une inscription qui y avait été tracée par des Anglais, trois cents ans auparavant. Celle-ci était alors recouverte de trois cents couches ligneuses, indiquant la végétation d'un pareil nombre d'années. Et partant de cette donnée, et en comparant les diamètres des tiges de plusieurs de ces volumineux végétaux, le savant français en était arrivé à établir que les plus vigoureux de ces primitifs habitants des forêts africaines, pouvaient être âgés d'au moins cinq mille ans.

Un Cyprès chauve, vénérable doyen de la végétation, a peut-être traversé encore une plus longue suite de siècles! Il se voit aujourd'hui sur la route de la Vera-Cruz à Mexico, et est célèbre pour avoir abrité, sous son vaste ombrage, toute l'armée de Fernand Cortez. Sa naissance, selon certains botanistes, semble remonter à une époque qu'il ne nous est pas permis de sonder. Comme son tronc, qui a cent dix-sept pieds de circonférence, dépasse celui des Baobabs, et que son accroissement est plus lent que le leur, De Candolle suppose que cet arbre n'a pas moins de six mille ans d'ancienneté, ce qui en perd l'origine dans des temps antérieurs à la création mosaïque [105].

Maintenant, nous ne devons plus nous étonner de voir certains botanistes considérer les arbres comme autant d'êtres dont la vie n'a point de bornes; et dont beaucoup, nés sur les débris des derniers cataclysmes, végètent encore actuellement pleins de séve et de vigueur.

De Candolle, qui émet cette opinion, en acceptant l'hypothèse de Gaudichaud, considère les géants de nos forêts comme autant d'agrégats d'individus ou de bourgeons se succédant annuellement sur leur tige, qui représente un véritable sol vivant. Et cette tige animée s'accroît séculairement, et ne succombe jamais que par accident, quand la foudre la frappe ou lorsque le sol nourricier manque à ses nerveux suçoirs.

Ainsi donc, la science actuelle, nous le répétons, démontre ce que l'antiquité n'avait fait qu'entrevoir.

Un arbre, pour nous, n'est plus un simple individu; c'est une agglomération, une république d'êtres isolés, qui façonnent ses branches comme le polype du corail construit ses rameaux; c'est un Polypier végétal.

271. Baobab gigantesque des forêts vierges d'Afrique. *Adansonia digitata*. Linnée.

La lenteur du développement de certains troncs d'arbres fait immédiatement surgir la pensée de l'immobilité, de l'éternité : le Dragonnier des Canaries l'autorise.

Trois fois célèbre par son aspect étrange, par son volume et son ancienneté, ce Dragonnier, *Dracæna Draco*, ne l'est pas

272. Dragonnier de l'île de Ténériffe.

moins par l'état stagnant de son accroissement. Dans les récits légendaires de Ténériffe, il est dit que cet arbre singulier était adoré par les Guanches, ses primitifs habitants. On rapporte qu'au quinzième siècle, on célébra la messe dans l'intérieur de son tronc; fait qu'attestait, naguère encore, un petit autel dont on y voyait les vestiges. Ce végétal s'accroît si lentement qu'à un assez grand nombre d'années de distance on n'a pu constater aucun changement dans sa circonférence. Mesuré exactement en 1402 par les compagnons de Béthencourt, lorsqu'ils découvraient l'île, depuis cette époque, c'est-à-dire, depuis plus de quatre cent soixante ans, il n'a nullement augmenté de diamètre. Le temps a été sans action sur sa masse! De Humboldt qui, en 1799, en faisant son ascension du pic de Ténériffe le mesura un peu au-dessus du sol, lui trouva quarante-cinq pieds de circonférence.

IV

DENSITÉ DES PLANTES.

Lorsque la durée de la vie des végétaux offre de si extrêmes limites, on doit s'attendre à rencontrer également d'énormes différences dans leur densité. C'est ce qui a eu lieu.

Les Trémelles qui, après une nuit humide ou simplement un orage, jonchent subitement la terre et ressemblent à de petites masses de gelée tremblotantes, couvrant tout le sol là où quelques heures auparavant on n'en trouvait aucun vestige; ces singulières plantes, qu'à cause de leur apparition inattendue les alchimistes regardaient comme une production merveilleuse, une émanation des astres, sont tellement molles que la moindre pression les écrase et les réduit en eau[106].

Dans la même classe à laquelle appartiennent ces végétaux gélatiniformes, on en trouve d'autres d'une étonnante ténacité.

Tel est le cas de quelques Algues disséminées sur les rivages de l'Asie, et en particulier du *Fucus tendo*, dont la résistance a été comparée à celle des tendons qui transmettent le mouvement aux membres des animaux. L'aspect de cette plante marine est tout à fait celui de notre corde; et comme elle en a la force, les Chinois, qui sont si ingénieux en tout, utilisent

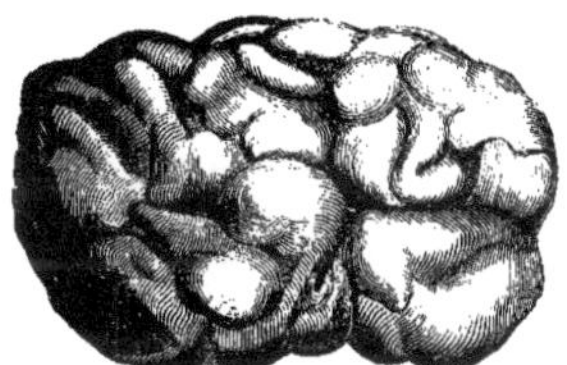

273. Nostoc verruqueux.

ce lien naturel ponr serrer leurs ballots de marchandises. Au Japon, ce Fucus sert à confectionner les filets des pêcheurs.

Le tronc de quelques arbres de grande taille n'a pas beaucoup plus de consistance. Telle est celui du *Bombax ceiba* ou Fromager, qui est aussi mou que l'aliment dont il rappelle le nom.

Mais, au contraire, le Bois de fer, qu'on peut polir comme le métal, a une telle densité que les sauvages l'emploient souvent à la confection de leurs casse-têtes et de diverses autres armes redoutables.

L'ongle suffit pour entamer la tige charnue de certaines Euphorbes et en faire jaillir un suc laiteux abondant. Au contraire, le chaume de quelques Bambous de l'Inde est presque réfractaire à la lime; et se trouve tellement cuirassé de silice qu'ainsi que nous l'avons vu, on en tire des étincelles avec le briquet.

LIVRE V.

MIGRATIONS DES PLANTES.

Rien ne nous révèle, avec plus de splendeur, les ressources de la nature, que la facilité avec laquelle celle-ci couvre de végétation et de vie toute la surface du globe. Là, elle semble ne se confier qu'à l'immense fécondité qu'elle accorde à l'espèce ; ailleurs, elle emploie les procédés les plus ingénieux et les plus variés pour transporter d'un pôle à l'autre ses fruits ou ses semences.

Le nombre considérable de semences que portent certains végétaux en assure l'incessante reproduction, et sous ce rapport le calcul donne souvent des résultats inattendus. Ray a compté 32 000 graines sur un pied de Pavot, et Linnée dit qu'une seule tige de Tabac en fournit plus de 40 000. Dodard porte encore beaucoup au-dessus de ces chiffres, le nombre de fruits qu'on peut récolter sur un Orme ; selon lui, cet arbre en produit annuellement plus de 529 000.

Il est évident que si toutes leurs semences se développaient, il ne faudrait que bien peu de générations pour que ces végétaux couvrissent l'entière surface du globe. Mais une foule de causes arrêtent cette menaçante invasion. Les animaux, la rigueur des climats, et l'homme, dont la civilisation empiète sur la nature, y mettent un frein. D'autres fois les végétaux s'entre-détruisent eux-mêmes. Les premiers envahisseurs d'un sol vierge se trouvent impitoyablement étouffés par ceux qui leur succèdent : la prairie fait place à un bocage; et bientôt après, celui-ci meurt sous les voûtes ombragées d'une vigoureuse forêt.

La fécondité de quelques Champignons est tout-à-fait extraordinaire. Fries a compté plus de dix millions de corps reproducteurs sur un seul individu du *Reticularia maxima*. D'autres plantes de la même famille, nourrissent une progéniture bien autrement considérable, et son abondance tient tellement du prodige, que toutes les ressources de l'intelligence humaine ne pourraient parvenir à en supputer le dénombrement.

L'incommensurable fécondité du Lycoperde gigantesque est telle, que c'est par millions de milliards qu'il faut compter ses graines microscopiques. Or, quoique celles-ci soient invisibles à l'œil, chacune d'elles peut cependant donner naissance à un volumineux Champignon, qui, en une nuit, acquiert souvent la grosseur d'une Citrouille. Et, l'on peut dire, sans hyperbole, que si les séminules de ce végétal se trouvaient miraculeusement dispersés sur tout le globe, et s'y développaient simultanément, le lendemain la terre en serait absolument pavée.

C'est assurément l'air qui remplit le rôle le plus important dans la dissémination végétale. Une foule de semences légères ne semblent avoir été décorées d'aigrettes ou d'ailes membraneuses, que pour être plus facilement emportées dans ses tourbillons.

A cet effet, le fruit de beaucoup de Synanthérées est surmonté d'une aigrette de fibrilles étalées, véritable parachute qui l'enlève au moindre souffle du zéphyr. Ravie à la plante mère, à l'aide de sa nacelle aérienne, la semence accomplit les plus longs voyages. La plus faible brise, du fond des vallées va l'implanter sur les aiguilles des montagnes. Si la tempête s'élève, l'infime parachute, emporté par ses tourbillons, se mêle aux nuages orageux, traverse les océans et opère sa descente sur un rivage lointain. On dit qu'il n'est pas rare de voir, après certains ouragans, le sol de l'Espagne couvert de diverses semences aériennes provenant de l'Amérique. C'est à l'action des vents, que Linnée prête l'importation, en Europe, de l'Érigéron du Canada, qui infeste aujourd'hui le nord de la France.

L'air fait plus encore : dans ses tourbillons, il enlève même des plantes entières et va au loin les laisser choir comme une abondante averse vivante.

Certains Lichens des montagnes de l'Asie, en voyageant ainsi parmi les nuages, en pompent les vapeurs aqueuses et s'accroissent pendant leur pérégrination accidentée. Enlevés du sol lorsqu'ils avaient à peine la grosseur d'une tête d'épingle, après leur voyage aérien, quand loin de leur roche natale ils retombent enfin sur la terre, ils présentent le volume d'une noisette. Tel est le cas de plusieurs espèces alimentaires qu'on voit joncher le sable des déserts, après un orage.

Ces végétaux, qui semblent ainsi tomber du ciel, forment parfois d'épaisses couches sur le sol, et offrent un aliment agréable au voyageur épuisé. La manne providentielle, dont les Hébreux se nourrissaient en errant dans le désert, provenait sans doute de ces averses de Lichens comestibles, car ce sont ces plantes qui paraissent toujours les produire.

Il y a quelques années, le chimiste Thénard présenta à l'Académie des sciences l'un de ces végétaux voyageurs, qui, enlevé au sommet du mont Ararat, avait été transporté par le vent fort loin de la montagne fameuse. Dans les contrées où il jonchait le sol, on prétendait que c'était *un produit du ciel.*

Cette pluie de plantes forme quelquefois là une couche de cinq à six pouces d'épaisseur. Les hommes s'en nourrissent et ce qu'ils ne peuvent consommer est donné aux bestiaux [107].

Trop pesants pour être enlevés par l'effort des vents, quelques fruits accomplissent de longs voyages nautiques, et traversent les mers, emportés par les courants et les vagues. Protégés par leur boîte ligneuse, les Cocos des Séchelles, entraînés par les courants réguliers, viennent aborder sur les ri-

274. Lichen comestible aérien. *Lecanora esculenta.*

vages du Malabar, après avoir accompli, sur l'eau, un trajet de plus de quatre cents lieues. Étonnés de cette fécondité inattendue, qui se répète chaque année, les Indous ne l'expliquent qu'en supposant que les profondeurs de l'Océan nourrissent les arbres qui produisent ces énormes fruits.

Les drupes du Cocotier commun, les immenses gousses du Mimosa grimpant, qui ont souvent près d'un mètre de longueur, et beaucoup d'autres fruits de l'Amérique équatoriale, ravis par les flots et bercés par les orages, viennent fréquemment échouer sur les grèves de la Scandinavie, où le manque de chaleur et de lumière met seul obstacle à leur développement.

Les courants réguliers de la mer répandent aussi au loin certaines plantes cosmopolites qui, pour la plupart, sont pourvues de semences dont l'imperméable enveloppe résiste longtemps à l'eau. Ainsi, le grand courant qui naît sur la côte orientale de l'Amérique du Sud, a charrié une flottille de treize espèces de plantes du Brésil et de la Guyane jusque sur les plages africaines du Congo. Un autre grand mouvement de l'Océan, en traversant un immense espace de la zone torride, emporte constamment des fruits des rivages de l'Inde, et ses flots vont tumultueusement en ensemencer les rochers du Brésil.

C'est aux cours d'eaux douces, aux fleuves et aux ruisseaux, que sont dues les plus importantes migrations végétales. Si Pascal a dit que les rivières sont des chemins qui marchent : avant lui les plantes semblent l'avoir deviné. Enlevées par leurs vagues fugitives, les semences franchissent parfois de grandes distances pour rencontrer une nouvelle patrie. C'est ainsi que les fleuves qui naissent des glaciers des hautes Alpes, déposent dans les plaines de Munich quelques-unes des espèces qu'on voit pulluler sur leurs pics élevés. D'autres descendent des contre-forts des Andes, pour venir humblement s'abriter sur les îles de l'embouchure de l'Orénoque. On connaît des plantes qui tombent des âpres cimes de l'Himalaya, en franchissant le fracas de ses cascades écumeuses, pour n'épanouir leurs corolles que sur les bords enchanteurs du delta du Gange [108].

Redoutant l'agitation des torrents, certains fruits nautiques ne se confient qu'à des eaux tranquilles; ainsi, sur les ondes du Nil, voguent paisiblement les berceaux flottants de la plante chère à Isis. A cet effet, ses fruits représentent de petites nacelles circulaires, dont l'intérieur contient la précieuse progéniture. A la maturité, les flots enlèvent en masse tous ces germes reproducteurs et les emportent au loin. Puis, quand les épreuves du voyage ont enfin déchiré l'esquif, les semences du Nélumbo sacré, restées intactes parmi les épaves, s'enfoncent sous l'eau et la vase, et fécondent ainsi les brûlants rivages du roi des fleuves.

Les amas de glace eux-mêmes, mais surtout aux époques anté-historiques du globe, ont joué un certain rôle dans la dispersion des plantes. Le docteur Karl Müller pense que les blocs erratiques, que les glaciers poussent devant eux dans leur efforts, disséminent de place en place quelques semences. Ce phénomène suprême, qui a promené d'immenses mers de glace sur des contrées où règne actuellement une douce température, où s'élève une végétation luxuriante, a pu, en effet, précipiter quelques végétaux des sommets des montagnes jusque dans les anfractuosités des vallées.

Ainsi, on voit croître aujourd'hui, dans le nord de l'Allemagne, des Lichens, des Mousses et des végétaux ligneux (tel est en particulier le Cornouiller suédois), qui sont évidemment descendus des montagnes de la Scandinavie, et ont dû être entraînés par les glaces qui amenèrent avec eux, sur les plaines de la vieille Germanie, les galets granitiques dont elles sont jonchées.

D'autres fois aussi, c'est à l'aide d'un autre procédé que les glaces transportent les végétaux d'un hémisphère à l'autre. Leurs îles flottantes, en se détachant des rivages, entraînent avec elles des fragments de rochers encore couverts d'animaux et de plantes. Après avoir été longtemps minées par les flots et les courants, ces îles abordent enfin sur une plage propice, et, en fondant, y déposent leurs vivantes populations. Ainsi, avec les Ours polaires, qui voyagent si fréquemment sur des glaçons, descendent souvent, vers de plus heureux climats, quelques semences ravies aux régions boréales.

Les animaux concourent amplement aussi à la dissémination végétale. Les Marmottes, les Loirs et les Hamsters approvisionnent de fruits leurs demeures souterraines. Souvent une partie du butin de leur active prévoyance, se trouve oubliée sous le sol, y germe et s'y développe au retour du printemps. D'autres fois, c'est l'arme du chasseur qui tue l'emmagasineur, et sa moisson tourne au profit de la végétation. Les Écureuils dépècent les cônes des Pins pour en dévorer les semences, dont ils sont très-avides. Mais, durant ce travail, quelques-unes de celles-ci leur échappent, tombent, et viennent s'implanter dans la terre.

D'autres Mammifères travaillent à la dissémination par des moyens encore plus simples; les semences s'accrochent à leurs toisons et sont transportées çà et là par eux, pendant leurs pérégrinations. Les fruits de la Bardane, terminés par un crochet, semblent parfaitement disposés à cet effet. Ceux du Grateron, hérissés de fines pointes analogues à autant d'hameçons, s'accrochent aux poils des animaux ou aux vêtements de tous les hommes qui viennent à les frôler : particularité qui, de la part de l'ingénieuse Grèce, valut à cette herbe le surnom de *philanthrôpos*.

Si les animaux consomment pour leur nourriture une fort notable quantité de graines, par une heureuse compensation, la nature trouve dans leurs déprédations une inépuisable source régénératrice.

C'est ainsi que les grandes bandes de Rennes, qui se trouvent disséminées dans les plaines de la Sibérie, en émigrant en masses de divers côtés, ensemencent sur leurs traces une foule de végétaux dont les graines avalées avec leur nourriture, sont restées réfractaires à l'action digestive.

C'est aux Grives, qui mangent avec avidité les fruits du Gui, que l'on doit la multiplication de la plante sacrée si célèbre dans l'ancienne Gaule, et que le Druide ne cueillait qu'avec une serpe d'or.

Ainsi que Théophraste l'avait déjà observé, ces oiseaux en avalent les Baies. Mais, comme leur pulpe seule est absorbée, et que les semences sont rebelles aux forces digestives; semblables au ver de Hamlet, qui n'opère sa migration qu'en passant à travers le ventre d'un mendiant, celles-ci tombent avec les excréments sur les branches des arbres et y prennent racine. Là le Gui forme bientôt ces touffes parasites qui envahissent la cime des géants de nos forêts; belles touffes globuleuses, décorées d'une perpétuelle verdure, quand l'hiver en a dépouillé leur robuste appui [109].

D'autres Oiseaux, à l'aide de moyens analogues, propagent

aussi un grand nombre de plantes. Les voyageurs rapportent que les Hollandais ayant détruit les Muscadiers dans plusieurs îles de l'Inde, afin d'en concentrer la culture à Ceylan, les Colombes muscadivores, qui sont très-friandes de leurs fruits, repeuplèrent la plante presque partout où le vandalisme néerlandais l'avait extirpée.

Là ne se borne pas le rôle des Oiseaux dans l'harmonie générale du globe. Suivant certains botanistes, ce sont eux qui dévastent les grappes de corail du Sorbier, et vont ensemencer l'arbre sur les croulants portiques de nos châteaux ou de nos vieilles églises en ruine. Le Raisin d'Amérique, *Phytolacca decandra*, récemment importé près de Bordeaux, a été disséminé dans toute la France méridionale et jusque dans les gorges désertes des Pyrénées, par les chantres ailés de nos forêts. C'est à la Pie de Ceylan que se trouve souvent confiée, dans cette île, la propagation des Cannelliers; et c'est un fait si vulgairement connu, que les habitants lui accordent une ample protection.

Certaines îles, que tout atteste avoir été formées postérieurement aux grands continents qui les avoisinent, ne doivent qu'aux Oiseaux les principaux éléments de leur colonisation. Telle est en particulier l'Islande, qu'on reconnaît n'être peuplée que de végétaux enlevés au Groënland et à l'Europe boréale, lesquels lui ont été apportés par les innombrables Oiseaux dont les migrations s'opèrent annuellement dans ces parages.

C'est aussi à des Oiseaux que l'on doit la flore variée qu'on observe dans l'intérieur du Colisée de Rome. En effet, toute cette végétation qui couvre les ruines célèbres, depuis les Figuiers dont les nerveuses racines fendent ses voûtes, jusqu'à l'humble Graminée qui s'étale sur les pierres abattues, n'a pu s'introduire dans leur vaste entonnoir qu'à l'aide des animaux [110].

En suivant des procédés semblables, quelques Mammifères, même des plus carnassiers, mangent divers fruits dont leurs organes digestifs, quoique doués de tant d'énergie, n'attaquent cependant que la pulpe, et ils vont çà et là en déposer les semences intactes avec leurs excréments. C'est ainsi qu'une espèce de Civette, à Java et à Manille, opère activement la dissémination du Caféier. Elle est avide de ses fruits, dont la chair analogue à celle des Cerises est facilement digérée par l'intestin, qui ensuite expulse les semences encore aptes à germer [1].

L'homme doit être, lui-même, considéré comme un des plus grands agents de la dissémination végétale. Ses vaisseaux et ses caravanes, en franchissant l'Océan et le désert, transportent à son insu des semences et des plantes, qui viennent envahir des contrées nouvelles.

C'est ainsi que, par le trafic des toisons des moutons d'Amérique avec la France, certaines graines attachées à celles-ci, viennent s'implanter chez nous. Dans toute une localité des environs de Montpellier, où l'on reçoit une grande quantité de laines de Buenos-Ayres et du Mexique, on voit croître aujourd'hui beaucoup d'espèces enlevées à la flore de ces deux pays. Les botanistes de la célèbre École de Montpellier, les De Candolle, les Delille et les Dunald connaissaient parfaitement ce fait, et se rendaient de temps à autre dans cet endroit pour y faire, sans fatigues et sans péril, une commode herborisation tropicale.

Ailleurs, pour les besoins de son commerce ou pour ses jouissances, l'homme extirpe certaines espèces de leur patrie adoptive pour en enrichir des pays éloignés. Enfin, quelquefois aussi, c'est aux armées des conquérants que nous devons certaines plantes exotiques.

Cependant, il est des contrées qui se trouvent parfois envahies par une végétation dont on n'explique ni l'arrivée, ni la puissance. Elle pullule dans sa nouvelle patrie avec une telle énergie qu'elle y étouffe tout ce qui y croissait précédemment. Ainsi, une grande Immortelle, l'*Helichrysum fetidum*, transportée d'Amérique en France, s'est appropriée en despote divers parages du midi de notre pays.

Par opposition, l'Artichaut commun s'est exilé de notre patrie pour aller s'établir victorieusement sur quelques plages de la Patagonie et en chasser les possesseurs naturels. En tirant de l'Asie notre plus utile céréale, nous avons importé avec elle la Nielle, le Coquelicot et le Bluet, qui émaillent de si vives couleurs les moissons.

Nos besoins nous ont fait prendre à l'Asie la plupart de nos plantes alimentaires. Le Blé provient évidemment de la Perse, et c'est là que Michaux et Olivier l'ont rencontré à l'état sauvage [112]. La Vigne, l'Olivier et le Noyer nous ont été apportés des montagnes de l'Asie. Le Citronnier est originaire de la Médie et l'Oranger de la Chine [113].

C'est à l'aide de cette variété de moyens de transport que la végétation s'établit, avec une si grande rapidité, sur tous les points du globe qui viennent d'être mis à nu. Ses plus élémentaires représentants surgissent d'abord sur la roche dénudée; l'air semble presque suffire à leur nourriture: tels sont les Lichens et les Champignons microscopiques. Puis apparaissent des Mousses qui, en abandonnant de l'humus par leur décomposition, forment désormais un sol assez épais pour nourrir des Graminées. Enfin, viennent les arbrisseaux et les arbustes, et bientôt, dans un lieu naguère frappé de stérilité, on voit s'élever une verdoyante forêt [114].

La résistance vitale des semences, qui souvent présente les plus extrêmes limites, vient elle-même favoriser la dissémination. En effet, s'il existe des graines dont le mouvement organique semble ne pouvoir s'arrêter, et qui sont tellement pressées de vivre qu'elles germent sur le végétal même qui les produit, comme nous l'avons vu pour les Palétuviers, d'autres, au contraire, nous offrent des embryons au sein desquels la vie peut sommeiller pendant une succession de siècles.

La graine du Caféier, malgré l'enveloppe épaisse et coriace

de son embryon, perd après un temps fort court la faculté de germer. Si le planteur diffère seulement de quelques jours d'ensemencer sa récolte, celle-ci devient impropre à la reproduction.

Mais, au contraire, quelques semences, en apparence moins robustes, conservent un temps fort long leur faculté germinative. On a obtenu des Haricots avec des graines extraites de l'herbier de Tournefort, et qui alors ne devaient pas avoir moins de cent ans d'ancienneté.

De plus délicates graines résistent encore beaucoup plus longtemps aux causes destructives. Il y a peu d'années que l'on a fait germer des semences d'Héliotrope, de Luzerne et de Trèfle, qu'on avait trouvées dans un tombeau gallo-romain, qui remontait à plus de quinze cents ans.

Un fait analogue dont, à cause de la haute renommée du botaniste qui le rapporte, il semble qu'on ne puisse douter, est celui que cite Lindley. Ce savant assure que des graines de Framboisiers, extraites d'une sépulture celtique, qui datait d'environ dix-sept cents ans, ayant été semées dans le jardin de la Société d'horticulture de Londres, produisirent des arbustes de leur espèce, qu'on y observe encore aujourd'hui.

Mais la vie semble encore pouvoir faire un bien plus long stage dans l'embryon de quelques autres végétaux. Plusieurs savants prétendent que des grains de blé d'une ancienneté qui remontait à l'époque des Pharaons, ont germé et donné une récolte après avoir été confiés à la terre ! On les avait trouvés dans des sépultures égyptiennes, à côté des momies. Aussi, selon toute probabilité, avaient-ils été glanés sur les bords du Nil il y a trois à quatre mille ans[115].

L'Ognon de la Scille maritime, d'après quelques botanistes anglais, offre une longévité non moins extraordinaire.

Objet d'un culte particulier dans l'ancienne Égypte, où on lui éleva même des temples, ce végétal sacré était quelquefois emmaillotté sous des bandelettes et déposé religieusement dans les sarcophages. Le génie audacieux des naturalistes a voulu fouiller dans ces véritables momies végétales, pour voir si elles ne recélaient pas encore quelque étincelle de vie, malgré tant et tant de siècles de sommeil. Et l'on assure que ces cadavres de racines, soustraits à leur double emprisonnement, et placés dans un sol propice, se sont rapidement ranimés en se parant de fleurs et de fruits....

LA GÉOLOGIE

Les palais de marbre de César et d'Auguste ne laissent sur la terre que des décombres ignorés.

BYRON, *Manfred*, acte III.

Nous retrouvons encore des vestiges des fleurs antédiluviennes qui animèrent les premiers gazons du globe!

LIVRE I.

FORMATION DU GLOBE.

I.

APPARITION DES ANIMAUX ET DES PLANTES.

Lorsque les savants commencèrent à s'occuper de la théorie de la terre, ils se partagèrent en deux camps nettement tranchés :

Les Plutoniens, qui attribuaient exclusivement au feu la formation de l'écorce du globe ;

Les Neptuniens, qui, au contraire, faisaient tout dériver de l'action de l'eau.

La vérité est que le feu et l'eau ont tour à tour eu leur rôle. Une partie de la croûte terrestre est le résultat de l'ignition, et l'autre celui du dépôt des eaux [116].

Il est évident que le globe ne fut originairement qu'une

masse absolument incandescente. Descartes avait deviné ce grand fait, en proclamant que la terre n'était qu'un soleil encroûté, partiellement éteint, et dont l'écorce refroidie nous dérobait les fournaises centrales.

Leibnitz développa cette hypothèse dans sa *Protogée*. Puis elle fut successivement confirmée, soit par les observations de Buffon et de Cuvier; soit par les calculs de Cordier, de La Place et de Fourier.

Le globe embrasé et lancé dans l'espace dut obéir aux lois du rayonnement de la chaleur; et lorsqu'après une longue succession de siècles, il se fut assez refroidi, sa superficie se solidifia et en constitua la primitive écorce.

Quand ce refroidissement eut assez fait de progrès, les vapeurs d'eau, dont l'immense atmosphère enveloppait le globe, se condensèrent en se précipitant à sa surface en pluies torrentielles. Les éclats de la foudre et d'incessants roulements du tonnerre, accompagnaient ces imposantes scènes de l'enfantement de la terre, dont notre imagination ne pourra jamais nous donner qu'une imparfaite image. Telle fut l'origine des premières mers.

En même temps qu'avec la succession des siècles, l'écorce terrestre augmentait d'épaisseur, le refroidissement, en contractant le globe, forçait son enveloppe à se plisser et à se fracturer. Et ces efforts produisaient les montagnes qui hérissent aujourd'hui sa surface [117].

Lorsque la croûte terrestre était encore mince, un faible effort de ses fournaises centrales suffisait pour la briser; mais celui-ci ne donnait lieu qu'à d'insignifiantes éminences. Lorsque cette croûte eut acquis beaucoup plus de consistance et d'épaisseur, sa rupture, exigeant des forces bien autrement considérables, ne se produisait qu'à l'aide des plus violents efforts plutoniens; c'était alors qu'elle soulevait les Cordillères dans les nuages.

Le soulèvement de chaque chaîne de montagnes s'accompagnait nécessairement d'énormes perturbations dans le nivellement des mers; de là ces grandes scènes de déluges, mentionnées dans les Cosmogonies de toutes les nations. Ces remaniements, dont on compte au moins quinze à seize, se terminèrent par l'émersion du système des Andes, résultat d'une immense faille s'étendant presque d'un pôle à l'autre. Celle-ci, en exhaussant les deux Amériques au-dessus de l'Océan, suscita ce prodigieux flot qui vint submerger l'ancien continent et produisit le Déluge mosaïque. Ainsi, le feu et l'eau, successivement, retravaillaient la surface du globe.

Il est à remarquer qu'en se fracturant, l'écorce terrestre a suivi des directions constantes. De Buch, de Humboldt et M. Élie de Beaumont, ont fait observer à ce sujet que toutes les grandes chaînes de montagnes se développent du nord au sud, ainsi que cela a lieu pour les Andes et l'Oural; ou de l'ouest à l'est, comme on l'observe à l'égard de l'Atlas.

Il est évident que chaque phase tellurique a eu ses formes organiques particulières, et que les espèces d'animaux d'une époque géologique n'ont vécu ni avant, ni après cette époque. Le plus illustre savant des temps modernes, de Humboldt, lui-même, embrasse cette opinion, sans la moindre restriction : « Chaque soulèvement de ces chaînes de montagnes dont nous pouvons, dit-il, déterminer l'ancienneté relative, a été signalé par la destruction des espèces anciennes, et par l'apparition de nouvelles organisations. »

Il n'est pas possible d'être plus explicite. Le révérend Buckland professe la même opinion, et dit que de nombreux groupes d'animaux et de plantes ont déjà eu leur commencement et leur fin ; et qu'à l'apparition de chacun d'eux, l'intervention créatrice a dû se manifester.

Les phénomènes telluriques n'ont point été abandonnés aux fluctuations du hasard. Régis par d'harmonieuses lois, chacun d'eux se lie avec le passé et se perd dans l'avenir; aussi toute génération qui apparaît n'est que le corollaire de celle qui expire et le prélude d'une autre qui va naître. Les étapes de la création, sauf quelques rares oscillations, suivent une marche ascendante; la nature semble procéder par une succession d'essais, avant de façonner ses plus splendides chefs-d'œuvre : quelques infimes Crustacés, quelques Mollusques précèdent les Reptiles, et ceux-ci préludent à la création des Oiseaux et des Mammifères!

La terre n'est qu'une immense nécropole, où chaque génération s'anime aux dépens des débris de celle qui vient d'expirer : les particules de nos cadavres reconstituent de nouveaux matériaux pour les êtres qui nous suivront. Mais nous sommes arrivés aujourd'hui à une époque de transition; les forces génésiques épuisées éprouvent presque un temps d'arrêt; elles attendent que de nouvelles perturbations telluriques les réveillent de leur torpeur!

La première croûte compacte qui enveloppa le globe ne fut formée que par le refroidissement et la solidification de ses couches superficielles, naguère incandescentes. Aussi les terrains qui la composent sont-ils appelés Terrains primitifs ou plutoniens, pour indiquer soit leur ancienneté, soit leur origine ignée.

Les couches qui se trouvent superposées aux terrains primitifs, doivent au contraire leur formation au dépôt des eaux; c'est pourquoi on les nomme Terrains d'alluvion ou neptuniens. Ceux-ci sont divisés en quatre principaux étages : les Terrains de transition, les Terrains secondaires, les Terrains tertiaires et le Diluvium.

II

ÉPOQUE PRIMITIVE.

Lorsque le Globe fut assez refroidi, l'épouvantable océan de feu qui en enveloppait toute la surface, immobilisa ses vagues embrasées et laissa flotter çà et là quelques îles noires et fumantes, premiers vestiges de la croûte terrestre. Bientôt après, celles-ci augmentèrent d'épaisseur et envahirent enfin tout l'espace précédemment en combustion; c'est ainsi que se formèrent les Terrains primitifs. Tous sont d'origine ignée; tous portent l'empreinte du feu.

Ces premiers essais de solidification du globe ont produit les Granits, qui ne semblent être que le résultat du refroidissement de la masse incandescente du pourtour de la terre; aussi ces roches se trouvent-elles disséminées sur tous ses points. Elles forment comme l'ossature, la voûte de support des autres couches, qui, par la succession des siècles, se sont accumulées au-dessus.

Mais ces flots refroidis ne constituèrent, dès l'origine, que des assises peu épaisses et souvent remaniées par la fournaise ardente du dessous; ce qui fait que les Granits offrent de grandes différences entre eux; aussi, comme l'a dit heureusement M. Élie de Beaumont, « peut-être ne reste-t-il pas une seule page intacte de ces premières archives de notre globe. » Les Gneiss, par exemple, ne semblent être que des granits qui se sont trouvés retrempés par le feu central.

Les terrains de l'époque primitive étant tous le produit d'une masse en ignition, il n'est pas utile de dire qu'on ne rencontre parmi eux aucun vestige d'êtres organisés; mais, par compensation, ce sont surtout eux qui recèlent les principales richesses que la nature élabore dans ses splendides laboratoires d'alchimie.

Les gîtes métallifères résident souvent dans les filons, grandes fentes du globe remplies de matériaux divers. Des philosophes, guidés par la seule puissance de l'intuition,

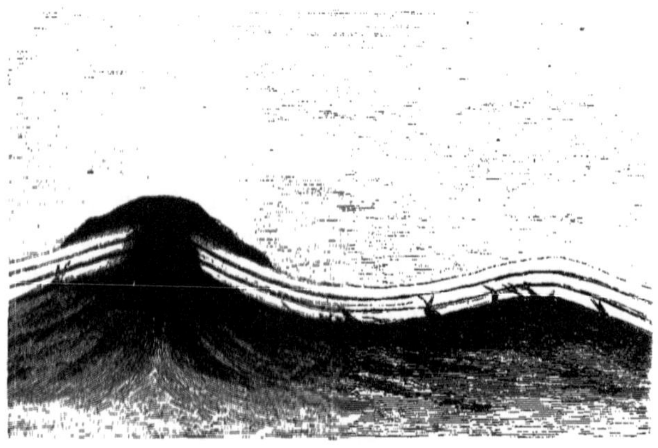

275. Premières couches granitiques et premiers soulèvements de la surface du globe.

Descartes et Leibnitz, avaient parfaitement conçu la théorie de leur formation. Ils admettaient que les minerais et les autres substances qu'on y rencontre, étaient venus les combler en se solidifiant, après s'être échappés à l'état de vapeur des brûlantes couches de l'intérieur. Werner démontra plausiblement ce fait; et les géologues modernes se sont ralliés à l'idée du célèbre allemand, en la modifiant un peu.

Dans son bel ouvrage de la *Vie souterraine*, M. Simonin admet que ces émanations métalliques peuvent arriver dans les fissures par deux moyens. « Celles-ci, dit-il, se seront déposées dans les fentes qui constituent les filons, soit à l'état de vapeurs, par *voie sèche*, comme dans les soupiraux des volcans ou les cheminées des fourneaux métallurgiques ; soit à l'état de précipitation chimique, par *voie humide*, comme dans les dissolutions de nos laboratoires. »

Cette hypothèse, comme le dit ce savant, répond à toutes les objections, en expliquant en même temps le dépôt et la formation de la gangue qui l'enveloppe.

Le Granit et le Porphyre doivent être rangés parmi les roches métallifères les plus riches. Mais on rencontre aussi des gîtes à métaux dans les Terrains de transition anciens. C'est là que l'or et l'argent se trouvent en place. Les *placers* de la Californie ne sont souvent formés que par des désagrégations de roches granitiques et de schistes remplies de parcelles d'or, et ayant été déposées au fond d'anciens fleuves qui les avaient entraînées.

La riche famille des pierres précieuses, le Diamant, le Rubis, le Saphir et l'Émeraude, semble avoir dû sa formation aux mêmes causes que les masses métalliques. Volatilisées dans les filons des roches d'origine ignée, ces pierres y ont formé d'étincelantes cristallisations, véritables larmes de la nature, comme les appelle M. Simonin.

III

ÉPOQUE DE TRANSITION.

C'est à l'époque de transition que commence à poindre l'aurore de la vie. Aucun être n'aurait pu subsister pendant la période plutonienne, sur la brûlante surface du globe. Mais aussitôt que celle-ci se trouva assez refroidie pour que la création d'êtres vivants pût s'y manifester, on y vit apparaître simultanément des animaux et des plantes. C'est là le caractère de cette époque.

La terre, imparfaitement refroidie, conservait encore partout une température fort élevée; celle-ci était la même d'un pôle à l'autre, et le soleil ne lui apportait qu'un inutile supplément de chaleur. Il n'y avait ni saisons, ni climats; la zone torride et les régions polaires étaient peuplées des mêmes plantes et des mêmes animaux; leurs vestiges fossilisés sont identiques sous les glaces du Spitzberg et dans les roches des brûlantes contrées tropicales.

PÉRIODE SILURIENNE. — Ce nom provient de celui d'une contrée de l'Angleterre habitée par les anciens *Silures;* et il a été donné aux terrains de cette époque parce que c'est spécialement sur ce lieu qu'ils ont été étudiés.

Le globe n'était animé alors que par un très-petit nombre d'animaux marins, appartenant aux classes dont l'organisation est le plus infime, et paraissant n'avoir été que le produit d'une nature faible et indécise, essayant ses premières forces.

Les mers, encore tièdes, occupaient alors presque toute la superficie du globe, et il n'existait que de fort petits espaces de terres émergées, véritables îlots perdus au milieu d'un océan sans bornes. Des Crustacés, quelques rares Mollusques, des Polypiers et un fort petit nombre de Poissons, voilà tout ce qui en peuplait les abîmes.

Mais, parmi les animaux siluriens, ceux qui prédominèrent surtout furent les Trilobites, dont le nom provient de la disposition de leur corps articulé, formé en quelque sorte de trois longs lobes rapprochés. Aucun vestige animé de ces Crustacés, qui ont été les plus antiques habitants du globe, ne se trouve dans nos mers actuelles; ils sont absolument retranchés des catalogues de la création[118].

Période carbonifère. — Plus tard, les premières couches refroidies se couvrirent d'une végétation luxuriante, dont les débris fossilisés constituent aujourd'hui nos bancs de Charbon de terre, ces véritables forêts antédiluviennes que le génie de l'homme exhume des profondeurs du sol pour les besoins de l'industrie ou de ses habitations[119].

Pendant cette période, toute la surface du globe se re couvre d'étranges et épaisses forêts où dominent superbement une foule de plantes dont les analogues ne jouent aujourd'hui qu'un fort mince rôle. Çà et là des Bambous, des Palmiers, et de gigantesques Lycopodes qui, maintenant humbles plantes herbacées et rampantes, supportaient alors leur feuillage sur des troncs droits et élevés de vingt-cinq à trente mètres. Puis des Lépidodendrons, dont la tige rappelle la cuirasse écailleuse des Reptiles. Enfin venaient des arbres de notre famille des Conifères, avec leurs rameaux chargés de fruits!

Ces vastes et primitives forêts que le cours des âges devait anéantir, s'élevaient sur des terrains échauffés et marécageux; et ceux-ci en environnaient les hauts arbres d'un fouillis épais et serré de plantes aquatiques herbacées, appelées à jouer un grand rôle dans la formation de la houille.

La végétation luxuriante de la période houillère a été certainement favorisée par l'énorme chaleur que l'écorce terrestre, à peine refroidie, conservait encore; puis par l'humidité de l'atmosphère, et très-probablement aussi par l'exubérance d'acide carbonique que celle-ci contenait alors[120].

Si un épais et magnifique manteau de verdure couvrait le globe, tout y était morne et singulier. Partout s'élevaient des Équisétacées et des Fougères gigantesques, puisant une exubérance de vie dans un sol vierge et fécond. Ces dernières, par leur port, simulaient de véritables Palmiers et, au moindre souffle, laissaient mollement onduler leur couronne de feuilles finement découpées, semblables à de flexibles faisceaux de plumes. Un ciel toujours sombre et voilé labourait de lourds nuages le dôme de ces forêts; une lumière blafarde et douteuse en éclairait à peine les troncs noirs et dénudés, en répandant de tous côtés une ténébreuse et indescriptible horreur. Mais cette riche tunique végétale qui s'étendait d'un pôle à l'autre, était absolument triste et silencieuse, et partout d'une étrange monotonie. Pas une seule fleur n'en égayait le feuillage; pas un seul fruit alimentaire n'en surchargeait les branches. Les échos restaient absolument muets et les rameaux inanimés, car au milieu de ces sites sauvages de l'ancien monde, aucun animal aérien n'était encore apparu!

On peut dire, en effet, qu'il y avait alors une absence absolue de toute animalité, car, parmi tant et tant de débris de la flore houillère, que les naturalistes ont si admirablement reconstitués, jamais on n'a rencontré que quelques fort rares vestiges d'un petit reptile, l'Archégosaure. On explique cette extrême opposition entre la richesse végétale

276. Vue idéale d'une forêt de la période houillère

et la pénurie des animaux, par la grande quantité d'acide carbonique qui se trouvait mêlée à l'atmosphère, et qui, extrê-

277. Empreinte de Lycopode gigantesque, de la Période houillère.
Lepidodendron gracile.

mement favorable à la vie des plantes, devait tuer tous les animaux jouissant d'une respiration active. Mais si l'atmosphère était empoisonnée, la mer, au contraire, réunissant toutes les conditions de vitalité, se trouvait peuplée de Poissons et de Mollusques à coquilles.

278. Archégosaure, premier Reptile antédiluvien.
Archegosaurus. Decheni.

Après avoir animé les primitives époques du globe, ses étranges forêts disparurent complétement durant la succession des temps, et aujourd'hui elles sont devenues presque méconnaissables par les transformations qu'elles ont subies dans les immenses récipients souterrains de la nature.

Il ne peut cependant y avoir de doute à ce sujet; ce sont évidemment les débris de ces antiques forêts de notre planète refroidie, qui constituent aujourd'hui le Charbon de terre ou la Houille. La science, en portant son flambeau jusque dans les ténébreuses régions d'où ils proviennent, en a reconstitué tous les éléments. Au milieu des masses luisantes et noircies des terrains carbonifères, elle a su retrouver d'abondantes empreintes des plantes qui ont produit le combustible antédiluvien; et, avec ces primitives effigies de la création, on l'a vue reconstituer l'histoire de l'aurore de la végétation terrestre.

Mais par quels mystérieux phénomènes s'est opérée cette extraordinaire transformation? On avait d'abord pensé que les forêts de l'époque houillère avaient été abattues ou entraînées par la violence des courants, et que leurs troncs enchevêtrés, après avoir erré comme d'immenses radeaux, s'étaient rassemblés dans les criques pour y former des couches de Charbon.

Cependant, cette théorie, qui séduit par sa simplicité, ne peut être admise, parce que ces troncs ne donneraient qu'une fort mince épaisseur de Houille, malgré leur masse. M. Élie de Beaumont pense, au contraire, que c'est la végétation serrée et herbacée qui enveloppait les grands végétaux des forêts houillères qui a joué le principal rôle dans la production du Charbon; et que c'est en se renouvelant et s'altérant sans cesse qu'elle a composé celui-ci, en subissant une transformation analogue à celle qu'éprouvent nos végétaux aquatiques pour se transformer en tourbe. Cette théorie explique mieux l'abondance et l'épaisseur des couches de Houille. On n'apprécie pas exactement la nature des phénomènes chimiques qui ont dû se passer durant une si fondamentale métamorphose; mais ce qui paraît évident, c'est que celle-ci s'est surtout opérée sous l'influence de l'immense pression et de la grande chaleur que les végétaux supportaient pendant que, par des affaissements d'un sol si peu épais, ils se trouvaient plongés sous des couches d'eau.

IV

ÉPOQUE SECONDAIRE.

Nous trouvons à cette époque des caractères absolument opposés à ceux de la précédente. Les végétaux prédominaient extraordinairement durant cette dernière; ici, c'est le règne animal qui semble avoir absorbé toutes les forces vitales du globe.

Les terrains secondaires se peuplent d'une Faune toute nouvelle, de plus en plus exubérante. Les Reptiles nous y étonnent à la fois par leur nombre, par leur taille gigantesque et par leurs formes insolites : antiques et incompréhensibles habitants du globe, que le génie des Cuvier et des R. Owen restitua de toutes pièces à nos yeux émerveillés! C'était à cette époque, que l'on pourrait même appeler l'Époque des Reptiles, tant ceux-ci semblent alors dominer toute la création, que vivaient les Ichthyosaures, les Plésiosaures et les Mosasaures, amas de Lézards effrayants, près desquels les nôtres ne sont que d'infimes pygmées, et qui jetaient l'épouvante dans les mers antédiluviennes.

A cette période, nous voyons aussi apparaître d'innom-

279. Vue idéale d'un paysage de l'Époque secondaire, animé de ses Ptérodactyles. Période du Lias.

brables Mollusques, dont les roches nous ont scrupuleusement conservé les coquilles. Les uns appartiennent à des genres qui ne se rencontrent plus dans les mers actuelles; tous à des espèces qui y sont absolument inconnues aujourd'hui.

Déjà, à l'époque qui nous occupe, la terre avait perdu de l'extrême chaleur qu'elle offrait précédemment. Le ciel s'était éclairci, et l'atmosphère était devenue moins pesante; cependant il régnait encore une température assez élevée qui, jointe à l'humidité, favorisait une végétation dont les luxu-

280. Labyrinthodon restitué.

riants tapis se développaient à l'envi sous l'influence de l'éclat lumineux du soleil.

Les plus anciens terrains secondaires ont frappé les Géologues à cause de l'innombrable masse de débris de Coquilles qu'ils renferment, ce qui leur a valu le nom de Conchyliens.

Au moment où se déposaient ces terrains, vivait un des plus extraordinaires Reptiles que l'on connaisse. C'était une sorte de Crapaud dont la monstrueuse taille égalait celle du bœuf, et que ses dents, semblables aux détours d'un dédale, ont fait appeler Labyrinthodon. Les strates de cette ancienne époque ont même contribué à nous initier à quelques détails anatomiques de cet animal : elles ont encore conservé l'empreinte de ses pas. C'est aussi sur ces mêmes couches que l'on observe des traces de pieds à trois doigts, que certains géologues considèrent comme des vestiges des premiers Oiseaux du globe.

C'est à cette époque qu'appartiennent les *terrains jurassiques*, qui jouent un si grand rôle dans la formation du Jura, d'où ils tirent leur dénomination. Cette formation est riche en animaux fossilisés, qui lui donnent un caractère tout spécial. On peut la diviser en deux sections, le *Lias* et l'*Oolithe*.

Les mers liasiques nourrissaient de nombreux animaux, et leurs dépôts se trouvent nettement caractérisés par les Gryphées, les Ammonites, les Bélemnites, les Plagiostomes et les Encrinites, qui leur sont particuliers. Mais ce qui surtout leur impose un cachet spécial, ce sont les étranges Reptiles marins dont on retrouve parmi eux beaucoup de dépouilles d'une remarquable conservation.

Alors existaient les Ichthyosaures, véritables *Lézards–Poissons* par la forme et le genre de vie, ce qu'indique leur nom. Ces Reptiles, qui sans doute jetaient l'épouvante dans les anciennes mers, acquéraient jusqu'à dix mètres de longueur. Tout leur organisme n'est qu'une suite de paradoxes. Avec des vertèbres de Poisson, ils présentaient des nageoires de Dauphin; armés de dents de Crocodile, ils offraient un globe oculaire d'un développement à nul autre pareil. Celui-ci, dont le volume égalait parfois la tête d'un homme, était protégé en avant par une armature de pièces osseuses; c'était à n'en pas douter l'appareil visuel le plus puissant et le plus perfectionné qu'on ait jamais rencontré dans la création. Aussi Buckland prétend-il que les Ichthyosaures pouvaient découvrir leur proie aux plus grandes comme aux plus petites distances, au sein de l'obscurité des nuits et des abîmes de l'océan; et que là, la délicatesse de l'organe était protégée contre la pression de l'eau et le choc des vagues par le bouclier osseux qui entoure la cornée transparente.

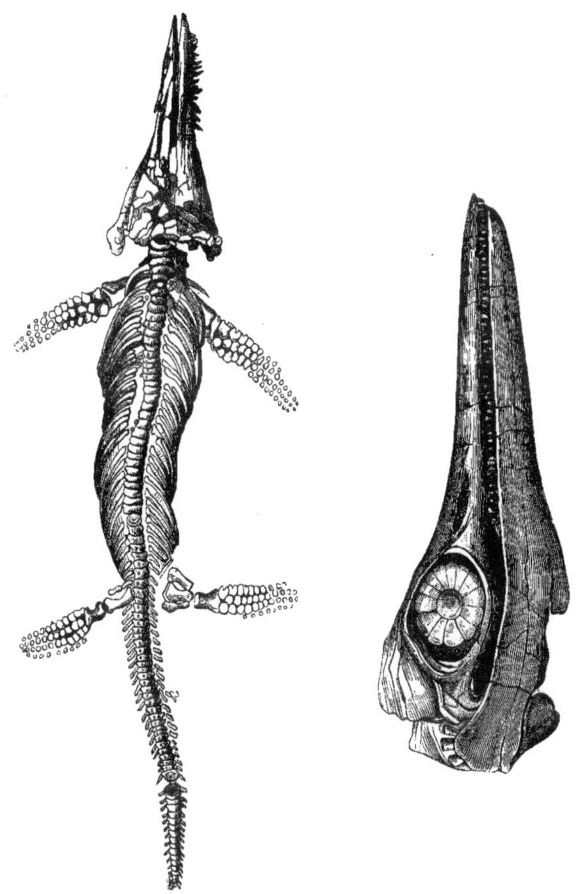

281. Squelette d'Ichthyosaure commun. — Tête d'Ichthyosaure.

L'investigation des naturalistes a été tellement ingénieuse à l'égard de ces animaux que, malgré la destruction de leurs organes mous, depuis des millénaires d'années, on a pu exactement débrouiller la structure de leur tube intestinal! On a prouvé qu'il était exactement formé comme une vis d'Archimède et absolument analogue à celui de nos Requins et de nos Raies. En même temps, on découvrait même quelle était la nature des aliments de ces voraces Reptiles. La révélation de ces deux faits était résultée de l'examen de fèces ou *Coprolithes* d'Ichthyosaures, que l'on découvre en grand nombre dans quelques localités. Leur forme, moulée sur l'intestin, en dévoilait évidemment la structure; tandis que les vestiges d'aliments dont on les trouva pétris, attestaient que ces animaux dévoraient une énorme quantité de poissons, et même, à l'occasion, leur propre espèce, car on a retrouvé de petits Ichthyosaures dans le ventre des gros.

Avec ces terribles dominateurs des mers jurassiques vivaient les Plésiosaures, Reptiles tout aussi étranges et que Cuvier considérait comme les plus monstrueuses races de l'ancien monde. Ils se faisaient remarquer par leurs nageoires semblables à celles des Tortues, et surtout par la finesse et l'extrême longueur de leur cou serpentiforme. La disposition du squelette des Plésiosaures a conduit M. Conybeare à penser qu'ils nageaient ordinairement à la surface des vagues, en recourbant en arrière leur cou long et flexible, à la manière du Cygne, et en le dardant de temps à autre pour saisir les poissons qui s'approchaient d'eux. Leurs pattes, analogues à celles des Tortues marines, ont aussi fait penser au savant Anglais que les Plésiosaures, ainsi que ces reptiles, sortaient parfois de la mer et se réfugiaient au milieu des végétaux pour se soustraire à leurs dangereux ennemis, qui étaient sans doute les Ichthyosaures.

Si les périodes les plus reculées du globe nous ont offert quelques monstrueux animaux, selon nous, ce sont les Ptérodactyles qui méritent d'être placés à leur tête : ils nous rappellent les anciens dragons des traditions légendaires.

Leur structure est tellement paradoxale qu'on ne sait réellement où les placer; ils furent tour à tour considérés comme des Poissons, des Oiseaux, des Mammifères et des Reptiles. De Blainville, embarrassé comme le furent tous les savants, en fit une classe à part dans le règne animal.

L'aspect des Ptérodactyles devait être fort étrange. Lorsque les naturalistes ont essayé d'en restituer l'organisme, les figures qu'ils en ont données, ont plutôt paru le produit d'une imagination malade, que celui de la réalité. C'étaient des Reptiles munis de grandes ailes, et qui ressemblaient à d'énormes chauves-souris ayant une tête fort effilée, supportée sur un cou grêle. Les petites espèces vivaient assurément d'Insectes, car on en retrouve des débris mêlés à leurs squelettes fossilisés.

Certains naturalistes, et tel fut Bory de Saint-Vincent, n'étaient pas éloignés d'admettre que ces fantastiques animaux ont pu donner la primitive idée de ces images de Dragons représentés si fréquemment sur les monuments des arts naissants, ou dont l'existence est attestée par divers écrivains inspirés. Ce savant suppose que quelques grands Ptérodactyles, en survivant à l'époque où ils s'éteignirent tous, auront pu se trouver les contemporains des premiers hommes; et que ceux-ci, frappés de leur étrange aspect, en conservèrent peut-être quelques images parmi leurs imparfaits dessins hiéroglyphiques, dont ensuite la tradition mythologique déforma plus ou moins le type.

La seconde section de la période jurassique présente souvent, dans ses assises, de petites concrétions jaunâtres, subglobuleuses, analogues par l'aspect à des œufs de poisson, ce qui lui a valu la dénomination d'*Oolithe.*

Ce que celle-ci offre de plus capital, c'est la première apparition des Mammifères. Les seuls vestiges qu'on en ait rencontrés, sont deux petites mâchoires ayant appartenu à des espèces très-voisines de nos Sarigues contemporaines, si connues de tout le monde par l'habitude qu'ont les femelles d'entasser leur jeune famille dans un sac abdominal ou de l'emporter partout sur leur dos.

L'Oolithe abonde en Mollusques, en Polypiers et en plantes fossiles. On y rencontre aussi des Insectes et des Crustacés.

La dernière des assises secondaires ou la *formation crétacée* joue un rôle important en géologie, soit par sa puissance,

282. Sarigue dorsigère. *Didelphis dorsigera*, Linnée.

soit par l'étendue sur laquelle on l'observe. Il n'est nullement besoin de dire que c'est à la Craie (Carbonate de Chaux), qui la constitue presque entièrement, qu'elle doit d'être ainsi appelée. Les Terrains crétacés forment beaucoup de nos chaînes de montagnes.

Durant cette période, la terre et la mer semblent encore sous la domination de Reptiles d'une taille colossale. Le Mosasaure, longtemps appelé Grand animal de Maëstricht, immense Lézard marin, atteignait une vingtaine de mètres de longueur, tandis que les espèces contemporaines en ont à peine un, et jetait l'épouvante tout autour de lui.

Avec les mers crétacées s'éteignirent toutes ces races de Reptiles étranges dont la voracité s'employait à engloutir l'exubé-

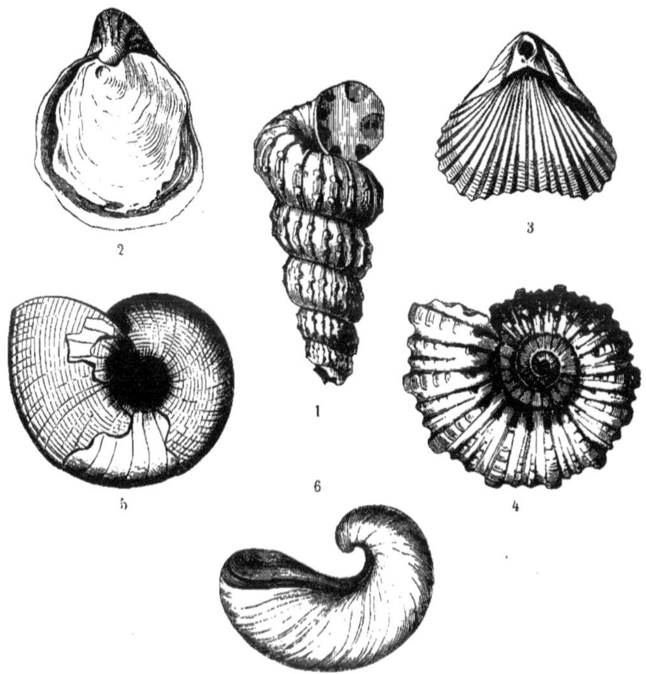

283. COQUILLES FOSSILES DE L'ÉPOQUE SECONDAIRE.

1. Turrilite à chaîne. — 2. Huître colombe. — 3. Trilobite. — 4. Ammonite mamillaire. — 5. Nautile strié. — 6. Gryphée arquée.

rante procréation des Océans. Mais en même temps leur mission se trouvait confiée à de voraces Requins d'une taille énorme, qui, pour la première fois, apparaissaient dans les eaux du globe.

Dans ces mêmes mers, à côté de Nautiles et d'Ammonites

gigantesques, pullulaient ces familles de Foraminifères microscopiques dont les débris, comme nous l'avons vu, constituent d'importantes montagnes.

Selon l'heureuse expression de M. L. Figuier, « l'état de la végétation pendant la période crétacée est comme le vestibule de la végétation des temps actuels. » Les Dicotylédons augmentent en nombre, tandis que les Fougères et les végétaux inférieurs perdent peu à peu leur suprématie et se trouvent remplacés par des arbres analogues à ceux qui nous offrent aujourd'hui leur ombrage.

Mais si les forêts de cette époque se rapprochaient déjà des nôtres par leur végétation, elles en différaient énormément par leurs habitants. Là où, de nos jours, on ne rencontre que d'inoffensifs Lézards de quelques pouces, se jouant sur les pelouses, il en existait qui traînaient dans leurs solitudes d'effrayants corps de quinze à seize mètres de longueur : tels étaient les Mégalosaures et les Iguanodons.

V

ÉPOQUE TERTIAIRE.

Nous venons de voir se dérouler une phase de la création durant laquelle toute l'animalité s'est trouvée sous la domination d'une légion d'affreux Reptiles ; à l'époque tertiaire, tous ceux-ci ont disparu dans les abîmes du globe, et une nature luxuriante et paisible se peuple, pour la première

284. Vue idéale d'un paysage de l'Époque tertiaire, rempli de Paléothères et d'Anoplothères.

fois, d'abondantes races de Mammifères inoffensifs, qui envahissent toute la terre d'un pôle à l'autre. Parmi les débris de ces animaux que l'on exhume du sol et que reconstruit la science de l'anatomiste, les uns nous étonnent par leurs formes singulières, les autres par leur stature colossale : la création actuelle semble dégénérée en présence de ces géants du règne animal! Aussi, sous le rapport de son caractère dominant, l'époque tertiaire peut-elle être appelée l'époque des Mammifères. Ce sont eux qui, en effet, prédominent partout.

Par l'effet de la succession des siècles, l'écorce du globe augmentant d'épaisseur par son refroidissement successif, était devenue assez compacte pour intercepter la chaleur centrale; aussi l'influence solaire, en se faisant plus sentir, commence alors à délimiter les climats.

La faune tertiaire présentait une extrême richesse, et parmi les animaux qu'elle nous offre à profusion, on voit s'accroître notablement la liste de ceux qui appartiennent à nos genres contemporains; on y trouve des Singes, des Chauves-souris, des Genettes, des Marmottes; et, pour la première fois, les Cétacés se montrent dans les mers.

Mais les plus remarquables de tous les animaux d'alors furent les Paléothères et les Anoplothères, pachydermes curieux qui apparaissent seulement à cette époque et s'évanouissent absolument avec elle.

Les Paléothères, par leurs formes lourdes et par leur petite trompe, ressemblaient à nos tapirs. Ainsi qu'eux, selon Cuvier, ils vivaient sur les rivages des fleuves et des lacs, comme l'indiquent les animaux lacustres et fluviatils que l'on rencontre éparpillés dans leur linceul calcaire. Ces Mammifères, remarquables par leurs trois doigts à tous les pieds, s'élevaient parfois à la taille du cheval; tel était le Grand Paléothère; d'autres n'arrivaient qu'à peine à celle du lièvre.

Les Anoplothères possédaient des formes plus effilées et une queue longue et robuste. Selon Cuvier, l'Anoplothère commun avait quelque analogie avec nos Loutres, mais sa taille était plus élevée. Ce savant pense même qu'il plongeait avec facilité pour aller à la recherche des racines ou des tiges succulentes qui composaient sa nourriture.

Les restes des Paléothères et des Anoplothères abondent

285. Le grand Paléothère, *Palæotherium magnum*. Cuvier.

dans le gypse des carrières des environs de Paris, et il en est dans lesquelles ils se trouvent tellement tassés que chaque coup de pioche exhume quelques débris de leurs ossuaires antédiluviens. Ce fait prouve avec évidence que ces Mammifères vivaient en troupeaux serrés près des rives des anciennes eaux douces du bassin de Paris.

C'est à cette même époque tertiaire que nous découvrons les plus volumineux mammifères terrestres, les Dinothères, analogues aux éléphants pour les formes, mais supérieurs à eux par la taille.

Un animal qui a été l'objet de l'attention de tout le monde, le Grand Mastodonte, appartient à la même période. Nommé d'abord *éléphant de l'Ohio*, pour rappeler sa forme et le lieu où il fut découvert, on a dû, par la suite, en former un genre particulier, à cause de ses dents composées de forts mamelons saillants.

Quoique d'une telle taille, les restes de cette espèce sont extrêmement communs au Canada et à la Louisiane. Le long de la rivière des grands Osages on en découvre des squelettes

286. Anoplothère commun. *Anoplotherium commune*, Cuvier.

presque complets. On a parfois exhumé des Mastodontes entiers et restés debout, dans des dépôts qui semblaient les avoir surpris tout vivants; quelques-uns paraissaient même avoir été enveloppés si subitement par les Alluvions, qu'on retrouva encore dans leur ventre les aliments qu'ils venaient d'engouffrer, et l'on put en déterminer l'essence; c'étaient des herbes et de fines branches d'arbres. Ainsi la science arrivait encore à débrouiller de quoi se nourrissait l'un des plus anciens êtres du globe !

Vers le même temps, nous trouvons de grands Tatous, les Glyptodons, qui dépassaient de plus du double ceux qui vivent de nos jours; puis les Mégathères, espèces de Paresseux monstrueux, qui avaient la taille des éléphants, tandis que ceux de notre époque ont à peine la grosseur d'un chien.

Enfin, vient l'effrayant *Sivatherium*, trouvé dans l'Inde et auquel, à cause de cette circonstance, on a imposé un nom mythologique dérivé de celui de la déesse Siva, qu'on y adore. Cet animal, ainsi que le dit R. Owen, est assurément la plus gigantesque et la plus extraordinaire race éteinte que l'on connaisse. C'était un Cerf de la taille d'un éléphant, ayant la tête couronnée de quatre bois.

A l'époque tertiaire on ne rencontre plus que de rares Reptiles; mais l'un d'eux a joui d'une grande célébrité. C'était une Salamandre gigantesque, qu'un naturaliste théologien fit longtemps passer pour une relique incontestable de l'hécatombe du déluge Biblique.

Durant cette phase de la création, dont nous esquissons l'histoire, de nouvelles races de Mollusques surgirent de toutes parts, tandis que les anciennes se perdaient sans retour. Les Ammonites, si nombreuses autrefois, disparaissent totalement, tandis que de toutes petites Nummulites, grosses comme des lentilles, forment d'imposantes chaînes de montagnes sur divers points.du globe. Les Miliolites, infiniment moins volumineuses encore, se multiplient d'une si prodigieuse façon qu'elles se déposent en puissantes assises que l'industrie, ainsi que nous l'avons vu, exploite aujourd'hui pour la construction de nos habitations. C'était aussi durant cette période de l'évolution organique, que les mers du bassin de Paris abandonnaient de si riches dépôts conchyliens sur les lieux où la grande cité devait un jour étaler ses splendeurs. C'est parmi eux que l'on découvre la Cérithe géante, qui parvient jusqu'à cinquante centimètres de longueur, et une foule d'autres coquilles de la plus merveilleuse conservation, dont quelques-unes sont représentées dans la planche voisine.

La végétation de l'époque tertiaire se fait remarquer par son rapprochement extrême avec celle de notre temps. En parlant de ses plus récentes périodes, M. A. Brongniart s'exprime ainsi : « Considérée en Europe, dit ce savant botaniste, cette végétation nous offre, comme caractères particuliers,

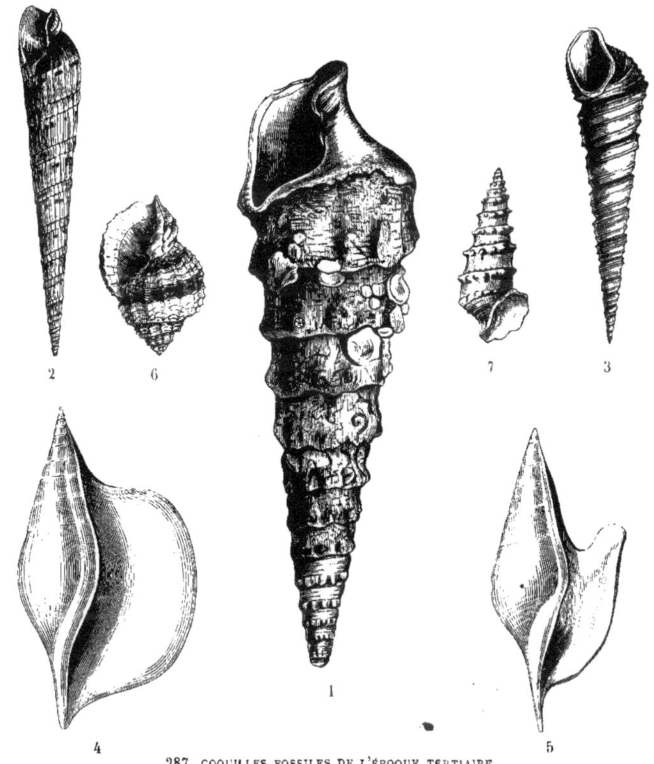

287. COQUILLES FOSSILES DE L'ÉPOQUE TERTIAIRE.

1. Cérite géante. — 2. Vis à deux plis. — 3. Turitelle imbriquée. — 4. Rostellaire macroptère. — 5. Rostellaire colombe. — 6. Cancellaire cancellée. — 7. Cérite thiare.

une extrême analogie avec la flore actuelle des régions tempérées de l'hémisphère boréal. »

Nous sommes même étonnés de retrouver dans les anciens terrains de cette époque d'irrécusables vestiges de notre flore actuelle. Des Nymphéas laissent tranquillement flotter leurs belles fleurs à la surface des tranquilles eaux de la nouvelle terre, tandis que les Potamogétons étalent leurs feuilles dans leurs profondeurs. Disons enfin que nous y observons aussi des Conifères, des Chênes, des Ormes et divers autres genres contemporains.

VI

ÉPOQUE QUATERNAIRE.

Les premières phases de cette époque se lient à la période tertiaire, et c'est durant l'une des suivantes qu'on voit enfin apparaître l'homme, dont l'essence suprême se présente comme l'admirable couronnement de l'œuvre créatrice.

L'époque quaternaire est donc notre époque contemporaine, et presque tous les êtres qui viennent l'animer, sont ceux que nous voyons encore devant nos yeux embellir la nature vivante. Mais cette période qui comprend peut-être de nombreux millénaires d'années, est loin d'avoir présenté le calme que certains savants lui prêtent. Si nous n'y voyons plus ces immenses mers qui roulaient d'un pôle à l'autre leurs vagues indomptées, nous y trouvons de grands déluges, des soulèvements de montagnes et d'horribles envahissements de glace, qui ravagent ou engloutissent tout ce qui existe.

Cette dernière époque est moins abondante en nouvelles formes animales que celles qui l'ont précédée; mais les êtres qui s'y produisent se font souvent remarquer par l'ampleur de leur taille, par leur nombre et par leur dissémination.

Sur tous les points du globe, leurs vestiges exhumés par la patience et le savoir constatent la véracité de ces assertions.

Nous avons vu d'invisibles Infusoires antédiluviens, amoncelés en montagnes par les eaux du globe, franchir une série de siècles, et se présenter à nos yeux étonnés avec tous les détails de leur organisation. Dans le Diluvium, nous retrouvons, au contraire, une population de colosses des anciens temps. Ce sont des Éléphants, des Mastodontes, des Rhinocéros, des Hippopotames, répandus sur des régions loin desquelles ils vivent aujourd'hui. La France elle-même en nourrissait de nombreuses cohortes, et il s'en trouvait jusqu'au milieu des glaces de la Sibérie.

Durant les temps antédiluviens, cette dernière contrée était même peuplée de tant d'Éléphants et de Rhinocéros, que les voyageurs rapportent que le sol de certaines îles de la mer Glaciale est aujourd'hui littéralement bourré de leurs ossements.

L'art qui, depuis l'époque la plus reculée, emploie tant d'Ivoire pour l'ornementation et la statuaire, trouve sans qu'on y ait fait attention, une mine féconde de cette précieuse substance dans les dents d'Éléphants fossiles qui abondent parmi ces antiques ossuaires. Aujourd'hui, le nord de l'Asie en fournit encore une énorme quantité à notre commerce. Les mines d'ivoire de la nouvelle Sibérie et de l'île Lachou sont tellement riches de ces débris que leur sol n'est absolument formé que d'un amas de sable, de glace et de défenses d'Éléphant. A chaque orage, les vagues rejettent sur la côte un grand nombre de celles-ci. Quelques-unes pèsent jusqu'à 100 kilogrammes [121].

La richesse de ces ossuaires des régions boréales et la stature colossale des débris qu'ils renferment, surpassent tout ce que l'on peut imaginer. Les Sibériens et les Tartares en ont eux-mêmes été frappés. L'un de leurs mythes les rapporte à des animaux souterrains qui abhorraient la lumière. A ce sujet, il est même curieux de noter que, dans plusieurs livres chinois fort anciens, il est aussi question de ces Éléphants fossiles, car c'est de ces animaux qu'il s'agit. Dans le *Ly-Ki*, Traité du cérémonial écrit cinq cents ans avant l'ère chrétienne, on dit qu'il existe un animal nommé *Tin-Schu*, ou Souris qui se cache, qui vit dans les cavernes obscures et est de la taille du Buffle; le moindre rayon de soleil ou de la lune le tue instantanément.

Klaproth rapporte qu'on rencontre une fable à peu près analogue dans les manuscrits mantchoux. On y mentionne même que cette Souris colossale atteint la taille d'un Éléphant !

Parmi les plus remarquables découvertes de notre époque, doit figurer celle d'un de ces Eléphants de l'extrême nord, qui fut rencontré par des pêcheurs dans les glaces de l'embouchure de la Léna, en 1799. Ses chairs enveloppées par un bloc glacé, s'étaient conservées depuis tant de milliers d'années, de millions peut-être ! et les chiens et les ours venaient prendre à même un repas antédiluvien. Le squelette presque entier de cet animal put être recueilli; on le voit aujourd'hui au Muséum de Saint-Pétersbourg.

En présence de toutes ces races gigantesques englouties par les derniers bouleversements telluriques, l'esprit se reporte en arrière et fouille au milieu de leurs ruines, en s'efforçant de pénétrer les causes de ces grands désastres.

A l'une des Époques les plus rapprochées de nous, lorsque toute la superficie du sol que nous habitons, éclairée par un soleil radieux, n'était peuplée que de splendides forêts et de magnifiques prairies, au milieu desquelles erraient des troupeaux d'Éléphants, de Mastodontes et de Rhinocéros, tout à coup, cette exubérance de vie disparut dans un même naufrage. Un horrible manteau de neige et de glace couvrit tout le nord de l'Europe, en étendant ses replis jusque dans les plaines de la Germanie. Saisies par le froid, toutes ces grandes races d'animaux succombèrent et s'ensevelirent sous cet âpre linceul; un astre pâle et voilé éclaira seul ces solitudes inanimées, un silence de mort régna partout.

Quelle fut la cause initiale de ces phénomènes inattendus, de cette véritable Période glaciaire que traversa le globe, précédemment si brûlant? Cette cause restera longtemps ignorée peut-être, mais les ravages ont laissé partout d'indélébiles empreintes. Les vagues de cette immense mer de glace, en descendant des montagnes, en brisaient des quartiers, les emportaient dans leur mouvement, et les disséminaient partout sur leur passage. Ainsi furent transportés dans les plaines de la Germanie et du Novogorod, de nombreux fragments des pics élevés de la Scandinavie. D'autres, violemment arrachés aux sommets des Alpes, se trouvèrent jetés sur les pentes du Jura.

Jusqu'à ce moment, les géologues avaient supposé que ces fragments de rochers, ces *Blocs erratiques*, comme on les nomme, que l'on rencontre loin des montagnes dont leur structure atteste qu'ils proviennent, n'avaient dû leur transport qu'à une violente impulsion des eaux, qu'ils avaient été entraînés par les flots des déluges. Agassiz, dans son ouvrage sur *les Glaciers*, a démontré que cette hypothèse était inadmissible, et qu'il fallait attribuer aux grands mouvements des mers de glace le transport des roches que l'on trouve souvent fort loin de leur centre de formation.

C'est à ce refroidissement, qui sévit sur une ample partie de l'Europe, qu'il faut reporter la grande hécatombe de ces myriades d'Éléphants, de Mastodontes et de Rhinocéros, qui animaient autrefois toutes les contrées de la France, de l'Allemagne et de l'Italie, et dont leur sol nous offre à chaque instant de nombreux vestiges.

Cette cause fut évidemment subite, car si tous ces animaux n'eussent été aussitôt gelés que tués, divers agents en auraient disséminé les restes; tandis que souvent l'on en retrouve des squelettes entiers sur le lieu où ils expirèrent. On a même découvert, comme nous venons de le dire, des Éléphants compris dans les glaces et encore enveloppés de leurs chairs, et des longs et extraordinaires poils dont ils possédaient une épaisse fourrure!

A l'époque quaternaire, d'autres événements retravaillaient encore le globe, c'étaient les grands déluges qui promenaient à sa surface leurs tumultueux torrents et y déposaient d'abondants débris. Aussi est-ce sous la dénomination de *Diluvium* que l'on désigne ces terrains.

Mais si l'étude attentive de la terre nous indique avec précision la succession de ses époques, toute la science moderne reste encore indécise et stupéfaite lorsqu'on la somme d'indiquer quelle a été la durée de ces grandes phases, et à combien d'années remontent exactement tous ces déluges, ces cataclysmes, et enfin la création de l'homme.

Malgré l'apparente jeunesse du nouveau continent, quelques géologues, cependant, reportent à une époque fort reculée la production de la grande faille qui lui a donné naissance, en brisant le globe presque d'un pôle à l'autre. L'un des hommes les plus savants dont s'honore l'Angleterre, sir Ch. Lyell, en s'appuyant sur de sérieuses autorités, professe que le Mississipi coule dans son lit actuel depuis plus de cent mille ans. Et le docteur B. Dowler, qui partage cette manière de voir, assure, d'après des considérations de physiologie végétale et l'examen de quelques poteries et de quelques sépultures indiennes, que depuis plus de cinquante mille ans, le Delta du grand fleuve est habité par l'homme!...

Mais, au contraire, G. Cuvier rajeunit considérablement la création, et ne recule point l'apparition de l'homme au delà de la tradition. Selon cet illustre zoologiste, l'histoire de l'humanité atteste que l'homme ne domine à la superficie du globe que depuis un nombre d'années assez restreint.

La nation hébraïque est la seule qui nous offre des annales

écrites avant le règne de Cyrus. Homère, le premier des poëtes, et Hésiode, son contemporain, vivaient il y a environ deux mille huit cents ans. Hérodote, qui fut le premier historien profane, écrivait il y a à peu près deux mille trois cents ans.

Par orgueil national, les Indiens et les Égyptiens se plurent à perdre leur origine dans les ténèbres des siècles, et pour accréditer leurs récits, ils les entremêlèrent souvent de fables inventées par les mages ou les brames, que beaucoup de raisons ont engagés à altérer l'histoire.

Chez les Indiens, les *Vedas*, ou livres sacrés, qu'ils prétendaient avoir été révélés par Brama dès l'origine du monde, ne remontent guère au delà de trois mille deux cents ans. Les Livres d'astronomie de cette nation, et les Tables de l'état du ciel, que l'on avait crus d'abord d'une si prodigieuse ancienneté, ont été reconnus pour être, au contraire, assez modernes. On a découvert que ces Livres et ces Tables étaient antidatés. Les brames annonçaient audacieusement que les plus anciennes de ces tables astronomiques avaient été relevées depuis plus de vingt millions d'années. L'opinion fut trompée un moment par leur assurance et par l'autorité de Bailly. Mais Laplace prouva que leurs calculs avaient été faits après coup, et d'ailleurs qu'elles étaient fausses. Benthley prétendit même qu'elles n'avaient été composées que depuis quelque 700 ans.

Les Égyptiens, quoique moins prétentieux, se donnaient cependant aussi une origine reculée de beaucoup au delà du vrai. Quand Hérodote visita leur pays, les prêtres lui racontèrent qu'ils avaient une histoire qui datait de 11 340 ans. Et, pour donner l'apparence de la véracité à leurs récits, ils ajoutaient que, pendant ce laps de temps, le soleil s'était levé deux fois vers l'horizon de son coucher.

Les Monuments cyclopéens, dont le grandiose nous étonne, paraissent le résultat de travaux de l'enfance des sociétés. Les pierres presque brutes qui les forment, et les énormes proportions de leur architecture, ne se rapprochant en rien des constructions des Grecs, ont fait prêter l'exécution de ces monuments aux premiers hommes de la terre. En en exagérant l'ancienneté, quelques savants les ont regardés comme antérieurs au déluge. Mais ces constructions robustes, plus extraordinaires par leur masse que par le goût qui a présidé à leur érection, semblent avoir été élevées par un peuple navigateur, pour résister aux invasions de la mer. Quoiqu'il y ait dissidence entre les savants relativement à l'époque à laquelle elles remontent, tout semble confirmer qu'elles ont été érigées par les Phéniciens.

Les Monuments astronomiques vieillissent encore moins l'ère humaine. Le fameux Zodiaque de Dendérah, auquel Dupuis accorde 15000 ans d'ancienneté, est regardé par l'astronome Delambre comme étant postérieur à l'époque d'Alexandre. Et, selon Biot, il représente un état du ciel qui s'est offert 700 ans avant Jésus-Christ. D'ailleurs, le temple égyptien dans lequel on a découvert ce singulier zodiaque, a été construit pendant la domination romaine, ainsi que le prouve l'inspection des hiéroglyphes, et même une inscription qui consacre ce sanctuaire au salut de l'empereur Tibère.

Nonobstant toutes ces raisons, qui ne s'appliquent qu'à la civilisation, l'opinion de G. Cuvier a été attaquée par les récentes conquêtes de la science.

Durant les derniers siècles, certains naturalistes théologiens firent tous leurs efforts pour trouver des vestiges d'hommes fossiles, contemporains du déluge. L'un d'eux crut y être parvenu, et donna pompeusement le nom d'*homo diluvii testis* aux fragments d'un squelette découvert en Suisse par Scheuchzer dans les carrières d'Œningen. Mais Cuvier dissipa le prestige en démontrant que ce précieux *homme témoin du déluge,* estimé au poids de l'or, et que l'on révérait comme une sainte relique, n'était autre chose que l'ossature d'une

Salamandre gigantesque. Le doute n'était plus possible. La tête du reptile avait été prise pour les os des hanches; on en voyait les dents. Et le savant français n'eut qu'à gratter un peu la pierre, pour mettre les pattes à nu [124].

Aujourd'hui cette ardeur biblique semble remplacée par une direction toute opposée. Des faits scientifiques, dont la valeur ne peut être contestée, établissent évidemment l'ancienneté de la race humaine; et, nonobstant, par d'inexplicables raisons, certains géologues font tous leurs efforts pour nier cette grande découverte.

On avait parfois trouvé quelques vestiges de notre espèce parmi les débris des animaux qui se sont éteints durant les dernières révolutions du globe.

D'un autre côté, un savant archéologue, M. Boucher de Perthes, à l'aide de la plus louable persévérance, est parvenu à rassembler un assez grand nombre d'instruments en silex, ayant évidemment appartenu à des races humaines antérieures aux temps historiques, et qui s'éteignirent au milieu de la grande catastrophe diluvienne.

Pour l'illustre Ch. Lyell, il ne peut y avoir de doute. Ces instruments en silex taillé, haches, pointes de flèches et couteaux, qu'on trouve dans le Diluvium, ont été façonnés par une race d'hommes qui a précédé la nôtre; race qui fut contemporaine des Ours et des Hyènes des cavernes, et même des Rhinocéros et des Éléphants qui habitèrent anciennement notre sol, et dont nous ne retrouvons plus que les débris fossilisés [125].

Les découvertes des géologues et des archéologues nous révèlent donc enfin qu'il existe dans le sol des vestiges d'hommes antédiluviens. Lyell, Lartet et M. Boucher de Perthes sont unanimes sur ce point.

Et n'est-il pas singulier d'apprendre qu'en même temps que la science moderne faisait tous ses efforts pour nier la contemporanéité de l'homme et des grandes races de Mammifères du Diluvium, celle-ci était en quelque sorte consacrée dans toutes les traditions rapsodiques des sauvages du nord de l'Amérique! Jefferson rapporte que les Virginiens sont persuadés que les Mastodontes, dont on rencontre si souvent des ossements dans leur pays, y vivaient en même temps que leurs pères; mais que, comme ils détruisaient les animaux qui leur étaient utiles, le Grand-Esprit les foudroya tous à l'exception du plus vigoureux de leurs mâles, dont le front cuirassé secouait les éclats du tonnerre à mesure qu'ils le frappaient [126].

Les habitations lacustres, dont on a récemment découvert tant de vestiges dans les lacs de la Suisse, de l'Écosse, de l'Italie et du Danemark, attestent aussi l'ancienneté de l'homme à la surface du globe. Il n'est plus possible aujourd'hui de contester que ces singulières constructions, élevées sur pilotis, n'aient servi dans les temps anté-historiques à abriter les premières races humaines. Le doute n'est plus permis à ce sujet depuis qu'on a rencontré parmi ces primitifs vestiges de l'art, divers instruments servant à leurs habitants; des meules de moulins, des couteaux et des armes en pierre; puis des colliers, des bracelets en bronze ou en ambre de la Baltique, et même des squelettes d'hommes [127].

Telles sont les grandes scènes des créations temporaires qui animèrent successivement la surface de la terre, et durant chacune desquelles la sublime essence de la vie semble constamment progresser sur la matière, pour arriver enfin jusqu'à notre espèce, dont le génie apparaît comme le suprême reflet de la Divinité.

Mais c'est dans cette suprématie intellectuelle que l'homme trouve fatalement la source de ses doutes accablants. Sa vie s'épuise vainement à effacer le passé et à sonder l'avenir. Sa pensée, incertaine et curieuse, l'entraîne comme un fleuve impétueux qui se perd dans un océan sans rivages : semblable aux héros favoris de Goethe et de Byron, tous ses efforts tendent à débrouiller les ténèbres impénétrables de sa destinée. C'est ainsi que des philosophes et des savants de l'ordre le plus élevé, en présence de cette incessante mutation des êtres, se sont demandé si l'espèce humaine était le chef-d'œuvre et le dernier effort de la puissance créatrice; ou si, disparaissant à son tour au milieu d'un nouveau naufrage, des êtres d'une essence plus épurée devront encore lui succéder [128].

En présence du progrès qu'atteste chaque création, divers savants allemands, avec Bremser, admettent sans hésitation la dernière hypothèse; et il en est même, parmi eux, dont l'audace appelle le secours des chiffres pour en démontrer l'évidence [129].

Dans son remarquable ouvrage de géologie, M. Louis Figuier, lui-même, a écrit sur ce sujet une belle page que nous sommes heureux de pouvoir reproduire. « Il n'est pas impossible, dit-il, que l'homme ne soit qu'un degré dans l'échelle ascendante et progressive des êtres animés. La puissance divine qui a jeté sur la terre la vie, le sentiment et la pensée; qui a donné à la plante l'organisation; à l'animal le mouvement, le sentiment et l'intelligence; à l'homme, en outre de ces dons multiples, la faculté de la raison, doublée elle-même de l'idéal, se réserve peut-être de créer un jour, à côté de l'homme, ou après lui, un être supérieur encore. Cet être nouveau que semblent avoir pressenti la religion et la poésie modernes, dans le type éthéré et radieux de l'ange chrétien, serait pourvu de facultés morales dont la nature et l'essence échappent à notre esprit....

« On doit se contenter de poser, sans espoir de le résoudre, ce problème redoutable. Ce grand mystère, selon la belle expression de Pline, est caché dans la majesté de la nature, *latet in majestate naturæ*, ou, pour mieux dire, dans la pensée et la toute-puissance du Créateur des mondes. »

LIVRE II.

LES FOSSILES.

Si, en terminant cette esquisse de géologie, nous examinons de quels matériaux se sont inspirés les savants pour débrouiller les ténébreuses phases de la terre, nous voyons qu'ils ont pu puiser de précieux documents dans les nombreux vestiges des êtres qui l'animèrent successivement, et qu'on retrouve éparpillés à sa surface ou dans ses couches profondes.

En effet, les Roches fossilifères ne représentent que les catacombes des anciennes créations, miraculeusement conservées par les siècles ; et les ineffaçables empreintes laissées par elles sur chacune des assises du globe, semblent comme autant de médailles destinées à en retracer les révolutions.

Les diverses couches de notre sphère nous ont fidèlement légué des vestiges de tout ce qui anima leur surface ; rien n'en a été perdu dans ce grand médailler de la nature. La Libellule, avec ses ailes de gaze, s'y trouve tout aussi bien conservée que la lourde ossature du Mastodonte. La carapace d'un Infusoire microscopique gît à côté de la boîte osseuse d'une Tortue gigantesque. On a retrouvé, sinon dans toute leur fraîcheur, mais au moins avec toute la délicatesse de leurs formes, quelques-unes des fleurs qui parfumèrent les premiers gazons du globe. Certaines sécrétions végétales ont elles-mêmes échappé aux ravages des cataclysmes. Ainsi, nous découvrons la résine de quelques Conifères antédiluviennes, et, au milieu de ses amas transparents, gisent encore les Insectes ailés qu'elle emprisonna en s'écoulant; tel est notre Ambre jaune [130].

Pour ceux qui savent sonder les plus mystérieuses révélations de la nature, celle-ci dévoile encore d'autres faits absolument inattendus; des vestiges de certains actes ou de certains phénomènes qui n'ont eu que la durée d'un instant!

288. Libellule fossile de l'époque secondaire.

L'antiquaire ne retrouve déjà plus, sur l'arène, aucune trace du pied sanglant de ces conquérants superbes qui promenèrent leurs hordes sauvages d'un bout du globe à l'autre; tandis que quelques humbles Tortues, quelques Lézards isolés, dont vingt cataclysmes nous séparent, offrent encore au naturaliste étonné la fugitive empreinte de leur pas sur le sol à peine ébauché des plus anciens temps du globe. Ailleurs, qui pourrait s'en douter? on retrouve même des indices des orages des primitives époques de la terre. Des gouttes d'eau, en tombant sur le sable, y ont formé des empreintes que celui-ci nous a conservées en se transformant en grès solide. C'est presque de la pluie fossile [131] !...

Et cependant, malgré cette merveilleuse conservation des anciens êtres, on ne voulut de longtemps voir dans les fossiles que des *jeux de la nature*, des *lusus naturæ*, comme on les appelait !

En vain, la terre s'efforçait-elle de nous rendre ses plus délicats squelettes avec toutes leurs fines arêtes; en vain, nous

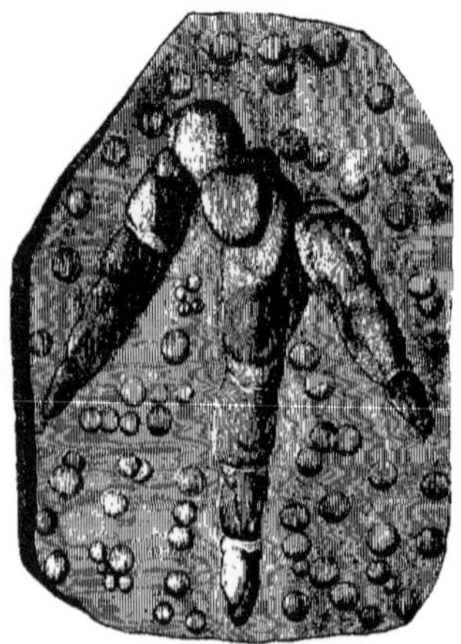

289. Empreintes de gouttes de pluie et de pas d'animal, sur des terrains antédiluviens.

offrait-elle ses coquilles avec leurs plus charmantes guillochures, parfois même avec leur antique coloration; en vain aussi retrouvions-nous, au milieu des roches, des Oiseaux encore enveloppés de leurs plumes, des Insectes avec leurs ailes transparentes; jusqu'au seizième siècle, toutes ces choses ne passaient que pour des productions fortuites, engendrées par le hasard, et n'ayant que la trompeuse apparence d'êtres que la vie avait animés.

Il fallut se fâcher pour marteler la vérité dans le cerveau réfractaire de quelques savants. Celui qui le premier eut ce courage fut un potier de terre, pauvre de fortune, mais grand par le génie. C'était Bernard Palissy, qui fit des leçons aux docteurs de Paris — lui qui n'était rien — pour leur démontrer que les coquilles qu'on rencontre dans le sol y ont été apportées par la mer, et qu'anciennement elle a occupé les lieux où on les découvre. C'était cet homme humble et fervent, qui devenait ainsi le fondateur de la géologie positive [132].

Mais pendant que se déposaient les divers terrains fossilifères, pendant que la terre renouvelait ses vivantes populations, les forces plutoniques, sans cesse en fermentation, de temps à autre ébranlaient l'écorce du globe ou la fracturaient de place en place. Ses fragments formaient nos montagnes, et celles-ci sortant du fond des mers, portaient jusque dans la région des nuages les ossuaires des animaux qui avaient autrefois peuplé leurs profondeurs.

Lorsque Buffon vint, à son tour, soutenir que les Coquilles éparpillées sur les sommets des Alpes et des Apennins n'attestaient que les convulsions du globe, il trouva un contradicteur auquel personne ne se fût attendu. C'était Voltaire, qu'on vit, dans sa *Physique*, attaquer par de mordantes plaisanteries ceux qui adoptaient cette opinion. Il prétendit que toutes les coquilles rencontrées dans nos montagnes, y avaient été disséminées par des pèlerins, à leur retour de Rome. On n'avait qu'un mot à répondre à l'immortel écrivain, mais Buffon ne le fit pas; c'est qu'on rencontre partout de ces vestiges fossiles, même dans les deux Amériques, où sans doute ces pieux voyageurs ne les portèrent pas; et que, d'un autre côté, il y a même d'imposantes montagnes qui en sont absolument formées [133].

Nonobstant la parfaite conservation de beaucoup de fossiles, l'amour du merveilleux, qui dominait nos ancêtres, en faisait méconnaître la nature; et ils étaient presque constamment rapportés à quelques êtres extraordinaires. Les os d'Ours, que l'on extrayait des cavernes de la Franconie, passaient en Allemagne pour un antidote souverain, et se vendaient dans toutes les pharmacies comme des restes des fabuleuses Licornes.

Pour les Éléphants et les Mastodontes, c'était généralement une autre histoire. Comme plusieurs des os de ces animaux ont, par leurs formes, de frappants rapports avec ceux de l'homme; à une époque où, enthousiasmés par les récits des anciens temps, l'imagination de nos pères élevait la taille des héros à la hauteur de leur épopée, on rapportait constamment à quelque personnage célèbre les ossements des grands mammifères que l'on rencontrait dans la terre.

C'est ainsi qu'au dire de Pausanias, une rotule d'Éléphant, de la taille d'un disque du cirque, trouvée près de Salamine, fut considérée comme provenant d'Ajax. Les Spartiates se prosternèrent respectueusement devant le squelette d'un de ces animaux, dans lequel ils croyaient reconnaître la dépouille d'Oreste. Quelques restes de Mammouth rencontrés en Sicile furent considérés comme ayant appartenu à Polyphème!...

Les savants ne furent pas plus exempts que le vulgaire de ces sortes d'erreurs. Le père Kircher, dans son remarquable ouvrage du *Monde souterrain*, figure ces géants à côté d'hommes de taille vulgaire.

L'ossature d'un Éléphant découverte en Suisse, au pied d'un arbre arraché par le vent, fut considérée par l'anatomiste F. Plater comme le squelette d'un géant de dix-neuf pieds de hauteur. Il le restitua même à l'aide d'un dessin devenu célèbre, et qu'on voyait encore il y a quelque temps à Lucerne, dans un ancien collége de jésuites[134].

Sous Louis XIII, on trouva, sur les bords du Rhône, un squelette qui acquit une extrême célébrité. On le montrait comme celui de *Teutobocchus*, défait par Marius au milieu des plus sanglantes luttes. On prétendait l'avoir exhumé d'un tombeau portant pour inscription : *Teutobocchus rex*, où il était accompagné de quelques médailles au même titre. Mais, malgré tous ces témoignages, la dépouille de ce trop fameux roi des Cimbres, qui occasionna tant d'acerbes disputes parmi la Faculté et les médecins de Paris, fut reconnue par de Blainville, pour n'être que celle d'un Mastodonte à dents étroites [135].

La dénomination de Camp des Géants, est même souvent imposée aux localités dans lesquelles abondent les os d'Éléphants ou de Mastodontes [136].

LIVRE III.

LES MONTAGNES. — LES CATACLYSMES ET LES SOULÈVEMENTS DU GLOBE.

C'est au milieu des hautes montagnes que la nature développe ses plus magnifiques scènes. Leur éternel linceul de neige, leur diadème de glace et leurs volcans enflammés, frappent et émerveillent tour à tour le voyageur. Il semble qu'en s'élevant au-dessus du séjour des hommes, dit J. J. Rousseau, on y laisse tous les sentiments bas et terrestres, et qu'à mesure que l'on approche des régions éthérées, l'âme contracte quelque chose de leur inaltérable pureté !

Là, percent de toutes parts la majesté divine et la faiblesse humaine. En présence de leurs masses colossales, de leurs effrayantes et sombres anfractuosités, on redit avec le vieux mineur allemand : « L'homme n'est qu'un point sur les montagnes ; c'est un géant dans les mines. »

L'aspect de la mer est monotone, comparé à celui des crêtes sourcilleuses du globe ; si elle a ses brises et ses tempêtes, celles-ci ont leurs ouragans et leurs avalanches. Dans l'harmonie du globe, les montagnes ont aussi leur importance. Ces grandes chaînes, dont les sommets percent dans les régions élevées de l'atmosphère, dit de Saussure, semblent être le laboratoire de la nature et le réservoir d'où elle tire les biens et les maux qu'elle répand sur notre terre, les fleuves qui l'arrosent et les torrents qui la ravagent, les pluies qui la fertilisent et les orages qui la désolent.

Les montagnes ne sont que le résultat des soulèvements de l'écorce terrestre, déterminés par l'effort de la masse incandescente qu'elle enveloppe. Le globe, en se refroidissant, est nécessairement forcé de se contracter. Lorsque l'élasticité de sa croûte a atteint son extrême limite, cette croûte se fend, et ses fragments produisent des saillies dont l'élévation est en raison directe de l'épaisseur de l'enveloppe et de l'intensité de l'effort vulcanien.

Durant ses premiers temps, la superficie de la terre n'offrait pas de montagnes, et celles qu'on y vit d'abord apparaître n'eurent que fort peu de hauteur. La croûte solidifiée étant alors très-mince, n'exigeait que peu d'efforts pour être soulevée. Mais à mesure qu'elle devint plus épaisse, les montagnes acquirent une élévation proportionnelle, et il fallut, pour la fendre, un effort de plus en plus prodigieux.

Les grands bouleversements, comme nous devons ici le redire, ont parfois déchiré le globe presque d'un bout à l'autre. Tel fut, en particulier, le soulèvement qui forma le Nouveau-Monde, et durant lequel on vit apparaître les Cordillères, se déroulant de la mer Glaciale à la Terre de Feu, en produisant la grande faille qui parcourt les deux Amériques.

Lorsque l'on songe aux ravages qu'occasionnent aujourd'hui nos simples tremblements de terre, on suppose immédiatement que les cataclysmes durent être accompagnés d'un fracas et d'une confusion dont notre esprit ne se formera jamais qu'une bien incomplète image.

L'enfantement des hautes chaînes de montagnes a suscité de grands bouleversements parmi les anciens océans. Ce sont eux qui, ainsi qu'on l'a vu, ont donné lieu à ces désastreuses inondations mentionnées dans toutes les cosmogonies des peuples dont on possède les annales écrites. Selon MM. d'Omalius d'Halloy, Beudant et Élie de Beaumont, la plus imposante catastrophe des temps historiques, notre Déluge mosaïque, n'aurait été probablement que l'effet du plus puissant soulèvement du globe, de celui des Andes; et l'exhaussement de l'Amérique au-dessus de l'Océan, qui en fut le résultat, aurait donné lieu à l'incommensurable flot qui s'est tumultueusement brisé sur l'ancien continent.

Dans son ouvrage sur les cataclysmes, M. Frédérik Klee émet à ce sujet quelques opinions fort remarquables. D'après lui, à diverses époques l'axe du globe aurait subi des déplacements, et ce serait le dernier d'entre eux qui aurait occasionné le terrible événement du déluge.

Rien n'arrête M. Klee dans ses téméraires conceptions. Il pense même que quelques-uns des contemporains de cette grande révolution tellurique ont pu la traverser; et que c'est à ceux qui y ont survécu que nous devons les récits que l'érudition en retrouve dans quelques anciens écrits. Selon ce géologue, c'est même aux témoins de cet événement inéluctable, qu'il faut rapporter les traditions mythiques dans lesquelles il est dit que, durant la catastrophe du déluge, le soleil, la lune et les étoiles ont changé de place au milieu des cieux.

Si, en effet, l'axe du globe a été interverti, l'homme, considérant alors la terre comme immobile au centre de l'univers, a dû naturellement croire que c'étaient les astres qui bouleversaient leur marche en traversant les espaces célestes [122].

On découvre dans la mythologie scandinave quelques ta-

290. Vue de l'Himalaya. Le Kaurisankar.

bleaux des grands événements qui se sont accomplis alors sur la terre et dans le ciel. L'*Edda* nous peint les ravages des éruptions volcaniques et des flots d'une mer indomptée. Ce recueil contient même quelques descriptions rapsodiques de nos cataclysmes. Telles sont les prophéties de la *Vala*, où celle-ci emprunte ses principales images à la sombre catastrophe du déluge. A ce moment, la Sibylle inspirée raconte que le soleil se levait au Sud, et que l'Orient se trouvait envahi par les glaces du pôle. M. Klee considère ces assertions comme venant à l'appui du changement d'axe du globe [123].

Les naturalistes sont à peu près d'accord sur la cause du grand déluge, mais leurs opinions varient grandement quant à l'époque à laquelle il faut reporter l'apparition de l'Amérique et l'ancienneté de l'espèce humaine. Ici la science moderne retombe dans ses témérités.

Nos cataclysmes indiquant les diverses étapes d'une force incessante, il est évident que d'autres nous menacent encore. Tout semble présager, en effet, que les siècles à venir verront d'autres phénomènes plutoniens se manifester, et que de nouveaux systèmes de montagnes surgiront. Puis, comme les soulèvements vont en suivant une progression ascendante, tout fait présumer aussi de nouvelles failles et de plus terribles convulsions.

L'homme a pu vérifier ces assertions, et voir, lui-même des montagnes sortir du sein de la terre. En 1538, il s'en forma une aux environs de Naples. En 1759, à deux ou trois journées de Mexico, le Jorullo, devenu si célèbre, éleva son plateau volcanique. Au-dessus d'une plaine naguère livrée à la culture, une superficie de dix lieues carrées se trouva ainsi soulevée dans l'air et transformée en cratères nombreux et continuellement actifs.

C'est ici l'instant de dire que plusieurs géologues contemporains professent que les mutations telluriques n'ont pas été l'effet d'une brusque transition, mais d'une progression lente et insensible. A l'école de Cuvier, qui proclamait l'infaillibilité du grand homme, en a succédé une autre, plus sceptique, admettant qu'au lieu de ces cataclysmes violents, revenant à chaque période bouleverser le globe, celui-ci n'a été régi que par d'harmonieuses lois qui, sans secousses, sans violences, transformaient sa surface, et y perfectionnaient

291. Soulèvement moderne. Le Jorullo au Mexique.

lentement et progressivement l'œuvre de la création. Cette audacieuse école, qui s'assied ainsi sur les débris de celle du célèbre naturaliste, voudrait que l'on rayât de la science le nom de cataclysme. Ses chefs sont MM. Lyell, Lartet et Darwin.

Les géologues modernes citent, à l'appui de cette nouvelle

292. Vue de la Terre de Feu. — Pics coniques du détroit de l'Amirauté.

théorie, certaines régions du globe qui, de nos jours, s'élèvent d'une façon incessante. Les anciennes Sagas nous racontent que plusieurs plages de la Baltique, autrefois presque au niveau de cette mer, et sur lesquelles d'amples troupeaux de Phoques montaient pour jouer ou s'étendre au soleil, étaient le théâtre de grandes chasses de la part des Fennes, qui les y tuaient à coups de flèches. Et de Buch et Lyell ont constaté que ces mêmes endroits se trouvent aujourd'hui placés à une grande hauteur au-dessus des flots, et qu'ils sont tout à fait inaccessibles à ces animaux. « Depuis 800 ans, dit de Humboldt, le rivage oriental de la péninsule scandinave, s'est peut-être élevé de plus de 100 mètres; et si ce mouvement est uniforme, dans 1200 ans des parties du fond de la mer, couvertes de 50 brasses d'eau, commenceront à émerger et deviendront terre ferme. »

Darwin et plusieurs autres savants, ont aussi reconnu que certaines régions très-étendues de l'Amérique méridionale, furent autrefois le théâtre de soulèvements lents et progressifs, qui ont donné naissance aux plaines de la Patagonie, toutes jonchées de coquilles marines récentes, attestant éloquemment la jeunesse de ces vues.

C'est à l'ancien continent qu'appartiennent les plus hautes aspérités du globe. On avait cru que le Chimporazo d'Amérique s'élevait plus qu'aucune autre; mais quand on a eu mieux étudié l'Himalaya qui domine la chaîne du Thibet, et offre 8840 mètres de hauteur, on a été forcé de le saluer comme Roi des montagnes.

Cependant, malgré cette hauteur absolue, cette masse immense fait à peine une aspérité sensible à la surface du globe. On prétendait donner une idée de ce fait en répétant, dans les ouvrages de géologie, que les hautes montagnes de la terre y produisaient des saillies assimilables aux aspérités d'une orange. C'est là une comparaison beaucoup trop forcée, car les chaînes les plus élevées du globe, ne font réellement à sa surface que des saillies proportionnelles à celles d'un grain de sable ou d'un demi-millimètre, sur une sphère de six pieds de diamètre.

En se reportant aux grandes scènes de désordre qui ont présidé au soulèvement des montagnes, et aussi à la constitution géologique de celles-ci, on se persuade immédiatement que leurs hautes cimes doivent offrir des aspects fort variés. C'est ce qui a lieu. Certaines chaînes de montagnes comme celles de la Calabre ont leurs crêtes dentelées comme des scies; d'autres ressemblent à des cristaux aigus, ainsi qu'on l'observe en Savoie où à cause de cela ces sommets portent le nom d'*aiguilles*. Souvent ces sommets sont arrondis et forment une succession de mamelons; d'autres fois enfin, et tels sont les pics de la Terre de feu, ces aspérités du globe sont exactement coniques, effilées et pointues et ressemblent à autant de gigantesques pains de sucre.

L'exploration des hautes montagnes n'est pas toujours sans danger. Mais les déplorables accidents dont elles deviennent le théâtre, sont souvent dus à l'imprudence des voyageurs peu attentifs aux conseils de leurs guides. Un bon guide tient dans ses mains la vie de ceux qu'il accompagne; il faut le choisir avec soin et le traiter affectueusement. Je m'en suis toujours bien trouvé. Aussi en ai-je rencontré de dévoués, et qui, à de longues années de date, conservaient encore le souvenir de mon passage.

Lorsqu'on est parvenu à une altitude un peu considérable, l'ascension des montagnes se transforme en un rude labeur. Les mouvements et la respiration deviennent extrêmement difficiles, à mesure que l'on s'élève. Il arrive même un moment où, ainsi que le fait remarquer de Saussure, on est obligé de se reposer tous les cinquante pas, accablé par une inexpliquable fatigue. Puis, la raréfaction de l'air rend l'oppression de plus en plus forte, et le cœur bondit comme s'il voulait se précipiter hors de la poitrine : le voyageur se sent

293. Cascade dans les gorges du Taurus. Vallée d'érosion

défaillir à chaque instant. A deux reprises, le baron de Müller, abandonné de ses guides et de ses compagnons, s'évanouit complétement sur les bords du cratère de l'Orizaba, tandis que des flots de sang sortaient de sa poitrine.

Après de longues marches dans les neiges, dominé par le froid et la lassitude, le voyageur éprouve une insurmontable envie de dormir; et cependant pour rien au monde on ne peut se livrer au sommeil, car celui-ci conduit à une mort inévitable : tous les voyageurs le savent.

Sur les rivages glacés de la Terre de feu, Solander, égaré dans les montagnes, disait impérieusement a ses compagnons d'infortune : « Quiconque s'assied, s'endort, et quiconque s'endort ne se réveille plus! » Cependant, cette tendance au sommeil est tellement impérieuse, absolue, que plusieurs de ses hommes y succombèrent; et que Solander, lui-même, quelques instants après, s'affaissa sur la neige, où son ami, l'illustre J. Bank, eut toutes les peines du monde à le réveiller.

Parvenu au sommet des montagnes, la splendeur du spectacle fait bientôt oublier la fatigue de l'ascension. Ce fut ce que j'éprouvai encore dernièrement, lorsque j'eus atteint le bord du cratère de l'Etna.

Là, sur ce trône fulgurant, on domine le ciel et la mer. Derrière soi, les grondements du tonnerre rugissent au fond du gouffre immense, entrée de l'empire de Pluton d'après la théogonie antique; mais que le rustique montagnard ne désigne plus que sous le nom de *Casa di Diavolo*, Maison du Diable. Debout sur ces cendres qui brûlaient mes pieds et dont les vapeurs sulfureuses me suffoquaient, devant moi s'étalait le plus splendide spectacle de la création. L'aurore commençait à poindre, et ses pâles clartés effaçaient peu à peu le vacillant éclat des étoiles. Puis, bientôt après, le soleil apparaissant avec toute sa pompe orientale, sortit de son lit d'opale, le front ceint de pourpre et d'or.

De cette prodigieuse élévation, l'œil embrasse tout le périple de la Trinacrie, se dessinant comme une ceinture chaude et lumineuse sur les flots bleus qui baignent ses rivages, et rappelant par ses promontoires avancés, les trois jambes qui symbolisent la Sicile sur ses anciennes médailles. Dans le lointain, les vagues de la mer d'Ionie se confondent avec l'azur du ciel. Et d'un autre côté, les montagnes de la Calabre, avec leurs âpres crénelures, circonscrivent ce panorama d'une inexprimable magnificence, où Malte apparaît comme un point obscur sur les confins d'un horizon de trois cents lieues de circonférence.

Près de la Sicile, et comme autant de petites saillies noires, contrastant avec le rivage brillant, surgissent au milieu de la mer les rochers des Cyclopes. Vestiges des plus terribles commotions des éléments, leurs masses basaltiques produites au milieu des convulsions du volcan, remontent au delà des époques historiques.

C'était sur le plus élevé de ces écueils que l'affreux Polyphème, peigné avec un râteau, se complaisait à jouer de la flûte pour charmer Galatée, la plus blanche des Néréides. C'est avec le rocher voisin que le Cyclope furieux écrasa Acis, son rival préféré. Les autres, il les lançait sur les vaisseaux des compagnons d'Ulysse, quand ceux-ci lui échappaient. Plus loin on aperçoit le petit port où Homère fait aborder la flotte du roi d'Ithaque. Tout ici est empreint de poésie.

Lorsque les regards s'abaissent sur les flancs du géant, on y découvre son horrible progéniture, une véritable poussinière de trente-cinq à quarante petits volcans. De là leurs cratères se dessinent comme autant de bourrelets circulaires, larges et déprimés, ou aigus et saillants, et couronnant des cônes en pains de sucre. Vus ainsi à vol d'oiseau, tous ces volcans ressemblent absolument à ceux de la lune, et il semble que l'on ait sous les yeux quelque pan amplifié de notre satellite. Je ne sache pas que l'on ait jamais fait ce rapprochement, il

294. Les Spectres du Broken, dans le Hartz.

est cependant d'une extrême fidélité. L'ascension de l'Etna pourrait être utile sous ce rapport à beaucoup d'astronomes.

A ce splendide tableau des vallées et des monts se déroulant devant les yeux et s'évanouissant dans les vapeurs de l'horizon, viennent parfois se joindre quelques phénomènes remarquables. Il existe certains pics élevés où, au lever du soleil, lorsqu'une personne se place sur un tertre saillant, sa silhouette va se tracer sur les nuages du lointain avec de singulières et gigantesques proportions. C'est ce qu'on a souvent l'occasion d'observer au sommet du Broken, l'une des montagnes les plus élevées du Hartz; et c'est ce curieux phénomène qu'on désigne sous le nom de *Spectres du Broken.*

Mais durant les voyages à travers les montagnes, les éblouissantes perspectives des sommets ne sont pas les seules qui suscitent d'émouvantes impressions, et les vallées qu'on a vues dans le lointain comme d'insignifiantes lignes accidentées, nous offrent, sinon d'aussi vastes horizons, au moins des aspects inattendus et merveilleux. De place en place, on y trouve de profondes et étroites gorges; immenses abîmes dont l'œil ne peut sonder la sombre excavation, et dans le fond desquels roule souvent quelque torrent furieux, dont les échos centuplent les mugissements. Tout menace l'audacieux voyageur qui ose se plonger dans leurs gouffres; là, l'avalanche est suspendue sur sa tête, et ailleurs, de moment en moment, des fragments de rochers s'écroulent et vont l'écraser.

Presque toutes ces gorges imposantes ne sont que le résultat des convulsions du Globe. Leur origine ne peut être douteuse, et le premier coup d'œil révèle qu'elles proviennent du violent brisement des montagnes et de l'écartement de leurs fragments. On reconnaît parfaitement ces grandes fissures à la similitude qu'offrent leurs parois par rapport aux couches dont elles sont formées, et aussi à l'irrégularité de leurs anfractuosités, dans les profondeurs desquelles règnent l'ombre et la terreur. Nos superstitieux aïeux, dominés par l'effroi que leur inspiraient ces brèches obscures, leur donnèrent souvent des noms qui exprimaient toute leur épouvante : ceux de *Vallées* ou de *Trous d'enfer* ou encore de *Gorges du diable.*

Dans toutes les hautes montagnes, telles que les Alpes et les Pyrénées, on en voit qui sont ainsi désignées. Mais assurément, une de ces anfractuosités les plus remarquables est le *Val d'enfer* qui se trouve dans la Forêt-Noire. Je l'ai franchi durant un grand hiver; rien n'en égalait alors la sombre horreur. Des masses de neige se trouvaient suspendues sur ses contreforts, et leur blancheur contrastait avec la ténébreuse entrée du précipice infernal. Ce portique du domaine de Pluton, quoique ayant une assez ample largeur, n'en était pas moins d'une impénétrable noirceur vers son fond. La vieille forêt Hercynienne que nous venions de traverser, était ensevelie sous un demi-mètre de frimas, il faisait un froid de 14 degrès au-dessous de zéro, et notre véhicule, malgré ses crampons qui faisaient jaillir de tous côtés d'amples gerbes de glace, nous entraînait avec une effrayante rapidité vers le précipice. C'était superbe : une véritable réminiscence des forêts glacées du nord.

Parfois, au contraire, les sommets des montagnes, en se déchirant, ont laissé debout de place en place de longs et étroits pans de rochers, qui, aperçus de loin, dans les vagues vapeurs de la nuit, semblent autant d'ombres fantastiques planant dans les nuages; ce sont les *Danses des sorcières* des superstitieux habitants des forêts du Hartz.

Lorsque l'écartement des montagnes a acquis de grandes proportions et qu'il s'enfonce profondément dans leurs flancs, on en profite pour y tracer des routes désignées sous la dénomination de portes, parce qu'elles ouvrent des communications faciles entre les nations. Les *Portes de fer* de l'Algérie ont eu une certaine célébrité.

Il faut dire aussi que certaines gorges ne sont dues qu'à

295. Une Vallée d'Enfer dans les montagnes de l'Espagne (Alpujarras).

l'érosion des eaux, qui, en roulant sur leurs parois, les minent incessamment, et avec le temps forment même des vallées assez larges. Ces gorges d'érosion sont moins accidentées que celles de déchirement, les eaux, par le frottement des détritus qu'elles charrient et par leur propre mouvement, en ayant aplani les parois. Souvent encore, des rivières mugissent au fond de ces anfractuosités en sautant sur les cailloux ou en se précipitant de chute en chute au milieu des rochers.

Beaucoup de cascades qu'on rencontre dans les montagnes,

296. Cirque de Gavarnie, dans les Pyrénées.

sortent de gorges d'érosion. Il en est qui, ainsi que la cascade du Taurus, s'étalent en larges nappes à l'endroit de leur chute; d'autres se précipitent en simples filets d'eau des sommets les plus élevés et tombent dans de vastes bassins situés à leur pied, comme au Cirque de Gavarnie; quelques-unes s'étalent en filets multiples sur une pente légère, semblables à un écheveau de blanche soie, dont les reflets argentés ondulent mollement sur la verdure des côteaux. De loin on dirait d'une chevelure agitée par un vent léger; ce sont elles que les montagnards, dans leur langage pittoresque, appellent des *Chevelures de la Madeleine.*

Au lieu de ces cascades de nos montagnes, dont l'œil admire la variété, dont l'oreille se plaît à écouter le lointain murmure, lorsque de grands cours d'eau éprouvent des entraves dans leur trajet, il en résulte des cataractes et des chutes du plus formidable aspect. Là, comme au Niagara, ce sont de larges nappes d'eau qui se précipitent au fond d'un immense gouffre avec un fracas qui semble ébranler tous les rochers environnants; ailleurs, comme aux chutes du Zambèse, le fleuve se divise en plusieurs masses et forme une série de tourbillons de vapeurs qui, semblables à des colonnes onduleuses, s'élèvent vers les nuages et retombent en pluie fine.

297. Le plateau de la Danse des Sorcières, dans le Hartz.

LIVRE IV.

LES VOLCANS ET LES TREMBLEMENTS DE TERRE.

Après le manteau de frimas qui s'étend sur les montagnes, ce qui nous frappe le plus, ce sont leurs volcans. Vus de loin, ceux-ci ne donnent d'eux qu'une bien imparfaite idée. Pour en apprécier les phénomènes et les ravages, il faut plonger ses regards dans leurs gouffres. Alors tout change, et la grandeur du spectacle frappe l'imagination et y laisse de terribles images. On s'étonne de l'immensité de leurs bouches ignivomes, et de l'étendue des fleuves de lave qui en découlent à certains moments[139].

Plus les volcans sont élevés, et moins leurs éruptions sont fréquentes. Les laves qu'ils vomissent provenant de fournaises dont la profondeur est probablement identique, il est évident que pour en monter les flots dans les cheminées de ceux qui sont élevés, il faut un effort bien autrement considérable que dans les autres. Aussi, l'un des plus petits de tous, le Stromboli, jette-t-il de continuelles flammes; depuis les temps d'Homère il sert de fanal aux navigateurs qui approchent les îles Éoliennes. Au contraire, les volcans six ou huit fois plus élevés qui animent les crêtes des Cordillères, semblent condamnés à de longs intervalles de repos, et souvent ne s'embrasent que de siècle en siècle.

Les volcans qui dominent les sommets glacés des Andes, suscitent souvent des phénomènes aussi extraordinaires qu'inattendus. Lorsqu'elles fondent les neiges qui en couronnent les

298. Le Stromboli, près de la Sicile.

cratères, leurs éruptions produisent d'impétueux torrents qui, en se précipitant vers les vallées, entraînent avec eux des scories fumantes, des fragments de rochers et des blocs de glace.

A une grande distance, la plupart des volcans n'apparaissent que sous la forme d'un cône pointu, vomissant des flammes ou des vapeurs par quelque infime fissure. Mais lorsque la patience et le courage nous ont portés jusque sur les crêtes accidentées de leurs bouches brûlantes, ou que nous avons pénétré dans leurs flancs, nous sommes alors tout surpris de la scène grandiose qui s'offre à nos yeux au milieu de ces gouffres effrayants et dangereux, où la chaleur et les gaz délétères suffoquent le voyageur. J'avais déjà été étonné par les dimensions des cratères des anciens volcans de la France et de l'Italie, les uns comblés par des lacs et les autres transformés en forêts ; le même étonnement m'avait saisi en explorant le Vésuve et l'Etna ; mais rien dans leurs bouches ignivomes n'est compa-

299. Sommet et cratère de l'Orizaba.

rable à ce qui existe en Amérique. L'immense cratère de l'Orizaba, d'après le baron de Müller, n'a pas moins de 6000 mètres de circonférence. Les hommes qui se promènent autour, sont presque imperceptibles.

Sur une autre montagne du Mexique, nous trouvons encore un cratère de très-remarquable dimension, c'est celui du Popocatepelt. Placé au sommet d'une crête de la Cordillère, d'où l'on aperçoit à la fois les deux océans qui baignent l'Amérique, et dans le lointain Mexico entouré de son lac féerique, ce cratère, qui est à peu près circulaire, a un diamètre de 5000 pieds dans sa plus grande largeur, selon M. Boscovitz. La gueule de ce géant n'a jamais été agitée depuis la découverte du Nouveau Monde, mais dans les temps antérieurs elle a dû vomir d'abondantes flammes, car aux environs, à plus de vingt lieues de distance, on trouve d'épaisses couches de ses cendres. Là où elles ont pu s'accumuler, leurs amas offrent parfois une profondeur de plus de cinquante mètres. La coupole de ce volcan est couverte d'éternels frimas, et, par un contraste frappant, sa cime autrefois embrasée et presque éteinte aujourd'hui, est devenue l'emblème de l'alliance des rigueurs de l'hiver et de l'empire du feu. Le cratère du Popocatepelt a une profondeur d'environ 1000 pieds. On y descend à l'aide d'une corde enroulée sur un treuil, pour y aller chercher du soufre. Arrivé dans son fond, on trouve une masse de neige et de longs stalactites de glace qui pendent de ses parois ou occupent le sol, dans tous les endroits où le soleil ne parvient pas ou qui ne se trouvent point échauffés par les brûlantes fumerolles qu'on voit s'élancer de place en place. Quelques érudits pensent que Cortez tira du soufre de cette montagne pour fabriquer de la poudre lorsqu'elle lui manquait. Ce qui est plus certain, c'est que ses audacieux compagnons tentèrent de parvenir jusqu'au cratère, mais qu'une première fois ils échouèrent.

Le cratère de Masaya, qui frappa de terreur les premiers conquérants de l'Amérique, paraît encore avoir plus d'étendue. Oviédo, qui le visita, en fut lui-même épouvanté. Il rapporte qu'il existe dans sa profondeur un espace tellement vaste qu'une centaine de cavaliers pourraient y manœuvrer en présence d'un millier de personnes. Alors on y apercevait, en outre, une fournaise dont le flot embrasé montait et descendait successivement à des intervalles que le pieux explorateur de l'Amérique compare au temps qu'on serait à répéter six fois le *Credo*. Et, en s'éloignant de ce précipice, tout stupéfait, il s'écrie : « Je ne saurais croire qu'un chrétien pût contempler un pareil spectacle sans penser à l'enfer et se repentir de ses péchés. »

Les bouches ignivomes ont toujours effrayé les habitants des contrées volcaniques. Et partout on les a comparées aux gouffres du Tartare. Le cratère de la montagne dont nous venons de parler était appelé l'*Enfer de Masaya* par les anciens Caciques Américains.

Beaucoup de contrées du globe, aujourd'hui plongées dans le plus parfait repos et couvertes d'une vigoureuse végétation, à des époques que nul ne peut assigner étaient partout bouleversées par les feux volcaniques : de riches moissons abondent où roulaient précédemment des laves embrasées. D'anciens cratères n'offrent actuellement que de l'herbe et de la mousse au fond de leur bouche, qui vomissait autrefois des torrents de feu. Ce spectacle, nous le trouvons au centre même de notre France, dans toutes les montagnes de l'Auvergne.

Les volcans en activité sont aujourd'hui nombreux à la surface du globe. Mais par ce mot il ne faut pas entendre qu'ils se trouvent agités de perpétuelles commotions. Presque tous n'offrent de terribles réveils qu'à de longs intervalles; et dans l'espace qui en sépare les éruptions, leur travail intérieur ne se révèle seulement que par d'insidieux phénomènes.

Lorsqu'une éruption redoutable se produit, souvent elle est accompagnée de sourds mugissements qui semblent ébranler la montagne. Bientôt la bouche ignivome lance dans l'air des gerbes de flammes et de fumée, ainsi que des masses de cendres et de roches embrasées : dans l'une de ses plus terribles éruptions, le Cotopaxi, en 1533, projeta à une distance de trois lieues des blocs de Trachytes du volume de 100 mètres cubes. Pendant ce temps les laves s'échappent avec effort des entrailles de la montagne et se répandent sur ses flancs comme autant de fleuves ou de cascades de feu incendiant tout sur leur passage.

Dans les volcans d'une grande altitude, la lave, pour s'é-

300. Éruption du Cotopaxi (1741).

lever jusqu'au cratère culminant, aurait besoin d'une incalculable puissance; aussi arrive-t-il souvent qu'elle se fait jour avant de l'atteindre, et, après avoir brisé les flancs de la montagne vers sa base, y constitue un petit volcan adventif

301. Vue intérieure du cratère du Popocatepetl, par l'une de ses brèches.

où désormais se concentrent tous les efforts de l'éruption, et d'où jaillit un fleuve de laves d'une puissance qu'on n'attendrait pas d'une aussi faible éminence.

Dans les hautes montagnes volcaniques on trouve souvent à la base du grand cône une suite de ces petits volcans accessoires; ainsi que nous l'avons vu, l'Etna en possède toute

302. Etna. Cascade de feu. Éruption de 1771.

une famille disséminée sur ses flancs. Ce sont même ceux-ci qui ont surtout ravagé les contrées environnantes.

La plus épouvantable éruption de l'Etna, dans les temps modernes, se produisit par l'un de ces jeunes volcans, le *Mont Rose*. Ce fut de lui que sortit ce long fleuve de laves qui roula ses flots embrasés sur une étendue de neuf lieues, vint incendier une partie de Catane, et n'arrêta ses ravages qu'en s'engouffrant dans la mer, au milieu du plus tumultueux combat entre les vagues et le feu.

Malgré ses moindres proportions, le Vésuve a eu lui-même

d'épouvantables éruptions. L'une est surtout célèbre par la destruction de deux riches et importantes cités qui s'élevaient sur ses flancs, Herculanum et Pompéi. La première a été en partie envahie par un fleuve de laves, et la seconde absolument ensevelie sous une prodigieuse masse de cendres. Cette éruption eut lieu en 79, et elle a peut-être eu plus de retentissement à cause de la mort du naturaliste Pline que par ses ravages eux-mêmes.

Durant ses convulsions, de nos jours, le Vésuve a produit des coulées de laves qui ont anéanti quelques petites villes. *Torre del Greco* située près de la mer, en 1794, a vu leurs vagues embrasées submerger toutes ses habitations en s'élevant au-dessus de leurs toits. Récemment le volcan a détruit de nouveau une partie de ce bourg que l'on avait reconstruit après son désastre.

Les grandes coulées de laves offrent parfois une surface assez unie, comme celle d'un fleuve descendu paisiblement du sommet de la montagne jusqu'au fond des vallées. Alors, c'est une route toute faite, et j'en ai parcouru plusieurs que le feu des volcans semblait avoir ainsi préparées pour les besoins de l'homme. Mais, le plus souvent ces immenses champs de laves, comme on en observe aux abords de l'Etna, de l'Hécla et de tant d'autres volcans, ont une surface tourmentée, brisée, qui se présente comme une mer en furie, que la baguette d'une fée aurait subitement transformée en pierres fracturées et noircies..... C'est même encore plus horrible que cela. L'homme égaré quelques heures au milieu de ces affreuses solitudes y expirerait indubitablement.

Certains volcans offrent aussi des éruptions de boue, et celles-ci constituent parfois un phénomène fort remarquable. Un écrivain japonais très-érudit, Tit-singh, raconte qu'en 1793, un volcan de l'île de Kiou-siou, l'une des plus grandes de son empire, vomit subitement de tels torrents de matières liquéfiées que plus de 50 000 habitants succombèrent en-

303. Ruines à Torre del Greco, d'après une photographie.

traînés par leurs flots. Des exemples analogues se sont produits en Amérique. Un grand village de l'équateur fut totalement détruit en 1797 par un fleuve de boue volcanique.

Cet étrange phénomène est dû à la communication qui se produit entre les cratères et les lacs souterrains cachés dans les flancs des montagnes. On explique également par ce fait l'énorme quantité de Poissons mêlés aux eaux et à la boue,

304. Pimélodes des Cyclopes. *Pimelodus cyclopum.*

que vomissent parfois le Cotopaxi et d'autres volcans de l'Amérique. Et cette explication est d'autant plus plausible que l'espèce qui se trouve ainsi rejetée durant leurs éruptions est la même qui seule vit dans les cours d'eau les plus élevés de la Cordillère, à quatorze cents toises d'altitude. Ce poisson appartient au genre *Silure* et les naturalistes lui ont donné récemment le nom de Pimélode des Cyclopes, pour rappeler les singulières péripéties de son existence[140].

Ces éruptions poissonneuses ne sont pas rares. De Humbold rapporte que, dans l'une d'elles, le Cotopaxi jeta une si grande quantité de Pimélodes sur les terres du marquis de Selvalègre que ceux-ci empestèrent l'air dans tous les environs. Vers la fin du siècle dernier, la ville d'Iburra fut ravagée par une fièvre pernicieuse qu'on attribua aux miasmes qui s'élevaient d'une énorme masse de ces poissons vomis par un volcan du voisinage.

Emerveillés par la puissance et la variété des phénomènes volcaniques, de tout temps les savants ont voulu en expliquer le mystère. De nombreuses hypothèses ont été produites à cet effet, et successivement elles sont tombées dans l'oubli; ne citons que les plus célèbres.

Durant l'ère des encyclopédistes, au dix-huitième siècle, où toutes les théories se produisaient si audacieusement, on expliqua fort diversement les volcans. Une des idées qui alors eut le plus de vogue, c'était que ceux-ci n'étaient que le résultat de l'embrasement d'amas de houille et de pyrites qui se trouvaient sous les assises des montagnes.

Le chimiste Lémery avait proposé une autre hypothèse. Dans ses expériences de laboratoire, il produisait une sorte de petit volcan artificiel, en mêlant ensemble du soufre finement pulvérisé, de la limaille de fer et un peu d'eau. Après un temps assez court, il s'engendrait dans ce mélange une telle réaction qu'il s'enflammait. Selon le professeur du Jardin du Roi, de telles choses se passaient dans les montagnes ignivomes. Tous ceux qui voyaient faire cette expérience sortaient convaincus. Buffon lui-même adoptait cette hypothèse. « Voilà, disait ce grand homme, ce que c'est qu'un volcan pour un physicien. »

Un autre savant, l'illustre Humphry Davy, proposa aussi une théorie chimique fort ingénieuse; trop ingénieuse peut-être, ce qui fit qu'elle eut beaucoup moins de vogue que celle de Lémery. Ayant découvert plusieurs métaux, le potassium et le sodium, qui ont la singulière propriété de s'enflammer aussitôt qu'on les met en contact avec l'eau, le chimiste anglais prétendit que les flammes qui s'élancent des volcans n'étaient que le produit de la combustion de ces métaux, qui s'opérait dans les profondeurs du globe lorsque de l'eau parvenait jusqu'à eux.

Cette hypothèse, malgré le grand nom de son auteur, n'eut qu'une durée fort éphémère; des phénomènes aussi puissants et aussi généraux ne sauraient avoir leur source dans des réactions chimiques locales. Les géologues de notre époque sont à peu près unanimes pour reconnaître que l'on doit attribuer tous les phénomènes volcaniques au feu central du globe, faisant plus ou moins d'efforts pour projeter au dehors l'exubérance de ses masses incandescentes. Ce qu'il y a de certain, c'est que, mieux que toutes les autres, cette théorie explique facilement ce qui se produit durant les éruptions. Et tous ceux qui ont visité des volcans l'admettent sans hésitation.

Les tremblements de terre se trouvent essentiellement liés aux phénomènes volcaniques, et souvent les accompagnent. Ils semblent résulter de l'effort que les matières ignées du globe tentent pour s'élancer hors de leur fournaise. Dans les contrées où il y a des volcans, on les regarde en quelque sorte comme des soupapes de sûreté ; tant qu'ils sont en activité et que le trop plein central s'épanche par l'orifice ignivome, la contrée est tranquille.

Nul phénomène n'offre aux yeux un aussi déchirant spectacle. Le naturaliste qui explore un volcan dangereux y arrive armé de patience et de courage. Il connaît le monstre qu'il se propose d'affronter ; sa furie a ses signes précurseurs, tandis que la secousse terrestre, en un clin-d'œil, anéantit toute une grande ville.

Le si célèbre tremblement de terre de Lisbonne eut lieu le 1er novembre 1755. Rien n'en avait fait soupçonner l'apparition, lorsqu'à neuf heures trente-cinq minutes du matin, au moment où toute la population se livrait avec calme aux affaires, un effroyable bruit souterrain stupéfia tous les habitants, et six minutes après cette grande cité n'était plus qu'un monceau de décombres, sous lesquels gisaient un nombre immense de victimes.

Lors de la catastrophe de Messine, en 1783, le mouvement fut encore plus rapide ; en deux minutes, la ville se trouva bouleversée de fond en comble ; et, pour surcroît d'horreur, l'incendie dévora les débris que le tremblement de terre avait amoncelés.

Mais si les secousses concentrent ainsi leur action principale sur un point ; si une cité s'écroule entièrement sans que les lieux voisins éprouvent de notables dommages, l'action vulcanienne a parfois une telle puissance, que souvent aussi elle agite en même temps la croûte terrestre d'un pôle à l'autre. Ainsi, toute l'Europe et une partie de l'Afrique furent ébranlées lors de la commotion de Lisbonne. Les Alpes et les Pyrénées tremblèrent sur leurs bases; la mer éprouva des oscillations sur les rivages de la Suède, de la Norwége, des îles Britanniques, et aussi sur ceux de l'Amérique. Au moment où Lisbonne s'effondrait, toutes les plus riches cités du Maroc se trouvaient presque entièrement ravagées. Près de la capitale de cet Etat, une Oasis disparut avec 8 à 10 mille habitants qui s'y trouvaient.

Les tremblements de terre s'accompagnent parfois de phénomènes tout à fait insolites. On en a observé d'assez curieux pendant celui qui ravagea toute la Calabre en 1785. D'après Hamilton, on vit des montagnes qui s'élevaient à un moment et s'affaissaient quelque temps après. Des habitations, avec les personnes qu'elles contenaient, furent transportées d'un lieu à un autre, sans le moindre dommage : les unes allèrent se placer dans des endroits plus élevés que ceux qu'elles occupaient précédemment, d'autres descendirent doucement dans les vallées. La terre se déchirait de place en place et engouffrait les hommes et les bestiaux dans ses grandes crevasses. Lors du même désastre on a parfois remarqué que les objets semblaient avoir été emportés

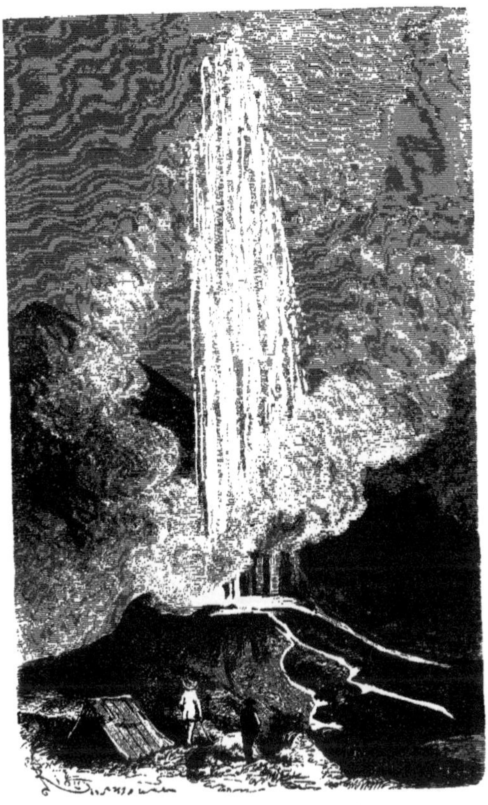

305. Le grand Geyser de l'Islande.

par un mouvement rotatoire tout à fait inexplicable. Les pyramides en pierres qui se trouvaient à la porte du monastère de Saint-Etienne-del-Bosco eurent les assises de leur sommet entraînées autour de leur axe, par une impulsion circulaire, tandis que leur base resta en place. M. A. Boscowitz, dans son remarquable ouvrage sur les Volcans, rapporte aussi que durant le bouleversement de l'île Majorque, en 1851, les secousses imprimèrent un mouvement rotatoire horizontal à une tour, et que, pendant leur durée, elle se déplaça de 60° environ sur son axe.

Nous ne pouvons terminer cette rapide esquisse des phénomènes vulcaniens sans mentionner ces singuliers Geysers

306. Intérieur de la grotte de Fingal.

de l'Islande, qui s'y trouvent essentiellement liés. Ce sont des sources chaudes qui, à certains moments, s'élancent des crevasses du sol, et, comme un gros jet d'eau bouillante, s'élèvent dans l'atmosphère. Au grand Geyser, l'éruption aqueuse est précédée d'un bruit analogue à de sourdes décharges d'artillerie, à la suite duquel un jet de vapeur et d'eau bouillante est lancé dans l'air jusqu'à une centaine de pieds.

C'est aussi aux efforts vulcaniens qu'il faut rapporter ces gigantesques cristaux de basalte qui semblent avoir été poussés hors de la terre par une force prodigieuse, pour former à sa surface, soit ces remarquables *chaussées des géants*, qui sont visitées par les curieux, soit ces îles ou ces grottes qui, sorties du sein des flots, nous étonnent par leur masse ou l'arrangement de leurs colonnes prismatiques; tels sont les rochers des Cyclopes près des rivages de la Sicile, et surtout la grotte de Fingal dans l'île de Staffa.

LIVRE V.

LES GLACIERS ET LES NEIGES ÉTERNELLES.

Ces glaciers qui étendent leurs vagues immobiles sur les sommets du globe, et l'éblouissant éclat du linceul de neige qui les couronne, impressionnent bien plus encore le voyageur que les aspects de la mer ou du désert.

Tout est effrayant au milieu des solitudes glacées des montagnes, et une horrible mort semble menacer à chaque pas le téméraire qui s'y engage. Là, l'avalanche l'engloutit; sous ses pas s'ouvrent d'affreux précipices où il se brise; la fatigue et le froid le tuent. Chaque jour les tables mortuaires inscrivent les noms de quelques nouvelles victimes; et chaque jour quelque voyageur intrépide tente cependant de nouvelles entreprises.

Un chasseur de chamois disait à de Saussure que son grand-père et son père avaient été engloutis dans les glaciers des Alpes, en poursuivant le gibier; et il ajoutait, avec un sentiment de tristesse, qu'il était certain qu'il aurait le même sort qu'eux, et que son sac à provisions lui servirait de linceul! Mais, malgré cela il ne voulut jamais renoncer à sa funeste passion. Quelques années après cette conversation, le savant genevois en retournant dans la contrée apprit que le triste pronostic du chasseur s'était réalisé......

C'est à une altitude de 2700 à 2800 mètres qu'en Europe, commence généralement ce rideau de neiges éternelles qui frappe de mort toutes les hautes régions de nos montagnes. Dans l'Amérique équatoriale, la limite de ces incessants frimas est presque de moitié plus élevée, tandis qu'au Spitzberg elle s'abaisse au niveau de la mer (fig. 310).

Cet imposant linceul de neige, par sa calme majesté, donne parfois aux cimes élevées une légèreté fantastique. Lorsque celles-ci sont mollement ondulées, dans l'extrême lointain on les prend souvent pour un transparent rideau de nuages immobiles, éparpillés à l'horizon. Telle nous apparut assez souvent la chaîne des Alpes. L'œil y est fréquemment trompé, surtout vers le soir; et l'on n'acquière la conviction qu'il s'agit réellement de montagnes qu'en reconnaissant que ces faux nuages ne subissent pas le moindre changement de forme, tandis que s'il s'agissait là de véritables nuées, quelques minutes suffiraient pour en varier le dessin.

Parfois aussi, le diadème de frimas qui couronne les montagnes est le théâtre des plus insolites phénomènes; le feu et les glaces y sont aux prises; c'est à qui étouffera l'autre. Tel est ce qui ce passe sur l'inabordable Érèbe, volcan des régions polaires, découvert par James Ross. Enveloppé de neiges et de glaces de la base au sommet, et semblable à un immense bloc de cristal de roche, son cratère n'en est pas moins dans une perpétuelle activité. C'est aussi le cas du Cotopaxi (figure 323).

C'est dans ces régions élevées des montagnes, que l'on entend gronder le tonnerre des avalanches, leur plus terrible et leur plus imposant phénomène. Là, le voyageur peut jouir, à chaque instant, de ce spectacle grandiose, car c'est un phénomène presque incessant, partout où la neige et les glaces étendent leur enveloppe sur des plans peu inclinés.

Les avalanches ne sont souvent formées que par d'énormes masses de neiges, qui, du haut des montagnes, se précipitent dans les vallées. C'est surtout au printemps

307. Le Mont Érèbe.

et durant l'été qu'elles ont lieu, au moment où la chaleur du jour se fait le plus sentir. La moindre agitation dans l'air en détermine alors la chute. On n'a que trop souvent à déplorer leurs ravages ; elles engloutissent fréquemment les voyageurs et parfois entraînent avec elles les forêts et les villages.

Dans les passages des montagnes où l'on a lieu de les redouter, les muletiers ne voyagent qu'avant le jour, moment où elles sont moins à craindre ; et, pour ne point ébranler

308. Vue d'une baie du Spitzberg, d'après l'atlas du Voyage de la corvette *la Recherche*.

l'air, ils observent un silence absolu et rembourrent même de linge les sonnettes de leur monture. Mais, malgré ces précautions, ces avalanches engloutissent chaque année un certain nombre de victimes. A diverses reprises, on a vu des centaines d'hommes périr en bloc, écrasés sous leur masse. La plus lamentable histoire qu'on puisse rappeler à ce sujet, est celle de quatre cents soldats autrichiens qui, au quinzième siècle, furent ensevelis sous l'une de ces chutes de neige.

Les glaciers se rencontrent le plus ordinairement dans les vallées des hautes montagnes. De là on les voit parfois descendre assez bas, bien au-dessous des neiges éternelles, et s'étaler au milieu d'une végétation luxuriante, entre les forêts de conifères, et les fleurs des vallées qui bordent leurs flancs. Dans les mers boréales, ainsi qu'on le voit au Spitzberg, ils plongent même leurs gigantesques cristallisations jusque dans les vagues de la mer (fig. 309).

Ces plaines glacées, tantôt formées de blocs obtus et moutonnés, et tantôt hérissées d'immenses cristaux dont l'azur contraste avec le blanc mat de la neige, amoncelées dans les gorges des montagnes, apparaissent à nos yeux semblables à des océans dont les vagues soulevées auraient été magiquement solidifiées et vouées à une éternelle immobilité au milieu de leurs plus affreux déchirements. Ce sont de vraies mers de glace, de six à huit lieues de longueur, qui remontent les vallées et franchissent des cols élevés pour passer d'un côté à l'autre d'une chaîne de montagnes. Fréquemment, à leur base s'ouvrent de vastes grottes bleues et diaphanes d'où naissent des ruisseaux qui deviennent bientôt après des rivières ou des fleuves impétueux.

Durant les belles nuits où les reflets argentés de la lune éclairent les glaciers qui serpentent dans les gorges des Alpes, ceux-ci ressemblent à de longs et imposants linceuls d'opale étalés silencieusement sur les flancs des montagnes, et dont les multiples cristaux laissent scintiller de place en place de pâles et lumineuses clartés.

Malgré leur apparente immobilité, ces *mers de glace*, comme on les nomme, sont cependant douées d'un mouvement assez notable, dont aucune puissance ne pourrait arrêter l'essor. Elles se précipitent continuellement vers le fond des vallées, où la température plus douce transforme leur masse en cette eau qui forme la tête de nos fleuves.

Les premiers géologues qui émirent que les glaciers marchent comme les rivières, quoique beaucoup moins vite, furent assez mal reçus de leurs collègues.

On se doutait cependant de ce phénomène depuis qu'on avait reconnu qu'une petite cabane en pierres placée sur les flancs du glacier de Laar inférieur, situé dans les Hautes-Alpes, était descendue vers la vallée.

Désirant fouiller ce mystère, Agassiz eut le courage d'aller, durant deux années, se confiner sur ce glacier, dans un gîte abrité par un fragment de roche : gîte agreste, qui, depuis le séjour de l'illustre naturaliste, a joui d'une certaine célébrité, et que l'on ne désigne plus que sous le nom d'*hôtel des Neuchâtelois*. Quel hôtel! Une chambre taillée dans la glace et un lit de pierre recouvert d'un matelas de foin!

Peu de temps après avoir été installé dans cet affreux désert, Agassiz découvrit encore la cabane dont nous avons parlé; elle avait descendu de 1500 mètres depuis treize ans, ce qui établissait donc que le mouvement du glacier était annuellement environ de 115 mètres.

Mais, malgré leur aspect terrifiant et grandiose, malgré leurs trop nombreuses hécatombes, que sont donc nos glaciers des Alpes comparés à l'aspect et à l'étendue des déserts congelés de nos pôles? Tels sont les glaciers du Spitzberg, et surtout celui de Humboldt, qui oppose au voyageur une barrière infranchissable de vingt-cinq lieues de long.

En une ou deux journées de marche, nous franchissons

309. Glaciers de la baie de la Madeleine, au Spitzberg.

nos plus redoutables glaciers; nous passons le col du Géant où nous gravissons le mont Blanc. Mais vraiment, malgré la splendide majesté de leurs froides régions et de leurs éblouissants passages, le tableau de leurs périls et de leur étendue s'amoindrit quand nous lui opposons ces horribles solitudes des régions boréales où des navigateurs sont restés plusieurs années à hiverner, enserrés par des montagnes de glace, et où ils ont parfois franchi trois ou quatre cents lieues sur la mer congelée.

Longtemps un sombre et nébuleux mystère nous voila tout ce qui se passe dans ces latitudes; et l'on n'avait à cet égard que les tristes et obscurs récits des superstitieux baleiniers. Un douloureux accident porta vers ces régions toute l'attention du monde civilisé.

Vers le commencement de ce siècle, on supposa que le nord de l'Amérique, longtemps considéré comme une terre qui se prolongeait sur le pôle, n'était peut-être occupé que par une mer qui permettrait de se rendre d'Europe en Asie par un plus court chemin.

Parry et Ross, intrépides navigateurs, durant de célèbres voyages, avaient en vain bravé les tempêtes et hiverné au milieu des glaces pour chercher ce passage.

Mais après eux, une dernière expédition, commandée par sir Franklin, déjà connu par ses explorations du Nord, n'étant point rentrée, toutes les nations européennes s'animèrent d'une vive émulation pour retrouver quelques vestiges du noble navigateur. Et ce fut pendant les croisières que l'on entreprit de toutes parts à cet effet, que, pour la première fois, ce passage au nord de l'Amérique fut découvert par le capitaine Mac Clure. Homme de résolution, en partant il s'était écrié, avec une profonde conviction : « *Je découvrirai Franklin ou le passage* » et il tint l'une de ses deux promesses!

On rêvait l'existence d'une mer polaire, mais on croyait la

trouver absolument encombrée par d'éternelles glaces. Le capitaine Parry, en partant du Spitzberg avec des traîneaux, s'était promis de traverser le pôle en plantant sur l'essieu du globe le drapeau de la Grande-Bretagne. Mais à mesure que l'expédition s'avançait vers le nord sur la mer glacée, de place en place, à son grand étonnement, il s'offrait des éclaircies non congelées, et il fallut revenir, car on était

310. Jeune Esquimau.

parti pour cheminer sur la glace et non pour naviguer sur un océan.

En fouillant l'Amérique du nord, pour découvrir les vestiges des compagnons de Franklin, l'on reconnut que cette région n'était formée que d'un fouillis de grandes et de petites îles, séparées par de tortueux canaux. Les voyages entrepris à cet effet, vinrent nous révéler une foule de choses

311. Vue d'une chaîne de montagnes de glace, dans les régions polaires.

surprenantes, et entre autres l'existence d'une mer immense et furieuse, dont les vagues s'étendent sur tout le pôle que nous avions cru jusqu'alors n'être qu'un désert de glace.

Tous les navigateurs nous ont tracé de saisissants tableaux des parages polaires. Si parfois, çà et là, ils n'apercevaient qu'une mer lumineuse sur laquelle s'élevaient de fériques et splendides colonnades de congélations, laissant pendre de tous côtés leurs rigides stalactites; plus souvent de mena-

312. Le chenal Kennely. — Dessin de J. Noël d'après Kane.

çantes îles de glaces, poussées par le déchaînement des tempêtes, semblaient à tout instant sur le point de les engloutir, ou d'enserrer leurs vaisseaux entre leurs masses prodigieuses. Ailleurs, nous trouvons les monotones descriptions de ces longs et navrants hivers passés au milieu des ténèbres et des neiges, sous des latitudes où l'homme a à combattre de toutes parts un froid qui congèle le mercure. Là, le seul événement qui venait parfois rompre l'uniformité de la vie était la visite de quelques tribus d'Esquimaux, hommes de fer, qui résistent seuls à cet affreux climat ; et, qui le croirait? le préfèrent à de plus heureuses contrées ! Leurs navrantes nuits de six mois, leurs huttes de neige, leurs vêtements de peaux qui leur donnent l'apparence de la bête, ont plus de charmes pour eux que les douceurs de la civilisation, et que les bienfaits d'un soleil mûrissant chaque jour de riches moissons....

Ce fut un des plus hardis explorateurs des régions boréales qui découvrit les vagues du nouvel océan, au delà de

313. Morton arborant le drapeau américain en vue de la mer Polaire.

la couronne de glace qui barre le chemin du pôle à nos vaisseaux.

Au lieu de trouver un ciel de plus en plus rigoureux, à mesure que ses traîneaux s'avançaient vers le pôle, le capitaine Morton voyait un nouveau printemps s'épanouir; et au lieu de s'éteindre, la vie semblait renaître. La flore boréale s'enrichissait, en même temps que d'immenses troupes de Canards, de Mouettes et d'autres oiseaux plongeaient dans ses vagues ou se jouaient sur le rivage. Mais bientôt vaincu par les obstacles et épuisé par tant de travaux, l'infatigable voyageur transporté à la vue de cette sombre mer Polaire qu'il venait de découvrir, d'une main défaillante plante son drapeau sur un cap que n'avait jamais franchi un pied d'homme; puis, pâle et épuisé, il salue cet océan qu'aucun navire n'a encore sillonné, et, après quelques heures de repos, reprend le rude labeur du retour.

LIVRE VI.

LES CAVERNES ET LES GROTTES.

Souvent, les grandes chaînes de montagnes, en se soulevant, produisent dans leurs flancs de profondes et tortueuses cavernes. Dans certains pays, il s'en trouve même tant que l'intérieur semble n'être formé que par une succession de vastes galeries, tellement accidentées, tellement profondes, que l'homme le plus courageux n'en affronte pas le voyage. C'est ce qui s'observe dans les Alpes cellulaires de la Carniole, qui, dans leurs compartiments présentent un nombre considérable de cours d'eau. Ceux-ci semblent même plus nombreux dans les flancs de ces montagnes qu'à la surface du sol.

Quelques-unes de ces véritables rivières souterraines sont connues dans un parcours de plusieurs lieues. Elles nourrissent même des animaux particuliers, qui jamais ne viennent à la lumière; tel est le Protée, singulier Reptile muni à la fois de poumons et de branchies, et paraissant ainsi réunir tous les attributs d'un être amphibie.

Parmi les nombreuses grottes que l'on a déjà explorées, il

en est une, celle d'Antiparos, qui est surtout devenue célèbre, non pas par son étendue, mais à cause de l'excursion qu'y fit Tournefort pendant son voyage en Orient. L'entrée en est étroite, et l'on y descend à l'aide d'une échelle de corde. « Quand on est arrivé au bas, dit le célèbre botaniste, on se roule encore quelque temps sur des rochers, tantôt sur le dos, tantôt couché sur le ventre, et après tant de fatigues on entre enfin dans cette admirable grotte. » Elle n'offre qu'une éten-

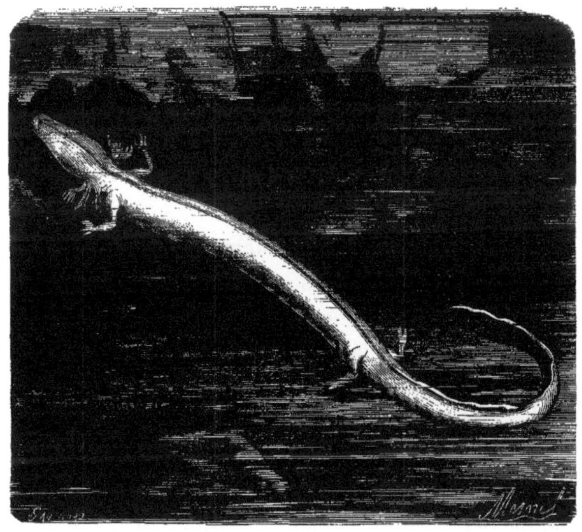

314. Protée des rivières souterraines de la Carniole. *Proteus anguinus*. Laurenti.

due de cent cinquante brasses de longueur sur cinquante de large, mais partout le marbre s'y groupe en faisceaux, se contourne en colonnes semblables à des troncs d'arbres, ou pend en nombreux stalactites, qui émerveillent les yeux. Ces formes variées étonnèrent Tournefort, et à leur aspect il en revint à son hypothèse favorite, la dissémination de la vie. « Il semble que ces troncs de marbre végètent, » dit-il. Et plus loin, en apercevant l'autel avec ses cannelures d'une éblouissante blancheur, il s'écrie : « Cette pyramide est peut-être la plus belle plante de marbre qui soit dans le monde! » Erreur d'un grand génie....

Quoique cette grotte célèbre soit fort petite, il vint à la fantaisie du marquis de Nointel, l'un de nos ambassadeurs près la Sublime Porte, d'y faire célébrer la messe de minuit la veille de Noël. Il y descendit, accompagné d'un grand nombre de personnes de sa maison, de marchands et de corsaires, et après y fit allumer cent torches de cire jaune et quatre cents lampes qui en illuminaient tout l'intérieur. Au moment du Saint-Sacrifice de la messe, des boîtes d'artifices et des canons disposés à l'entrée de la grotte, faisaient retentir les échos de leurs détonations, tandis que les trompettes sonnaient. Le tout fini, le marquis de Nointel ne s'en tint pas là, il voulut coucher dans la grotte fameuse dont il s'était épris; et il y coucha.

Une autre caverne, celle du Mammouth, qui se rencontre aux États-Unis, ne puise pas sa célébrité dans le renom des personnages qui l'ont visitée, mais elle la doit à son étendue. Aucune peut-être n'a jamais atteint d'aussi grandioses proportions qu'elle.

Encore incomplétement connue jusqu'à ce moment, on n'a pu s'y enfoncer qu'à une dizaine de lieues. L'entrée en est étroite et basse, mais après quelques minutes d'une marche aux flambeaux dans un boyau souterrain, la scène change et l'on voit se dérouler les aspects les plus variés et les plus grandioses. Là, s'offre la magie des salles de stalactites, décorées de colonnes qui se tordent de mille manières, et de statues fantastiques drapées dans leur manteau de cristal; ailleurs ce sont de véritables églises de pierreries, étincelantes de lumières diversicolores, dont l'éclat éblouit le voyageur.

Dans ce dédale obscur, chaque site a son nom ou son histoire. Ici c'est la *Chambre des Revenants*, ainsi appelée parce qu'on la trouva encombrée de momies d'Indiens, pro-

315. Vue intérieure de la grotte d'Antiparos. D'après le Voyage de Tournefort.

venant probablement des tribus qui peuplèrent anciennement cette région de l'Amérique. Dans un autre lieu s'offre une scène encore plus saisissante, on arrive sous le *Dôme du Géant*, dont l'immensité frappe de stupeur. Enveloppé de profondes ténèbres, malgré les grands feux qu'allument les guides, les yeux de l'explorateur n'en peuvent apercevoir la coupole suspendue à cent trente mètres au-dessus de sa tête.

A une certaine profondeur, le Styx coule lentement ses

316. Cyprinodons des cavernes du Mammouth.

eaux mornes, sous des voûtes ténébreuses dont les détours se trouvent accidentés de mille rochers. Dans ce fleuve souterrain, dont on suit le cours en barque, habite un poisson tout particulier, le Cyprinodon, qu'on dit aveugle et qui doit l'être en effet, car à quoi lui serviraient ses yeux au milieu d'ondes où règne l'obscurité la plus absolue?

Plus loin, dans cette immense grotte du Mammouth remplie de rivières, de cataractes et de lacs souterrains, le voyageur étonné se trouve en présence d'une grande nappe d'eau sur laquelle glissent lentement quelques barques, dont les flambeaux perdent leur diffuse lueur dans l'obscurité du lointain, sans en éclairer les rivages et les contre-forts[137]. C'est ce ténébreux et calme amas d'eau qu'on apelle la *mer Morte*.

Ainsi que dans beaucoup d'anfractuosités du globe, il existe dans la grotte du Mammouth certains abîmes qui semblent sans fond. Les guides y jettent des corps enflammés qu'on voit s'y précipiter en tourbillonnant pendant un temps extrêmement long, et enfin, à la grande surprise des voyageurs, s'éteindre dans leur route obscure, avant d'en avoir touché la limite.

D'autres anfractuosités, qui n'offrent qu'une très-petite étendue, attirent aujourd'hui l'attention des naturalistes bien plus que celles dont nous venons de parler. Ce sont les Cavernes à ossements, dans lesquelles on trouve des amas d'os de carnassiers, principalement d'Ours et de Hyènes, qui ont vécu à une époque très-rapprochée de nous, sans qu'on s'explique bien nettement comment ils ont pu se rassembler si nombreux dans de tels endroits. Cependant il est probable qu'ils y ont été amenés par des courants d'eau. Et parfois on les y trouve mêlés à des vestiges de l'industrie des plus anciennes races d'hommes et à quelques crânes humains.

Mais les difficultés qu'offre l'exploration des grottes et des mines, les contrées désertes où leurs gouffres s'ouvrent, et l'ignorance des grossiers habitants des montagnes ont toujours voilé à nos regards une grande partie des trésors éparpillés dans le sol. Et, d'un autre côté, ces gaz inflammables dont les affreux ravages portent la désolation dans les mines; ces vapeurs empoisonnées, ces *spiritus lethales*, comme les appelle Pline, qui tuent instantanément l'homme et éteignent ses flambeaux, n'étaient-ils pas faits pour glacer d'effroi ceux qui pénétraient dans les gouffres des montagnes?

Aussi, de superstitieux épouvantements suspendirent-ils

317. Le Styx, rivière souterraine des grottes du Mammouth.

longtemps la conquête des richesses minérales que recèle le sein de la terre. Principalement répandues dans les contrées qui furent le théâtre de ses plus violentes convulsions, ce n'était qu'avec terreur que l'homme en affrontait les sites sombres et sauvages. Là, une grossière crédulité répandait même que les mines étaient gardées par des Dragons jaloux de la suprématie de leurs ténébreux domaines. C'était à eux que l'on attribuait tous les désastres qui arrivaient aux mineurs : au moment où le feu grisou éclatait, on les avait vus, disait-on,

318. La Mer morte dans les grottes du Mammouth.

comme des chevaux à la crinière enflammée, traverser les décombres et l'incendie.

Cependant, de pacifiques esprits effaçaient partout l'œuvre de ces génies du mal; c'était une croyance enracinée dans tous les districts métallifères, abrutis par l'isolement et la plus dégradante superstition. Le vénérable père de la minéralogie, Agricola, subjugué lui-même par les récits des ouvriers, dans son célèbre ouvrage, décrit même ces esprits aussi minutieusement que s'il les eût tenus sous sa main : rien n'y manque pour la figure et le vêtement.

C'était un dernier reflet de la philosophie antique, animant toutes les parcelles de la création d'intelligences invisibles, et leur distribuant la sensibilité et l'harmonie.

Pour les fauteurs de la Cabale, il existait d'innombrables légions de Gnomes qui se trouvaient disséminées dans les entrailles de la terre. Pour l'obscur mineur allemand, c'étaient des Cobales éparpillés dans les moindres détours des cavernes, travaillant silencieusement et répandant partout l'activité et la vie; de véritables Homoncules de montagnes, vêtus en mineurs, dont l'instinctive prévoyance forgeait les métaux ou entassait les pierreries dans les filons; puis rassemblait mystérieusement dans l'ombre, ces curieuses pétrifications appelées à nous révéler un jour des mondes inconnus. Quoique l'aimant beaucoup, ces Cobales fuyaient cependant l'approche de l'homme. Rarement on en avait rencontré; mais on leur attribuait tout ce qui se passait d'heureux dans les anciennes mines [138].

LIVRE VII.

LES STEPPES ET LES DÉSERTS.

« Que celui qui veut échapper aux orages de la vie, dit de Humboldt, me suive dans l'épaisseur des forêts, à travers les déserts et sur les sommets élevés des Andes. »

L'illustre savant avait raison, car en présence de ces grandes scènes de la nature, l'homme sent s'amortir ses passions et ses chagrins : la contemplation absorbe tout son être. Saint Bernard le sentait profondément, lorsqu'il écrivait à ses disciples : « Croyez-en mon expérience, vous trouverez dans nos forêts quelque chose de plus rare que dans les livres : les arbres et les rochers vous donneront des enseignements préférables à ceux des maîtres les plus habiles. »

Les vastes solitudes de la nature offrent elles-mêmes leurs harmonies et leurs contrastes. Tantôt les Déserts ne représentent qu'une mer de sable, calme et sans bornes, qui pénètre l'esprit du sentiment de l'infini ; tels sont ceux de la Libye. Tantôt ils se couvrent d'un tapis de verdure, comme les Steppes de l'Amérique et de l'Asie. D'autres fois, enfin, les

Déserts ne sont formés que par un sol pierreux et tourmenté, semblable à l'aride surface d'une planète attendant la création. C'est ainsi que l'on en rencontre vers la chaîne arabique.

Le Désert de sable est d'une tranquille beauté; un désert de pierres est horrible. Dans le premier, l'horizon se développe devant vous, il est accessible : sur ses confins, le repos et la liberté. Dans l'autre, il semble infranchissable, la mort nous en sépare; c'est un amas de blocs en désordre, brûlés par le soleil, irréguliers, anguleux; aucune route n'est praticable; et l'on conçoit que dans de si affreux sites, quelques heures d'égarement tueraient le plus robuste voyageur. On ne peut mieux comparer l'épouvantable aspect d'un tel désert, qu'à celui que les anciens graveurs donnaient à la mer en furie. Ce fut ainsi que se présenta à nous le désert d'Assouan, à l'entrée de la Nubie.

Dans les déserts arides, de place en place, cependant, quelques oasis, riches d'ombrages et de fraîcheur, viennent réjouir l'Arabe; car c'est là qu'il étanche sa soif et que les caravanes trouvent le repos. La poésie, en se substituant à la vérité, a généralement fait croire que celles-ci ne consistaient qu'en de simples bouquets de Palmiers protégeant de leur feuillage quelque limpide source du Désert où les chameaux se désaltèrent à leur passage. Mais, ces salutaires stations disséminées sur le sable, à ce que disait Ptolémée, comme les taches noires d'une panthère sur sa peau fauve, sont parfois de grands espaces remplis d'eaux abondantes et abritées d'une vigoureuse végétation. Dans le Sahara, il y en a même qui forment de petits royaumes bien peuplés, et que les caravanes mettent plusieurs journées à traverser.

En passant en revue les Steppes, ces véritables *déserts vivants*, nous voyons d'autres tableaux se dérouler devant nos yeux. C'est là surtout que nous pouvons voir s'accentuer la diversité de la végétation et nous persuader que primitivement chaque zone du globe a eu sa nappe de verdure spéciale. Ainsi que l'a dit de Humboldt : « l'histoire de l'enveloppe végétale de notre planète et de sa propagation graduelle sur la surface pelée de la terre a ses époques, comme l'histoire la plus reculée de l'espèce humaine. »

Là, comme un essai de la vie végétale, nous trouvons des Steppes qui s'étendent souvent sur d'immenses espaces et se perdent dans un horizon sans bornes ; elles se déroulent aux yeux comme l'Océan, mais sans offrir le charme du perpétuel mouvement de ses vagues. Tout y est morne.

Dans certaines régions, ces grands espaces, dont la surface est peu accidentée, se couvrent d'une végétation absolument uniforme : une seule espèce y règne despotiquement et étouffe toutes les autres. Tel est le spectacle que nous offrent les Landes de Bordeaux, exclusivement envahies par des Bruyères qui, au moment de la floraison, ondulent doucement comme une mer de pourpre, dont les vagues agitées par la brise s'évanouissent dans l'azur de l'horizon lointain.

Frappés de la monotonie de leurs Steppes encombrées par les plus frêles plantes, les Mongols les appellent la *terre des herbes*. Mais c'est surtout en Amérique que celles-ci, qui portent le nom de Pampas, effrayent le voyageur par leur immense étendue et souvent par leur impénétrabilité. Là, d'après les calculs de de Humboldt, il en existe qui occupent des espaces de 16 000 lieues carrées.

Des Graminées et des Légumineuses en peuplent la surface à perte de vue. D'autres fois la Steppe est envahie par de hauts chardons qui forment d'infranchissables remparts épineux.

Les Steppes de l'Amérique méridionale étant recouvertes d'une légère couche végétale, et se trouvant périodiquement inondées par des pluies torrentielles, présentent souvent une luxuriante végétation de Graminées. Ces solitudes sont alors parcourues par des légions d'animaux, qui y trouvent de l'eau et une ample nourriture.

Mais la scène change aussitôt qu'arrive la sécheresse. Partout alors apparaît l'aridité et la mort. La chaleur tropicale n'accorde à cette luxuriante végétation qu'une bien éphémère durée. Lorsque l'ardeur du soleil ne se trouve plus tempérée par les pluies, et qu'il darde ses rayons à plomb sur la Steppe, bientôt les marécages se dessèchent, toutes les herbes se trouvent consumées et tombent en poussière ; c'est une mer de cendre qui succède à un océan de verdure. L'extrême

319. Voyageurs attaqués par des Vampires.

chaleur engourdit le Crocodile et le Boa ; semblables aux animaux hivernants des régions polaires, ils s'enfoncent dans la glaise et y restent immobiles jusqu'au retour des pluies. Tous les animaux peignent leurs souffrances par de sourds mugissements ; quelques-uns seulement savent encore s'abreuver à même les tiges succulentes de certains Cactus, dont l'armature d'épines déchire et ensanglante leur bouche[1].

Et lorsque cette dévorante sécheresse a ruiné ou incendié la

Steppe, la température torride tue des masses d'animaux sauvages qui ne trouvent nulle part à se désaltérer, et leurs cadavres jonchent le sol par milliers. Les nuits n'apportent aucun soulagement à de tels maux. D'affreuses Chauves-Souris attaquent les Mammifères affaissés et leur sucent le sang, à l'instar des Vampires des vieilles légendes allemandes; seulement, au lieu de s'en prendre aux cadavres des cimetières, elles se ruent sur la chair vivante. L'homme, lui-même, n'est

320. Le Vampire d'Amérique. *Vampirus spectrum*, Linnée.

pas à l'abri de leur voracité. Lorsque quelque voyageur surpris par la nuit s'endort en plein air, quand arrive le matin, il se réveille profondément affaibli, peut à peine se tenir debout, et trouve à ses pieds une mare de sang. Ce sont des Vampires, car c'est aussi le nom qu'on leur donne, qui l'ont attaqué pendant son sommeil, et avec tant d'art et de précaution qu'il n'a même pas été réveillé par leur piqûre[142].

Après ces souffrances occasionnées par la chaleur, arrivent

les dangers de l'inondation. Certaines Steppes de l'Amérique se trouvent alors totalement submergées par le débordement des fleuves, et ne représentent plus qu'une vaste mer qui menace les animaux d'une mort imminente. Quelques-uns cherchent un refuge et s'entassent sur les hauteurs. Beaucoup se noient; d'autres sont attaqués et dévorés par les Crocodiles qui ont reconquis toute leur vigueur. Une redoutable anguille, le Gymnote électrique, s'ajoute encore aux dangers que courent les Mammifères; ses commotions sont tellement puissantes qu'elles tuent les chevaux eux-mêmes[143].

L'aspect du Désert a plus de monotonie. Sauf les oasis qu'il offre de distance en distance, en Afrique, il est complétement aride. Dans l'un de ceux de la haute Égypte, placé entre le Nil et la mer Rouge, l'œil n'aperçoit partout qu'une nappe de sable unie et brûlante. Sur ses confins, cependant, j'étais tout émerveillé de rencontrer, bravant l'ardeur du soleil et n'étant jamais rafraîchies par une seule goutte d'eau, de nombreuses touffes d'une Asclépiadée, l'*Asclepias procera*, Willd., dont les larges feuilles humides et veloutées, rayonnaient de fraîcheur. Inexplicable problème!

Mais ce suprême effort de la vie disparaît bientôt, et il ne s'offre devant vous qu'un océan de sable et un horizon de mort. Aucun cri, aucun murmure ne se fait entendre, et c'est à peine si, de place en place, quelque vautour attardé ronge encore les derniers lambeaux d'un chameau tombé sur l'arène, et dont le squelette blanchi, va s'ajouter à tant d'autres, pour jalonner les routes du désert. Aucun nuage ne ternit l'azur du ciel, aucun souffle ne rafraîchit l'air; un soleil, dont rien ne tempère l'ardeur, vous inonde de sa lumière étincelante et de ses rayons embrasés; il vous brûle à travers vos vêtements. L'atmosphère immobile et enflammée laboure le visage de son haleine de feu, et le sable atteint lui-même une température extrême; mes thermomètres s'étant trouvés brisés, j'ai voulu en apprécier le degré en plongeant simplement mes mains sous ses couches superficielles; mais au bout de quelques secondes, une douleur cuisante me forçait à les enlever. Le sol aussi, en réfléchissant les rayons solaires sur ses étincelantes paillettes de Mica ou de Quartz, devient parfois d'un éclat insupportable aux yeux.

Au lieu du roulement des vagues et des froides brises de la mer, ce funèbre empire vomit des rafales brûlantes, véritables fournaises qui semblent s'échapper des portes de l'enfer, c'est le *simoun*, le *vent du poison* que signifie ce mot arabe. Le chamelier connaît le redoutable ennemi, et aussitôt qu'il le voit poindre à l'horizon, il élève ses mains vers le ciel, et implore Allah; les chameaux eux-mêmes semblent terrifiés à son approche. Un voile d'un noir roussâtre envahit le ciel resplendissant, et bientôt s'élève un vent terrible et embrasé, charriant des nuages d'un sable fin et impalpable, qui offense les yeux et se précipite dans les organes respiratoires.

Les chameaux s'accroupissent, refusent de marcher, et les voyageurs n'ont de salut qu'en se faisant un rempart du corps de leur montures, et en s'enveloppant la tête pour se soustraire au fléau. Des caravanes entières ont parfois péri au milieu de ces tourmentes de sables; ce fut l'une d'elles qui ensevelit toute l'armée de Cambyse lorsqu'elle traversait le désert.

Dans son charmant ouvrage sur le Nil, Maxime du Camp, décrit dans les termes suivants une de ces rafales du désert, aux moins violentes desquelles on donne en Égypte le nom de Khamsin. « Celui-ci vient vers nous, dit-il, grossissant, s'enflant, s'étendant et s'avançant comme sur des roulettes. Son sommet surplombant est de couleur brique, sa base est rouge foncé, presque noire. A mesure qu'il approche, il chasse devant lui des effluves brûlantes comme l'haleine d'un four à chaux. Il ne nous a pas encore envahis que nous sommes couverts par son ombre. Son bruit est semblable à celui du vent à travers une forêt de sapins. Dès que nous sommes au milieu de cet ouragan, nos chameaux s'arrêtent, tournent le dos, se précipitent à terre et couchent leur tête sur le sable. Après le nuage de poussière vient une pluie de pierres imperceptibles, violemment fouaillées par le vent et qui, si elle durait longtemps ne tarderait pas à écorcher les parties du corps laissées à nu par les vêtements. Cela dura cinq ou six minutes ; c'est effroyable. Le ciel redevint clair et mes yeux furent surpris comme par une lumière subitement apportée au milieu de l'obscurité. »

C'est dans les déserts de sable que le phénomène du Mirage se manifeste le plus fréquemment. J'eus l'occasion de l'y observer une fois dans tout son éclat.

Le capitaine ou Rays de notre équipage nous avait demandé la permission de relâcher dans un parage du Nil, où se trouvait l'un de ses harems, pour y passer la journée avec ses femmes et sa famille. Je dis l'un de ses harems, car il en avait plusieurs, ingénieusement disséminés le long du fleuve, théâtre de ses continuels voyages. Il s'arrêtait successivement, par étapes, dans chacun de ses ménages, de manière à n'exciter la jalousie d'aucune des sultanes qu'il y entretenait.

J'avais profité de cette halte pour faire une excursion au désert. Je m'y acheminais, lorsque le Rays m'ayant aperçu dans le lointain, vint, avec quelques Arabes de sa tribu, me prier d'accepter l'hospitalité sous son toit. En Orient, refuser une telle offre serait presque une offense. Je me dirigeai vers l'Oasis qu'il habitait. C'était une délicieuse bourgade, couronnée de Dattiers, et dont l'entrée était pittoresquement décorée de quelques tombeaux du plus charmant aspect.

Après le frugal repas de dattes et de laitage qui me fut offert, je m'enfonçai dans le désert, et j'étais déjà loin, quand me vint l'idée de saluer une dernière fois ce lieu hospitalier. Mais tout s'était transformé. Le gracieux village semblait totalement enveloppé d'une magnifique nappe d'eau des plus

321. Le désert. — Caravane assaillie par le Khamsin.

transparentes, dans laquelle se miraient à l'envi les habitations, les palmiers et les tombeaux. Le phénomène se produisait avec une telle exactitude, et cette nappe d'eau était si belle et si limpide, que si, quelques instants auparavant, je n'avais

322. Le Mirage dans le désert.

pas moi-même parcouru, sur le sable brûlant, le lieu qu'elle occupait, j'aurais cru à sa réalité. Tel est ce Mirage qui trompa si souvent et si douloureusement nos soldats exténués, lorsqu'ils traversaient ces mêmes régions. Épuisés de fatigue et mourant de soif, ils croyaient voir dans le lointain l'eau si ardemment désirée ; ce n'était qu'une amère illusion !

D'autres phénomènes séduisent encore les yeux de ceux qui parcourent les déserts de l'Afrique. Parmi eux est le lever de l'aurore, dont, ainsi que le dit Byron, rien n'égale la pompe !

Après avoir franchi la grande cataracte du Nil, nous résolûmes de nous reposer quelques jours dans l'île de Philœ, située à l'entrée de la Nubie. Aussitôt que nous eûmes fait amarrer notre embarcation au rivage oriental de l'île sacrée, tout encombrée de monuments religieux, nous allâmes placer notre tente sur la plate-forme d'un des grands pilones du temple d'Isis. Alors se trouvait là, par hasard, une véritable réunion d'hommes de science : M. Grimaux, mon ami et mon compagnon de voyage, que Rouen compte parmi ses savants d'élite; le capitaine Tuifort, commandant l'avant-garde de l'expédition aux sources du Nil, que nous venions de rejoindre; et mes fils Georges et James Pouchet, l'un son naturaliste et l'autre ingénieur au canal de Suez. Là, chaque soir, plongé dans une mélancolique méditation et tranquillement accoudé sur l'antique balustrade du monument, j'assistais au coucher du soleil s'enfonçant derrière des rochers aussi noirs que l'ébène. Et là aussi, couché sous le ciel, lorsque les premières lueurs du jour allaient dissiper la nuit, je me levais pour m'asseoir sur la haute rampe du pilone afin de jouir de l'indescriptible spectacle de l'aurore.

Le coucher du soleil est, chaque jour, uniformément le même. Roulant dans un ciel dont ses rayons ont dévoré toutes les vapeurs, il se plonge dans la mer de sable, semblable à un immense globe de feu suspendu sur un horizon embrasé. Après sa disparition, l'incendie ne laisse plus qu'une teinte ardente qui s'étend sur un immense espace de la plane surface du lointain. Et si alors quelque caravane vient à passer dans le désert, du côté du couchant, ses hommes et ses cha-

323. L'île de Philæ ou l'île Sacrée, en Nubie.

meaux se dessinent sur la teinte rougeâtre du ciel comme autant de petites silhouettes animées, absolument noires; on croirait voir une de nos ombres chinoises. Puis, subitement, arrive la nuit profonde, car le crépuscule, sous ces zones brûlantes, n'a qu'une fort courte durée.

L'aurore, au contraire, varie à l'infini et présente tour à tour le plus majestueux spectacle que l'on puisse imaginer. La fraîcheur de la nuit a condensé toutes les vapeurs à la surface du désert, et il faut qu'à son lever, le lumineux flambeau qui nous éclaire en disperse la couche ténébreuse, pour apparaître enfin dans tout son éclat.

Dans notre brumeuse patrie, la nuit disparaît avec une tranquille majesté. Lorsque l'aurore commence à poindre derrière les forêts ou sur le diadème glacé des montagnes, les premières clartés du jour illuminent à peine le pâle azur du ciel. Et, s'il nous était permis d'apercevoir notre blonde Aurore à travers les derniers replis de la tunique de Morphée, elle nous apparaîtrait avec ce gracieux et frais visage que lui donne la poésie antique.

Mais, en Orient, ce palais de la lumière, le phénomène se manifeste avec des formes aussi variées que merveilleuses : la richesse de nos plus féeriques décorations reste au-dessous de la réalité. Lorsque l'éclat pâlissant des constellations annonce l'aube du jour, la région d'où le soleil va bientôt s'élancer dans les cieux, s'enveloppe d'un immense et épais rideau noir. Puis, bientôt après, ce sombre voile de nuages se déchire irrégulièrement, comme si, dans leurs danses aériennes, les sylphes joyeux le perçaient de place en place, pour nous découvrir l'éblouissant incendie de l'horizon. Enfin, l'Aurore nubienne apparaît, et semble sortir des fournaises de l'Etna. Ce n'est plus la déesse fraîche et timide, dont les larmes se distillent en perles transparentes sur nos fleurs du matin; c'est une bacchante enivrée, à l'œil ardent, au visage empourpré, dont la noire chevelure s'éparpille sur la voûte azurée, et qui, avec des doigts de feu, ouvre les portes embrasées de l'Orient! Enfin des gerbes étincelantes s'élancent de tous les lambeaux de ce manteau de la nuit qui se disperse de toutes parts; tandis que les festons du haut laissent entrevoir de célestes perspectives de saphir et d'opale.

LIVRE VIII.

L'AIR ET SES CORPUSCULES.

L'océan aérien qui enveloppe la terre présente une hauteur de quinze à seize lieues. C'est lui qui y répand l'animation et la vie ; sa disparition serait immédiatement suivie d'une destruction générale des animaux et des plantes, d'un silence de mort.

Le principe vital de l'air, ou l'Oxygène, entre dans sa composition pour $\frac{21}{100}$. On a généralement cru que ses proportions étaient presque identiques sur toute la superficie du globe. Selon M. Martins, l'air du Faulhorn, l'une des plus hautes montagnes de la Suisse, offre la même richesse d'oxygène que celui de Paris.

Les paradoxes ont de tout temps eu du succès. Quelques chimistes prétendirent que l'atmosphère des hôpitaux, et même celle des égoûts et des lieux les plus infects, y conservait toute sa pureté[144]. Nonobstant ces diverses assertions, comme dans les cités populeuses on consomme beaucoup d'oxygène, tandis que les plantes en émettent continuellement au sein de l'atmosphère, il semblait *a priori* que l'on dût trouver dans l'air des campagnes plus de gaz respirable que dans celui des villes. L'expérience commença par infirmer ce fait; puis ensuite on reconnut cependant que dans ces dernières le gaz respirable était un peu plus rare qu'au milieu des champs. L'un de nos habiles chimistes, M. Houzeau, a vu, dans des expériences exécutées en grand, qu'en effet l'oxygène est un peu plus abondant au milieu des forêts, qui le distillent incessamment de toutes les porosités de leurs feuilles, que dans nos villes, où cent mille bouches l'absorbent et le consomment.

C'est là ce que nous connaissons de positif relativement à la composition chimique de l'air; parlons maintenant de sa Micrographie, si facile à étudier, et qui cependant donne encore lieu à tant de puériles fables.

Les anciennes Théogonies, pleines de mystère et de poésie, peuplaient l'espace d'une infinité de divinités invisibles et charmantes : elles animaient tout! Les Gnomes étaient disséminés dans les profondeurs de la terre; le feu avait ses Salamandres; les Naïades folâtraient sous le cristal des eaux; et les Sylphes, légers et diaphanes comme les plaines de l'air, les animaient, de toutes parts, des longs et gracieux festons de leurs danses.

Les savants modernes, sans être plus précis que l'antiquité, ont été moins heureux. Au lieu de Sylphes, ils ont rempli, surchargé l'atmosphère d'une incalculable quantité de Germes, toujours prêts à répandre partout la fécondité et la vie. Fiction pour fiction, on aime mieux celle de nos devanciers; elle est beaucoup plus séduisante et surtout moins indigeste.

A l'aide de ces Germes, disséminés en tous lieux, et pénétrant par myriades partout où leur véhicule a le moindre accès, les savants du dix-huitième siècle expliquaient l'apparition de ces innombrables populations d'animaux ou de plantes microscopiques, qui envahissent fatalement tous les êtres abandonnés à la désorganisation putride.

Rien ne pouvait être soustrait à leur terrible irruption. La prodigieuse ténuité de ces agents destructeurs leur permettait de franchir tous les obstacles, et de s'insinuer dans les cavités les mieux abritées! L'intelligence humaine échouait en voulant pénétrer le secret de leur transmigration à travers les tissus les plus serrés des animaux et des plantes.

Pour mieux étayer leurs systèmes, à une époque où le talent du rhéteur se substituait souvent à une science réelle, quelques philosophes prêtaient à ces germes les propriétés les plus paradoxales. C'était à peine si le verre leur paraissait capable d'en arrêter l'invasion; si la fournaise la plus ardente pouvait les consumer! Rien n'entravait Bonnet au sujet de ces corps; il les croyait réfractaires aux plus destructeurs agents chimiques, et prétendait même qu'à l'aide d'une circulation plus que merveilleuse, ils pénétraient toute l'économie des êtres animés[145].

Les fauteurs de l'hypothèse de la Dissémination illimitée ne s'arrêtaient pas là : une première excentricité en entraîne successivement d'autres. Quelques-uns d'entre eux, retombant dans les conceptions de la philosophie hermétique, firent de ces Germes des espèces d'entités métaphysiques impérissables. Issus de la création mosaïque, selon eux, ils pouvaient sauter par-dessus les siècles et les cataclysmes, et parvenir jusqu'à notre époque pleins de fécondité et de vie.

Tout cela était une conséquence d'une idée fausse; car si l'air était rempli de tous les éléments générateurs qu'il faudrait qu'il contînt pour son rôle de disséminateur universel, il serait tellement épais, que nous ne pourrions y circuler, et nous serions plongés dans les plus profondes ténèbres. En effet, si quelques globules de vapeur d'eau suffisent pour occasionner de sombres et suffocants brouillards, qui, comme à Londres, forcent parfois d'allumer des flambeaux au milieu du jour, que serait-ce donc si l'atmosphère était encombrée d'œufs et de semences?

On a donné le nom de *panspermie* à cette prétendue dissémination universelle des corps reproducteurs des animaux et des plantes. Mais cette hypothèse, purement gratuite, succombe aussitôt qu'elle est soumise au critérium de l'observation.

Il existe des végétaux qui n'apparaissent que dans des circonstances tellement exceptionnelles, tellement extraordinaires, que l'esprit se révolte à la pensée que leurs séminules encombrent de siècle en siècle l'atmosphère, pour ne féconder qu'à de rares intervalles quelque point imperceptible du globe : ce serait l'inutilité dans l'immensité.

On connaît un Champignon qui ne se développe jamais que sur les cadavres des Araignées; un autre n'apparaît qu'à la surface des sabots des chevaux en putréfaction. Tel petit végétal de la même famille, l'*Isaria* du Sphinx, n'a encore été observé que sur certains papillons nocturnes. Les chrysalides et les larves de ceux-ci n'en sont jamais affectées; ce sont d'autres espèces qui les envahissent. A moins d'avoir l'imagination de Bonnet, est-il possible de supposer que la nature encombre inutilement l'air de tout le globe, dans le simple but d'ensemencer quelques rares cadavres d'Araignées ou de Papillons; et que toujours il y en ait en disponibilité pour l'insecte parfait, pour sa chrysalide et pour sa larve?

On connaît encore des faits plus curieux : tel est celui d'un Champignon qui ne se rencontre jamais que sur le cou d'une chenille des contrées tropicales. Il est constamment unique sur l'animal, et énorme comparativement à lui, car sa hauteur dépasse souvent quatre à cinq pouces. Faut-il donc que, pour ce cas fortuit, l'air ait été bourré de semences, afin qu'il s'en implante une, de temps à autre, sur un site d'élection qui n'a pas un millimètre carré de surface?

Comme un végétal particulier envahit chaque espèce de

324. La Chenille au champignon, et son Papillon, *Hepialus virescens*. Champignon en fructification sur la chenille et enterré par elle dans le sol, *Cordyceps Robertsii*. Hooker.

fermentation, il faut donc que ses germes, selon les panspermistes, errent vaguement dans l'atmosphère, depuis la création jusqu'au moment où l'on produit une nouvelle liqueur fermentée. Ceux-ci sont-ils restés tant de siècles inoccupés, pour attendre l'instant où Osiris inventerait la bière? Et aujourd'hui encore, l'atmosphère alourdie par ces séminules, les

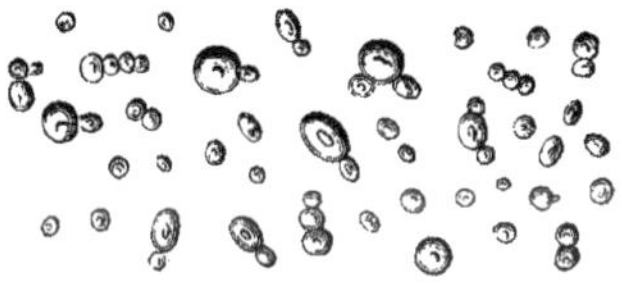

325. Graines microscopiques spontanées, se formant dans les fermentations, et constituant la levûre. *Cryptococcus cerevisiæ, Auct.*

promène-t-elle d'un pôle à l'autre, pour le moment où le Groenlandais et le Patagon se mettront à fabriquer quelques litres de cette boisson; ou bien pour féconder les fermentations nouvelles que chaque chimiste peut inventer dans le silence de son laboratoire?

S'il en était ainsi, il faudrait réellement gémir sur le sort de l'atmosphère!...

Bien plus encore; les botanistes connaissent un végétal singulier, le *racodium cellare*, qui n'a jamais été rencontré que sur les futailles de nos celliers. Avant l'invention de celles-ci, où donc en résidaient les germes, durant les longs siècles où nos pères n'employèrent que des amphores?

Un physiologiste de la Faculté de médecine, Bérard, parle même d'un végétal qui ne vit que sur les gouttes de suif que les mineurs en travaillant laissent tomber sur le sol. Lors de la création, s'est-il donc produit des semences de cette singulière espèce, dans la prévision de l'exploitation des mines à l'aide de nos vulgaires moyens d'éclairage?

Enfin, tous les botanistes ne savent-ils pas que chaque plante malade ou mourante est fatalement envahie par un parasite spécial? Rien ne peut expliquer l'introduction des séminules de cet hôte funeste; et l'on peut dire qu'il en existe autant de variétés qu'il y a d'espèces végétales! Qui donc oserait professer que l'air suffit à fournir tant et tant de germes destructeurs?

La raison se révolte en présence d'une si audacieuse supposition. En effet, si la Panspermie n'était autre chose qu'une fiction, l'atmosphère devrait être tellement obstruée d'œufs et de semences, que tout mouvement et toute respiration y deviendraient impossibles; nous péririons suffoqués.

La Micrographie, par un seul mot, a renversé, sans retour, cette étrange hypothèse. Elle a dit: Ces œufs et ces semences sont tangibles; on peut ordinairement les palper et les voir; quiconque en parlera est tenu de les montrer. *Montrez-les donc!...* et personne n'a pu le faire encore.

J'ai en vain cherché ces germes atmosphériques, inventés pour venir en aide à certaines hypothèses, et n'ai jamais pu les trouver. Deux savants, également illustres par le savoir et l'éclat de la parole, P. Mantegazza de l'Université de Pavie, et N. Joly de la Faculté de Toulouse, n'ont pas été plus heureux que moi.

Mais si l'atmosphère n'est point surchargée, saturée de ces introuvables œufs, il faut cependant reconnaître que, malgré sa transparence et sa pénétrabilité, il y flotte une immense quantité de corpuscules invisibles. Est-ce que chacun ne l'a pas reconnu en entrant dans un endroit obscur que traverse un rayon de lumière? On est tout surpris alors, en le regardant, de l'infinie variété de tout ce qui y voltige, s'abaisse ou monte, en formant des flots irisés et étincelants.

Ces corpuscules légers représentent des vestiges, des détritus de tous les corps qui se trouvent à la surface de la terre, et qui en sont enlevés par l'agitation de l'atmosphère.

En pleine mer et en temps calme, un rayon de lumière ne laisse apercevoir presque rien; il n'y flotte que quelques débris du navire.

Sur le sommet des hautes montagnes, on remarque la même pénurie de corpuscules. Près du cratère de l'Etna, la brise ne nous apportait que quelques parcelles de cendre et de soufre vomies par le volcan.

Mais aussitôt qu'on abandonne les solitudes de la mer ou des montagnes, plus on se rapproche des cités populeuses, et plus l'air se surcharge d'invisibles particules. Le catalogue de celles-ci n'est, en réalité, que le sommaire de tout ce dont l'homme se sert pour ses besoins ou ses plaisirs! Débris d'aliments, débris de vêtements, débris de nos meubles et de nos demeures; tout s'y trouve représenté.

La Farine de blé, qui constitue la base de notre alimentation, partout employée, est partout disséminée par l'air. A l'aide de ce fluide, elle pénètre dans les lieux les plus retirés de nos demeures et de nos monuments. J'en ai découvert dans les plus inaccessibles réduits de nos vieilles églises gothiques, mêlée à de la poussière noircie par six à huit siècles d'ancienneté. J'en ai aussi rencontré dans les palais et les hypogées de la Thébaïde, où elle datait peut-être de l'époque des Pharaons!

Dans nos villes, c'est un des plus abondants corpuscules de l'air; en le traversant, la neige qui tombe et l'insecte qui voltige en recueillent énormément. J'en ai compté jusqu'à quarante et cinquante grains sur les ailes de certaines Mouches. Elle s'attache aussi à la surface du corps de l'homme et des grands animaux.

On découvre aussi dans l'air des squelettes de différents Infusoires; et, ce qui est plus extraordinaire, on y rencontre même des Animalcules parfaitement vivants. On y observe fréquemment des débris d'Insectes, des filaments de laine, de soie ou de coton teints des couleurs les plus variées; puis d'abondants débris du sol, et même des parcelles de fumée rejetées par nos fabriques ou nos foyers. Tout s'y trouve, et, avec une certaine habitude, s'y reconnaît facilement; il n'y a que ces œufs et ces semences dont les panspermistes l'encombrent, que l'on n'y rencontre pas ou qui y sont d'une prodigieuse rareté.

Tous les corpuscules atmosphériques pénètrent avec l'air dans nos organes respiratoires. Aussi, nos poumons renferment-ils toujours une certaine quantité de fécule. J'ai même découvert des Crustacés microscopiques vivants dans ceux d'un homme mort.

On sait que les os des Oiseaux, au lieu d'être remplis de moelle, sont absolument creux; et qu'à l'aide d'un curieux mécanisme ils communiquent avec les poumons et servent à la respiration; aussi ces os pneumatiques sont-ils très-propres à retenir les corpuscules aériens qui parviennent dans leurs cavités. Un Paon, élevé dans un château, offrait dans ses os d'abondants filaments de laine et de soie, teints des plus magnifiques couleurs; c'étaient d'évidents vestiges des riches parures des nobles châtelaines du lieu ou de quelques ouvrages tissés par leurs délicates mains. Au contraire, des Poules de l'humble maison d'un boulanger, avaient leurs cavités pneumatiques presque uniquement bourrées de farine et de débris de quelques vêtements grossiers; celles d'un charbonnier y offraient de nombreuses parcelles de charbon.

Des Pics, qui n'habitent que les sites les plus solitaires des forêts, n'ont leurs voies respiratoires envahies que par des débris de feuilles et d'écorces. A l'opposé de cela, les Corneilles, dont la vie se passe en partie sur les toits de nos demeures et en partie dans les campagnes, ont leurs os remplis de tout ce qui voltige dans les lieux variés qu'elles fréquentent. On y découvre des filaments de laine et de coton diversicolores, de la fécule et de la fumée, qu'elles hument sur le faîte de nos demeures; puis de fines parcelles végétales, qu'elles aspirent au milieu des bois.

Il est curieux de voir ainsi les mœurs des animaux se traduire par l'examen de leurs voies respiratoires.

Mais partout, soit en explorant l'air, soit en fouillant intimement les plus profonds organes des animaux, on ne rencontre qu'une insignifiante quantité de ces œufs ou de ces semences dont les panspermistes prétendent cependant que l'atmosphère est encombrée [146].

L'UNIVERS SIDÉRAL

.......On a sondé ces régions voilées;
Les bornes du possible ont été reculées
Un mortel a pu voir, armé d'un œil géant,
Osciller des lueurs aux confins du néant!.....

J. J. AMPÈRE.

LIVRE I.

LES CIEUX ET L'IMMENSITÉ.

I

LES ÉTOILES.

Kepler, dont rien n'arrêtait le génie, avait déjà tracé les grandes lois de la physique des globes. Toutes les étoiles, selon lui, ne sont que des soleils comme le nôtre, dont chaçun a son système planétaire. Et notre luminaire, avec tout son cortége de satellites, est lui-même jeté comme une étoile errante dans l'océan des mondes, où il forme le point central de cette poussière stellaire que l'on appelle Voie lactée.

Tout autour du soleil, disséminées dans l'immensité, les étoiles animent majestueusement la voûte céleste. Leur éclat, l'éblouissant spectacle qu'elles étalent à nos yeux, pénètrent l'âme d'humilité et d'anéantissement. C'est dans les vallées de l'ardente Thébaïde, que jamais une goutte d'eau n'arrose, qu'il faut se livrer à de telles contemplations. On y jouit de nuits éternellement sereines; et sous leur magnifique dôme, les Astres, ces fleurs immortelles du ciel, comme les appelle saint Basile, élèvent l'esprit de l'homme du visible à l'invisible. Les cieux racontent la gloire de Dieu : *Cœli enarrant gloriam Dei.*

Le nombre des étoiles connues et calculées est considérable. Les astronomes évaluent à environ trois mille, celles que l'on peut apercevoir à l'œil nu, au même instant, sur l'horizon. Pour le ciel entier, les vues les plus perçantes, favorisées par des nuits d'une extrême pureté, n'en comptent qu'à peu près 6000[148].

Cette richesse stellaire devenait embarrassante; aussi, de très-bonne heure, a-t-on senti la nécessité d'en faire des groupes distincts, auxquels on donna le nom de *constellations.* Presque tous ces assemblages représentent des êtres vivants, dessinés sur la sphère céleste.

Mais ce groupement des constellations, dont l'origine remonte à une haute antiquité, ne s'est fait que successivement. Suivant Clément d'Alexandrie, ce serait 1420 ans avant notre ère, que Chiron, précepteur de Jason, aurait le premier partagé le ciel étoilé en constellations distinctes, en dessinant celles-ci sur une sphère qu'il offrit aux Argonautes. Telle est aussi l'opinion de Newton[149].

Cependant, la première preuve authentique de la division du Ciel ne remonte qu'à Hésiode, déjà beaucoup plus rapproché de nous. Dans son livre *des Travaux et des Jours*, écrit environ 800 ans avant Jésus-Christ, ce poëte parle des Pléiades, d'Arcturus, d'Orion et de Sirius[150].

L'Odyssée et l'Iliade sont encore stériles en allusions astronomiques. Cependant Homère y rapporte qu'Ulysse dirigeait son navire en se guidant sur les Pléiades et le Bouvier. Et lorsqu'il décrit le bouclier d'Achille, le prince des poëtes mentionne encore un certain nombre de constellations, et en particulier la Grande-Ourse, qui seule ne se plonge jamais dans les vagues de l'Océan !

C'est aux Grecs qu'on attribue généralement l'invention de la presque totalité des constellations. Quant à celles qui se trouvent vers l'équateur et qu'on appelle zodiacales, les érudits les considèrent comme rappelant emblématiquement des divinités égyptiennes. La Vierge représente Isis, et le Capricorne Mendès; le Bélier est consacré à Jupiter Ammon; le Taureau n'est que l'emblème du dieu Apis, et le Lion celui d'Osiris [151].

Cette division de la sphère céleste, quoique fort ancienne, a successivement été acceptée par les savants de toutes les époques, malgré les tentatives qui ont été faites pour la réformer. Vers le huitième siècle, quelques astronomes théologiens, scandalisés de voir toutes les divinités de l'Olympe éparpillées sur la voûte du ciel, essayèrent de les déposséder, en substituant aux souvenirs mythologiques des noms empruntés aux saintes Écritures. Mais cet essai, dont Bède fut le promoteur, échoua complétement. Cependant, les curieux citent des calendriers où saint Pierre remplace le Bélier, saint André le Taureau; David, Salomon et les Rois mages y ont aussi leur place [152].

J. Herschell, plus positif, en présence des difficultés qu'offre la délimitation des constellations, proposa tout simplement de tracer des quadrilatères sur la voûte céleste, et de classer les étoiles dans chacun d'eux. Mais ce système n'a eu aucun succès.

Guidé par des calculs et des instruments d'une admirable précision, de nos jours, l'astronome pénètre avec assurance jusqu'aux sphères disséminées vers les confins de l'immensité. Il les pèse et en apprécie le volume et la densité, comme si elles étaient venues se placer sur le plateau de sa balance.

La science moderne puise à pleines mains dans ses splendides arsenaux, tandis qu'à son berceau tout lui manquait, hors le génie! Hipparque et Ptolémée n'avaient aucun instrument pour contempler le ciel. Les astronomes de la Renaissance, tels que Regiomontanus, Copernic, Tycho-Brahé et Kepler, ne furent guère plus favorisés; cependant, combien d'immortelles découvertes ne leur doit-on pas? Ils semblent avoir presque tout vu avec leurs yeux de Lynx, ou tout deviné [153]!

Le premier télescope qui fut exécuté, le faible télescope de Galilée, ne grossissait que sept fois les objets; et nonobstant, c'est avec lui qu'il découvrit les satellites de Jupiter [154].

Aujourd'hui, W. Herschell explore les astres avec des grossissements de 6500 fois. Le comte de Ross sonde la profondeur du ciel avec un télescope de six pieds d'ouverture et ayant cinquante pieds de longueur. Aussi, par la puissance de cet immense tube optique, dans lequel un homme se promènerait à l'aise, voit-on se résoudre en essaims d'étoiles serrées diverses nébuleuses qui avaient jusqu'à ce jour résisté à tous nos instruments [155].

On voit qu'au moment où nous parlons, nos moyens d'investigation ont donné de gigantesques proportions au champ des sciences. Lorsque le monde sidéral n'était exploré qu'à l'œil nu, les catalogues d'étoiles exécutés depuis l'antiquité jusqu'à la Renaissance, depuis Hipparque jusqu'à Tycho-Brahé, ne mentionnaient guère qu'un millier de ces astres. De nos jours, avec un télescope de 20 pieds de longueur, déjà la voûte céleste se peuple, selon M. Struve, de plus de 20 000 000 d'étoiles.

Mais sir W. Herschell sonde encore plus intimement les mystères des cieux. A l'aide de son télescope de 40 pieds de longueur, la Voie lactée, cette longue traînée blanche que les Arabes appelaient le *Fleuve céleste*, se résout en une poussière stellaire, dans laquelle l'astronome anglais compte déjà 18 000 000 d'étoiles télescopiques.

Est-ce à dire, cependant, que ces chiffres inattendus, que ces chiffres qui confondent l'imagination, énoncent le dernier

326. Exploration de l'infiniment grand. Télescope de lord Ross. — D'après M. Guillemin.

terme de la science, et que celle-ci ait tracé les extrêmes limites de l'Univers sidéral?... Probablement non. D'autres révélations, non moins merveilleuses, étonneront nos arrière-neveux!

L'aspect de cette poussière d'étoiles dispersées dans le firmament, ne nous donne qu'une imparfaite idée du grandiose des espaces célestes. Le nombre et l'éloignement affaiblissent l'impression. Il semble que des astres si abondants, et en apparence si tassés, ne peuvent être que des points lumineux! C'est la science qui donne aux objets leur importante réalité, en appelant ses calculs à notre secours. Pour préciser les dimensions de l'un de ces corps, laissons parler M. A. Guillemin : « Wollaston, dit-il, affirme que le diamètre apparent de la plus brillante étoile du ciel, de Sirius, ne vaut pas la cinquantième partie d'une seconde d'arc. Mais, hâtons-nous de dire que ce résultat laisse encore une belle marge aux dimensions réelles de cette étoile, puisqu'à la distance où elle se trouve de nous, un diamètre apparent aussi petit représenterait néanmoins un diamètre réel de 4 500 000 lieues : c'est encore 12 fois le diamètre de notre soleil. »

Cette simple citation ne démontre-t-elle pas que les phénomènes de la nature possèdent des proportions non moins extraordinaires qu'inattendues! Aussi, lorsque l'homme s'initie aux sciences modernes, est-ce avec un profond étonnement qu'il reconnaît que les merveilles qu'elles lui révèlent, dépassent, même de beaucoup, les plus audacieuses fictions de la poésie antique....[156].

Prouvons-le par quelques exemples.

Les philosophes anciens pensaient donner une grande et majestueuse idée du Soleil, en comparant ses dimensions à la superficie du Péloponèse. Quelle mesquine image!... Ce flambeau du monde, *lucerna mundi*, comme l'appelait Copernic, a des proportions telles, que si l'on supposait que la terre fût placée à son centre, le soleil étendrait sa masse au delà de l'orbite de la lune, et notre satellite n'accomplirait sa révolution qu'enseveli sous les épaisses couches incandescentes de l'astre qui nous éclaire [157].

Dans sa Théogonie, Hésiode, en voulant donner une idée de l'élévation du firmament, suppose qu'une enclume d'airain, en tombant du haut du ciel, roulerait neuf jours et neuf nuits dans l'espace avant d'arriver jusqu'à la terre [158].

Oh! combien l'imagination du poëte de l'Hellénie est restée au-dessous de la vérité; vérité qui donne le vertige! En effet, d'un côté, la physique nous démontre qu'un corps solide, emporté par la gravitation pendant ce laps de temps, ne parcourrait guère que cent quarante-trois mille lieues. Tandis que de l'autre, l'astronomie du dix-neuvième siècle nous apprend qu'un rayon lumineux, parti d'Alcyone, la plus brillante des Pléiades, met cinq cents ans à traverser l'espace avant de venir frapper notre œil. Et cependant, la lumière est si rapide qu'en un dixième de seconde, une de ses ondes fait le tour du globe!... Mais la profondeur du ciel ne s'arrête pas au groupe des Pléiades : celles-ci appartiennent, au contraire, à ses couches superficielles [159].

L'espace étant infini, et notre esprit restreint, nous ne pouvons en embrasser que quelques parcelles; nonobstant, celles-ci quoique fort limitées dans le champ de l'immensité, n'en confondent pas moins la compréhension humaine. Pour les énumérer, il y aurait de la puérilité d'essayer des nombres; dans cette tentative, toutes les ressources de notre intellect échoueraient. L'espace que parcourt la lumière pendant une seule année, dépasse déjà la portée de nos facultés d'intuition; on n'en est pas surpris, en se rappelant qu'elle franchit la distance qui nous sépare du soleil, c'est-à-dire 38 millions de lieues, en 8 minutes 18 secondes; et cependant c'est cette lumière, dans sa marche éblouissante, qui sert à mesurer les incommensurables distances des globes, et à nous donner l'idée grandiose de quelques parcelles de l'infini!

La lumière franchissant 77 000 lieues par seconde, combien est mesquine la marche de tout ce que nous pouvons lui opposer. Près d'elle, le son lui-même ne se propage qu'avec une ridicule lenteur.

En supposant que l'immense abîme interposé entre la terre et le soleil soit susceptible de transmettre les ondes sonores, on a calculé qu'un son, qui serait produit à la surface du resplendissant flambeau du monde, mettrait quatorze ans et deux mois pour arriver jusqu'à notre oreille.

Lorsque, par une curieuse investigation, on veut supputer combien de temps, à l'aide de nos plus rapides moyens de locomotion, il nous faudrait pour accomplir un voyage jusqu'à l'astre qui nous éclaire, on est tout étonné du résultat. D'après les calculs de M. Guillemin, un train express de chemin de fer, qui serait parti de la terre le 1er janvier 1865, n'arriverait au soleil qu'en l'année 2212, en marchant à raison de 50 kilomètres par heure. C'est-à-dire en 347 ans; ce que la lumière fait en quelques minutes.

Nous venons de rappeler quel temps considérable un rayon lumineux, parti des Pléiades, mettait pour parvenir jusqu'à la terre. Mais ce que le génie de l'homme a pu s'approprier de l'infini ne se borne pas à ces constellations : l'astronomie sidérale, éclairée par les instruments de précision de notre époque, nous révèle, comme nous l'avons vu, que la Voie lactée n'est qu'un composé d'étoiles télescopiques. Eh bien! d'après ses appréciations photométriques, sir J. Herschell a pensé que ces étoiles étaient si prodigieusement distantes de la terre, qu'un rayon parti de l'une d'elles, met deux mille ans pour parvenir jusqu'à nous.

Cependant l'investigation humaine pénètre encore bien au delà. Quand l'observateur plonge plus profondémont ses regards dans l'immensité, lorsqu'il atteint enfin ces Nébuleuses qui résident sur les confins du néant, la distance devient telle qu'elle confond l'imagination, et que les chiffres ne suffisent plus pour la représenter. D'après des calculs qui ne sont point hors de vraisemblance, dit de Humboldt, la lumière, malgré sa foudroyante rapidité, emploie plus de deux millions d'années à traverser l'incommensurable distance qui nous sépare de ces astres. Ainsi donc, lorsque le télescope révèle encore à nos yeux l'éclat lumineux de l'une de ces Nébuleuses, il peut cependant y avoir plus de deux millions d'années que ce corps mystérieux s'est éteint dans l'espace. Ainsi, l'histoire des cieux, franchissant la nuit des temps, passe à travers les siècles et vient nous apparaître comme autant d'événements contemporains! C'est là, comme on l'a dit, la plus authentique preuve de l'immense ancienneté de la matière.

II

LES NÉBULEUSES.

L'investigation de l'Univers ne s'arrête pas aux étoiles. A l'aide de grands télescopes, on découvre, dans le plus extrême lointain des cieux, des taches blanches de diverses formes que l'on considéra longtemps comme de simples vapeurs cosmiques phosphorescentes, ou comme des germes d'univers prêts à se condenser en mondes nouveaux. C'est à ces lueurs blanches que l'on imposa le nom de *nébuleuses*, pour rappeler leur aspect diffus et l'incertitude de leur nature. Mais à l'aide des puissants instruments nouvellement inventés, on a reconnu que ces nuages lumineux, dans lesquels on avait cru surprendre des globes en voie de formation, n'étaient que des réunions de petites étoiles télescopiques, groupées souvent en nombre considérable, et dont les amas représentaient les figures les plus variées, les plus inattendues.

327. Nébuleuse spirale des Chiens de chasse.

Quelques Nébuleuses sont à peu près globulaires ; d'autres, comme celles de la Vierge ou des Chiens de Chasse, ressemblent à un tourbillon spiral; et il en est qui ont l'apparence d'un anneau. La Nébuleuse du Taureau représente un corps lumineux allongé d'où s'irradient des espèces de pattes formées par de longues traînées d'étoiles. Frappé de cet aspect, Ross en l'apercevant pour la première fois avec son immense télescope, lui donna le nom de *Nébuleuse-écrevisse*, animal qu'elle rappelle en effet par sa singulière forme.

Les Nébuleuses marquent la limite de notre exploration sidérale. A mesure qu'avec nos moyens nouveaux nous fouil-

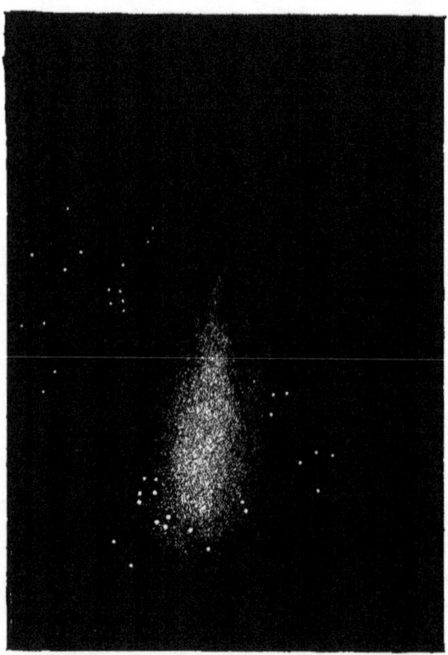

328. Nébuleuse du taureau. Nébuleuse-écrevisse de Ross.

lons plus avant la sphère étoilée, à mesure aussi apparaissent quelques-uns de ces corps lumineux. Mais dans l'extrême profondeur des cieux, il en est un certain nombre qui restent encore irréductibles.

On connaît déjà plus de 4500 Nébuleuses, disséminées dans les deux hémisphères. Les moindres de celles-ci se composent d'une véritable fourmilière de soleils, car chacune de leurs imperceptibles étoiles représente l'un de ces astres.

Les étoiles qui forment les Nébuleuses sont si tassées qu'on ne peut les compter avec exactitude. On a pu seulement apprécier à peu près le nombre qui entre dans plusieurs de celles qui offrent une forme globuleuse. Arago prétend qu'il en existe parfois 20000 dans quelques-unes de ces lueurs célestes ne dépassant pas l'apparence du dixième du disque de la lune.

Ces corps se trouvent assez irrégulièrement disséminés sur la voûte céleste. De grands espaces en paraissent absolument dépourvus, tandis que dans d'autres régions ils sont dispersés comme de nombreux archipels, et là l'observateur peut, en une heure, en voir passer plus de trois cents dans le champ de son télescope, ce qui, en particulier, a lieu au voisinage de la Vierge.

Quoique la dispersion des Nébuleuses ne suive aucune symétrie, des lois précises semblent avoir présidé à leur formation; et comme si celle-ci avaient entraîné vers leur centre toutes les particules cosmiques des régions où elles résident, on remarque qu'il n'existe généralement que fort peu d'étoiles dans leurs environs. Aussi, lorsque dans ses explorations nocturnes, Herschell n'apercevait que peu de celles-ci passer devant ses instruments, il s'attendait à voir bientôt quelques Nébuleuses s'offrir dans leur champ; et il en était même tellement certain, qu'il disait à ses secrétaires de s'apprêter à les inscrire. « Préparez-vous à écrire, — leur disait-il, — les Nébuleuses vont arriver. »

Les Nuées de Magellan, ces taches lumineuses qui couvrent un si grand espace du ciel des régions australes, et semblent comme des lambeaux arrachés à la Voie lactée, présentent une composition complexe, ayant, sous quelques rapports, de l'analogie avec les Nébuleuses. Sir J. Herschell dit qu'elles sont formées, à la fois, par des étoiles isolées, par des essaims d'étoiles, et enfin par des Nébuleuses plus pressées que celles que l'on rencontre près de la Vierge et dans la Chevelure de Bérénice....

Les premiers pilotes qui s'aventurèrent dans les mers australes, furent aussi frappés par des phénomènes tout opposés; c'étaient des taches noires, se dessinant irrégulièrement sur la voûte céleste, et auxquelles, dans leur langage imagé, ils donnèrent le nom de *sacs à charbon*. Selon les astronomes, ces taches, dont les plus célèbres avoisinent la Croix du Sud, sont dues à une éclaircie du Ciel où celui-ci est en grande partie dépourvu d'étoiles. Il semble de véritables trous, selon l'expression de de Humboldt, par lesquels nos yeux plongent dans les espaces les plus reculés de l'univers [153].

LIVRE II.

LE MONDE SOLAIRE.

I

LE SOLEIL.

Cet astre flamboyant, selon la belle métaphore de Théon de Smyrne, est le cœur de l'Univers, vivifiant tout par ses battements. De tous ceux qui gravitent dans l'immensité du ciel, le Soleil est celui dont l'éclat éblouissant captive d'abord l'attention. Quelle que soit son apparente dimension et sa vive lumière, il ne représente cependant que l'une de ces myriades d'étoiles qui forment la voie lactée. Mais il est pour nous le centre d'un système ou d'une famille de globes dont il a été le berceau, et qui tous, après s'en être séparés, gravitent éternellement autour de leur père commun. Lui, ainsi qu'un souverain assis sur son trône resplendissant, il siége au centre de tous ses satellites; et son invisible puissance les soutient dans l'espace, dirige leur course régulière, et dissémine partout le mouvement et la vie.

Car si son flambeau venait à s'éteindre, avec la nuit éternelle qui envelopperait le globe, arriverait le naufrage de toute la création, ses rayons seuls la protégeant contre l'horrible manteau de glace qui menace sans cesse de l'envahir.

Comparativement à notre globe et aux autres astres qu'il enchaîne dans leur cycle tout autour de lui, le Soleil offre d'énormes dimensions. Il est environ un million et demi de fois plus volumineux que la Terre; et l'on a calculé qu'il représente, à lui seul, sept cents fois la masse de toutes les planètes réunies qui gravitent dans son système.

Les astronomes ne se sont pas contentés de connaître le volume du Soleil, ils ont voulu en évaluer le poids; et ils l'ont fait. En le comparant aussi à celui de la Terre, ils ont reconnu qu'il faudrait un nombre assez notable de cette dernière pour parvenir à l'équilibrer. Si l'on supposait qu'on pût avoir une prodigieuse balance qui permît de mettre le Soleil sur l'un de ses plateaux, pour contrebalancer le poids de cet astre, il faudrait mettre dans l'autre 350 000 globes terrestres.

L'orbe de la Terre se trouve inflexiblement tracé à trente-huit millions de lieues du Soleil. Quelques planètes roulent plus près de ce luminaire central; d'autres beaucoup plus loin. Il brûle les unes et semble abandonner les autres à l'empire des glaces éternelles. Mercure, son plus proche voisin, Mercure, presque en combustion, n'en est qu'à quinze millions de lieues; Neptune, tout glacé, sans doute, et le plus éloigné de tout le cortége, réside sur le dernier orbe du système, à un milliard cent quarante-sept millions de lieues de l'astre embrasé, aussi n'accomplit-il sa révolution qu'en cent soixante-quatre ans : c'est pour lui l'année !

Quel que soit l'éblouissant éclat du Soleil, on a découvert, il y a deux cent cinquante ans, que cet astre présentait de place en place quelques taches noires, bien petites, il est vrai, par rapport à l'étendue de sa propre surface, mais en réalité d'une vaste étendue proportionnellement aux dimensions de notre globe. Quoique notre œil ne puisse généralement pas apercevoir ces maculatures, quelques-unes ont cependant jusqu'à 30 000 lieues de diamètre; et si comme on le suppose elles représentent autant d'anfractuosités de l'enveloppe solaire, la terre pourrait s'y engouffrer avec la plus grande facilité.

Quoique l'existence de ces taches soit on ne peut plus facile

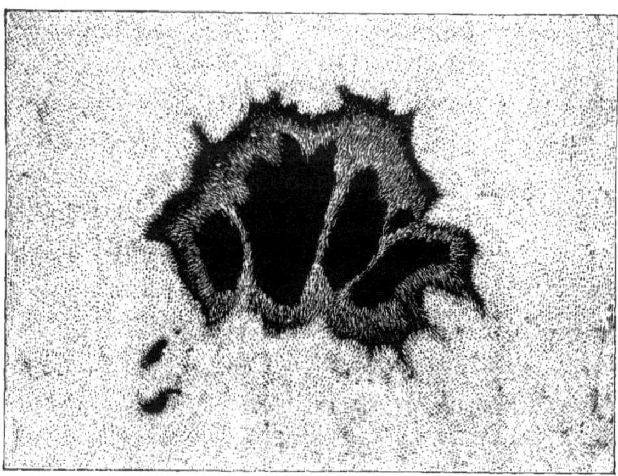

329. Les taches du soleil.

à constater, quand on les signala pour la première fois, et même après que le grand Galilée en eut attesté la présence, certains théologiens, en se fondant sur de fausses idées philosophiques, s'efforcèrent de nier le fait. Ils soutenaient que l'astre pur et radieux était tout à fait immaculé, et que ses prétendues taches n'existaient que sur les verres des lunettes des astronomes.

Cependant, si l'existence de ces maculatures est aujourd'hui un fait incontestable, leur nature intime est encore obscurément expliquée. Quelques astronomes prétendent qu'elles ne représentent que des trouées de l'enveloppe lumineuse du Soleil, qui laissent voir ses couches obscures. D'autres croient que ce sont des nuages de vapeur qui errent à la surface de l'immense globe de feu. Quoi qu'il en soit, c'est à l'observation de ces taches que l'on a dû la découverte du mouvement rotatoire du Soleil ; mouvement qui s'accomplit en vingt-cinq jours.

Nous ne pouvons nous faire qu'une imparfaite idée de la chaleur solaire, tant elle est puissante ; et la plus ardente combustion de nos hauts-fourneaux, poussée au rouge blanc, n'offre même rien qui puisse lui être comparé. On a cependant tenté d'apprécier quelle doit être la température de cette formidable fournaise. « Que l'on se représente le Soleil sous la forme d'un globe volumineux comme un million quatre cent mille globes terrestres, et entièrement couvert d'une couche de houille de sept lieues de hauteur. La chaleur qu'il devra déverser annuellement dans l'espace est égale à celle qui serait fournie par cette couche de houille embrasée. » (Camille Flammarion.)

Cependant, quelle que soit l'incompréhensible ardeur de ce foyer incandescent qui nous réchauffe et même parfois nous brûle à une distance de trente-huit millions de lieues, les astronomes ont de telles hardiesses, qu'ils ont été jusqu'à calculer quelle masse d'eau il faudrait employer, sinon pour l'éteindre absolument, au moins pour en étouffer superficiellement l'incendie [167].

II

LA TERRE.

Déjà nous avons longuement parlé de celle-ci sous le rapport géologique; ici, nous n'avons plus qu'à mentionner sa place comme corps planétaire faisant partie du système solaire.

La Terre représente une sphère un peu aplatie vers ses pôles. Elle est animée de deux mouvements : l'un qui a lieu tout autour du Soleil, dans un orbite dont elle parcourt le circuit en une année; l'autre s'opère en vingt-quatre heures environ sur l'axe qui traverse ses pôles. C'est ce dernier mouvement qui a fait croire que le Soleil et le ciel tournaient autour de la Terre, en se trouvant emportés d'Orient en Occident, tandis que c'est, au contraire, le globe terrestre qui tourne sur lui-même de l'occident vers l'orient. Copernic démontra le premier ce grand fait astronomique; et Galilée le confirma, avec tout l'ascendant du génie.

On évalue environ à 510 000 000 de kilomètres carrés la surface terrestre, et des savants ont calculé que pour la couvrir totalement, il faudrait mille royaumes de la grandeur de notre France.

Notre planète est totalement enveloppée par une épaisse couche d'air, qui forme tout autour le plus moelleux coussin imaginable. Malgré son apparente légèreté, cette couche n'en pèse pas moins d'une notable manière sur tous les corps répandus sur la Terre et sa pression est d'autant plus considérable que ceux-ci offrent plus de surface. Les physiologistes pensent que chacun de nous en a environ 16 000 kilogrammes à supporter ; mais ce poids extrême n'est cependant pas normalement sensible parce qu'il est contrebalancé par une action égale dans tous les sens ; l'une efface l'autre.

La Terre n'est pas riche en satellites ; elle n'en possède qu'un

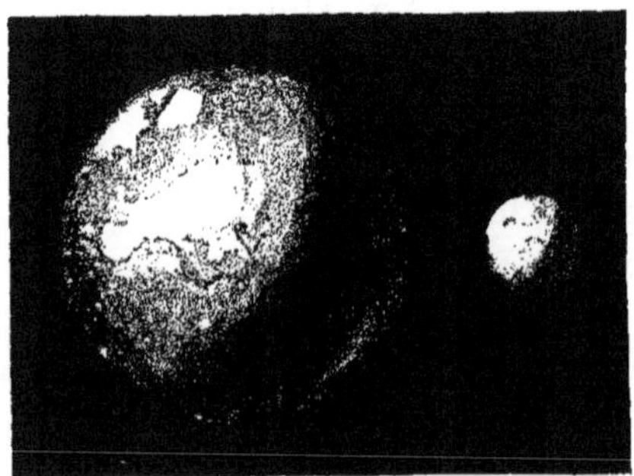

330. Dimensions comparées de la Terre et de la Lune.

seul, et celui-ci, par rapport à elle, a d'assez grandes dimensions, c'est la Lune qui l'accompagne fidèlement dans sa course. Si d'autres planètes, telles que Jupiter et Saturne, sont mieux partagées et en comptent de quatre à huit, il en est aussi près desquelles on n'en rencontre aucun ; tel est le cas de Vénus et de Mercure.

III

LA LUNE.

Cet unique et fidèle satellite de la Terre, formé de l'une de ses éclaboussures, aujourd'hui froid et blême, à son origine ne roulait sur nos flancs qu'une sphère rouge et embrasée, vomissant des torrents de feu par toute sa surface. Pendant que la gravitation régularisait sa forme et sa marche, la Lune, en traversant des millénaires d'années, tarissait son incendie pour ne nous présenter enfin que cette face pâle et argentée, devenue le mélancolique luminaire de nos nuits; le splendide miroir nocturne qui nous renvoie, affaiblis et froids, les rayons divergents du Soleil.

Comparativement à l'incommensurable distance des Nébuleuses et des Étoiles, l'espace qui nous sépare de notre satellite est vraiment insignifiant; celui-ci est notre voisin, porte à porte; il semble presque nous toucher, tant nos yeux en discernent nettement la forme et les détails. Mais cette distance insignifiante, abstractivement considérée, est cependant encore assez notable. Le trajet de la Terre à la Lune est de 96 720 lieues environ. Et, si l'on supposait qu'on pût s'y rendre à l'aide de la vapeur, il ne faudrait guère moins d'un an, 322 jours environ, à une locomotive partie de notre globe et lancée à grande vitesse, pour y aller déposer ses voyageurs. Un corps pesant, projeté de l'orbite lunaire, parviendrait à nous, il est vrai, infiniment plus vite. Dans son charmant ouvrage sur les merveilles célestes, M. Camille Flammarion dit qu'il viendrait tomber à la surface de la terre en 3 jours, 1 heure, 45 minutes et 13 secondes.

La Lune est partout hérissée d'aspérités de diverses formes; mais celles-ci ne s'y groupent que fort rarement en chaînes de montagnes comparables à celles de notre globe. Les Alpes, le Caucase, les Apennins représentent les principales. Les

331. Aspect de la pleine Lune.

sommets isolés, ont, en partie, reçu des noms d'hommes célèbres, mais on a choisi ceux des morts, afin de n'exciter dans le monde savant aucune jalousie; on y voyage du mont d'Aristote à celui d'Hipparque, du mont de Ptolémée à celui de Copernic. Les astronomes, comme de raison, ne se sont pas oubliés.

Les plus hautes montagnes lunaires parviennent à une altitude qui dépasse la plupart des aspérités terrestres; ce qui a lieu de nous étonner. Généralement cependant elles ne s'élèvent guère au delà de 7000 mètres. Mais proportionnellement à ses dimensions, on peut dire que les montagnes de la Lune sont beaucoup plus élevées que celles de la Terre. Les sommets du mont Dœrfel se trouvent à 7600 mètres au-dessus des vallées qui l'environnent, tandis que le plateau du Mont-Blanc ne domine que de 4810 mètres le niveau de la mer.

La plupart des montagnes de notre pâle compagne sont d'origine vulcanienne, et sa surface a été tellement retravaillée

332. Vue idéale d'un paysage lunaire dans une des régions montagneuses.

par les feux souterrains, que dans beaucoup d'endroits ses cratères se trouvent entassés les uns auprès des autres. Aucun astre n'a jamais été peut-être aussi horriblement dilacéré par la fureur des volcans. Ceux-ci y ont eu même des proportions que ceux de notre globe sont loin d'atteindre. Quelques-uns des cratères lunaires offrent de quatre à cinq lieues de diamètre; et la gueule béante du volcan d'Aristillus, encore plus prodigieuse, en présente dix d'un bord à l'autre! Nos lunettes nous font apercevoir ces cratères éteints avec de telles proportions, qu'aucun de leurs détails ne nous échappe; tandis que de la Lune, selon de Humboldt, nos télescopes ne nous permettraient qu'à peine de reconnaître les volcans terrestres.

Vus de la terre, beaucoup de volcans lunaires paraissent très-surbaissés, et les bords de leurs cratères ressemblent à autant d'anneaux aplatis faisant peu de saillie au-dessus des plaines; certaines régions en sont tellement criblées que leurs bouches se touchent. D'autres terminent les sommets élevés, et leurs remparts crénelés entourent d'énormes excavations qui creusent profondément les montagnes jusqu'au-dessous du niveau des plaines.

Anciennement, on considérait comme représentant les mers de la Lune, les espaces noirs qui occupent une partie de sa surface, mais aujourd'hui on est porté à les regarder comme n'étant que d'immenses plaines. Les premiers astronomes leur avaient imposé des noms pleins de poésie. Il y a la mer de la Tranquillité, la mer des Nuées, la mer du Nectar, l'océan des Tempêtes et la mer de la Sérénité.

Le sol rocailleux et dilacéré de notre satellite est absolument nu; pas un brin d'herbe n'y pousse; pas une fleur ne s'y épanouit. Actuellement privé d'eau et d'atmosphère, la vie y est tout à fait impossible. Une triple mort frapperait le moindre animal qui viendrait à y choir : un écureuil y périrait de faim, de soif et d'asphyxie! Au milieu de ces froids et horribles paysages lunaires, tout est plongé dans la torpeur et le silence, les échos sont muets; rien n'altère la triste monotonie du ciel, et jamais l'haleine du zéphyr n'effleure les sommets de leurs montagnes déchirées!

A l'aide de nos instruments astronomiques, qui sont aujourd'hui si perfectionnés, nous pouvons fouiller les plus intimes détails de notre satellite, et nous le faisons avec autant de perfection que s'il s'agissait de l'un de nos horizons lointains; aussi peut-on jusqu'à un certain point en reconnaître la disposition géologique. La précision des lunettes est telle, qu'avec celles-ci on discernerait parfaitement de grands monuments s'il en existait à la surface lunaire. On pourrait même distinguer des troupeaux d'animaux qui s'y promèneraient. Il serait impossible encore, il est vrai, d'apercevoir l'un de ses habitants, cheminant dans les vallées de son croissant d'argent; seulement, si les trop fameux Sélénites existaient, on en reconnaîtrait assurément les mouvements lorsqu'ils se trouveraient rassemblés en masses compactes. Mais, selon l'expression de de Humboldt : il n'y a là qu'un désert silencieux et muet.

IV

LES COMÈTES.

Parmi ces myriades d'astres dispersés sur la voûte du ciel, il n'en est aucun qui ait autant exercé l'imagination des savants que ne l'ont fait les comètes. Souvent elles ont donné lieu aux hypothèses les plus opposées ou les plus ridicules. Descartes croyait que ce n'était que de vieilles étoiles devenues encroûtées et malades, et qui, trop faibles pour conserver leur place, se trouvaient entraînées dans les tourbillons des étoiles voisines.

Le mouvement régulier des Comètes avait été pressenti par Sénèque; mais c'est à Newton qu'on doit d'avoir enseigné la méthode pour le calculer. Cependant ces astres vagabonds trompent souvent par leur marche toute la perspicacité des astronomes. On se rappelle à ce sujet que Jacques Bernouilli avait annoncé pour le 17 mai 1719, le retour de la comète de 1680; elle devait alors rentrer majestueusement dans le signe de la Balance. Voltaire dit que pour voir ce beau spectacle aucun astronome ne se coucha cette nuit-là; mais la comète ne parut point. Aujourd'hui encore, ces météores errants nous font parfois la même impolitesse[160].

Les savants eux-mêmes ont amplement prêté la main à toutes les erreurs que le vulgaire a débitées sur ces astres singuliers; les astronomes, mais plus rarement que tous, y ont également apporté leur contingent. L'apparition des Comètes inspirait un tel effroi, à une certaine époque, que l'on se renfermait chez soi pour se soustraire à leur horrible aspect; aujourd'hui, au contraire, on se précipite hors de son habitation pour mieux en admirer les gerbes lumineuses. Comment les populations ignorantes ne devaient-elles pas être effrayées elles-mêmes, lorsque les hommes les plus éclairés, tels que J. Bernouilli, prétendaient que, sinon le corps, au moins la queue des Comètes, pourrait bien être un signe de la colère céleste.

A l'égard de ces astres nébuleux, l'imagination de Maupertuis s'abandonnait à toutes les fantaisies. Il ne s'éloignait pas de l'idée qu'ils pouvaient être peuplés d'une certaine race d'hommes; et, dans leur queue phosphorescente, cet astronome ne voyait qu'une éblouissante traînée de pierreries. En supposant qu'une Comète vînt à choir sur notre globe, il s'exprime ainsi : « La terre jouirait des raretés qu'un corps qui vient de si loin y apporterait. On serait peut-être bien surpris de trouver que les débris de ces masses que nous méprisons, seraient formés d'or et de diamants ; mais lesquels seraient les plus étonnés, de nous ou des habitants que la comète jetterait sur notre terre? Quelle figure nous nous trouverions les uns aux autres. » *Lettre sur la comète*, 1752.

Si le vulgaire ne sonde pas tous les mystères du ciel, par

333. Comète de 1744 ou de Chéseaux, à queues multiples.

compensation, son imagination s'en dédommage avec ses étranges suppositions sur les Comètes, celles-ci ayant toujours eu le privilége de le plonger dans l'extase ou l'effroi.

L'histoire de ces astres errants n'est même, d'un bout à l'autre, qu'une énergique protestation contre l'appréciation de nos sens et le témoignage des masses. A leur égard, la fiction a été poussée jusqu'au délire. De tout temps, les Comètes furent considérées comme de sinistres présages. Dans nos siècles de crédulité, leur queue éclatante n'apparaissait aux yeux du vulgaire que comme d'informes amas d'*épées flamboyantes* ou *de têtes et de poignards sanglants*, précurseurs des guerres les plus meurtrières. D'autres fois, l'imagination fascinée de nos pères y voyait *des étoiles chevelues*, qui menaçaient le monde d'un embrasement général.

De telles aberrations étaient si profondément enracinées dans les esprits, que, dans leurs ouvrages, quelques savants de la Renaissance, même des plus avancés, représentent encore les Comètes sous la plus grotesque apparence, ce que l'on peut reprocher à Ambroise Paré[161].

Kepler lui-même, quoique éminent astronome, dominé par la superstition de son époque, ne voyait dans les Comètes que des espèces de monstres semblables à ceux que produit la mer, et errant vaguement dans les espaces célestes.

Si, dans leur progrès, les sciences ont effacé ces absurdités, d'un autre côté, cependant, elles ont accru quelques appréhensions. On craignait, à chaque instant, que le choc de l'un de ces astres vagabonds ne vînt briser la terre en éclats. La théorie de Buffon et les assertions de Kepler, n'étaient, en effet, nullement rassurantes. Le premier, on se le rappelle, avait prétendu que notre globe n'était qu'une éclaboussure du soleil, enlevée par le choc d'une comète ; et le danger semblait d'autant plus imminent que, dans son langage pittoresque, Kepler disait : « qu'il y a plus de Comètes dans le ciel que de poissons dans l'océan. » Tout était à redouter[162].

Mais la science moderne a conjuré en partie le danger. En même temps qu'elle nous démontrait l'immense dimension de ces astres, elle nous en révélait aussi l'action inoffensive. La queue des comètes, que les Chinois appellent ingénieusement leur balai, parce qu'elle semble balayer l'azur du ciel, et qui n'apparaît à notre œil que comme une gerbe lumineuse, dépasse parfois deux millions de lieues en longueur.

Ce cône lumineux peut même atteindre des proportions bien autrement prodigieuses; on l'a vu égaler la distance qui sépare la Terre du Soleil.

Mais, malgré ces effrayantes proportions, les Comètes ne doivent presque rien faire craindre à la Terre, car ce sont de tous les astres ceux dont les particules matérielles offrent la plus grande laxité. Leur masse n'atteint parfois pas $\frac{1}{5000}$ de celle de la Terre; ce qui a pu les faire pittoresquement désigner sous le nom de *nuées errantes*, par Théon d'Alexandrie. Quelques savants les considèrent comme ayant encore une bien plus extrême légèreté, une légèreté même qui dépasse tout ce que l'on peut imaginer. « On a vu des Comètes de plusieurs millions de lieues de taille, dit M. Flammarion, et dont le poids était néanmoins si léger, qu'on aurait pu, sans fatigue, les porter sur l'épaule. »

Leur contact n'est donc guère à craindre pour nous. Nous pouvons dormir en sécurité. Les astronomes ont vu, en 1770, une comète barrer le passage au monde de Jupiter, et l'envelopper de toutes parts sans qu'il en soit résulté la plus petite perturbation, ni dans sa marche, ni dans celle de ses satellites. Mais ce fut au contraire celle de l'astre nébuleux qui fut toute bouleversée. Et il paraît même que, durant le passage de certaines comètes dans notre voisinage, leur queue a pu se plonger dans notre atmosphère[163].

Cependant, si, d'après Maupertuis, il existe de si petites comètes que leur chute, sur la terre, se bornerait à écraser quelques-uns de ses royaumes, sans ébranler sa masse; il en est d'autres dont le contact pourrait devenir funeste à tous les êtres vivants de notre globe.

Dans ses *Lettres cosmologiques*, Lambert nous fait redouter les plus sinistres accidents. Selon lui, le choc d'une Comète pourrait pulvériser notre globe, ou faire périr tout ce qui l'anime, au milieu d'un déluge d'eau ou d'un embrasement général; ou bien l'on pourrait voir des comètes nous enlever notre lune en l'entraînant dans leur orbe, ou nous y précipiter nous-mêmes, pour nous lancer au delà des régions de Saturne, au milieu d'un affreux hiver de plusieurs siècles.

Mais si les Comètes n'ont point cette merveilleuse légèreté qui puisse permettre à un homme de les enlever sur ses épaules, sans même qu'il ait la force d'Atlas, et si leur choc est loin d'avoir la redoutable puissance que lui prêtait Buffon, ce qu'il y a de certain, c'est que ces corps célestes sont encore trop imparfaitement connus pour qu'on puisse donner sur eux des notions générales. Dans son remarquable ouvrage sur le Ciel, voici ce qu'en dit M. Guillemin : « S'il existe des comètes dont la nébulosité paraît entièrement gazeuse, et si diaphane que de petites étoiles sont restées visibles au travers de leur chevelure, il en est d'autres dont le noyau est sans doute fort dense, puisque leur lumière était assez vive pour être perceptible en plein jour, même dans le voisinage du soleil.

On a évalué la masse de la Comète de Donati à environ la sept-centième partie de la masse de la Terre : « C'est, « dit M. Faye, le poids d'une mer de 16000 lieues carrées « de superficie et de 100 mètres de profondeur; et, il faut « bien l'avouer, une telle masse animée d'une vitesse consi- « dérable, pourrait bien produire, par son choc avec la « Terre, des effets sensibles. »

Et dans le cas où les queues des Comètes ne seraient formées que d'atomes amplement espacés, ne serait-il pas possible que l'éclat de leur noyau fût le résultat de son incandescence; et lors même qu'on n'aurait pas lieu de redouter leur choc, l'approche d'une telle fournaise ne pourrait-elle pas nous faire craindre d'en être grillés?

Le phénomène des Étoiles filantes frappe moins le vulgaire que l'apparition des Comètes; cependant, malgré sa fréquence, son explication offre encore quelques points obscurs.

L'éloignement des étoiles empêche de pouvoir rapporter à celles-ci ces longues traînées lumineuses qu'on voit si fréquemment traverser le Ciel; aussi, aujourd'hui, attribue-t-on ce phénomène à des corps qui entrent dans notre atmosphère.

A deux époques de l'année, le ciel est constamment sillonné par une prodigieuse quantité de ces traînées lumineuses; en une heure, on en compte parfois alors deux à trois cents. C'est ce qui a lieu du 8 au 10 août; et c'est à ce phénomène, qui a depuis longtemps frappé le vulgaire, que l'on donne le nom de *pluie de saint Laurent*, dont la fête tombe justement le 10 août. Ces traînées lumineuses ne sont pour les catholiques irlandais que les larmes ardentes du saint vénéré.

Dans les nuits du 12 et du 13 novembre, la même abondance d'Étoiles filantes a été observée. De Humboldt et Bonpland, qui en ont été témoins à Cumana, disent que le nombre de traînées lumineuses qui traversaient le ciel était tel que l'on aurait cru assister à un magnifique feu d'artifice tiré à une prodigieuse hauteur. En mer, le phénomène n'est pas moins extraordinaire, il semble autant de fusées qui viennent choir vers l'horizon.

On a expliqué cette surabondance d'étoiles filantes aux deux époques dont il a été question, en supposant qu'il existe autour du soleil un anneau composé de myriades de petits corps, que la terre traverse annuellement à ces deux mêmes dates.

On évalue à des millions le nombre de ces corps météoriques qui viennent ainsi se plonger dans notre atmosphère et apparaissent tout lumineux. Il en est qui, selon de Humboldt, semblent presque effleurer les sommets du Chimborazo.

Les bolides, qui ont l'apparence des Étoiles filantes, mais sont plus volumineux et laissent derrière eux une longue

334. Aurore boréale dans les mers arctiques. D'après M. L. Figuier.

traînée de feu, éclairant passagèrement la terre à l'instar de la lune, doivent être mentionnés ici.

Ils éclatent parfois avec un bruit anologue à celui d'un coup de canon, et projettent sur le sol un nombre plus ou moins grand de pierres météoriques, qui tombent fumantes et brûlantes.

En mentionnant quelques-uns des phénomènes problé-

335. Essaim d'étoiles filantes en pleine mer.

matiques qui émerveillent nos yeux au milieu des espaces célestes, dans un livre de cette nature, nous ne pouvons omettre de parler de ces grandes clartés qui illuminent souvent le ciel des régions polaires, pendant les longues nuits de l'hiver; phénomènes désignés sous les noms d'*aurores boréales* ou *australes*.

Pendant la durée de celles-ci, le ciel présente parfois le plus resplendissant spectacle. Sur son fond noir et étoilé, on voit se dessiner une vaste coupole lumineuse, ou bien ce sont des espèces de panneaux comme formés de colonnades de stalactites entassées et pendantes qui, suspendues aux nuages, réflètent brillamment les plus vives couleurs de l'arc-en-ciel. Parfois aussi c'est un vrai feu d'artifice qui lance partout ses gerbes enflammées et semble embraser l'horizon. C'est là un des plus imposants phénomènes dont il nous soit possible de jouir au milieu des glaces du nord.

LES ERREURS.

MONSTRES ET SUPERSTITIONS.

Terminons cette esquisse des magnificences de la nature en lui opposant les ridicules fictions que trop souvent nos devanciers se complurent à leur substituer. Ainsi nous aurons complété le tableau de la marche des sciences.

Les anciens peuples ont eu leurs superstitions et leurs fabuleuses légendes, mais celles-ci ne furent jamais si répandues qu'elles le devinrent au Moyen âge, temps de naïve ignorance et de foi ardente. « Alors, comme le dit M. L. Figuier, dans son excellent livre sur cette époque, toutes les classes du peuple, et même en grande partie la noblesse, la magistrature et le clergé, croyaient à la magie. »

La Renaissance, elle-même, ne secoua pas cette défaillance de l'esprit humain; au contraire, ses savants semblent, à l'envi, collecter toutes les fables de leurs devanciers et les inscrire dans leurs ouvrages. Ils trouvent des Monstres dans tous les règnes de la nature, et aussi bien dans les profondeurs de la mer que parmi les cieux. Ambroise Paré consacre même l'un de ses paragraphes aux *Monstres Célestes*, dans lequel il décrit les fabuleuses comètes dont nous avons parlé.

Tout ce que l'imagination en délire put enfanter, tout ce que des esprits malades découvrirent de traditions bizarres ou de légendes terribles, durant plusieurs siècles, fut considéré comme l'expression de vérités occultes. Des fous succom-

336. Comète de 1528. Fac-simile tiré du livre d'Ambroise Paré.

baient en s'accusant eux-mêmes d'actes inouïs, et les juges ne s'apercevaient pas de leur délire!

Au Moyen âge, la magie se confondait avec la science; on ne l'attaquait pas; mais la Renaissance plus sévère alluma des bûchers. Ce qu'il y eut de victimes pour tant de crimes imaginaires ne peut se dénombrer.

Mais si tant et tant d'erreurs s'infiltrèrent parmi le vulgaire, nous sommes attristés d'avouer qu'elles sont en grande partie l'œuvre des savants des derniers siècles. Dominés par on ne sait quel vertige, on voit, au Moyen âge et à la Renaissance, les hommes les plus éminents, disserter avec une lucidité parfaite sur toutes les connaissances humaines d'alors, tandis que leur esprit se trouve subitement frappé d'aveuglement toutes les fois qu'il est question de Monstres; au lieu de dissiper l'erreur, ils la consacrent de tout le poids de leur autorité. Et ce déplorable amas de superstitions ne s'échappe ni du laboratoire enfumé de l'alchimiste, ni de l'antre mystérieux de la cabale, mais il trouve sa source dans les ouvrages des savants les plus respectables et les plus religieux de leur époque.

En effet, toutes ces fabuleuses traditions que la crédulité recueille encore avec avidité, ont été exposées comme autant de réalités par les principaux naturalistes des siècles qui ont précédé le nôtre. C'est ce qu'on peut voir dans les écrits d'Albert le Grand, d'Olaus Magnus, d'Aldrovande, de Gesner et de Scheuchzer. Et, ne se contentant même pas de leurs simples récits, ils les ornent de figures représentant toutes ces créatures fantastiques, comme si on les eût dessinées d'après nature. Qui donc après cela pouvait douter?

En compulsant les œuvres de tous ces écrivains, on est réellement étonné d'y trouver, côte à côte, tant de science et de crédulité, tant d'exactitude et tant d'erreur! Ainsi, dans son itinéraire de la Suisse, Scheuchzer, naturaliste chez lequel abonde la religion, décrit avec une minutieuse précision tous les sites des Alpes, tous les animaux qu'on y trouve et toutes les plantes qui s'épanouissent dans leurs vallées. Chaque être y est figuré avec une rare perfection, et la moindre mousse s'y reconnaît, tant il y a de délicatesse dans son dessin. Puis, en regard de ces fidèles images de la nature, se trouvent représentés d'affreux monstres aériens; des dragons ailés qui pullulent dans les obscurs détours des routes et y arrêtent les voyageurs épouvantés.... La lecture de l'œuvre de ce savant n'était-elle pas suffisante pour empêcher nos crédules aïeux de s'aventurer dans les gorges des Alpes ou d'en sonder les ténébreuses cavernes?

Le jésuite Kircher, qui fut un des hommes les plus progres-

337. Dragon des cavernes du mont Pilate. Fac-similé tiré du *Mundus subterraneus* du R. P. Kircher.

sifs de son époque, tombe dans d'aussi regrettables erreurs. Il représente d'effrayants dragons gardant les richesses de la terre, et qu'il faut vaincre avant d'en faire la conquête. Et comme parfois on découvre dans les cavernes des ossements d'ours, d'hyènes ou d'autres mammifères, en a-t-il fallu davantage pour qu'à des époques de crédulité on ait attribué aux reptiles fabuleux les débris fossilisés de ces anciens animaux, ce qui avait lieu en particulier dans la Franconie.

Ce fut surtout en pleine Renaissance qu'on vit déborder cet amour de la monstruosité; chaque auteur se croyait obligé de lui consacrer quelques chapitres de son œuvre. Aldrovande, naturaliste de Bologne, homme profondément érudit, a même écrit un gros volume sur les Monstres où il en a figuré de la plus fantastique espèce. Ambroise Paré, chirurgien de Henri III, quoique ayant erré avec les armées, n'en est pas moins aussi crédule que les autres. Dans son livre célèbre, il représente des sirènes, des moines et des gendarmes de mer, tout couverts d'écailles et aussi frais que si on venait de les extraire des gouffres de Neptune.... Mais on se demande comment le vieux huguenot a pu croire de telles niaiseries. Je ne parle pas du traité des Monstres de Licetus; c'est un livre sérieux dans lequel l'anatomiste a seulement exagéré quelques détails pour donner de l'intérêt à son sujet.

Mais si quelque chose peut surprendre, c'est que, à deux époques fort éloignées l'une de l'autre, l'histoire des Monstres se présente avec toutes ses exagérations. Nous la trouvons dans toute sa fantaisie au Moyen âge et à la Renaissance; puis, c'est au commencement de notre siècle qu'elle revient nous étonner par l'audace de ses conceptions.

Au Moyen âge, ce sont les sombres contrées de l'Europe septentrionale qui lui donnent asile. Et c'est dans l'œuvre d'Olaus Magnus, ce véritable Albert le Grand du Nord, que nous en trouvons les plus incroyables exhibitions. C'est de là que nos modernes ont extrait leur horrible serpent de mer. L'écrivain ne se contente pas d'en donner la description, il le figure; et dans ses planches on voit le reptile sortir des flots et s'élancer sur les navires pour en dévorer l'équipage....

Ailleurs l'évêque d'Upsal représente des Cétacés qui broient des embarcations entre leurs redoutables mâchoires!

Cependant, chose incroyable, en fait d'histoire de monstres marins, notre époque laisse loin en arrière les vieilles

338. Serpent de mer Fac-simile tiré du livre d'Olaus magnus : *De gentibus septentrionalibus*, 1555.

légendes du Moyen âge et de la Renaissance. En effet, il est impossible de rien rêver de plus fabuleux que ce que Denis de

339. Cétacé attaquant un navire. Fac-simile tiré du livre d'Olaus Magnus : *De Gentibus septentrionalibus*, 1555.

Montfort a récemment jeté à la pâture de la crédulité. Il fallait qu'il eût réellement l'esprit malade.

Les élucubrations de ce naturaliste ont trouvé place dans la grande édition de Buffon. Là, il professe, sans la moindre hésitation, que, dans les mers du Nord, il existe des Poulpes d'une telle taille que près d'eux une baleine n'est qu'un véritable pygmée. Selon lui, ces Mollusques ont même de si prodigieuses dimensions que, lorsqu'ils se reposent immobiles et à demi sortis de l'eau, leurs corps, que les siècles ont recouvert de touffes d'herbes marines, ont quelquefois été pris pour des îles flottant à la surface des vagues. On rapporte même dans quelques vieilles chroniques scandinaves, que des matelots trompés par cette insidieuse apparence, ont ancré

340. Monstre marin. Fac-simile tiré de l'œuvre d'Olaus Magnus. *De gent. sept.*

leurs navires sur les flancs de ces monstres endormis et sont descendus sur leur dos.

Durant les époques de crédulité, où la vie du marin était si pleine d'anxiété et de terreur, un tel fait passait pour avéré. Aussi voit-on Olaus Magnus représenter dans ses œuvres une compagnie de pêcheurs se chauffant et faisant leur cuisine autour d'un brasier ardent, allumé sur le corps d'un de ces animaux fantastiques; mais l'auteur y a dessiné un Cétacé et non un Poulpe. Gesner, zoologiste de la Renaissance, paraît croire une telle fable, puisqu'il reproduit la figure du savant suédois.

Dans le vaste champ de l'absurde, c'est surtout Denis de Montfort qui surpasse tout ce qu'on peut imaginer. Il assure, avec un vif sentiment de conviction, qu'au milieu des grandes mers il existe des Poulpes gigantesques qui, à l'aide de leurs immenses bras, tout garnis de ventouses aspirantes, enlacent les vaisseaux et les font sombrer en les plongeant dans l'abîme.

C'est même à ces formidables hôtes de l'océan que le naturaliste prête l'inexplicable disparition de quelques vaisseaux de notre marine. Il est si convaincu de la véracité de ce fait, qu'il consacre à le reproduire l'une des planches de l'œuvre de Buffon. On y voit un Poulpe monstrueux, à l'œil flamboyant, dont les horribles bras enlacent la mâture d'un navire de guerre, qu'ils étreignent fortement, tandis que l'animal semble vouloir le dévorer.

Les végétaux eux-mêmes, malgré le calme de leur vie qui se passe à la face du soleil, n'en ont pas moins leur histoire légendaire et leurs superstitieuses traditions. Les uns sont devenus célèbres par l'étrange progéniture animée qu'on attribuait à leur cime touffue; d'autres par leur puissance médicale ou cabalistique. Rousseau se plaignait que l'on avait souillé les plantes en les transformant en dégoûtants remèdes; nous aurions bien plus de raison d'accuser ceux qui leur attribuent de ridicules vertus.

Plusieurs Oiseaux de rivage ont longtemps passé pour être le produit de quelques arbres qui habitent les marécages ou les bords de la mer. Nos crédules devanciers étaient persuadés qu'il existait un de ceux-ci en Écosse ou dans les Orcades, dont les fruits, gros comme des œufs et en ayant tout à fait la forme, s'ouvraient à la maturité et laissaient chacun s'échapper un petit canard.

Le vulgaire n'aurait pas osé douter d'un tel fait, car il se trouvait mentionné par les savants les plus en renom. Sébastien Munster l'atteste lui-même dans son grand ouvrage de Cosmographie.

« On trouve des arbres en Écosse, dit-il, qui produisent un

« fruit enveloppé dedans les feuilles, et quand il tombe dans « l'eau en temps convenable, il prend vie et se tourne en un « oiseau vivant qu'on appelle un *oiseau d'arbre.* » Pour plus ample preuve, l'écrivain en donne même un dessin! On y voit les jeunes canards ouvrant les fruits pour s'en échapper; tandis que ceux nouvellement éclos nagent dans l'eau voisine!

Mais ce qui est encore beaucoup plus grave, c'est quand on voit le plus savant ornithologiste de la Renaissance, Aldrovande, propager d'aussi ridicules fables dans son grand

341. L'arbre aux oiseaux. Fac-simile de la figure de Séb. Munster. *Cosmographie.*

ouvrage. Là, il prétend que les Macreuses sont le produit de certains arbres, et il représente même ceux-ci avec les fruits qu'ils portent. Mais, par une impardonnable erreur pour un naturaliste, ces prétendus fruits d'où sortent les Oiseaux, ne sont que des Anatifes, crustacés qui vivent au fond de la mer, et dont cependant il surcharge les rameaux miraculeux!

Après de telles choses, on se demande qui est le plus coupable du savant qui transcrit de semblables absurdités ou du vulgaire qui y croit?

Quelques plantes aussi sont devenues célèbres dans les annales du charlatanisme. Il y avait des végétaux salutaires et des herbes aux maléfices, des plantes magiques. L'antiquité citait une longue série de ces dernières ; nous ne sommes pas restés en arrière d'elle.

Là c'est une Herbe révérée, l'*Artemisia vulgaris*, l'herbe saint Jean, qui, cueillie au moment indiqué par la légende, préserve les habitations de la foudre, quand on l'a suspendue à leur porte d'entrée. A l'opposé vient la longue liste des plantes

342. L'arbre produisant les Macreuses. Fac-simile tiré de l'œuvre d'Aldrovande.

cabalistiques, parmi lesquelles la Pomme épineuse, *Datura stramonium*, doit être citée au premier rang; c'était de ce poison affreux que les sorciers se servaient pour fasciner leurs sens et se donner le spectacle du sabbat.

Mais aucune herbe magique n'a jamais eu plus de célébrité que la Mandragore, devenue l'indispensable ingrédient de tous les philtres employés par les vieux sorciers. L'antiquité nous avait elle-même entraînés dans cette ténébreuse voie, en prétendant que les racines de cette plante offraient des formes humaines, ce qu'indique le nom d'*Antropomorphos* que lui donnait Théophraste, tandis que Columelle l'appelait *Semi-homo*.

A vrai dire, elles ne nous ressemblent nullement, mais la crédulité des savants et l'astuce du charlatanisme ont suppléé à ce qui manquait, pour donner une certaine véracité à l'opinion des anciens. C'était après les avoir grossièrement façonnées à notre image, que les magiciens les employaient dans leurs conjurations; et c'était aussi sous cette apparence que le vulgaire croyait qu'on les rencontrait au pied des gibets, où s'étant nourries à même les débris des suppliciés, elles en avaient revêtu la forme. Ces hôtes d'un lieu aussi sinistre et

343. Racines de mandragores façonnées pour les conjurations.

aussi redouté ne pouvaient en être extraits sans de grands dangers. Les savants eux-mêmes ne travaillaient pas pour saper tant et tant d'absurdités, puisque, dans leurs œuvres, les Mandragores y portent parfois des racines représentant des hommes ou des femmes, car il y en avait des deux sexes! On leur accordait la même puissance qu'aux philtres enchantés de Circé, dont Pline et Dioscoride lui avaient imposé le nom. Ce qu'il y a de positif, c'est que c'est un des plus redoutables poisons que l'on connaisse.

Une charmante petite plante, toute velue, qui abonde sur les collines du Mont Ida, le Dictame de Crète, *Origanum dictamnus*, était anciennement considérée comme le plus merveilleux vulnéraire que la nature ait jamais offert à l'homme. Les dieux eux-mêmes lui en avaient révélé la toute-puissance, et les animaux s'en servaient instinctivement. C'était avec ce Dictame que Vénus avait pansé les blessures d'Énée. Aristote raconte que les chèvres éparpillées sur la montagne célèbre vont immédiatement brouter la plante pour faire tomber les traits dont les chasseurs les ont transpercées et en cicatriser la plaie. Qui eût osé, il y a seulement un demi-siècle, nier une si prodigieuse puissance, quand on trouvait alors dans un fort bel ouvrage sur la Grèce, un long chapitre sur les vertus du vulnéraire divin, et quand on y voyait, en plus, une figure représentant une chèvre percée de flèches, qui broute la plante salutaire.

Ainsi, malheureusement, l'autorité du savoir entravait souvent la vérité.

ADDITIONS ET ÉCLAIRCISSEMENTS

ADDITIONS

ET

ÉCLAIRCISSEMENTS.

---

1. Voici en quels termes les journaux ont parlé de cette découverte. *Microscope extraordinaire.* On annonce que MM. Powel et Lealand, opticiens à Londres, ont réussi à tailler une lentille objective qui grandit de 7500 diamètres, ce qui équivaut à un grossissement de surface égal à 56 000 000 fois. — Malgré cette forte amplification, les divers objets vus jusqu'à présent sous cette lentille ont conservé une grande netteté. (*Cosmos*, 1863. p. 679.)

2. On explique ces amas énormes d'infusoires, en supposant qu'ils se reproduisent avec une miraculeuse rapidité, par subdivision. L'un de ces animalcules se divise en deux; chacun de ceux-ci se subdivise promptement en deux autres, ce qui fait bientôt quatre individus, puis huit, puis seize, etc. Ce phénomène a lieu avec une si incroyable rapidité, que, d'après Ehrenberg, un seul des proto-organismes dont il est question dans ce paragraphe peut en 24 heures en produire un million, et en quatre jours environ 140 billions, c'est-à-dire à peu près deux pieds cubes du terrain sur lequel repose une partie de Berlin.

3. Il est ici question du *Trichina spiralis*, petit ver microscopique, contourné en spirale, qui cause de nombreux cas de mortalité dans quelques régions de l'Allemagne. Les physiologistes savent qu'il se propage par l'usage de la chair des animaux qui en sont infectés. Dans certains pays où l'on soupçonne qu'il est introduit dans notre économie par l'emploi de la viande de porc crue, l'autorité commence à interdire l'usage de celle-ci. C'est ce qui a déjà lieu dans quelques localités de la Prusse.

4. Les fauteurs du fameux système des atomes, qui a joué un si grand rôle dans la philosophie ancienne et moderne, prétendaient que c'était à la rencontre de ceux-ci qu'était due l'incessante production des globes et de toutes les créatures animées qui s'y trouvent.

Leucippe, et surtout Épicure, mirent ce système en vogue. Encore défendu par Kepler, Descartes et Gassendi, la science moderne l'a renversé absolument.

5. Les expériences dont nous parlons ici, furent faites devant MM. de Jussieu, Dumas, Milne-Edwards et de Quatrefages, en 1841.

Il est bien démontré aujourd'hui qu'elles étaient absolument erronées, car jamais la Société de biologie n'a pu voir, dans ses expériences célèbres, un seul Tardigrade ressusciter après avoir subi seulement une température de 100°.

6. L'homme dont il est question faisait des expériences publiques à Londres, au jardin de Cremorne. Ce véritable *phénix humain* se promenait paisiblement sous une longue tonnelle de feu disposée en croix, et ayant une ouverture à l'extrémité de chacune de ses branches. Cette tonnelle, formée d'un solide treillage en fer, dont la voûte s'élevait peu au-dessus de la tête de l'expérimentateur, était recouverte d'un amas de bois résineux. L'homme Salamandre commença ses promenades sous celle-ci, quand le tout forma un brasier dont la flamme s'élevait à une hauteur considérable, et dont la chaleur était telle qu'elle nous força à nous tenir à une notable distance.

Les vêtements de cet homme incombustible paraissaient être de grosse toile ; et lors de son entrée dans la fournaise ils offraient une couleur rouge de vermillon. Mais quand il en sortit pour la première fois, ce qui me frappa, fut de voir qu'ils étaient devenus d'un blanc de neige. La tête de l'expérimentateur se trouvait protégée par un épais casque muni d'yeux de verre ; et il paraissait porter dans l'épaisseur de ses vêtements un appareil à air frais, avec lequel il respirait au milieu de l'embrasement dans lequel on le perdait absolument de vue, tant celui ci était flamboyant.

7. M. le docteur Pennetier, dans une suite de travaux remarquables, a démontré toute l'inanité des résurrections en général. Dans des expériences spéciales sur les Anguillules, il vit que celles-ci, loin de pouvoir supporter la dessiccation complète, succombaient à 70°. — Voyez *Mémoire sur les Rotifères. Ami des sciences*, 1859. — *Mémoires sur les Tardigrades. Ami des sciences*, 1859. — *Mémoire sur la reviviﬁcation des Rotifères. Soc. de biologie*, 1859. — *Mémoire sur les Anguillules des toits. Soc. de biologie*, 1859. — *Recherches sur les Anguillules. Ami des sciences*. 1860. — *De la reviviscence et des animaux dits ressuscitants. Actes du Muséum d'histoire naturelle de Rouen*, 1862.

M. Tinel, professeur de physiologie à l'École de Médecine de Rouen, a renversé la reviviscence des Tardigrades, en démontrant que ces animaux périssaient au-dessous de 80° de température, et par conséquent loin d'avoir atteint une complète dessiccation. *Mém. sur les Rotifères et les Tardigrades. soc. de biologie. — Recherches sur les Tardigrades. Union médicale*, 1859.

Enfin, dans une longue série d'expériences, nous avons démontré nous-même que la résurrection des Rotifères n'existait nullement, et qu'ils ne ressuscitaient que lorsqu'ils n'étaient pas morts. La dessiccation poussée à 90° les tue absolument. — *Nouvelles expériences sur les animaux pseudo-ressuscitants. Actes du Muséum d'histoire naturelle de Rouen. — Lettres dans le Progrès*, 1859, *et l'Ami des sciences*, 1859-1860. — *Comptes-rendus de l'Acad. des Sciences*, 1859.

La Société de biologie, à l'issue de nos expériences, en entreprit aussi une série pour vérifier l'exactitude de nos assertions. Chaque fois qu'elle opéra en se conformant à la précision expérimentale que nous avions le premier introduite dans la science, chaque fois aussi aucun animalcule ne put être revivifié.

Ses savants, il est vrai, dans *une seule expérience*, parvinrent enfin à ranimer quelques rares Rotifères, après les avoir exposés plusieurs minutes à la température de 100°, température qui avait été regardée comme suffisant à produire la dessiccation complète de ces animalcules. Mais ils n'atteignirent ce résultat, dans ce seul cas, qu'en cessant de se conformer à la rigueur expérimentale que je considérais comme un élément indispensable. Ils firent sauter subitement 40° au thermomètre. Voyez, du reste, sur ce sujet le remarquable rapport de M. Broca. *Études sur les animaux ressuscitants*, Paris 1860.

Ce que je reproche seulement au savant rapporteur, c'est de n'avoir pas dit carrément que les Tardigrades, qu'il ne vit *jamais* résister à 100°, et les Anguillules qui périssent beaucoup au-dessous, doivent désormais être rayés de la liste des animaux ressuscitants, et, en principe, il le devait.

Les Rotifères ne résistent pas plus qu'eux à 100°, quand l'expérience est conduite de manière qu'ils y soient réellement soumis.

8. Voici comment M. Broca rend compte de l'une de mes expériences sur cette extraordinaire ténacité vitale : « De toutes les épreuves auxquelles on a soumis les animaux reviviscibles, celle qui précède est à coup sûr la plus prodigieuse. Avant cette belle expérience de M. Pouchet, on n'avait qu'une idée très-incomplète de la résistance des Tardigrades et des Rotifères, et il est presque incroyable que dans un échauffement aussi rapide, dans un saut instantané de près de 100° de température, la dilatation brusque des tissus n'en produise pas la rupture. Mais il faut bien se rendre à l'évidence et dire que M. Pouchet a découvert une des propriétés

les plus extraordinaires des Rotifères et des Tardigrades. (Broca. *Études sur les animaux ressuscitants*. Paris, 1860, p. 59. — Depuis cette époque, j'ai pu faire sauter 120° aux animalcules pseudo-ressuscitants.

9. C'est à M. Bowerbank que l'on doit d'avoir signalé que les Silex de diverses localités contiennent des débris d'Éponges. C'est aussi lui qui a démontré que les *agates mousseuses* de l'Allemagne et de la Sicile, devaient aux éponges qu'elles contiennent la particularité qui les fait ainsi désigner. *Trans. geol. Soc.*, t. IV.

Lyell dit, en parlant de la Silice : Quand à celle que renferment le Tripoli et les Silex de la craie, il est à croire qu'elle provient, sinon entièrement, du moins en grande partie de la décomposition des Infusoires, des Éponges et de divers autres corps. *Nouveaux éléments de géologie*. Paris, 1837, p. 99.

10. « Si, dit Mauri, l'on jette dans un vase rempli d'eau des morceaux de liége, des balles de céréales ou tout autre corps flottant, et que l'on imprime à l'eau un mouvement de rotation, tous ces corps légers se rassembleront vers le centre, parce que l'eau y est moins agitée qu'ailleurs. Il en est de même pour ce qui concerne l'océan Atlantique : seulement, c'est un vase de dimensions plus grandes. Ses eaux sont mises en mouvement, en partie par le courant colossal du golfe qui s'étend depuis l'Inde occidentale jusqu'aux confins de la mer glaciale du Nord, en partie par le courant équatorial qui traverse l'océan Atlantique depuis l'Amérique jusqu'à l'Afrique. Ce point central en repos est à peu près où se trouve le banc d'algues en question. On comprend ainsi qu'il n'est point nécessaire que ces algues croissent là où on les rencontre; il est même beaucoup plus vraisemblable qu'elles sont chassées des rives agitées vers le paisible centre du bassin Atlantique. »

11. L'histoire naturelle du Corail a été achevée tout dernièrement par M. Lacaze-Duthiers. Ce zoologiste a reconnu que les individus qui se trouvaient éparpillés sur les rameaux de ce Polypier, imitaient, par leur disposition sexuelle, ce que l'on observe sur certains végétaux. Les uns sont seulement mâles; les autres n'offrent que des organes femelles ; enfin, il en est qui portent à la fois les deux sexes et sont hermaphrodites. Les œufs du Corail sont sphériques et d'un blanc de lait; et bientôt après être sortis du corps de la mère, ils se meuvent avec agilité et cherchent un site favorable pour s'y implanter.

La pêche de ce Polypier offre d'assez amples bénéfices quand elle est bien dirigée, le Corail étant toujours fort recherché pour la toilette et d'un prix très-élevé. D'après des documents administratifs, il résulte qu'en 1853, sur les seules côtes de Bone et de la Calle, on a pêché 35,800 kilogrammes de ce précieux polypier, qui, vendus à raison de 60 francs le kilogramme, ont fourni 2 148 000 francs.

12. Cependant, sans nier l'immensité des travaux que les Polypes exécutent dans la mer, MM. Quoy, Gaymard et Ehrenberg s'accordent à penser que l'on a beaucoup exagéré l'action de ces animaux. Un observateur moderne ne porte même le maximum d'accroissement des bancs de Madrépores qu'à un millimètre et demi pour chaque année. M. Ehrenberg, qui partage cette opinion, pense que les masses madréporiques qu'il a observées dans la mer Rouge ont peut-être été contemporaines des anciens Pharaons.

Cet illustre savant prétend qu'il n'est pas probable que les ports se trouvent aussi rapidement obstrués qu'on l'a répété, par ces récifs vivants. Il fait remarquer, à cet égard que le port de Tor, qu'on sait avoir été construit il y a environ 1300 ans, n'a nullement encore été encombré par les Polypiers qui abondent dans ses environs.

13. Après avoir sacrifié de longues années à l'étude si difficile des Polypiers, lorsque Ellis dépose sa plume, il ne peut s'empêcher, comme nous l'avons dit, d'adresser un hymne au Créateur de tant de merveilles. « Dans ces recherches auxquelles je viens de me livrer, s'écrie le naturaliste anglais, des scènes toutes nouvelles se sont déroulées sous mes yeux, qui ont ravi mon esprit d'admiration et d'étonnement à la contemplation de cette diversité, de cette étendue avec laquelle la vie est distribuée dans l'univers. Or, si tels ont été les sentiments qu'ont excité en moi les faits que je viens de rapporter, et ces merveilles de la nature animée sur des points dont on n'a pas jusqu'ici soupçonné l'existence, sans doute des esprits plus savants et d'une pénétration plus irrésistible y trouveront plus tard encore de nouveaux faits à reconnaître et de nouvelles preuves à découvrir, s'il en était besoin, d'une volonté unique, d'une toute-puissance qui a créé et qui maintenant conserve le Grand-Tout dans sa beauté et dans sa perfection! »

14. L'opinion de l'Érosion des roches par les frottements de la coquille qui en habite l'intérieur, est tout à fait insoutenable ; non-seulement parce que les plus fines pointes des Pholades s'y useraient, mais encore parce que l'on voit certains mollusques lithophages conserver leur épiderme au milieu des Polypiers ou des calcaires qu'ils rongent. Pour les Pholades de nos rivages j'ai même mis le fait en évidence, en démontrant que tout l'intérieur du trou, au niveau de la coquille, est recouvert d'une couche de limon qui entraverait l'action de ses pointes sur l'anfractuosité de la pierre.

Ce fut M. Fleuriau de Bellevue qui supposa que les Pholades entament les pierres à l'aide d'un acide. Et comme il avait reconnu que ces Mollusques étaient lumineux dans les ténèbres, il en inféra que probablement la liqueur produite par eux était de l'acide phosphoreux. Cette opinion est inadmissible ; et le phénomène mentionné par ce respectable savant n'était dû, à n'en pas douter, qu'aux Microzoaires lumineux si abondants dans la mer, et qui en produisent la phosphorescence.

15. Quelques géologues, ne pouvant admettre que ce temple fameux se soit ainsi enfoncé sous la mer, et ensuite relevé au-dessus de ses flots, ont supposé que ce n'était qu'un monument qui, sous l'invocation de Jupiter-Sérapis, servait de réservoir dans lequel on élevait des Mollusques qui étaient considérés comme sacrés.

Il est difficile d'admettre cette opinion ; des animaux aussi sordides ne pouvant réellement être l'objet d'aucun culte.

J'ai deux fois visité ce temple célèbre, et plus je l'ai examiné, plus le problème m'a semblé difficile à résoudre. Trois de ses colonnes rongées, en beau marbre cipolin, sont encore debout. Les autres jonchent le sol. Mais ce sol est parfaitement horizontal, et il est difficile d'admettre qu'il ait été enfoui et relevé magiquement en conservant son niveau et sans renverser toute la colonnade. D'un autre côté, mieux examiné, il m'a semblé qu'il n'avait guère pu servir de piscine marine, ou de bain sacré, ce que j'avais cru d'abord.

16. A ces coquilles broyées, qui composent la principale masse des grains du calcaire, il se joint aussi des détritus d'une multitude de polypiers, comme l'indique Lyell, *Geol.*, page 33.

17. Il ne peut y avoir de doute. Dans sa Micrographie géologique, Ehrenberg nous a donné des planches qui représentent les nombreux fossiles microscopiques de la craie. Ceux-ci sont tellement tassés qu'ils se touchent. Ch. Lyell, dans sa *Géologie*, reconnait aussi que certains calcaires sont composés de petits fragments de coquilles et de corail, page 33.

18. En effet, si par ses organes matériels il appartient à notre sphère, par l'éclat de son génie il semble déjà s'élever vers l'essence des anges ; aussi Voltaire a-t-il pu dire, en parlant d'un savant immortel, de Newton :

Confidents du Très-Haut, substances éternelles,
Qui brûlez de vos feux, qui couvrez de vos ailes,
Le trône où votre maître est assis parmi vous ;
Parlez ! du grand Newton n'étiez-vous point jaloux ?

Halley, avec plus de brièveté, avait déjà rendu la même pensée, en s'écriant :

Nec fas est propius mortali attingere divos.

19. Je n'emploie nullement ici le langage de l'hyperbole. Le visage des enfants dont je parle était littéralement envahi par une couche de mouches qui ne laissait voir que les yeux.

Il y a quelques années, l'un de nos grands chirurgiens, M. J. Cloquet, a fait connaître l'histoire d'un homme ivre qui, endormi en plein air, aux environs de Paris, fut apporté dans un des hôpitaux de cette ville, ayant déjà des légions de Vers de mouches à viande, qui étaient éclos dans son nez et ses oreilles et s'étaient creusés des chemins entre le crâne et le cuir chevelu. L'irritation qu'ils y déterminèrent et la suppuration entraînèrent rapidement la mort de cet individu.

D'autres fois les insectes envahissent les anciennes plaies, ce que l'on avait déjà remarqué dans l'antiquité. Un Camée d'un beau travail et d'une grande dimension, trouvé dans la Thrace, reproduit par Choiseul, représente Philoctète blessé à la jambe, artistement pansé, et s'occupant à l'aide d'une aile de pigeon à écarter les

Mouches qui voltigent aux environs de sa plaie. DE CHOISEUL, *Voyage en Grèce*, Paris 1822, t. II, page 16.

En disant que souvent un Insecte tue un homme, nous n'avons avancé qu'une déplorable vérité. Les Diptères suceurs, tels que les Taons, les Mouches, les Cousins, qui après s'être abreuvés des sucs d'un cadavre en putréfaction viennent attaquer l'homme, introduisent un germe de mort avec leurs lèvres souillées d'humeurs pestilentielles. La piqûre de ces insectes détermine fréquemment des affections gangréneuses, et surtout la pustule maligne, auxquelles succombent les malades. Comp. *Dictionnaire des sciences médicales*, t. XLVI, page 258.

20. Le *Chlorops lineata*, Mouche dont le nom indique la couleur jaune rayée de noir, fait de tels dégâts dans les champs de blé, que ceux qui en ont tracé l'histoire, prétendent qu'il anéantirait rapidement cette céréale, si sa multiplication n'était pas entravée par diverses causes. Un autre insecte se charge largement d'y mettre un frein, c'est l'*Alysia Olivieri* qui perfore ses œufs de sa tarière pour donner un abri à sa propre progéniture.

On peut voir dans les magnifiques planches de l'ouvrage de Ratzeburg sur les Insectes forestiers, une représentation d'une forêt toute déformée par les attaques de la Tordeuse du pin. RATZEBURG, *Hylophthires et leurs ennemis*, Leipzig, 1842.

Schacht, qui a décrit longuement les *balais des sorcières*, semble les attribuer à des piqûres d'insectes qui ont déterminé une exubérance de vie où elles ont été faites. Il dit que ces balais, quand ils sont couverts de feuilles, ressemblent de loin à un grand buisson de Gui. (SCHACHT, *Les Arbres*. Bruxelles 1862, page 140.)

21. Dans de délicieux vers, Lamartine a peint l'existence éphémère du papillon, et cette merveilleuse poussière qui colore ses ailes.

Naître avec le printemps, mourir avec les roses,
Sur l'aile du zéphir nager dans un ciel pur,
Balancé sur le sein des fleurs à peine écloses,
S'enivrer de parfums, de lumière et d'azur,
Secouant, jeune encor, la poudre de ses ailes,
S'envoler comme un souffle, aux voûtes éternelles,
Voilà du papillon le destin enchanté :
Il ressemble au désir qui jamais ne se pose,
Et, sans se satisfaire, effleurant toute chose,
Retourne enfin au ciel chercher la volupté.

22. Nous voulons parler ici des Gyrins nageurs, élégants coléoptères aquatiques, extrêmement brillants, qui étincellent comme des diamants, lorsque le soleil les frappe à la surface de l'eau, où ils pirouettent constamment avec une surprenante vélocité, ce qui les a fait désigner sous le nom de *tourniquets*. Ces insectes ont quatre masses d'yeux à la tête. Deux de celles-ci sont situées au-dessous et les instruisent de ce qui advient dans la profondeur de l'eau; les deux autres se trouvent dirigées vers le ciel.

23. Latreille semble penser que l'organe auditif des Insectes pourrait bien être à la base des antennes, parce que, dans certains Orthoptères, il y a là des traces de membranes du tympan, comme cela s'observe chez quelques Crustacés.

Pour ne rien omettre des conquêtes récentes de la science, nous devons dire aussi que Cuvier et Duméril placent le siége de l'olfaction à l'orifice des espèces de petites ouvertures en forme de boutonnières, appelées Stigmates, par lesquelles l'air s'introduit dans les trachées. Il y a là, en effet, une analogie manifeste avec la situation du nez, qui est lui-même placé chez les grands animaux, à l'entrée de l'appareil respiratoire.

24. Ce sont probablement les Insectes ailés et lumineux appelés Fulgores, que Fontenelle confond avec des oiseaux, lorsque, dans ses *Mondes*, il suppose que la planète de Mars possède quelque moyen extraordinaire pour s'éclairer durant ses tristes nuits, et suppléer aux lunes qui lui manquent.

« Vous savez, dit-il à la marquise, qu'il y a en Amérique des Oiseaux qui sont si « lumineux dans les ténèbres, qu'on s'en peut servir pour lire. Que savons-nous si « Mars n'a point un grand nombre de ces oiseaux, qui, dès que la nuit est venue, se

« dispersent de tous côtés, et vont répandre un nouveau jour? » LES MONDES, 4e soir, page 93.

Ainsi qu'il en est pour tant de phénomènes vitaux, la phosphorescence des Insectes est encore loin d'être expliquée. H. Davy et Treviranus l'ont attribuée à une substance renfermant du phosphore, qui s'isole des humeurs de l'animal et brûle, comme ce corps, à l'aide de l'oxygène atmosphérique. Ce serait donc une véritable combustion, La présence de l'acide phosphorique, à l'intérieur de ces insectes, semble donner une certaine autorité à cette hypothèse. Un anatomiste allemand, le célèbre Carus, a découvert que les œufs de ces animaux étaient eux-mêmes lumineux. C'est un fait fort curieux et qui est de nature à jeter encore quelque jour sur la question.

25. La Cantharide officinale, si communément employée aujourd'hui à la confection des vésicatoires, est un des plus redoutables poisons de la nature.

A très-petite dose, elle détermine la mort, et son application à l'extérieur du corps, elle-même, n'est pas sans danger.

Les œuvres des savants de presque toutes les époques contiennent de lamentables histoires d'empoisonnements produits par ce redoutable Coléoptère. Pline rapporte que Cossinus, chevalier romain et favori de Néron, mourut après avoir pris un breuvage préparé avec des cantharides par l'un de ces médecins égyptiens qui étaient fort en vogue à Rome. Les écrits de Galien, de Dioscoride contiennent des récits analogues.

Parmi les auteurs modernes, Orfila et H. Cloquet citent aussi un certain nombre de ces empoisonnements, qui sont assez communs. (ORFILA. *Traité des poisons.* Paris, 1818, t. I, p. 565. H. CLOQUET, *Faune des médecins.* Paris 1823, t. III, p. 241.)

D'autres coléoptores contiennent des poisons qui semblent non moins actifs que ceux de la cantharide. Tels sont, entre autres, les Méloés, lourds insectes d'un bleu foncé, n'ayant que des élytres rudimentaires, et que l'on rencontre dans l'herbe, au printemps.

Latreille pense que c'était eux que les anciens désignaient sous le nom de *Buprestes*, et qu'ils accusaient d'être funestes aux bœufs lorsqu'ils en avalent avec l'herbe des prairies. Selon le même savant, on faisait alors un emploi criminel si fréquent de ces insectes, que les législateurs durent tenter d'y mettre un frein en proclamant la *loi Cornelia*, qui condamnait à la peine de mort l'homme qui empoisonnait son semblable avec des Méloés. (LATREILLE. *Cours d'entomologie.* Paris, 1831, p. 56.)

26. Sous ses divers états, l'Insecte se ressemble si peu que souvent, à l'époque où l'on ne connaissait pas les métamorphoses, on considéra le même animal comme appartenant à des genres absolument différents. Les Nymphes des Demoiselles ont été prises par Rondelet pour des Cigales aquatiques; par Mouffet pour des Sauterelles ou des Puces d'eau; par Redi pour des Scorpions aquatiques. Les trois états de certains Criquets ont aussi été décrits comme trois insectes différents. (LESSER, *Théologie des Insectes.* Trad. de Lyonet. Paris, 1745, p. 169.)

27. C'est le Cocon que se file le Bombyx du mûrier qui nous fournit la soie, tant étudiée par les savants, et qui forme une notable portion de notre richesse industrielle.

Le physicien Boyle raconte qu'une dame ayant pris la peine de dévider attentivement le cocon d'un ver à soie et d'en mesurer le fil, trouva que celui-ci était long de plus de 300 lieues d'Angleterre. (BOYLE. *Subtilit of ef/luv.*)

Avec beaucoup de raison, Lyonet pense qu'il y a là quelque erreur; il a trouvé que ce fil avait seulement de sept à neuf cents pieds de long. Ce naturaliste ajoute que si l'on supposait, comme l'ont fait quelques savants, que le fil d'une coque eût 390 pieds et pesât 2 grains et demi, on trouverait qu'il faut un fil de 3 428 352 pieds de long pour faire une livre de soie, ce qui reviendrait, en supposant que ces pieds fussent des pieds de Roi, à plus de 228 lieues d'une heure, en faisant chaque lieue longue de 15 000 pieds ou de 3000 pas géométriques. (LESSER. *Théologie des Insectes,* p. 164.)

28. L'encyclopédie de Diderot contient sur les pluies de sang un fort bon article.

29. Ces excréments qui surchargent le dos du Criocère du Lis, y forment un amas énorme et pesant, comparativement au volume de la larve, qu'ils dérobent absolument à la vue. On ne voit que des espèces de petits paquets d'humides déjections, qui semblent se promener sur les feuilles de la plante. Le ver les expose sur son dos à mesure qu'ils sont produits, et cela à l'aide d'une disposition organique spéciale.

L'orifice anal, au lieu d'être tout à l'extrémité du corps, est placé en dessus, de manière que chaque globule d'excréments se dispose en ordre et accroît la masse à mesure que l'animal vieillit.

30. Les Bombardiers, que l'on nomme aussi *Scarabées canonniers*, appartiennent au genre *Brachyne*. Ce sont de petits Coléoptères, qui vivent sous les pierres. Le fluide gazeux que produit leur détonation a une odeur piquante; il est acide et rougit la teinture de tournesol. Quelques entomologistes le regardent comme ayant de l'analogie avec l'Acide nitrique, et ils ajoutent même qu'il jaunit la peau qui a subi son contact.

31. Telle est du moins l'opinion qu'émet M. Latreille, dans son *Mémoire sur les Insectes sacrés*.

Rien n'est plus commun que les sculptures et les peintures représentant le Scarabée ou Bousier sacré des Égyptiens; et l'on en a même découvert de naturels dans les sarcophages de leurs momies.

Quelques-uns des Ateuchus artificiels rencontrés parmi les monuments des bords du Nil étaient percés et formaient des colliers pour les femmes; d'autres servaient de cachet, ainsi que le révèlent les inscriptions qui se trouvent en dessous.

Plutarque dit manifestement que la caste militaire des Égyptiens avait pour sceau la figure du Scarabée; ce que Horapollon explique en prétendant que cet insecte représente particulièrement l'homme, parce qu'il n'y a pas de femelles dans son espèce. L'opinion de Plutarque est aussi adoptée par MM. Jomard et Champollion; et ce dernier dit que rien n'est plus commun que des Scarabées sculptés, montés ou non montés en bagues, et sur lesquels on distingue des armes diverses et même des hommes armés. (Horapollon. *Horapollinis niloi hieroglyphica*. Amsterdam, 1835).

Parmi les peuples de l'Égypte, l'effigie du Scarabée sacré a été multipliée de mille manières, et comme une espèce de dieu tutélaire. On en voyait partout chez eux; on en rencontre de ciselés sur tous les monuments, les temples, les tombeaux, les obélisques; il y en a de représentés sur la plupart des bas-reliefs, et l'on en retrouve encore aujourd'hui de sculptés de toutes les dimensions et avec toutes les matières possibles, depuis les pierres les plus communes jusqu'aux métaux les plus précieux. J'en ai vu de taille colossale dans le muséum britannique; ils étaient en granit et offraient trois à quatre pieds de longueur. Mais il s'en fabriquait surtout pour l'usage commun, une prodigieuse quantité de petite dimension; on en retrouve en marbre, en porphyre, en agate, en lapis, en grenat et en or.

Dans ma narration, je me suis conformé aux opinions des zoologistes français. Mais il est probable que quand on étudiera plus à fond l'histoire des Bousiers, on ne dira pas que c'est au printemps, mais à l'automne, ou même à l'entrée de l'hiver, qu'ils forment leurs boules.

En effet, ce fut en octobre que je rencontrai, pour la première fois, des *ateuchus sacer*, aux environs de Rome, sur les coteaux de Tivoli, occupés à rouler leurs boules. Et, dans la haute Egypte, c'était en novembre que je les trouvai se livrant à la même opération. Peut-être aussi que, sur les bords du Nil, tous n'y emploient pas des excréments, comme ils le font en Europe. Dans l'endroit où je les vis occupés à confectionner leurs boules, le fleuve était bordé par un ample désert, et on ne voyait guère où ils auraient pu trouver des excréments. Leurs boules paraissaient totalement composées du limon du Nil.

32. La Tarentule est une grosse Araignée chasseresse qui habite des trous qu'elle se creuse dans la terre, et d'où elle se jette sur sa proie. On en rencontre dans presque toute l'Italie, mais surtout aux environs de Tarente, d'où lui vient son nom. Il en existe sur presque tout le périple de la Méditerranée, en Sicile, en Barbarie et en Provence.

Cette Arachnide était autrefois très-redoutée, et l'on assimilait à l'hydrophobie les accidents qu'elle produisait, ce qui lui faisait donner le nom *d'araignée enragée*.

Les anciens auteurs prétendaient que ceux qui en étaient piqués tombaient dans un assoupissement profond ou éprouvaient des convulsions, dont la musique seule les tirait souverainement, en les portant à se livrer à la danse; ce qu'ils faisaient jusqu'à l'épuisement, jusqu'à tomber presque sans vie.

Baglivi, quoique savant médecin, avait lui-même été trompé à l'égard du tarentisme, sur lequel il a écrit un traité spécial, où l'on trouve notés les airs les plus favorables à sa cure. (Baglivi, *Dissert. de anatome, morsu et affectibus tarentulæ*, 1745.)

Dès l'époque de l'abbé Nollet, en Italie, on ne croyait déjà plus à cette prétendue maladie; et le savant physicien dit qu'il n'y avait que les vagabonds et les charlatans qui se disaient piqués de la Tarentule, pour qu'on les fît danser et se procurer des aumônes. Le savant Duméril assure aussi que le Tarentisme n'est qu'une fable. *Diction. des sciences naturelles*, t. II, p. 327.

33. L'Éléphant a joué un grand rôle dans l'histoire des conquérants, à cause de l'importance qu'il eut dans leurs batailles. Dès la plus haute antiquité, il y fut employé. Déjà Sémiramis en possédait dans ses armées, au rapport de Diodore de Sicile, dans l'œuvre duquel on voit ce fait cité pour la première fois. Depuis la fameuse reine d'Assyrie, le nombre d'éléphants que les souverains d'Asie tenaient sur pied, donnait l'idée de leur puissance. Aussi Pline, dans sa description de l'Inde, y mentionne avec soin combien chaque roi en possède. Et, d'après lui, dans la seule portion de cette partie de l'Asie qui était connue des Romains, on comptait quatorze mille éléphants de guerre. (PLINE, *Histoire naturelle*, VI, 19-20.)

Dans le système militaire des Indiens, l'Éléphant, selon l'expression de M. Armandi, a toujours été le véritable *nerf de la guerre*. Strabon prétend que la seule nation des *Seres*, située vers l'Orient du Gange, pouvait en armer cinq mille. Quinte-Curce dit que les Gangarides et les Prasiens, qui prétendaient arrêter la marche triomphale d'Alexandre, comptaient trois mille éléphants de guerre dans leur camp. Plutarque porte même le nombre de ceux-ci à six mille. (STRABON, *Géographie*, XVII, 29; PLUTARQUE, *Alexandre*, chap. LXII.)

Les premiers descripteurs de l'Asie, qui se sont tant complus à en exalter les merveilles, ont, à cet effet, débité de véritables fables. C'est ce que fait le médecin Ctésias, lorsqu'il prétend qu'un des rois de l'Inde pouvait mettre cent mille éléphants en bataille. (ÆLIAN, *Animal*, XVII, 29; ARMANDI, *Histoire militaire des Éléphants*, Paris, 1843, p. 35.)

34. MM. Kirby et Spence semblent encore donner aux filières de la soie des Araignées une plus grande finesse que ne le faisait Bonnet. Ils prétendent que les trous des fils sont si fins et si tassés qu'il s'en trouve un millier dans le champ d'une piqûre de pointe d'aiguille. (KIRBY ET SPENCE, *Elements of the natural history of insects*. London, 1828.)

35. Selon Latreille, ces *fils de la Vierge* sont principalement produits par de jeunes Araignées appartenant au genre Thomise et Epeïre.

Quelques chimistes, avec M. Raspail, avaient pensé que ceux-ci n'étaient que de l'albumine aérienne, qui se précipitait en flocons sur la terre.

36. J'ai exprès noté ici l'extrême agilité des Geckos, parce que généralement on professe que ces reptiles ne se meuvent que fort lentement. Ceux que j'ai observés en Egypte s'accrochaient si bien et si facilement aux murailles, à l'aide des fines lames de leurs doigts, ou de leurs ongles aigus, qu'on les voyait courir sur les murs ou sous les plafonds avec tant de prestesse qu'il était assez difficile de les y saisir.

37. En Suisse, M. Weber, en expérimentant sur deux taupes, a vu que la voracité de celles-ci était telle, qu'en neuf jours elles avaient mangé 341 vers blancs, 193 vers de terre, 25 chenilles et une souris, en engloutissant en même temps sa peau et ses os. Après, il les vit mourir de faim, lorsqu'il ne leur offrit plus qu'une nourriture végétale. MM. Dugès et Flourens ont constaté qu'elles ne pouvaient, sans périr, être plus d'une journée privée d'aliments.

38. Tous les auteurs qui ont écrit récemment sur l'agriculture ou se sont simplement occupés de la taupe, tels que MM. Ratzeburg, Joigneaux et De la Blanchère, ont regardé cet animal comme rendant de grands services à l'économie rurale. (RATZEBURG, *Hylophthires*. JOIGNEAUX, *Le livre de la ferme*, 1866. DE LA BLANCHÈRE, *Les trois règnes de la nature*, 1866. *La taupe*, p. 134.)

On a émis sur la taupe bien d'autres erreurs que celles que nous avons relevées. Aristote et tous ses copistes, n'ayant pas aperçu ses yeux, qui sont extrêmement petits, croyaient qu'elle ne voyait point. Ses yeux, profondément cachés sous des poils, sont, il est vrai, assez inhabiles, mais il est évident que la taupe y voit. Le Court, le magister des taupiers de France, dit même avoir vu celle-ci traverser des rivières à la nage en se guidant seulement à l'aide de la vue.

L'existence de la taupe n'est qu'une suite de paradoxes. La propreté de sa fourrure, par exemple, est une chose réellement merveilleuse. Toujours plongée au milieu de la terre ou de la boue qui envahit ses souterrains, quand on l'en retire, sa robe n'en est pas moins d'une fraîcheur admirable. Elle n'est souillée d'aucune tache, d'aucune poussière.

Cette robe soyeuse a plusieurs fois tenté les chercheurs de nouvelles frivolités. Quelques dames de la cour de Louis XV, l'alliant aux mouches, au rouge et au fard dont elles se couvraient le visage, eurent l'idée de s'en faire des sourcils; tandis que les courtisans de ce prince rassemblaient des masses de peaux de taupes et s'en faisaient faire des vêtements divers. Mais on n'obtenait ainsi que des habillements qui revenaient à un prix élevé et exhalaient une odeur assez désagréable, aussi la mode en fut-elle absolument éphémère.

39. Si, de nos jours, on ne voit plus l'enlèvement de Ganymède se reproduire, il est certain, cependant, que ce n'est pas sans raison que les habitants des montagnes accusent les Aigles de leur avoir enlevé des enfants.

Le dernier fait de cette nature que l'on connaisse a eu lieu en 1838, dans le Valais. Une jeune fille âgée de cinq ans, nommée Marie Delex, jouait avec une de ses compagnes sur une pelouse de la montagne, quand tout-à-coup un Aigle fondit sur elle et l'enleva aux yeux et malgré les cris de sa jeune amie. Des paysans, accourus aux cris de celle-ci, cherchèrent en vain l'enfant; on ne trouva qu'un de ses souliers au bord d'un précipice. La jeune fille n'avait point été portée au nid de cet aigle, où l'on ne vit que deux petits environnés de beaucoup d'ossements de chèvres et de moutons. Ce ne fut que deux mois plus tard qu'un berger découvrit le cadavre de Marie Delex, affreusement mutilé et gisant sur un rocher, à une demi-lieue de l'endroit où elle avait été enlevée.

On accuse aussi le Gypaëte, le plus courageux des Vautours, et celui dont le vol est le plus puissant, de s'être rué sur des hommes endormis. Et l'un de nos zoologistes, M. Hollard, rapporte que cet audacieux oiseau ne craint pas même d'attaquer les chasseurs dans les passages dangereux des Alpes. (HOLLARD, *Zoologie*, Paris, 1838, p. 432.)

40. Le voyageur Levaillant a compté jusqu'à trente-huit œufs dans des nids d'Autruches, nombre qui fait supposer qu'ils ont été produits par plusieurs femelles. Ses observations et celles de Sparmann attestent que les mâles s'occupent eux-mêmes des soins de l'incubation. Ces deux voyageurs ont surpris des mâles sur les nids, et le dernier a rencontré dans ceux-ci autant de débris de plumes d'un sexe que de l'autre, ce qui indique que le mâle et la femelle les fréquentent autant.

41. Quoique cette histoire ait été acceptée comme authentique par Gmelin, le laborieux commentateur de Linnée, ainsi que par quelques savants français, Spallanzani, dans ses *Mémoires sur les hirondelles*, la regarde comme douteuse. « Il est vrai, dit-il, qu'il n'est pas rare que des moineaux, avant l'arrivée des hirondelles, aient déjà pris possession de leurs nids. Mais les maîtres légitimes font d'abord du train, vont et viennent autour des moineaux, se prennent de querelle avec eux et finissent par leur faire céder la place. » (SPALLANZANI, *Voyages dans les deux Siciles*. Paris, an VIII, t. 6, p. 22.)

42. Tous les détails rapportés ici sur le Grèbe castagneux m'ont été fournis par M. Nourry, directeur du muséum d'histoire naturelle d'Elbeuf. Et le dessin qui représente les nids de cet oiseau a même été exécuté par cet ornithologiste distingué, qui souvent vit au milieu des forêts pour y surprendre les mœurs des oiseaux.

43. M. Grosier dit que dans quelques localités les salanganes placent parfois leurs nids dans de sombres cavernes, à plus de cinq cents pieds de profondeur. (GROSIER, *Description de la Chine*. Paris, 1819, t.4, p. 115.)

On a eu assez de peine à débrouiller quels étaient les matériaux avec lesquels les salanganes édifiaient leurs nids comestibles. Quelques savants pensaient qu'ils provenaient des oiseaux eux-mêmes et n'étaient formés que de leurs sucs gastriques condensés, qu'ils vomissaient à cet effet. Les Indiens croyaient qu'ils n'étaient édifiés qu'avec du frai de poisson, que ces passereaux recueillaient à la surface de la mer, où il abonde en certaine saison.

Ce n'est que dans ces dernières années que M. Lamouroux a prouvé que c'était avec des algues et principalement avec le *sphærococcus cartilagineus*, que les salanganes construisaient leurs nids. Meyer, Richard et Guibourt ont confirmé cette assertion; mais le dernier pense que c'est surtout le *Sphærococcus lichenoides* qui y est employé. GUIBOURT, *Notice sur les nids de salanganes*. Tandis que A. Richard suppose que ce sont surtout des *Sphærococcus rubens*, *S. membranifolius* et *S. crispus*, dont se compose la pâte de ces nids fameux. (RICHARD, *Histoire naturelle médicale*. Paris, 1849, t. II, page 9.)

Les nids d'hirondelles sont extrêmement chers, et ceux qui sont d'un blanc pur, à ce que dit Grosier, se payent à la Chine leur poids d'argent; et comme là on en emploie considérablement, malgré les dangers que présente leur récolte, on s'en occupe activement.

Les Japonais, effrayés de tant de difficultés, avant de descendre dans les cavernes qui les recèlent, s'adonnent à certaines pratiques superstitieuses. Ils sacrifient un buffle et brûlent des parfums devant les images des déesses tutélaires.

Il y a peu d'années, ces nids comestibles tant recherchés étaient, après le ginseng, l'article le plus cher du commerce de l'Empire chinois où il s'en consommait annuellement quatre millions. Un propriétaire d'une caverne placée près d'un volcan de Java en extrayait chaque saison, pour plus de cinquante mille florins de Hollande.

44. Une seule livre de Montée se compose, selon M. Coste, d'environ 1800 petites anguilles. Cette progéniture, semblable à des vers filiformes, inspire un certain dégoût à beaucoup de personnes. Dans quelques pays on la pêche aux flambeaux et l'on s'en nourrit. A Caen, où cela a lieu, la montée se vend dans les marchés et dans les rues, dans de grands baquets. Son prix varie et est en raison de l'abondance de la pêche : ordinairement, cependant, on la vend un franc le litre. Les consommateurs l'apprêtent de diverses manières, à la sauce blanche, en friture, et ils en confectionnent même des pâtés.

45. Linnée semble croire, lui-même, à cette remarquable migration des Écureuils.

Regnard l'a observée pendant son voyage en Laponie. « Lorsqu'il faut passer quelque lac ou quelque rivière qui se rencontrent à chaque pas en Laponie, ces petits animaux, dit-il, prennent une écorce de pin ou de bouleau, qu'ils tirent sur le bord de l'eau, sur laquelle ils se mettent, et s'abandonnent ainsi au gré du vent, élevant leurs queues en forme de voile, jusqu'à ce que le vent se faisant un peu fort, et la vague élevée, elle renverse en même temps et le vaisseau et le pilote. Ce naufrage, qui est bien souvent de plus de trois à quatre mille voiles, enrichit ordinairement quelques Lapons qui trouvent ces débris sur le rivage, et les font servir à leur usage ordinaire, pourvu que ces petits animaux n'aient pas été trop longtemps sur le sable. Il y en a quantité qui font une navigation heureuse et qui arrivent à bon port, pourvu que le vent leur ait été favorable, et qu'il n'ait point causé de tempête sur l'eau, qui ne doit pas être bien violente pour engloutir tous ces petits bâtiments. Cette particularité pourrait passer pour un conte, si je ne la tenais de ma propre expérience. » (REGNARD, *Voyage en Laponie*. Paris, 1820, p. 202.)

Les péripéties de ces bandes d'Écureuils ont aussi été décrites par Chateaubriand, peut-être avec plus de poésie que de véracité. « De petits Écureuils noirs, dit-il, après avoir dépouillé les noyers du voisinage, se sont résolus à chercher fortune et à s'embarquer pour une autre forêt. Aussitôt, élevant leurs queues, et déployant au vent cette voile de soie, la race hardie tente fièrement l'inconstance des ondes, pirates imprudents, que l'amour des richesses transporte. La tempête se lève, la flotte va périr. Elle essaye de gagner le havre prochain; mais quelquefois une armée de Castors s'oppose à la descente, dans la crainte que ces étrangers ne viennent piller les moissons. En vain les légers escadrons débarqués sur la rive se sauvent en montant sur les arbres, et insultent du haut de ces remparts à la marche pesante des ennemis. Le génie l'emporte sur la ruse : des sapeurs s'avancent, minent le chêne, et le font tomber, avec tous ces Écureuils, comme une tour chargée de soldats abattue par le bélier antique. » (CHATEAUBRIAND, *Génie du Christianisme*. Paris, 1830, t. II, p. 58.)

46. L'idée que les Hirondelles hivernaient dans la vase des marécages était tellement populaire, qu'une académie de l'Allemagne sentit le besoin de sonder si elle ne reposait pas sur quelque observation positive. Cette réunion savante proposa, à cet effet, de donner autant d'argent, poids pour poids, qu'on lui rapporterait d'Hirondelles retirées de l'eau : la prime ne fut réclamée par personne.

Mais ce qui étonne, c'est de voir Cuvier ajouter foi à une telle fable. On lit cette phrase dans son *Règne animal*, « il paraît constant que les Hirondelles s'engourdissent pendant l'hiver et même qu'elles passent cette saison au fond de l'eau des marécages. » (CUVIER. *Règne animal*. Paris, 1829, t. I, p. 396.)

47. Parmi les naturalistes de l'antiquité qui observèrent des pluies de Grenouilles, on doit citer Élien, qui en reçut une sur le dos, en se rendant de Naples à Pouzzoles.

Les pluies de Poissons dont il a été question étaient formées par de toutes petites espèces qui, comme les grenouilles, fourmillent parfois en quantité extraordinaire dans les marécages; et tellement extraordinaire même, qu'on les y enlève à pleines voitures pour fumer les terres ou pour nourrir les bestiaux.

Les naturalistes qui, tels que MM. Defrance et H. Cloquet, prétendaient que les pluies de crapauds devaient être rangées au nombre des erreurs populaires, pensaient que les Batraciens qu'on voit parfois pulluler en telle quantité, après une averse d'orage, qu'il est impossible de poser le pied sur le sol sans en écraser quelques-uns, provenaient de jeunes qui étaient cachés dans les anfractuosités de la terre sèche, et que l'inondation en chassait.

48. Nous n'avons pas voulu ici attaquer une opinion très-enracinée parmi tous les pêcheurs, mais nous devons dire que rien n'est cependant moins certain. Deux ichthyologistes des plus célèbres de notre époque, Bloch et Noël, nient les merveilleuses migrations du Hareng. On a prétendu, peut-être avec plus de raison, que ce poisson résidait constamment dans les lieux où on ne le voit qu'à une certaine époque de l'année, mais qu'il y vivait à de grandes profondeurs dans la mer, et ne venait que temporairement à sa surface, au moment de la reproduction.

L'exploitation de ces bandes de harengs remonte fort loin. Dans les chroniques du monastère d'Evesham, qui datent du commencement du huitième siècle, il en est déjà question. Divers documents attestent qu'en France on s'en occupait au onzième.

A une certaine époque, la Hollande trouva dans la pêche du hareng un des principaux éléments de sa richesse et de sa puissance maritime. Cette nation était tellement pénétrée de ce fait, qu'elle éleva une statue à Buckalz, qui lui enseigna l'art de saler ce poisson; Charles-Quint honora sa mémoire en visitant son tombeau.

Dans le temps de la grande prospérité de cette pêche, la république batave y envoyait annuellement deux mille bâtiments, et elle y occupait plus de quatre cent mille individus, soit pour monter sa flotte, soit pour le commerce de ce poisson. Les Hollandais étaient tellement pénétrés de l'avantage que celui-ci leur avait procuré, qu'ils l'exprimaient dans un dicton populaire : *Amsterdam*, disaient-ils, *est fondée sur des têtes de hareng.*

On détruit chaque année, pour la consommation de l'Europe seule, une prodigieuse quantité de ces poissons. Au nord de Bergen, on en pêche annuellement de 5 à 600 000 barils, qui renferment plus de 300 millions d'individus. En 1862, dans une seule saison, on a pêché en Norvége 659 000 tonnes de harengs dont la seule exportation a rapporté au pays une dizaine de millions.

49. Mais, malgré ce que prétendent certains naturalistes, il paraît que saint Jérôme ne parle des sauterelles que dans un sens mystique. Il dit lui-même que, sous leur nom, il fait allusion à l'innombrable armée des Babyloniens qui menace Jérusalem. *Là*, s'écrie-t-il, *le bruit que feront les sauterelles sera semblable au bruit des quadriges et des chars.* Ailleurs : *A l'aspect de ces redoutables insectes, la terre tremblera et les cieux seront ébranlés.* Enfin, *la multitude des sauterelles qui sera sous les cieux obscurcira le soleil et la lune, et l'éclat des étoiles en sera complètement voilé.* (Saint Jérôme. *Œuvres.* Paris, 1841. *Panthéon litt.*, p. 644, Commentaire sur le prophète Joël.)

50. Voici comment l'historien de Charles XII parle de l'invasion de Sauterelles qui entrava la marche de l'armée de ce souverain.

« Une horrible quantité de sauterelles s'élevait ordinairement tous les jours avant midi, du côté de la mer; premièrement à petits flots, ensuite comme des nuages qui obscurcissaient l'air, et le rendaient si sombre et si épais, que dans toute cette vaste plaine le soleil paraissait s'être entièrement éclipsé. Ces insectes ne volaient point proche de terre, mais à peu près à la même hauteur que l'on voit voler les hirondelles, jusqu'à ce qu'ils eussent trouvé un champ sur lequel ils pussent se jeter. Nous en rencontrions souvent sur le chemin, d'où ils s'élevaient avec un bruit semblable à celui d'une tempête. Ils venaient ensuite fondre sur nous, comme un orage; se jetaient sur la même plaine où nous étions, et sans craindre d'être foulés aux pieds des chevaux, ils s'élevaient de terre, et couvraient le corps et le visage à ne pas voir devant nous, jusqu'à ce que nous eussions passé l'endroit où ils s'arrêtaient. Partout où ces sauterelles se reposaient, elles y faisaient un dégât affreux, en broutant l'herbe jusqu'à la racine; en sorte qu'au lieu de cette belle verdure dont la campagne était auparavant couverte, on n'y voyait qu'une terre aride et sablonneuse. On ne saurait jamais croire qu'un si petit animal pût passer la mer, si l'expérience n'en avait si souvent convaincu ces pauvres peuples; car après avoir passé un petit bras du Pont-Euxin, en venant des îles ou terres voisines, ces insectes traversent encore de grandes provinces, où ils ravagent tout ce qu'ils rencontrent, jusqu'à ronger les portes mêmes des maisons. » *Histoire militaire de Charles XII*, t. IV, p. 160.

51. Mais si la Sauterelle émigrante doit être considérée comme l'un des plus grands fléaux de l'agriculture, elle n'est cependant pas sans rendre quelques services à l'homme. Dès la plus haute antiquité, elle a été employée à son alimentation, et aujourd'hui, dans beaucoup de régions de l'Asie et de l'Afrique, cet usage s'est continué, et l'on en fait une ample consommation. Dès l'époque biblique, sans doute que les Juifs en mangeaient énormément, puisque Moïse en désigne quatre espèces dont la loi leur permet l'usage.

Artémidore assure qu'il existe sur les bords du golfe Arabique quelques populations dont la nourriture se compose en grande partie de sauterelles. Et il ajoute que ces peuples Acridophages ne vivent guère que jusqu'à quarante ans, parce qu'à cet âge tout leur corps se trouve rongé par une multitude de vers.

L'amiral Drake, dans son *Voyage autour du monde*, dit qu'un fait semblable s'observe en Éthiopie. Marcellin Donati, dans son *Histoire médicale merveilleuse* atteste aussi cette particularité, et l'on est tout étonné de voir Sauvage, dans sa *Nosologie méthodique*, décrire cette maladie, sous le nom spécial de *malis acridophagorum*. Raspail, dans son *Histoire naturelle de la santé et de la maladie*, semble aussi y croire, et Buffon dit lui-même que ce fait, tout extraordinaire qu'il semble, ne lui paraît pas absolument incroyable.

Mais Niebuhr a fait justice de tous ces contes. Le savant voyageur, qui a observé, à diverses reprises, des peuplades Acridophages, prétend que leur nourriture n'a nul effet sur leur santé. Niebuhr, *Description de l'Arabie*. Paris, 1779. Il y a des pays où, aujourd'hui encore, on mange énormément de sauterelles. Sur les marchés de Bagdad, elles font parfois concurrence à la viande. En Arabie, on les fait moudre quand elles sont sèches, et elles remplacent la farine dans la confection du pain. Une de leurs invasions, ayant dévasté l'Allemagne, en 1693, quelques habitants de ce pays mangèrent de ces insectes. On s'accorde à dire que leur chair est analogue à celle des écrevisses et d'un goût fort agréable.

Aujourd'hui l'une des peuplades les plus dégradées de l'humanité, les Boschismans, habitant un pays absolument dénudé, et dont la plupart n'ont même jamais vu un arbre, n'ayant ni huttes, ni vêtements, se nourrissent presque exclusivement de sauterelles. Celles-ci, que Livingstone considère même comme un bienfait de la Providence, et dont il vante le goût exquis, sont leur aliment de prédilection.

52. HORLOGE DE FLORE.

HEURES DE L'ÉPANOUISSEMENT DES FLEURS	PLANTES OBSERVÉES.
matin.	
3 à 5 heures.	Tragopogon pratense.
4 à 5 —	Cichorium intybus.
5 —	Sonchus oleraceus.
5 à 6 —	Leontodon taraxacum.
6 —	Hieracium umbellatum.
6 à 7 —	Hieracium murorum.
7 —	Lactuca sativa.
7 —	Nymphæa alba.
7 à 8 —	Mesembryanthemum barbatum.
8 —	Anagallis arvensis.
9 —	Calendula arvensis.
9 à 10 —	Mesembryanthemum cristallinum.
10 à 11 —	Mesembryanthemum nodiflorum.
soir.	
5 —	Nyctago hortensis.
6 —	Geranium triste.
6 —	Silene noctiflora.
9 à 10 —	Cactus grandiflorus.

53. Le Palmier dont il est ici question, appartient au genre *Mauritia*. Il habite les rivages de l'Orénoque, sur presque tout le parcours du fleuve, et forme de remarquables forêts vers ses bouches.

« Dans le temps des inondations, dit de Humboldt, les bouquets de Murichi à feuilles en éventail, *Mauritia flexuosa*, offrent l'aspect d'une forêt qui sort du sein des eaux. Le navigateur, en traversant de nuit les canaux du delta de l'Orénoque, voit avec surprise de grands feux éclairer la cime des palmiers. Ce sont les habitations des Guaranis suspendues aux troncs des arbres. Ces peuples tendent des nattes en l'air, les remplissent de terre, et allument sur une couche humide de glaise le feu nécessaire pour les besoins de leur ménage. Depuis des siècles, ils doivent leur liberté et leur indépendance politique au sol mouvant et fangeux qu'ils parcourent dans le temps de sécheresse, et sur lequel eux seuls savent marcher en sûreté, à leur isolement dans le delta de l'Orénoque, à leur séjour sur les arbres. » (De Humboldt. *Voyages aux régions équinoxiales*, t. VIII, p. 363.)

54. La Rose, le Myrte et la Menthe, également chères à Vénus, étaient les principales *plantes coronaires* des anciens. Dans leurs orgies galantes, les jeunes Grecs se tressaient souvent des couronnes avec cette dernière, ce qui faisait vulgairement désigner les menthes sous le nom de *Corona veneris*.

L'histoire des *plantes funéraires* des anciens a été faite d'une manière fort intéressante par G. A. Langguth; il en suit l'emploi depuis l'invasion de la maladie jusqu'à l'issue des cérémonies funèbres. C'est un véritable et intéressant tableau de mœurs grecques et romaines, que nous présente l'auteur. (*Antiquitates plantarum feralium apud Græcos et Romanos*. Lipsiæ, 1738.)

Lorsque la maladie commençait à inspirer de tristes craintes à une famille, on suspendait à la porte du malade des rameaux de l'arbre aimé d'Apollon, l'inventeur de la médecine, pour le rendre favorable. Aux branches de Laurier on ajoutait des touffes de *Rhamnus*, consacré à Janus, qui préserve la demeure de tout maléfice.

Mais si, malgré cette salutaire invocation, la mort frappait le malade, on substituait à ces plantes de noirs rameaux de Cyprès, emblème de Pluton et de Proserpine; ou des branches de Sapin, l'arbre des funérailles, comme le nomme Pline.

Plus tard, lorsque le corps du défunt était lavé, on le couvrait de parfums, de Myrrhe, d'Encens, de Cannelle et d'Amome. Puis on le déposait dans un cercueil de Cyprès, bois que les Athéniens, à ce que rapporte Thucydide, considéraient comme incorruptible; et on plaçait sur sa tête une couronne dont la composition emblématisait la condition du mort. Celle-ci était formée d'Olivier, de Laurier, de Peuplier blanc, de Lis ou d'Ache.

Des branches de Pin et des tiges de Papyrus enflammées, éclairaient la marche du convoi, qui s'avançait au son des flûtes funèbres, pour lesquelles on n'avait employé que le Buis et le Lotus.

C'était toujours un bûcher de bois résineux que l'on employait pour dévorer le cadavre. Son action était plus rapide, et ses émanations odorantes absorbaient les exhalaisons des chairs brûlées.

Les cendres du mort, recueillies par la piété des parents et placées dans des urnes, mélangées aux parfums du Myrte et de la Rose, de l'Encens et de la Violette, étaient ensuite déposées dans les tombeaux.

Les Grecs et les Romains ornaient ceux-ci avec une grande délicatesse, en employant des plantes consacrées aux mânes. Au premier rang se trouvaient le sévère Cyprès; puis l'Asphodèle, consacrée à Proserpine, et dont Homère ornait les gazons de l'Élysée. Ses fleurs, apparaissant à chaque printemps sur son bulbe caché, étaient pour l'antiquité l'emblème de la résurrection éternelle. La superstition populaire se figurait que les trépassés savouraient ses racines. Après, on citait l'Amaranthe aux fleurs qui ne se fanent point, et qu'on regardait aussi comme l'emblème de l'immortalité. Enfin venaient le Pothos, l'Ache, la Mauve et la Violette.

Des végétaux particuliers étaient affectés aux repas funèbres, qu'on répétait fréquemment près des tombeaux. C'étaient des Fèves, de l'Ache, de la Laitue et des Lentilles, qui y étaient particulièrement employées par des convives couronnés de Roses, dont les testataires ordonnaient à cet effet que l'on fît des plantations près de leurs dépouilles; usage qui ne cessa qu'au moment où Tertullien flétrit éloquemment cette coutume, ne voulant pas, disait-il, que l'on portât des fleurs sur l'endroit où le Sauveur avait eu une couronne d'épines.

55. Le docteur Ch. Musset, dont le nom a acquis une certaine célébrité dans la grande discussion des Générations spontanées, a eu l'occasion de constater l'exactitude des faits avancés par M. Trécul.

56. L'emploi du Papyrus, pour écrire, paraît avoir précédé les époques historiques; Pline rapporte que le consul Romain Mucien vit, dans un temple de la Lycie qu'il

gouvernait, une lettre de Sarpédon, tracée sur ce papier et écrite de Troie. L'existence des livres saints, les écrits d'Hésiode et d'Homère, et la découverte des œuvres de Numa, que l'on trouva dans la tombe de ce législateur, sont autant de témoignages qui confirment cette assertion. Un indice de la haute antiquité de l'usage du papyrus se trouve encore dans Hérodote, qui assure avoir vu un catalogue, tracé sur papyrus, des trois cent trente rois qui ont précédé Sésostris. Théophraste, Strabon, Diodore de Sicile et Josèphe parlent aussi affirmativement des fastes historiques des Égyptiens. Varron ne faisait remonter l'invention de ce papier que vers l'époque des victoires d'Alexandre, mais Guilandini, fort d'une puissante érudition et s'appuyant sur les témoignages d'Isaïe, d'Hésiode, d'Homère et d'Hérodote renverse cette opinion en prouvant qu'avant ce conquérant déjà l'usage du papyrus était universel.

On fit usage de papyrus jusqu'au commencement du VIIe siècle, même dans les Gaules, et, pour conserver les manuscrits en livres, on y intercalait, après quatre, cinq ou six feuilles de papier, deux feuilles de vélin, sur lesquelles on continuait le texte. Dans la suite, le papyrus fut remplacé par du papier de coton, *Charta bombycina*, nommé aussi *Charta damascena*.

L'invention du papier de chiffon, que M. Goury place vers le XIIe siècle, fit probablement tomber le papier de coton.

Les précieux manuscrits que l'on trouve à Herculanum et à Pompéï sont tracés sur du papyrus; ceux de la première ville se découvrent sous la forme de rouleaux compactes, totalement charbonnés, et sur le fond noir du papier on lit encore l'écriture avec la plus grande facilité; celle-ci est parfois d'une teinte d'un noir brillant. On déroule ces manuscrits à l'aide d'une petite machine à vis, qui agit avec une extrême lenteur en tirant des fragments de baudruche que l'on colle à l'extérieur des feuillets à mesure qu'on les déroule; c'est par ces soins minutieux que l'on est déjà parvenu à connaître plusieurs des manuscrits dévorés par les flammes.

57. Le papier de Riz n'est autre chose que de fines lames de la moelle de *l'Œschinomene paludosa*, plante de la famille des Légumineuses, découpées avec une extrême habileté.

58. Le seul auteur qui ait bien décrit la fleur est Rousseau, qui, à une époque de sa vie, s'occupa beaucoup de botanique et écrivit même plusieurs volumes sur cette science. Il en donne une définition physiologique rigoureuse. « C'est, dit-il, une partie locale et passagère, dans laquelle ou par laquelle s'opère la fécondation des plantes. » (J.J. Rousseau, *Dictionnaire de botanique*. Art. *Fleur*.)

59. Quoique n'ayant que des moyens d'observation très-imparfaits, la variété des formes des grains polliniques n'en avait pas moins frappé nos devanciers. Adanson qui a poussé la manie des classifications jusqu'à en produire soixante-cinq, et qui les basait sur les premières choses venues, même l'odeur et la saveur des plantes, ne manqua pas de faire un système sur la configuration du Pollen. C'est son 48e. (Adanson, *Familles des plantes*. Paris, 1763. Préface, p. 286).

60. Le microscope était fort peu consulté par les botanistes du siècle dernier; il faut arriver à notre époque pour voir le Pollen parfaitement décrit. Guillemin étudia attentivement l'infinie variété de ses formes et de sa surface.

Le fluide contenu dans chaque petite vésicule pollinique fut surtout étudié par MM. Mirbel, Brongniart et Seringe qui tous regardèrent comme autant d'animalcules microscopiques les nombreux corpuscules qui s'agitent au milieu de lui. Les botanistes Allemands, tels que Schacht et d'autres, les désignent même sous le nom d'anthérozoaires afin de ne laisser aucun doute à ce sujet.

61. C'est à l'aide de la force endosmotique que l'on explique aujourd'hui l'introduction de la séve dans le tissu des racines et son ascension dans toutes les parties du végétal.

Cette opinion émise par M. Charles Martins est, selon nous, une erreur. L'endosmose n'est ici qu'accessoire à la vitalité des radicelles, comme le prouvent les récentes expériences de M. Cauvet, pharmacien militaire à Strasbourg, dans lesquelles il a reconnu que les racines physiologiquement saines n'absorbent pas indifféremment toutes les substances contenues dans l'eau. Elles ne le font que lorsque leurs spongioles absorbantes ont été détruites. Richard, *Botanique élémentaire*. Paris, 1864, p. 141.

62. Il est vrai que les expériences de MM. De Saussure, De Candolle et Macaire

ont démontré que certains sels de cuivre, de mercure et de fer tuent les plantes et sont absorbés par elles. Mais cela a également lieu sur les animaux et n'infirme en rien la vitalité de l'absorption des racines.

D'un autre côté aussi, on a reconnu que certaines plantes ne les absorbent nullement. Si l'on plonge des *Chara Vulgaris* et des *Stratiotes aloides* dans des sels de cuivre on ne s'aperçoit pas que leurs racines en pompent aucunes parcelles.

Selon le docteur Daubeni, professeur à Oxford, le sulfure d'arsenic, contenu dans le sol en petite quantité n'a produit aucun résultat fâcheux sur des moutardes, des fèves et de l'orge. Il en a conclu que jusqu'à un certain point les plantes faisaient un choix au milieu des terrains dans lesquels elles vivent. (DAUBENI, *Association britannique.*)

63. La glaciale *Mesembryanthemum cristallinum* est une petite plante herbacée extrêmement célèbre dans la science à cause de son étrange apparence. Elle a littéralement l'aspect d'un végétal couvert de gouttelettes d'eau glacées. Cette apparence est due au monstrueux développement de toutes les cellules superficielles de la plante, qui, comme autant de petites utricules, se trouvent remplies d'eau limpide.

64. Les expériences sur la puissance de l'impulsion du sang dans les gros vaisseaux artériels des animaux ont été principalement faites par Hales, Sauvages, Magendie et MM. Poiseuille et Valentin. Elles ont été exécutées sur des Bœufs, des Chevaux, des Moutons, des Chats et des Chiens. Sur tous ces animaux, le sang a soulevé, en moyenne, une colonne de mercure de 15 centimètres de hauteur, ce qui équivaut à une colonne d'eau d'environ deux mètres de hauteur. Chez l'homme, c'est la même force, à n'en pas douter. (BÉCLARD. *Physiologie humaine.* Paris, 1866, p. 236.)

65. Borelli, le chef célèbre de l'école des médecins mécaniciens, ne pouvait manquer d'attribuer la circulation végétale à quelque cause purement physique. Pour lui, en effet, l'ascension de la sève avait sa cause dans la raréfaction et la condensation alternative des fluides dans la partie aérienne des plantes, déterminées successivement par la chaleur du soleil et le froid des nuits.

Malpighi tomba dans la même erreur, faute d'avoir pensé qu'une telle hypothèse est tout à fait inadmissible puisqu'il est des plantes dont la vie s'entretient merveilleusement sans subir ces alternatives, telles sont celles que nous élevons dans nos serres ou qui vivent dans les profondeurs de l'eau.

D'autres, au contraire, et tel fut Perrault lui-même, qui découvrit le phénomène, regardaient la circulation comme n'étant que le résultat d'une combinaison de chimie vivante, d'une espèce de fermentation.

H. Davy, quoique illustre chimiste, ne l'attribuait qu'à la capillarité; tandis que M. Amici, savant physicien de Florence, n'y voyait qu'un reflet de sa science favorite : pour lui l'électricité y jouait le plus grand rôle et elle s'y développait au contact des globules en circulation.

Durant ces derniers temps, M. Dutrochet, ayant découvert une propriété remarquable qu'ont certaines membranes mortes d'absorber les fluides et d'en être traversées, ce phénomène, connu sous le nom d'*endosmose*, est devenu pour les physiologistes une espèce d'explication banale d'une foule d'actes vitaux, qu'il n'explique cependant nullement.

M. Dutrochet lui a naturellement attribué la circulation végétale. Adrien de Jussieu lui fait également jouer le rôle principal dans celle-ci en y ajoutant un peu de capillarité.

66. Achille Richard, si illustre comme savant, si digne par la noblesse du caractère, revient à diverses reprises dans son œuvre, sur la puissance vitale des végétaux. A cet égard, il s'exprime magistralement ainsi, en parlant de la circulation végétale : « Ici, comme dans la plupart des autres fonctions des animaux et des plantes, nous devons admettre une force inconnue, puissante, active, résultat de l'organisation et de la vie, qui en est l'agent immédiat, indispensable, et que l'on désigne sous le nom de force vitale. » (RICHARD. *Botanique et physiologie végétale.* Paris, 1846, p. 238.)

67. La sève de l'Érable à sucre, *acer saccharinum*, commence à monter au mois de février. Pour l'extraire, on se contente de faire sur son tronc un trou de quelques pouces de profondeur, dans lequel on place un tuyau qui la laisse couler goutte à goutte dans un seau. Par la fermentation, celle-ci fournit un vin léger et agréable; et par l'évaporation sur un feu doux, un sirop brun et visqueux, sucré comme la

mélasse, et que l'on convertit en petits pains de sucre. Chaque arbre en produit annuellement de deux à quatre livres.

68. « L'air qui nous entoure pèse autant que 581 000 cubes de cuivre d'un kilomètre de côté; son oxygène pèse autant que 134 000 de ces mêmes cubes. En supposant la terre peuplée de mille millions d'hommes, et en portant la population animale à une quantité équivalente à trois mille millions d'hommes, on trouverait que ces quantités réunies ne consomment en un siècle qu'un poids d'oxygène égal à 15 ou 16 kilomètres cubes de cuivre, tandis que l'air en renferme 134 000.

« Il faudrait 10 000 années pour que tous ces hommes pussent produire sur l'air un effet sensible à l'eudiomètre de Volta, même en supposant la vie végétale anéantie pendant tout ce temps.

« En ce qui concerne la permanence de la composition de l'air, nous pouvons dire, en toute assurance, que la proportion d'oxygène qu'il renferme est garantie pour bien des siècles, même en supposant nulle l'influence des végétaux, et que néanmoins ceux-ci lui restituent sans cesse de l'oxygène en quantité au moins égale à celle qu'il perd, et peut-être supérieure; car les végétaux vivent tout aussi bien aux dépens de l'acide carbonique fourni par les volcans, qu'aux dépens de l'acide carbonique fourni par les animaux eux-mêmes. » (DUMAS, *Essai de statique chimique des êtres organisés.* Paris, 1842, p. 18.)

69. Au nombre des phénomènes remarquables de la végétation, on peut citer la propriété qu'ont certaines plantes, et en particulier les Chara, *chara fragilis*, de décomposer les sulfates qui se trouvent dans l'eau, et d'en transformer le soufre en hydrogène sulfuré, ce qui donne lieu à des sources d'eaux minérales dites sulfureuses. C'est pour avoir méconnu ce fait, qu'après avoir curé intempestivement la vase putride hydro-sulfurée de certains marécages, on a vu tarir des sources minérales qui faisaient la fortune de divers établissements de bains.

70. Les expériences démontrent que l'homme perd par la peau, en moyenne, un kilogramme de vapeur d'eau en vingt-quatre heures. (BÉCLARD. *Physiologie*, p. 410.)

71. On lit dans l'*Historia de la Conquista de las islas canarias* de Juan de Abreu Galindo, qu'il existait à Hierro (Ferro) un Laurier, qui, selon M. Roulin, n'était peut-être que le *Laurus fœtens*, qui fournissait de l'eau potable aux naturels de l'île. Elle se distillait goutte à goutte de son feuillage, et on la conservait dans des citernes. Cette merveilleuse source végétale était une partie du jour enveloppée d'un nuage au sein duquel elle puisait son eau. Mais la tradition de l'arbre, citée par le vieil historien du dix-septième siècle, s'est aujourd'hui effacée parmi les conquérants de l'île.

72. Deux produits, qui jouent un grand rôle dans l'alimentation de l'homme, la Cassave et le Tapioka, nagent au milieu des sucs les plus léthifères. L'un et l'autre sont fournis par la racine du *manihot utilissima*, Pohl. Celle-ci est un poison dont les nègres connaissent la redoutable énergie. Mais ce poison, que l'on a regardé comme analogue à l'acide prussique, étant très-altérable et très-volatil, se décompose et se détruit très-facilement par la fermentation; aussi permet-il aux grossières peuplades de l'Amérique d'extraire de la racine amylacée du Manioc, l'aliment salutaire servi si souvent sur nos tables, sous le nom de Tapioka.

Celui-ci se compose de fécule assez pure, qu'on recueille avec soin; mais la farine de Manioc, dont se nourrissent tant de peuples de l'Amérique, est moins fine. On l'extrait en se bornant à soumettre à la presse les racines du végétal; aussi est-elle composée d'un mélange d'amidon, de fibres végétales, et d'un peu de matière extractive. On l'expose ensuite dans des cheminées pour la faire sécher, et, quand la dessiccation est assez avancée, on pulvérise la masse et l'on confectionne du pain avec la farine qu'on en retire.

73. Les végétaux de l'Inde, du Mexique et du Pérou, ont leurs tissus imbibés d'aromates précieux, mais malgré la célébrité de ceux-ci, c'est spécialement du Midi de l'Europe que le commerce tire la principale masse des parfums que nous employons. La douce température de la Provence se prête merveilleusement à la culture des fleurs odorantes de tous les pays; aussi désigne-t-on vulgairement cette province comme le *Jardin de l'Europe*.

C'est surtout aux environs de Grasse, de Nice et de Cannes que s'en fait la culture. La consommation de fleurs que fait à lui seul M. Hermann, un des plus forts parfumeurs de Cannes, peut donner une idée de l'importance de cette industrie. Il emploie annuellement : 70,000 kilogrammes de fleurs d'Oranger ; 6,000 kilogrammes de fleurs de Cassis ; 70,000 kilogrammes de fleurs de Roses ; 16,000 kilogrammes de fleurs de Jasmins ; 10,000 kilogrammes de fleurs de Violettes ; 4,000 kilogrammes de tubéreuses, sans compter les Menthes et les Romarins si communs dans toute la Provence. (TROIS RÈGNES, p. 88.)

74. Le Maïs est évidemment originaire de l'Amérique. C'est à tort qu'on le désigne sous le nom de Blé de Turquie ou de Blé d'Inde, en supposant qu'il est indigène de ces pays.

Si cette belle Graminée eût appartenu à l'ancien continent, les naturalistes et les agronomes de l'antiquité n'eussent pas manqué d'en parler ; et cependant il n'en est nullement question dans les écrits de Théophraste, de Pline, de Columelle et de Dioscoride. Mais si aucun auteur antérieur à la découverte de Colomb n'en fait mention, au contraire voyons-nous les premiers descripteurs de l'Amérique la citer à chacune de leurs pages.

Joseph d'Acosta affirme que le Maïs était l'un des principaux aliments des sauvages du nouveau continent, longtemps avant sa conquête. Au moment où Cortez aborda au Mexique, cette Graminée était consacrée comme une nourriture sainte. Montézuma en envoya des pains imbibés de sang humain au célèbre conquérant. Durant certaines fêtes publiques, les Mexicains façonnaient des statues de leurs dieux en pâte de Maïs ; et, après les avoir promenées dans les rues, le peuple se les partageait, afin que chacun pût jouir de cet aliment sanctifié. Lorsque Pizarre s'empara violemment du Pérou, il y existait des pratiques analogues. Les Incas offraient en sacrifice des pains de cette céréale, que les vierges consacrées au culte du soleil pétrissaient avec le sang de jeunes enfants, auxquels on avait déchiré le visage pour préparer cette nourriture.

75. L'origine des diverses espèces de Mannes ou d'exsudations sucrées qui couvrent les arbres, a été, de tout temps, l'objet de l'étonnement du vulgaire et des plus singulières hypothèses de la part des savants. On a longtemps cru que ces stalactites ou ces larmes de sucre, qui apparaissent si rapidement, n'étaient qu'un dépôt de l'atmosphère ; toute l'antiquité a partagé cette erreur fort difficile à déraciner.

Pline assurait qu'il pleuvait du miel, au lever de certaines constellations, pendant les ardeurs de la canicule ; ce dont les habitants des campagnes rendaient grâces à Jupiter. Les gens qui, parmi les modernes, ont soutenu l'origine aérienne de la Manne, s'appuyaient surtout sur les récits du jésuite Cornélius Lapide, qui racontait avoir vu lui-même tomber de la Manne en Pologne. Herréra assurait que ce phénomène n'était pas rare en Amérique. Et Mathiole lui-même, le grand Mathiole, embrassait cette erreur, en ne regardant cette substance que comme une Rosée du ciel, un Excrément des astres !

Cependant, dès 1543, un religieux franciscain, Ange Palea, avait écrit que la Manne découlait spontanément des Frênes. Mais l'opinion contraire était tellement enracinée, qu'on ne voulait pas le croire. La vérité ne fut enfin généralement admise qu'après que le botaniste J. Ray eut fait couvrir des arbres avec une chemise de toile, et démontré que, malgré cette enveloppe, les rameaux ne s'en couvraient pas moins de leur exsudation sucrée.

Une seule porte s'offrait encore à l'erreur, c'était de prétendre que le produit des végétaux mannifères était déposé par les Cigales et les Cochenilles éparpillées sur leurs rameaux. Ce fut ce que soutint Chr. Avéga. Mais il est évident que ces insectes ne contribuent seulement qu'à favoriser l'émission des humeurs sucrées, en piquant les écorces qu'elles distendent, mais que jamais ils ne les produisent.

C'est sur le Frêne à fleurs, *Fraxinus ornus*, que l'on recueille principalement la Manne employée en médecine. On le cultive à cet effet en Sicile et en Calabre.

D'autres végétaux produisent aussi des substances sucrées absolument analogues à celle-ci. Le Mélèze fournit la Manne de Briançon.

Dans quelques pays, les herbes elles-mêmes se couvrent d'une abondante exsudation sucrée. Bruce remarqua cela en Abyssinie ; et Mathiole rapporte que, dans quelques régions de l'Italie, la Manne englue tellement l'herbe des prairies qu'elle entrave l'œuvre des faucheurs.

76. C'est quand le Pin maritime est âgé de vingt à trente ans qu'on en extrait de la résine. Pour l'obtenir, des ouvriers que l'on appelle *Résiniers* enlèvent, à l'aide d'une cognée, la grosse écorce de la partie inférieure du tronc, sur une surface

d'environ un pied de largeur, sur un pied et demi de hauteur. C'est sur cette surface qu'ils font ensuite, avec une petite hache dont le fer ressemble à une gouge, une entaille plus profonde, qui met la partie superficielle des couches ligneuses à découvert, et c'est entre celle-ci et l'écorce que la résine flue; cette dernière entaille a environ six pouces de hauteur, sur quatre de large. A la suite de cette opération, les ouvriers pratiquent, dans le corps de l'arbre, une petite fossette pour recevoir la résine qui s'écoule. Toutes les semaines un résinier rafraîchit la place en enlevant en haut un mince copeau de bois, de manière que, dans le cours de chaque saison, l'entaille n'acquiert pas plus de dix-huit pouces de long. On prolonge les entailles pendant la succession des années, jusqu'à ce qu'elles parviennent à douze ou quatorze pieds de hauteur; quand elles en sont là, on en recommence d'autres au pied de l'arbre, à côté des premières, et que l'on fait marcher parallèlement.

Dans les Conifères qui exsudent de la térébenthine, celle-ci est contenue dans des lacunes verticales ou horizontales, appelées *conduits résinifères*. Leur bois a d'autant plus de durée qu'il en offre davantage. Sous ce rapport, le Pin des Canaries, *Pinus canariensis*, est remarquable. Il en contient un fort grand nombre; et, selon Schacht, ils y offrent jusqu'à 90 400 de millimètre de diamètre, aussi ce bois est-il presque inaltérable. (SCHACHT, *Les arbres*. Bruxelles, 1862, p. 225.)

77. On doit à mademoiselle Linnée la découverte de ce phénomène extraordinaire. Elle remarqua que pendant le crépuscule, ou vers le lever de l'aurore, les fleurs de la Capucine produisaient des lueurs passagères, d'instant en instant. Elle communiqua ses observations à son père, et à plusieurs physiciens, et l'on attribua généralement ces espèces d'éclairs à un dégagement d'électricité. Telle fut en particulier l'opinion de M. Vilcke,. (*Mémoires de la Société de Suède*, 1762. PULTENEY, *Coup d'œil sur la vie et les ouvrages de Linnée.*)

M. Haggren a fait des observations analogues sur diverses fleurs. Pour être certain que ce phénomène ne tenait pas à quelque aberration de la vision, il s'adjoignit un autre observateur qui devait, par un signal, indiquer le moment où il apercevrait des scintillements lumineux. Le savant suédois reconnut qu'il ne pouvait y avoir d'illusion, car son compagnon voyait les éclairs absolument au même moment que lui. (HAGGREN, *Mémoire sur les fleurs qui donnent des éclairs*. Traduit du suédois dans le *Journal de physique*, t. XXXIII, p. 111.)

Ces lueurs passagères se répètent quelquefois successivement, mais souvent elles ne brillent qu'à plusieurs minutes de distance. On les aperçoit surtout sur les fleurs d'un jaune orangé; des variétés pâles des mêmes espèces n'en produisent pas. On les observe dans le Souci, la Capucine, les Tagètès et le Tournesol.

78. L'arbre à beurre de Shéa, *pentadesma butyracea*, qui végète vigoureusement sur les bords du Niger et dans toute la zone centrale et occidentale de l'Afrique, semble peut-être destiné à amener un jour quelque grande révolution sociale dans les pays qu'il habite. Il paraît, dit Karl Muller, bien autrement redoutable aux marchands d'esclaves que le blocus des Anglais. Les indigènes récoltant du beurre au delà de leurs besoins, les entremetteurs de la côte commencent à s'inquiéter de ce qui pourra arriver si ce beurre vient à prendre place parmi les articles de commerce. Afin que rien ne détourne les habitants du pays de la chasse à l'esclave, ils ont amené le roi de Dahomey à ordonner la destruction de tous les Arbres à beurre de ses États. Actuellement la guerre est engagée contre ce végétal; on le brûle toutes les fois qu'il repousse, et néanmoins il rejaillit tous les ans, comme une protestation constante et énergique contre l'homme, qui détruit avec préméditation un présent de la nature. (KARL MULLER, *Merveilles du monde végétal*. Paris, t. II, p. 196.)

Relativement à l'Arbre au lait ou à la vache, *Paolo de vaca*, comme on le nomme dans le pays, M. Boussingault qui, sur la demande de de Humboldt, en a analysé le produit, assure que celui-ci a des propriétés physiques absolument semblables à celles du lait de vache, à l'exception qu'il est un peu plus visqueux. Il est remarquable en ce qu'il contient une énorme quantité de cire. Cette substance forme la moitié de son poids; aussi le savant chimiste propose-t-il de cultiver l'arbre pour l'en extraire. (HUMBOLDT, *Voyage aux régions équinoxiales du nouveau continent*. Paris, 1814, t. I.)

79. Voici comment M. Georges Pouchet, d'après le récit de La Condamine, inséré dans les Mémoires de l'Académie des sciences, a tracé l'histoire de la découverte du plus héroïque de nos médicaments.

« En 1638, le comte de Chinchon étant vice-roi du Pérou pour la couronne d'Espagne, la vice-reine, son auguste épouse, était travaillée par une fièvre atroce. Le corrégidor de Loxa, plein de galanterie pour la femme de son chef immédiat, lui manda que les Indiens des environs avaient pour guérir les fièvres une écorce qui réussirait peut-être aussi sur une personne d'aussi haute condition, et qu'il l'engageait, en tout cas, à bout de ressources, à essayer de cette médecine sauvage. La vice-reine allant de mal en pire, le corrégidor fut appelé à Lima pour régler lui-même la dose et la préparation de son médicament. Mais, comme on pense, on ne fut pas si imprudent que d'administrer de suite une poudre aussi extraordinaire à la noble malade; on voulut d'abord l'essayer sur le commun des gens, *in anima vili*, et ce n'est qu'après qu'on eut guéri avec l'écorce du corrégidor quelques pauvres gueux espagnols secoués de fièvres, que la vice-reine en prit à son tour et guérit.

« Les habitants de la ville de Lima émerveillés, envoyèrent à la convalescente une députation pour la prier de faire venir de Loxa une provision de la même écorce. Ce qui fut fait.

« La comtesse distribuait elle-même le remède à tous ceux qui en avaient besoin, et il commença dès lors à être connu sous le nom de *Poudre de la comtesse*. Quelques mois après, elle se débarrassa de ce soin en remettant ce qui lui en restait aux pères jésuites, qui continuèrent, disons-le à leur louange, de le débiter gratis, et il prit alors le nom de *Poudre des jésuites*, qu'il a longtemps porté en Amérique et en Europe. »

En France, ce fut un Anglais nommé Talbot, qui mit le quinquina en vogue, mais ce n'était pas avec désintéressement, car Madame de Sévigné dit qu'il en faisait alors payer chaque dose du prix exorbitant de cinq mille francs. Louis XIV fit lui-même un heureux emploi du médicament, et ensuite en acheta le secret à son introducteur. L'écorce héroïque devint alors fort à la mode, les courtisans en faisaient confectionner des liqueurs et des vins divers que l'on servait au dessert, et on en prenait à tel point que Racine en était scandalisé : on ne rencontre, disait-il, que des gens qui ont le ventre plein de quinquina.

Ce médicament est si connu et il a une telle importance que nous croyons que l'on nous saura gré de nous étendre un peu sur son histoire et d'ajouter même ici que de Humboldt et Fée ont ébranlé quelques parties du récit de La Condamine. En effet, l'illustre naturaliste prussien, qui a parcouru les régions qu'habitent les arbres célèbres, prétend que leurs vertus sont absolument inconnues aux sauvages, qui là se trouvent fréquemment attaqués par des fièvres rebelles ; et Fée dit même qu'ils pensent que l'écorce des quinquinas est un poison qui engendre la gangrène, et qu'on ne la leur enlève que pour l'employer à la teinture.

Les arbres qui produisent le Quinquina, ont été fort longtemps sans être connus et ce fut à La Condamine que l'on dut les premières notions que l'on eut sur eux.

L'on n'a eu longtemps aussi que d'imparfaites notions sur l'extraction de leur écorce. Ce n'est que durant ces dernières années que M. Weddell, dans un savant ouvrage, a résumé tout ce qui concerne cette récolte qu'il avait observée lui-même en explorant le Pérou.

Nous ne pouvons rien faire de mieux que de citer textuellement les curieux détails qu'on y trouve sur cette extraction :

« On donne le nom de *cascarilleros*, dit M. Weddell, aux hommes qui coupent le quinquina dans les bois; ce sont des hommes élevés à ce dur métier depuis leur enfance, et accoutumés par instinct, pour ainsi dire, à se guider au milieu des forêts. Sans autre compas que cette intelligence particulière à l'homme de la nature, ils se dirigent aussi sûrement dans ces inextricables labyrinthes, que si l'horizon était ouvert devant eux. Mais combien de fois est-il arrivé à des gens moins expérimentés dans cet art, de se perdre et de n'être plus revus!

« Les coupeurs ne cherchent pas le Quinquina pour leur propre compte; le plus souvent ils sont enrôlés au service de quelque commerçant ou d'une petite compagnie, et un homme de confiance est envoyé avec eux à la forêt avec le titre de *majordome*...

« A peine le majordome est-il arrivé avec ses coupeurs dans le voisinage du point à exploiter, qu'il choisit un site favorable pour y établir son camp, autant que possible à la proximité d'une source ou d'une rivière. Il y fait construire un hangar ou une maison légère, pour abriter ses provisions et les produits de la coupe ; et s'il prévoit qu'il doive rester longtemps dans le même lieu, il n'hésite pas à faire des semis de maïs et de quelques légumes. L'expérience, en effet, a démontré qu'un des plus grands succès de ce genre de travaux est l'abondance des vivres. Les cascarilleros, pendant ce temps, se sont répandus dans la forêt, un à un, ou par petites bandes, chacun portant enveloppées dans son *poncho* (espèce de manteau) et suspendues au dos, des provisions pour plusieurs jours, et les couvertures qui constituent sa couche.

C'est ici que ces pauvres gens ont besoin de mettre en pratique tout ce qu'ils ont de courage et de patience pour que le travail soit fructueux. Obligé d'avoir constamment à sa main sa hache ou son couteau pour se débarrasser des innombrables obstacles qui arrêtent son progrès, le cascarillero est exposé, par la nature du terrain, à une infinité d'accidents, qui trop souvent compromettent son existence même.

« Les quinquinas constituent rarement des bois à eux seuls; mais ils peuvent fournir des groupes plus ou mois serrés, épars çà et là au milieu de la forêt; les Péruviens leur donnent le nom de *taches* (*manchas*). D'autres fois, et c'est ce qui a lieu le plus ordinairement, ils vivent complétement isolés. Quoi qu'il en soit, c'est à les découvrir que le cascarillero déploie toute son adresse. Si la position est favorable, c'est sur la cime des arbres qu'il promène les yeux; alors, aux plus légers indices, il peut reconnaître la présence de ce qu'il recherche; un léger chatoiement, propre aux feuilles de certaines espèces, une coloration particulière de ces mêmes organes, l'aspect produit par une grande masse d'inflorescences, lui feront reconnaître la cime d'un quinquina à une distance prodigieuse.

« Pour dépouiller l'arbre de son écorce, on l'abat à coups de hache....

« Lorsque l'arbre est bas, et que les branches qui pourraient gêner ont été retranchées, on fait tomber le *périderme* en le massant, ou mieux en le percutant, soit avec un maillet de bois, soit avec le dos même de la hache; et la partie vive de l'écorce mise à nu est souvent encore nettoyée à l'aide de la brosse; puis, après avoir été divisée dans toute son épaisseur par des incisions uniformes qui circonscrivent les lanières ou planchettes que l'on veut arracher, elle est séparée du tronc au moyen d'un couteau, avec la pointe duquel on rase autant que possible la surface du bois, après avoir pénétré par une des incisions déjà pratiquées. L'écorce des branches se sépare comme celle du tronc, à cela près qu'elle ne se masse pas, l'usage voulant qu'on lui conserve sa croûte extérieure ou périderme.

« Les détails de dessèchement varient un peu dans les deux cas : en effet, les planchettes plus minces de l'écorce des branches ou des petits troncs, destinées à faire du quinquina roulé ou *canuto*, sont exposées simplement au soleil, et prennent d'elles-mêmes la forme désirée, qui est celle d'un cylindre creux. Mais celles qui proviennent des gros troncs, et que l'on destine à constituer le quinquina plat, ou ce que l'on nomme *tabla* ou *plancha*, doivent nécessairement être soumises, pendant la dessiccation, à une certaine pression, sans quoi elles se tordraient ou se soulèveraient plus ou moins comme les précédentes.

« Mais le travail du cascarillero n'est pas à beaucoup près fini, même lorsque la préparation de son écorce est terminée. Il faut encore qu'il rapporte sa dépouille au camp; il faut enfin qu'avec un lourd fardeau sur les épaules, il repasse par ces mêmes sentiers que, libre, il ne parcourait qu'avec difficulté. Cette phase de l'extraction coûte parfois un travail tellement pénible, qu'on ne peut vraiment pas s'en faire une idée. J'ai vu plus d'un district où il faut que le Quinquina soit porté de la sorte pendant quinze à vingt jours avant de sortir des bois qui l'ont produit; et, en voyant à quel prix on l'y payait, j'avais peine à concevoir comment il pouvait se trouver des hommes assez malheureux pour consentir à un travail si peu rétribué. »

80. Voici le conte absurde que fait Foersche au sujet de la récolte du poison de l'Upas.

« Lorsque des criminels, dit-il, sont condamnés à mort, on leur offre leur grâce s'ils veulent aller chercher une boîte de poison. Ils acceptent dans l'espérance de sauver leur vie, et d'être toujours nourris aux frais de l'empereur, s'ils ont le bonheur de revenir. On les envoie à la maison d'un prêtre qui demeure dans l'habitation la plus voisine du lieu où croît l'arbre, et qui en est à quinze ou seize milles, et où leurs parents et leurs amis les accompagnent, en leur recommandant de saisir le temps où le vent chasse devant eux les émanations de l'arbre, et de marcher avec la plus grande vitesse, seuls moyens d'échapper à la mort. Ce prêtre a été placé là par l'empereur, pour préparer à la mort les criminels condamnés à aller chercher le poison. Il les garde chez lui quelques jours en attendant le vent favorable, et les prépare par ses avis et ses prières.

« Au moment du départ, il leur donne une boîte d'argent ou d'écaille; il leur couvre la tête d'un bonnet de peau qui descend jusqu'à la poitrine, et qui a des yeux de verre; il leur donne aussi des gants de peau. Il les accompagne à la distance de deux milles; il leur montre une colline qu'ils doivent monter : derrière cette colline est un ruisseau qui les conduira directement à l'Upas. Enfin ces malheureux reçoivent les adieux de leurs amis, et partent en diligence, tandis qu'on fait des prières pour le succès de leur expédition.

« Le bon prêtre m'assura que depuis trente ans qu'il habitait ce lieu, il avait fait partir sept cents criminels et qu'il n'en était revenu que vingt-deux. Il me montra une liste qui contenait leurs noms, le jour de leur départ et le crime pour lequel ils avaient été condamnés.... J'assistai à quelques-unes de ces tristes cérémonies. Je demandai aux criminels de m'apporter quelques petites branches d'Upas ; mais je ne pus me procurer que deux feuilles sèches, qui me furent apportées par le seul que je vis revenir. Tout ce que j'appris de lui, c'est que l'arbre croît sur le bord du ruisseau indiqué par le prêtre, qu'il est de moyenne taille, entouré de cinq ou six jeunes arbres de la même espèce. Le terrain des environs est un sable brunâtre, rempli de cailloux et couvert de débris de cadavres.

« Il est certain qu'on ne trouve aucune créature vivante à quinze milles de distance ; plusieurs personnes dignes de foi m'ont assuré que les eaux n'y nourrissaient aucun poisson, qu'on n'y voit point d'insecte, et que les oiseaux qui passent assez près pour être atteints par les émanations de l'arbre, tombent et périssent. Des criminels en ont vu tomber à leurs pieds et les ont apportés au prêtre. » (FOERSCHE, *Voyages. Mél. de litt. ét.*, t. I, p. 63.)

Nous avons dit que l'on devait à un voyageur français, Leschenault, la connaissance des deux arbres qui fournissent le poison de Java, et dont le voisinage n'a rien de redoutable ni pour les animaux, ni pour les autres plantes. Ce sont *l'Antiaris toxicaria*, Lesch. et le *Strychnos Tieute*, Lesch. Ainsi se trouve anéantie une fable qui a si longtemps été répétée par quelques crédules auteurs. (LESCHENAULT, *Ann. du Mus. d'hist. nat.*, t. XVI, p. 459.)

81. Le sommeil des plantes fut observé pour la première fois, dans l'Inde, sur le Tamarinier, par Garcias de Horto, en 1567 ; puis ensuite, en 1581, par Val-Cordus, sur la Réglisse. Mais ce ne fut que Linnée qui en démontra réellement l'essence.

82. L'amour de la nature se traduisait, dans l'antiquité, par les élans de la poésie et par le respect religieux pour tout ce qui provenait du règne végétal. La Grèce animait tout ce que touchaient ses gracieux pinceaux. Dans *Œdipe*, lorsque l'infortuné roi s'approche du redoutable bois des Euménides, Sophocle fait chanter au chœur « le tranquille et délicieux séjour de Colonne; les verts buissons que le rossignol aime à visiter et qui retentissent de sa voix claire et mélodieuse ; l'obscurité que répand le feuillage enlacé du Lierre; les Narcisses humides de la rosée céleste ; le Safran rosé, et l'Olivier impérissable, qui renait sans cesse de lui-même.»

L'antiquité prodiguait aux végétaux ce que nous leur refusons. De Humboldt dit que « les Grecs croyaient à des rapports secrets entre le monde des plantes et les héros et les dieux : c'étaient les dieux qui vengeaient les outrages faits aux arbres ou aux plantes consacrées. »

83. La Mandragore, qui a été l'une des plus célèbres plantes magiques de l'antiquité et du moyen âge, passait pour croître sous les gibets, où elle végétait à même les débris des suppliciés. On disait qu'elle ne pouvait en être arrachée sans danger. Les crédules promoteurs de la cabale, pour éviter tout accident, conseillaient à leurs adeptes de l'extraire du sol à l'aide d'un chien qu'on liait à la plante. Celle-ci exerçait alors tout son maléfice sur l'animal, qui était voué à une mort certaine.

Les charlatans de nos époques de superstition donnaient une forme humaine aux racines de la Mandragore, avant de l'employer dans leurs sortiléges. L'idée que cette plante se présentait naturellement sous cette apparence, lui avait fait donner le nom d'*anthropomorphos* par les anciens ; et elle était même tellement acceptée par nos crédules aïeux, que, dans certains ouvrages de botanique de la Renaissance, et en particulier dans le *Grand Herbier en français*, on voit des dessins de Mandragores assez fidèles pour le feuillage et le port, mais dont les racines historiées offrent la figure humaine. Les unes représentent une femme, les autres un homme.

84. Voici le curieux passage qu'on trouve sur ce sujet dans Adanson :

« Toute plante étant animée, quoique sans sentiment, a une âme, qui n'est pas une, ni fixée à une seule de ses parties, mais répandue également dans toutes, et divisible, puisque chacune de ses parties intégrantes qui participent à une vie commune, possède en elle-même une vitalité isolée, indépendante des autres, et que, détachée et séparée d'elles, elle croît et fructifie, enfin jouit de toutes les propriétés et facultés qu'elle possédait avant sa séparation.»

85. Voici comment M. C. Debans peint la mort de la Rose, dans son charmant livre, partout rempli d'une si suave poésie !

« Au moment où la Rose exhalait son âme en un parfum suprême, une Violette se balança sur sa tige et murmura un cantique d'actions de grâces. C'était une harmonie imperceptible et pénétrante, produite par un frôlement de feuilles vertes contre la petite fleur. C'était un poëme de fraicheur et d'encens.

« Un petit Scarabée bleu de ciel, qui voyageait sur une feuille pour s'instruire, s'étonna d'une joie qui lui parut inexplicable.

— Vous vous réjouissèz, dit-il, de la mort de votre compagne ! Vous avez pourtant une grande réputation de bonté.

— Je me réjouis, répondit la Violette, parce que les temps d'épreuve sont passés pour la Rose qui vient de mourir. Je me réjouis, parce qu'elle a été belle, amoureuse et parfumée ; et comme les parfums, l'amour et la beauté sont les vertus des fleurs, je me réjouis, parce que son âme est au ciel. » (CAMILLE DEBANS, *Sous clef*, 1862, p. 59.)

86. Dans son beau livre intitulé *La vie des fleurs*, un de nos plus spirituels écrivains, M. Eugène Noël, a aussi émis, dans un style charmant, des idées fort élevées et fort justes sur la sensibilité et la nature des plantes.

87. Depuis qu'on la connait, la Sensitive, *mimosa pudica*, qui nous a été rapportée des savanes de l'Amérique méridionale, a donné lieu aux plus poétiques descriptions. Voici comme en parle Madame de Genlis :

« La sensitive, dont le nom et les surnoms sont si doux et si touchants, cette plante, qu'on appelle aussi la *chaste*, la *timide*, cet aimable symbole d'une pudeur craintive, pourrait l'être encore de la douceur et du mystère. Sa plus grande irritabilité la porte, non à blesser la main profane qui l'attaque, mais à se replier sur elle-même ; elle ne veut ni se venger, ni punir, elle n'a rien de menaçant. Semblable à ces vierges innocentes, qui n'ont jamais songé à s'armer de rigueurs, parce qu'elles n'ont pas l'idée d'une offense, la sensitive n'a point d'aiguillons ; elle ne cherche qu'à se cacher quand on l'approche. La violette offre l'image d'une modestie raisonnée : elle se met à l'abri sous des feuilles ; ce soin seul indique une prévoyance. La sensitive est l'image parfaite de l'innocence et de la pudeur virginale ; elle n'a rien prévu, puisqu'elle ne sait rien ; elle se montre sans défiance ; mais dès qu'elle est remarquée de trop près, elle se dérobe autant qu'elle le peut à tous les regards ; cette timidité parait être en elle un instinct, un sentiment, et non un dessein combiné. Telle est la pudeur d'une bergère de quinze ans.

« On attribuait autrefois beaucoup de vertus merveilleuses à la sensitive. Un philosophe du Malabar est devenu fou en s'appliquant à examiner les singularités de cette plante, et à en rechercher la cause.

« La Sensitive offre une singularité qui, jointe à sa sensibilité apparente, a quelque chose de très-frappant. Si, avec un couteau bien tranchant, on coupe avec rapidité une grosse tige de cette plante, il reste sur le couteau une tache humide, d'un rouge vif, qui ressemble parfaitement à une goutte de sang. » (DE GENLIS, *Botanique historique*, p. 169.)

La poétique description de Madame de Genlis n'a que sa valeur littéraire, aussi nous passerons sur ses inexactitudes ; mais nous ne pouvons omettre de dire que le fait qu'elle cite, en la terminant, est absolument erroné.

88. Selon un savant anglais, la Dionée attrape-mouche, *Dionæa muscipula*, L., ne ferme pas les panneaux de son piége dans l'unique but de punir l'insecte qui l'irrite, mais bien pour s'en nourrir et pomper ses sucs ; ce serait une plante carnivore. Cet observateur prétend que ce régime est si indispensable au végétal, qu'il languit quand on l'en prive en l'enfermant sous un châssis de toile métallique ; mais que là, cependant, la Dionée reste en santé si, de temps à autre, on place sur ses feuilles quelques parcelles de viande.

89. C'est surtout parmi les monuments égyptiens que l'on trouve figuré le Nélumbo. Le dieu Horus y est souvent représenté assis, soit sur une fleur, soit sur un fruit de Nymphea ; et souvent des faisceaux de tiges de cette plante se trouvent sculptés sur les dés de granit des statues colossales qui ornaient les monuments de Thèbes et de Memphis. Le Nélumbo était presque une parure obligée pour la déesse Isis, et les Égyptiens en coiffaient Osiris ; ils en affublaient même la tête des sphinx. L'on connait une médaille de Vespasien, où se voit un fruit de Nélumbo sur une tête du Nil, sous

les traits de Jupiter. Sa fleur et ses fruits décorent quelques marbres romains représentant Antinoüs.

Le Nélumbo est devenu, pour les architectes égyptiens, le type des colonnes qui soutiennent leurs temples; les chapiteaux de celles-ci en représentent les fleurs épanouies, auxquelles les artistes ont parfois uni les fruits du dattier. Les sculpteurs ont même imité le développement de la plante sacrée, en entourant la base rétrécie des colonnes de plusieurs triangles qui, selon Delille, sont l'image des écailles et des feuilles avortées que l'on observe sur ses pédoncules, que représente ordinairement le fût des piliers.

90. D'après ce qu'en dit Homère, à l'époque du siége de Troie, on savait déjà préparer une sorte d'huile de roses, en mettant infuser ces fleurs dans un liquide oléagineux; et il est certain que dans l'antiquité, on cultivait celles-ci pour en extraire un parfum. L'île de Rhodes dut même le nom d'*Ile des Roses* à la célébrité de ses cultures de Rosiers; mais il est probable que l'on discontinua d'employer ce parfum, car l'eau de Rose n'est point mentionnée par les auteurs, et l'on n'en parle pour la première fois, que dans les œuvres d'Avicenne. Les Orientaux, dans les temps qui nous ont précédés, l'employèrent avec une extraordinaire profusion. Certains historiens affirment que quand Saladin enleva Jérusalem, en 1188, il fit laver l'intérieur de la mosquée d'Omar avec de l'eau de rose: et il en fut employé une telle quantité dans cette circonstance, que le P. Sanut rapporte qu'elle composait la charge de cinq cents chameaux, qui l'apportèrent de Damas. Mahomet II, après la prise de Constantinople, ordonna de laver ainsi Sainte-Sophie.

La princesse Nourmahal fit encore plus, à ce que rapporte le P. Catrou, car elle amassa assez d'eau de rose pour en remplir un canal sur lequel on lança une barque qui la portait, accompagnée du Grand Mogol. Ce fut même pendant cette remarquable promenade que l'on découvrit l'essence de rose, qui s'était formée à la surface du lac artificiel, par l'effet de l'évaporation solaire.

L'huile essentielle de roses est un des aromates les plus exquis et les plus chers, et on lui donne, à juste titre, le nom de *a'ther*, parfum par excellence. Il faut environ cent livres de fleurs pour obtenir quatre à six gros de cette huile, qui nous vient de l'Orient et de l'Inde, et que l'on nomme souvent beurre de rose. Hippocrate et Galien connaissaient ce produit et l'employaient en médecine; aujourd'hui il n'est plus en usage que pour parfumer le linge et les appartements.

91. On a attribué aux émanations des Roses la mort de l'une des filles de Nicolas 1er, comte de Salins, et celle d'un évêque de Pologne. Mais ces faits, rapportés par l'historien Cromer, sont probablement inexacts.

92. On observe quelquefois ce phénomène dans les villes qui avoisinent les landes de Bordeaux. Le Pollen des Pins, enlevé par les vents, en teint parfois tous les toits en couleur jaune.

Les pluies de pollen ne sont pas rares. Les savants en ont noté un grand nombre.

Il en est tombé une fort remarquable aux États-Unis, à Picton, en 1841. Sa fine poussière soumise au microscope, par M. J. W. Bailey, fut reconnue comme étant entièrement composée de Pollen de Pin. Une autre qui couvrit Troy et ses environs fut reconnue pour devoir son origine au même végétal.

C'est avec le pollen inflammable d'une petite plante analogue aux mousses, du *Lycopodium clavatum*, que l'on récolte à l'aide de sacs, que l'on fait, sur nos théâtres, ces flammes qui sortent des torches des furies, ou des incendies.

93. Ce fut Lamarck qui découvrit que la fleur des Gouets, au moment de la fécondation, dégageait beaucoup de chaleur. De Candolle vérifia ce fait à Montpellier.

C'est un phénomène très-remarquable. J'ai reconnu qu'à un instant donné, la fleur de certains *Colocasia* s'échauffait tellement que sa température devenait sensible aux doigts qui la touchaient. Pour les autres fleurs, le phénomène est moins apparent; cependant il est général. Brongniart, Dutrochet, Biot et Schultze l'ont reconnu à l'aide d'aiguilles thermo-électriques.

94. C'est dans ce Mémoire sur le mariage des plantes, que Linnée a inscrit, sur les deux mercuriales en expérience, cette phrase devenue si célèbre : l'amour enflamme les plantes, *amor urit plantas*.

95. Durant un de mes voyages à Strasbourg, le professeur Fée me montra un Palmier femelle sur lequel il avait répété, avec le même succès, l'expérience de Gleditsch.

C'était un Palmier nain, *chamærops humilis*, dont les fleurs avaient été fécondées avec du pollen qu'on avait envoyé de loin à l'illustre botaniste. Il l'avait versé simplement sur elles. Tous les fruits se développaient parfaitement sur ce Palmier, lorsque je le vis au mois d'août 1855.

Les expériences par lesquelles Linnée démontrait la sexualité des plantes étaient fort simples. L'une des plus fondamentales consistait à prendre deux pieds de Mercuriale, l'un mâle et l'autre femelle, et, après les avoir placés dans une longue serre, à les éloigner de plus en plus l'un de l'autre. Lorsque la femelle se trouvait au contact du mâle, toutes ses fleurs donnaient des fruits. Mais à mesure que l'on éloignait ce dernier, la femelle devenait de plus en plus inféconde, et elle se trouvait enfin frappée d'une stérilité absolue quand le mâle était ou trop éloigné d'elle ou tout à fait enlevé.

96. La Caprification était considérée comme une opération essentielle à la fructification du Figuier. Aristote, Théophraste et Pline en ont parlé. Ce dernier dit que le Figuier sauvage engendre des Moucherons qui vont dépecer les fruits du Figuier domestique, les ouvrent, et pénètrent dans leur intérieur en y introduisant la chaleur et la fécondité; et il ajoute que c'est pour cette cause que l'on place des Caprifiguiers près des figuiers, du côté d'où vient le vent, afin que celui-ci porte les insectes sur les individus cultivés.

Ces récits paraissaient fabuleux, mais la déposition de Tournefort en démontra l'authenticité. Ce naturaliste eut, en effet, l'occasion de constater, pendant ses voyages, que cette coutume existait encore dans le Levant. Il vit alors les paysans des îles de l'Archipel pratiquer la Caprification, et aller pendant les mois de juin et de juillet prendre des fruits du Caprifiguier, nommés *orni*, au moment où les mouches du genre Cynips (*cynips psenes*) qui y naissent en vont sortir, et porter ces fruits tout enfilés sur les Figuiers domestiques, afin que les insectes qu'ils contiennent piquent les fruits des individus cultivés et en fassent nouer un plus grand nombre.

Linnée ne vit, dans la Caprification, qu'une opération par laquelle les insectes transportent la poussière pollinique des fleurs mâles du Caprifiguer jusque sur les fleurs femelles de l'espèce domestique, pour en produire la fécondation.

Mais l'action des insectes se réduit à la piqûre du réceptacle; celle-ci active la maturité des figues, comme elle active celle des fruits de nos jardins, et elle permet d'obtenir de l'arbre un produit plus considérable. Cependant, les figues ainsi piquées sont bien moins exquises que celles qui mûrissent spontanément : mais on assure que par cette opération, les arbres portent dix fois plus de figues que quand on ne la pratique pas. Tournefort dit qu'un figuier caprifié donne jusqu'à deux cent quatre-vingts livres de fruits, tandis qu'on n'en obtient que vingt-cinq s'il ne l'est point.

Ollivier, qui vit également pratiquer cette opération pendant ses voyages dans le Levant, et l'agronome Bosc, la regardent comme inutile. Je partage parfaitement leur opinion; mes voyages en Orient m'ayant permis de reconnaître que dans beaucoup de pays où l'on ne pratique pas cette opération, les figues n'en sont pas moins superbes et abondantes. (POUCHET, *Botanique appliquée*, t. II, p. 22.)

97. Le recteur Conrad Sprengel, qui a attribué un rôle merveilleux aux Insectes dans la fécondation des plantes, dans son excès d'enthousiasme les appelait les *Jardiniers de la nature!*

La preuve que c'est à l'imperfection de la fécondation que, dans nos serres, la Vanille aromatique doit sa stérilité a été parfaitement donnée par des expériences de M. Morren. Ce botaniste a reconnu, en effet, qu'en versant soi-même le pollen sur les stigmates de la fleur, on en produisait artificiellement la fécondation; et que bientôt après on obtenait des fruits qui, pour la beauté et l'arome, pouvaient rivaliser avec ceux que nous fournit l'Amérique. M. Brongniart a, d'un autre côté, fécondé artificiellement la *strelitzia Reginæ*, qui, sans cette violence, est chez nous improductive.

98. Parfois, les Abeilles, en butinant les fleurs des Asclépiadées ou des Orchidées, en sortent les pattes ou la tête recouverte des Anthères de ces plantes, semblables à de petites massues. Dans quelques circonstances, il s'en agglutine tant sur le front des Abeilles que celles-ci ne peuvent plus voler. C'est l'affection que les amateurs désignent sous le nom de *maladie à massue*. Ch. Robin, dans les belles planches de son ouvrage sur les Végétaux parasites, figure divers Insectes aux prises avec cet incommode envahissement.

99. Voici une description charmante des amours de la Vallisnérie, que nous a donnée

Castel, et qui ajoute à la poésie le mérite d'être aussi fidèle que le permettrait la prose :

Le Rhône impétueux, sous son onde écumante,
Durant dix mois entiers, nous dérobe une plante
Dont la tige s'allonge en la saison d'amour,
Monte au-dessus des flots, et brille aux yeux du jour.
Les mâles jusqu'alors dans le fond immobiles,
De leurs liens trop courts brisent les nœuds débiles,
Voguent vers leur amante, et libres dans leurs feux,
Lui forment sur le fleuve un cortége nombreux :
On dirait d'une fête, où le dieu d'hyménée
Promène sur les flots sa pompe fortunée.
Mais les temps de Vénus une fois accomplis,
La tige se retire en rapprochant ses plis,
Et va mûrir sous l'eau sa semence féconde.

100. Voici le charmant tableau que Linnée fait de l'humble famille des graminées : *Gramina plebeii, campestres, culmiferi, glumacei, rustici, vulgatissimi, simplicissimi, vivacissimi, constituentes vim roburque regni, et quo magis mulctati et calcati, magis multiplicativi*. (LINNÆUS, *Systema naturæ*.)

101. La liste des arbres dont les dimensions ont acquis une certaine célébrité est considérable ; on n'en finirait pas si l'on voulait les citer tous.

Dans leurs savants ouvrages sur les forêts, Evelyn et Loudon en ont représenté plusieurs, qui, semblables au Platane de Smyrne, offraient des écartements dans lesquels un cavalier armé de toutes pièces pouvait passer à franc étrier. (EVELYN, *Sylva*, 1664. LOUDON, *Arboretum britannicum*. Londres, 1838.)

102. Le voyage de Jeanne d'Aragon au *Castagno di cento cavalli*, comme on nomme en Sicile ce châtaignier de l'Etna, n'est qu'une fable populaire. Le comte de Borch, prétend que son nom vient tout simplement de ce que l'on peut mettre cinquante chevaux dans l'excavation de son tronc et cinquante à l'entour. Quelques botanistes pensent cependant que cet arbre colossal est peut-être dû à la soudure de plusieurs individus de la même espèce. Mais ce n'est guère probable, les environs offrant d'autres individus qui présentent des proportions presque aussi extraordinaires, et qui, à cause de cela, ont même des noms particuliers dans la contrée.

Le comte de Borch, qui a fort bien observé le Châtaignier aux cent chevaux, prétend qu'à la première vue, on pourrait croire qu'il est formé par la soudure de plusieurs troncs, mais, qu'en l'étudiant attentivement, on voit que c'est bien un seul arbre. Ce fait a été mis hors de doute par le chanoine Recupero, qui a fait creuser à l'entour, et vu que les cinq troncs aboutissent tous à une seule et colossale racine. (BORCH, *Lettres sur la Sicile*. Turin, 1782, t. I, p. 121.)

Dans son remarquable ouvrage sur la Sicile, J. Houel, peintre du Roi, qui a dessiné avec beaucoup d'exactitude le châtaignier fameux, émet aussi l'opinion que cet arbre, appartient à une seule souche ; et d'après le plan géométral qu'il a tracé de celui-ci, il aurait cent soixante pieds de circonférence. (JEAN HOUEL, *Voyage pittoresque des îles de Sicile, de Malte et de Lipari*. Paris, 1784, t. II, p. 79.)

Dans les dernières histoires de la Chine, au rapport d'Adanson et de Denys de Montfort, il est question d'un arbre merveilleux, qui croît dans la province de *Che Kian*, et qui est si gros que quatre-vingts hommes peuvent à peine en embrasser le tronc. Le premier de ces savants suppose, d'après cela, que celui-ci doit avoir au moins quatre cents pieds de circonférence. (ADANSON, *Hist. des plantes*.) Mais un tel fait dépasse les bornes du vrai.

103. Dans l'ancienne Grèce, on révérait à un tel point l'Olivier, que l'on n'employait que des vierges et des hommes purs pour le cultiver. Dans quelques contrées de l'Attique, on exigeait même un serment de chasteté de la part de ceux qui s'occupaient de la récolte des olives. Les délits qui concernaient l'arbre utile étaient jugés par l'aréopage. Pline rapporte que chez les Romains il n'était pas permis de l'employer à des choses profanes, et que l'exil frappait impitoyablement le citoyen qui mutilait un Olivier dans un bosquet consacré à Minerve.

Depuis l'antiquité jusqu'à nos jours, on a constamment accordé à cet arbre une extrême longévité. Pline dit qu'un Olivier passant pour avoir été planté par Hercule, dans un champ d'Olympie, s'y voyait encore de son temps. Notre poète Delille protestait avoir cueilli, de sa main, un rameau de l'Olivier de Minerve, qu'il rencontra encore en pleine végétation à Athènes, et qui remontait à plus de quarante siècles, en admettant qu'il fût planté lors de la fondation de la ville de Cécrops. Mais il est évident que notre illustre compatriote a été induit en erreur.

104. Dans la Crimée, où nous avons porté nos armes avec tant d'éclat, on rencontre quelques arbres qui ont une certaine renommée. On cite principalement un Noyer qui se trouve dans une plaine des environs de Balaklava, à l'endroit où s'élevait le temple d'Iphigénie, en Tauride. On pense qu'il existait déjà au temps où les colonies grecques importaient leurs noix jusqu'à Rome, et que son âge remonte à plusieurs milliers d'années. Aujourd'hui sa fécondité est encore telle qu'il porte annuellement jusqu'à 100 000 noix, que se partagent, sans discorde, cinq familles tartares dont il est à la fois la propriété.

105. Les historiens nous ont conservé le dénombrement de la petite armée de Cortez; et sa connaissance peut faire juger de l'étendue que devait avoir l'ombrage du Cyprès chauve dont il est question. Elle était composée de six cents fantassins espagnols, de quarante cavaliers et de neuf petites pièces d'artillerie. (*Hist. gén. des voy.*, t. XII, p. 389.)

Selon M. Schacht, les calculs d'Adanson, qui font même remonter l'ancienneté des Baobabs jusqu'à six mille ans, pourraient bien être entachés d'inexactitude à cause de la rapidité avec laquelle cet arbre grossit. En quarante ans, un Baobab de Santa-Cruz, a atteint trois mètres treize centimètres de circonférence.

Strabon cite des arbres encore plus extraordinaires, mais sans paraître y croire. Il dit qu'au delà de l'Hyarotis il en existait dont l'ombrage était tellement ample qu'il pouvait s'étendre à cinq plethres et abriter dix mille personnes. (STRABON, *Géographie*, liv. XV.)

106. Le merveilleux que les alchimistes avaient cru voir dans l'apparition de la Trémelle Nostoc, les avait portés à l'employer dans leurs recherches de la pierre philosophale. Les paysans, frappés comme eux de sa subite invasion, lorsqu'elle s'étend sur la terre, en gelée verdâtre et tremblotante, en rapportaient aussi l'origine aux astres. Mais moins recherchés dans leur langage que les adeptes du grand œuvre, ils nommaient tout bonnement *crachat de la lune* ce singulier champignon.

107. Ce fut en 1829 que M. Thénard présenta à l'Académie des sciences les spécimens de pluie de lichens, dont il est ici question. Il en tombe assez souvent dans le voisinage du Mont-Ararat.

Voici comment M. Louis Figuier, dans son excellent ouvrage, décrit le *Lecanora esculenta*, lichen comestible que l'on considère comme étant plus particulièrement celui qui formait la Manne du désert :

« Ce lichen se rencontre fréquemment dans les montagnes les plus arides du désert de Tartarie ; on en trouve d'abondantes quantités dans les déserts des Kirguises au sud de la rivière Jaïk. Il semble tomber du ciel, comme une sorte de Manne miraculeuse : les hommes et les bêtes s'en nourrissent. Ce qu'il y a de remarquable, c'est qu'il se présente sous la forme de petits globules, dont la grosseur varie de celle d'une tête d'épingle à celle d'une noisette, et qui sont toujours libres et ne tiennent à aucun corps. Il résulte de là que ces lichens se développant très-rapidement, ont dû végéter et s'accroître, tout en prenant leur nourriture au sein de l'air, pendant que les vents les transportaient d'un lieu à l'autre. Les grumeaux légers qui constituent ces lichens, sont, en effet, souvent transportés par l'air à de grandes distances. La *Manne* qui servit à nourrir dans le désert les Hébreux fugitifs, n'était autre chose qu'une espèce de ces lichens comestibles et à croissance rapide, que les vents apportaient et jetaient devant leurs pas. Ces chutes de prétendue *Manne* ne sont pas très-rares de nos jours. »

108. Une Mousse, la Bry des Alpes, *Bryum Alpinum*, arrachée assurément dans la forêt thuringienne, est apportée par les cours d'eau jusque sur les rochers de porphyre des environs de Halle. Darwin pense que les forêts de pêchers et d'orangers, qui couvrent l'embouchure de la Parana, n'ont dû leur naissance qu'à des graines charriées par le fleuve.

109. Une fois accolée à la branche, la semence du Gui y germe, enfonce sa racine dans son écorce, et vit aux dépens de l'arbre. Les tiges de ce végétal ont cela de particulier, qu'elles se dirigent avec une égale facilité dans tous les sens. Ses fruits sont blancs et de la grosseur d'une groseille.

Pline parle longuement de ce végétal : « Les Druides, dit ce naturaliste, n'ont rien de plus sacré que le Gui et l'arbre qui le produit... Ils lui donnent un nom qui marque qu'il guérit toute sorte de maux... Lorsqu'ils l'ont aperçu, un prêtre, vêtu de blanc, monte sur l'arbre, coupe le Gui avec une serpe d'or, et le reçoit dans son habit : après quoi, il immole les victimes, et prie les dieux que le présent soit favorable à ceux à qui il le donne. Ils croient que les animaux stériles deviennent féconds en buvant de l'eau de Gui, et que c'est un préservatif contre toute sorte de poison.

Quoique Pline ne dise rien du lieu où se pratiquaient ces cérémonies, on sait qu'elles avaient surtout lieu dans de sombres forêts de l'Armorique, où florissait le culte des Druides. »

Dans la vieille Gaule, au premier jour de l'an, on distribuait cette plante révérée au peuple en criant : *Au gui l'an neuf*, pour annoncer le retour de la nouvelle année.

Ce végétal est aussi cité par Virgile. Le poëte compare le rameau d'or que cherchait Énée, au Gui entouré de ses touffes de feuilles jaunâtres sur l'arbre qui le nourrit.

110. Selon Sebastiani, auteur italien, le nombre d'espèces végétales qui peuplent le Colisée de Rome et qu'y auraient transportées les oiseaux, ne s'élève pas à moins de 261.

111. C'est la Civette appelée *Viverra Musanga*, qui, à Java, opère la dissémination du café, en le dispersant çà et là avec ses excréments. Karl Müller rapporte, d'après Junghunh, que ce café, qui a traversé les organes digestifs du mammifère, est même considéré par les Javanais, comme étant d'une qualité supérieure, et que ceux-ci ne dédaignent pas de le ramasser, pour leur usage, dans les excréments de l'animal.

Le Raisin d'Amérique, *phytolacca decandra*, L., fut introduit dans les environs de Bordeaux, pour l'employer à colorer les vins, et c'est de là que les oiseaux l'ont tant disséminé. Le Passereau qui, à Ceylan, ensemence partout les Camélias est le *Turdus zeilanicus*. (K. MÜLLER, t. I, p. 91, 92.)

112. Les anciens assuraient qu'il devait croître spontanément dans la vallée d'Enna, en Sicile, lieu que la fable prétendait avoir été doté des bienfaits de Cérès et de Triptolème; mais on s'accorde aujourd'hui à penser que cette Graminée est originaire de la Perse, où elle a été rencontrée à l'état sauvage par les voyageurs Michaux et Olivier.

La Sicile était emblématisée par trois jambes indiquant ses trois promontoires, et autant d'épis de blé pour marquer sa fécondité. Sur des médailles de Syracuse et des Thasiens, à l'effigie de Cérès et de Bacchus, le revers représente de gros épis de froment.

113. La Ravenelle, *raphanus raphanistrum*, L., qui est originaire de l'Asie, s'est introduite clandestinement dans nos campagnes, lorsqu'on y apporta les Céréales. Les Épinards sont originaires de la Médie. La Lentille, *ervum lens*, L., et le Haricot vulgaire, *phaseolus vulgaris*, L., proviennent probablement de l'Arabie ; les Melons et les Concombres, des bords de l'Euphrate ou du Tigre ; le Lilas, *syringa vulgaris*, L., arriva d'abord de l'Asie à Vienne, et se répandit ensuite en Europe. Le Lis, *lilium candidum*, est originaire des montagnes de la Syrie. Le Saule pleureur, *salix babylonica*, L., fut répandu des plaines de la Babylonie en Europe, par le poëte A. Pope, qui l'avait reçu de Smyrne. La tradition rapporte que le père de tous nos Orangers d'Europe se voit encore dans le couvent de Sainte-Sabine, sur le Mont-Aventin, à Rome, où l'on prétend qu'il fut planté par saint Dominique en 1200. L'Hortensia, que Commerson dédia à Hortense Lepaute, qui s'appliquait avec distinction à l'astronomie, est originaire du Japon, d'où il n'arriva qu'en 1788. C'est de cette île que nous provient aussi le Camélia, qui en fut rapporté par le R. P. Caméli. Le Mexique nous fournit une abondance de Cactus. Le Dahlia fut importé d'Amérique et nommé ainsi en l'honneur d'un botaniste suédois, André Dahl.

114. Voici comment un savant botaniste allemand décrit l'établissement de la végétation sur les rochers nus. « Si nous observons la surface d'un fragment de granit récemment mis à nu, nous trouvons que, grâce à une petite quantité d'eau atmosphérique saturée d'ammoniaque et d'acide carbonique, une plante microscopique s'y développera bientôt. C'est la pierre aux violettes; un enduit pulvérulent d'un rouge écarlate, qui la recouvre, dégage, lorsqu'on la frotte, une odeur de violette. Ces fragments de rocher, recouverts de la plante, sont un objet de recherches pour ceux

qui visitent les contrées montagneuses. Par la mort successive et la décomposition de ces petites plantes, il se forme peu à peu une mince couche d'humus capable de fournir de la nourriture à une certaine espèce de Lichens brunâtres. Ces Lichens, qui recouvrent de grands espaces près des mines de Fahlun et de Dannemora, en Suède, et qui, par la sombre couleur qu'ils impriment à toute la contrée d'alentour, font ressembler ces anciens puits abandonnés aux noires demeures de la mort, ont été appelés par les botanistes Lichens de Fahlun, *Parmelia stygia*, Ach. Mais ce ne sont point des messagers de la mort; par leur décomposition, ils préparent le sol pour la petite et élégante Mousse des Alpes, à laquelle succèdent bientôt des mousses plus vertes et plus grandes, jusqu'à ce que le sol soit suffisamment préparé pour recevoir la Camarine, *empetrum nigrum*, le Genévrier et enfin le Sapin. »

C'est de cette manière que, peu à peu, une couche d'humus s'épaissit et recouvre la pierre nue; qu'une végétation de plus en plus forte succède à des Lichens imperceptibles, qui tous se nourrissent des éléments que condense ce nouveau terrain. (SCHLEIDEN. *La plante*. Paris, 1859, p. 184).

Dans ma jeunesse j'ai traversé la célèbre vallée de Goldau, en Suisse, où, vingt ans auparavant, une montagne entière s'était affreusement éboulée, en écrasant plusieurs villages et en couvrant un immense espace d'énormes fragments de ses rocs brisés. Déjà toutes ces roches, naguère absolument dénudées, étaient recouvertes d'une luxuriante végétation, et la tortueuse route si accidentée que l'on avait frayée au milieu de cette vaste nappe de débris, partout riante et fraîche, était couverte de sapins et d'arbustes du plus charmant aspect.

M. Boussingault cite un exemple analogue qu'il observa en Amérique. En dix ans, un éboulement de roches porphyriques s'était recouvert de massifs d'Acacias. (BOUSSINGAULT. *Économie rurale*.)

115. Cette assertion est basée sur les expériences de Sternberg, qui a vu, dit-il, des grains de blé extraits de tombeaux égyptiens donner naissance à de nouveaux épis. Schacht, professeur à l'université de Bonn, paraît admettre ce fait comme positif. (SCHACHT. *Les arbres*. Bruxelles, 1862, p. 51.)

Il faut cependant dire aussi que MM. Vilmorin et Payen ont pensé que cette assertion était contestable. Le célèbre chimiste prétend même que la faculté germinative du blé ne s'étend pas au delà de soixante ans.

Un expérimentateur anglais m'a envoyé, il y a une vingtaine d'années, des tiges de blé qu'il m'assura être provenues de grains recueillis dans un sarcophage égyptien. Ces chaumes avaient une hauteur de plus du double de celle de notre céréale et offraient des épis ayant des caractères particuliers. Cependant, comme le fait judicieusement observer M. Louis Figuier, dans son excellent ouvrage de Botanique, il faut se tenir en garde contre de tels prodiges; trop de fois, en semblable matière, la malignité du vulgaire a trompé la bonne foi de certains savants. (*Histoire des Plantes*. Paris, 1865, p. 198.)

116. La géologie a pour objet l'étude de l'origine et de la structure du globe.

Cette science fut assez avancée chez les Égyptiens. Foulant un sol formé par les alluvions, ils pensèrent naturellement que la terre était sortie de l'eau. Les mages insinuèrent cette idée à Orphée, qui l'émit dans ses hymnes. C'est aussi à leur école que le philosophe Thalès prit cette doctrine, qu'il professa dans la suite et qui s'identifia avec l'antiquité : déjà Hésiode, dans les temps nébuleux de la Grèce, donnait à l'Océan le nom de *Père de l'univers*.

Durant le dix-huitième siècle, les théories sur la formation de la terre surgirent de tous côtés. Whiston, en 1696, prétendit que celle-ci avait été produite par la condensation de l'atmosphère d'une comète abandonnée dans l'espace. Demaillet, renouvelant les idées des peuples des bords du Nil, en donnant une origine aquatique à notre globe, professait, au milieu d'un tissu d'absurdités, que l'espèce humaine n'était même qu'une transformation des poissons, et qu'elle se trouvait encore, dans quelques parages océaniens, incomplétement métamorphosée, et présentant à la fois un mélange de ses deux natures. Malgré le discrédit dans lequel tomba l'hypothèse de Demaillet, la fluidité primitive du globe n'en fut pas moins soutenue avec un talent remarquable par beaucoup de savants allemands, et aussi par notre célèbre Lamarck.

Kepler, illustré par tant de découvertes, regardait la terre comme un grand être animé dont toutes les parties étaient douées de mouvement et de vie. Les montagnes schisteuses représentaient les organes respiratoires de cette immense machine vivante ; les volcans expulsaient ses déjections, et les métaux n'étaient que le résultat de ses maladies.

Mais de toutes les théories, celle qui obtint le plus de crédit fut celle de Buffon. Ce naturaliste considéra la terre comme n'étant qu'un fragment incandescent ravi au soleil par le choc d'une comète, et qui, en bondissant au sein de l'espace, s'était enfin enchaîné dans son cycle, quand l'attraction planétaire contre-balança sa force de projection; fragment solaire qui, d'abord liquide, prit par sa rotation la figure d'un sphéroïde aplati vers les extrémités de son axe; figure que les lois de la mécanique devaient lui imposer; de là, cet aplatissement de la terre vers ses pôles, exprimé par 1/310e de son diamètre, ou neuf lieues environ.

117. Dans les archives scientifiques de presque toutes les époques, on trouve des indices sur les soulèvements du globe. Les savants grecs et ceux de Rome se doutèrent eux-mêmes de ce fait capital. Aristote dit que, dans certaines circonstances, *la terre s'enfle et se soulève avec fracas, à l'instar des flots qu'agite la tempête.* Dans son important ouvrage de géographie, Strabon rapporte que, dans quelques pays, le sol s'abaisse et s'élève successivement.

Un philosophe persan qui vivait au dixième siècle, Ferdoucy, est encore plus explicite à ce sujet.

Les soulèvements se trouvent aussi indiqués dans un *Traité des machines de guerre* produit par un moine du quinzième siècle. Mais ce fut l'anatomiste Sténon qui décrivit nettement ceux-ci. Cependant la gloire de placer ce fait à la hauteur d'une démonstration était réservée à Élie de Beaumont et à de Buch.

Quelques-uns de ces soulèvements ne datent que d'une époque peu reculée. Il en est même qui sont contemporains de l'existence de l'homme.

Tel a peut-être été, selon M. Beudant, le soulèvement qui a donné naissance à l'Etna, au Vésuve et au Stromboli. Tels sont certainement ceux qui ont formé le Monte-Nuovo, et le Jorullo, ce grand volcan du Mexique.

118. Les Trilobites, crustacés marins, appelés ainsi à cause de leur corps composé de trois lobes distincts, étaient presque les seuls êtres, avec quelques rares coquilles, qui peuplassent les mers de l'époque Silurienne.

Aujourd'hui, on ne rencontre aucuns crustacés analogues à ces espèces éteintes.

Par un heureux hasard, quoique des milliers et peut-être des millions d'années nous séparent de l'époque à laquelle existèrent les Trilobites, les géologues en ont parfois rencontré des échantillons si bien conservés, qu'on pouvait discerner sur eux la délicate structure des yeux. On a reconnu que ces organes étaient exactement faits sur le même plan que ceux des Crustacés qui peuplent actuellement nos mers.

Ces données suffisent pour établir un parallèle entre les points extrêmes de la création; aussi Buckland, d'après l'examen de cet appareil, a-t-il audacieusement posé les conditions physiques dans lesquelles se trouvait le globe au moment où ces singuliers Crustacés l'ont animé. « Les conséquences auxquelles ces faits nous conduisent, dit-il, n'intéressent pas seulement la physiologie animale; elles nous instruisent aussi sur la condition des mers et de l'atmosphère des temps anciens et sur les rapports de la lumière avec l'un et l'autre de ces deux milieux, à cette époque reculée où les animaux marins les plus anciens étaient pourvus d'organes de vision dont les arrangements optiques les plus minutieux étaient les mêmes qui servent encore maintenant à transmettre la sensation de la lumière aux Crustacés du fond de nos mers actuelles. »

« Relativement à la nature des eaux où vivaient les Trilobites, pendant la période de transition tout entière, nous arrivons à cette conclusion que ce n'était pas ce liquide imaginaire, trouble, formé d'un chaos d'éléments en désordre, dont les précipitations, au dire de certains géologues, auraient produit les matériaux constituant l'écorce du globe. Car le liquide, au fond duquel les yeux de ces animaux remplissaient leurs fonctions, quel qu'il fût, devait être assez pur et assez transparent pour livrer passage à la lumière jusqu'à ces organes visuels que nous retrouvons aujourd'hui dans un état si parfait de conservation et dont la nature nous est si bien connue.

« Nous pouvons arriver à des conclusions analogues relativement à la lumière elle-même; car cette ressemblance entre l'organisation des yeux aux âges primitifs et à l'époque actuelle, nous est une preuve que les relations mutuelles de ces organes et des rayons qui leur transmettaient l'impression des objets extérieurs, étaient au fond des mers primitives ce qu'elles sont au fond des mers actuelles. »

119. Après avoir jeté un regard curieux et investigateur sur les antiques forêts d'où sont dérivées nos houillères, on a voulu en apprécier la durée et l'ancienneté. M. Chevandier, en supputant le produit de deux plantations de Hêtres pendant une période

d'années, trouva que le carbone de nos forêts contemporaines, en cent ans, ne formerait sur un hectare qu'une couche de houille de sept lignes d'épaisseur. Cette donnée a suffi à quelques statisticiens plutôt curieux que rigoureusement savants, pour limiter quelle a dû être la durée des forêts dont le dépôt forme notre Charbon de terre Ils sont arrivés à supposer qu'elles ont concentré le produit d'une végétation qui a eu 672788 ans de durée. Bischoff s'est adonné à d'autres calculs ; le savant physiologiste allemand a voulu fixer quel nombre d'années nous séparent de la période Houillère. Selon lui, il faut faire remonter à 9 millions d'années de notre ère le dépôt de nos couches carbonifères. Mais il est évident que ces calculs, de même que les précédents, ne doivent être considérés que comme d'audacieuses investigations sans la moindre rectitude scientifique.

120. Aujourd'hui l'atmosphère ne contient que 1/1000 d'acide carbonique, et selon M. A. Brongniart, à l'époque carbonifère, il s'y en trouvait peut-être 7 à 8/100. Cet acide étant l'indispensable aliment de la végétation, car il lui fournit tout son carbone, sa présence explique facilement le grand développement des forêts antédiluviennes de cette période. Et comme une telle quantité de cet acide eût été évidemment mortelle pour les animaux élevés, tels que les mammifères et les oiseaux, on n'en rencontrait aucun alors On ne vit apparaître les reptiles et les mammifères, que quand, à force d'employer de l'acide carbonique pour s'alimenter, les végétaux eurent assez épuré l'atmosphère pour permettre à l'animalité de s'y trouver plus à l'aise.

Mais cette réduction de l'acide carbonique de l'atmosphère devait avoir ses bornes, car sans cela il était nécessairement appelé à s'épuiser, et, par conséquent, la végétation à disparaître. Cette fin fatale ne peut être à craindre, selon M. Brongniart ; nous en sommes arrivés à une époque où l'atmosphère reste parfaitement stable. Les forêts devenues considérablement moins étendues et les animaux à respiration aérienne étant apparus en masses, il en résulte que les végétaux absorbent autant d'acide carbonique que les animaux en produisent, et qu'ils émettent autant d'oxygène que ceux-ci en absorbent ; de là l'équilibre.

121. Dans son bel ouvrage, M. Louis Figuier dit que « La Nouvelle Sibérie et l'île de Lachou ne sont pour la plus grande partie qu'une agglomération de sable, de glace et de dents d'éléphants. A chaque tempête, la mer jette sur le rivage de nouvelles quantités de défenses de Mammouth. » (L. Figuier, *La Terre avant le déluge*, 1863, p. 306).

Dans leurs excursions sur la côte nord de l'Amérique, les Russes en ont aussi rencontré d'amples gisements. Les matelots de l'équipage de Kotzebue s'en servaient pour faire du feu.

De temps immémorial, même à une époque où l'existence de l'Éléphant était pour elles un mystère, les nations occidentales employaient l'ivoire à de nombreux usages; et, chez elles, celui-ci était rangé parmi les objets de luxe : cela avait surtout lieu en Syrie, en Grèce et à Rome.

Les Phéniciens et les Étrusques étaient célèbres par l'art avec lequel ils lui donnaient les plus belles teintes de la pourpre ; et longtemps avant la guerre de Troie, les souverains en ornaient leurs palais et leurs temples. La couche de Pénélope, le trône d'Ulysse et les portes du palais de Ménélas étaient incrustés avec cette précieuse substance (*Odyssée*, IV, 73, et *Iliade*, IV, 141). A Jérusalem, celle-ci n'était pas moins recherchée. Salomon s'était fait faire un trône d'ivoire rehaussé d'or. Quelques maisons de Jérusalem en étaient fastueusement ornées, à ce que rapporte le prophète Amos. Achab lui-même en avait décoré l'extérieur de son habitation (Psalm. XLIV, 9).

Les flottes de Salomon et d'Hiram, qui commerçaient avec les rivages d'Ophir et de Tharsis, en rapportaient de l'ivoire parmi leurs marchandises précieuses. Et à Tyr cette substance était si commune que ses riches habitants en embellissaient leurs barques de plaisir (Ezéch., XXVII, 6).

Les statuaires grecs ont à diverses fois employé cette matière dans la production de leurs chefs-d'œuvre. Pausanias dit que la statue de Jupiter Olympien de Phidias était sculptée à même l'or et l'ivoire. A Rome, celui-ci était également fort recherché; aussi, dans la Maison d'or de Néron, voyait-on des tables versatiles, dans la confection desquelles on avait allié l'ivoire aux plus précieux métaux. (Pausanias. *Voyage historique en Grèce*).

Dans l'antiquité, il est évident que cette substance fut toujours considérée comme étant un symbole de la richesse des nations ; aussi, la faisait-on figurer dans les cérémonies où l'on voulait en faire parade. Athénée dit qu'à la célèbre pompe de Ptolémée

Philadelphe, des Éthiopiens portaient six cents dents d'éléphants, et l'on y admirait plusieurs trônes d'or et d'ivoire. (ATHÉNÉE. *Banquet des savants*, liv. V.)

122. Bernardin de Saint-Pierre, bien avant M. Fr. Klée, avait exposé un système absolument analogue à celui de ce savant. Il croyait que c'était l'accroissement successif de la végétation tropicale et des glaces polaires qui, tour à tour, faisaient basculer le globe. Ce système, selon notre célèbre écrivain, expliquait aussi les anciennes traditions des prêtres égyptiens dans lesquelles il est dit qu'autrefois le soleil s'était levé où il se couche actuellement. (*Harmonies de la nature*. Paris, 1806, t. II, p. 96.)

123. Voici quelques fragments des prophéties de la *Vala*, tirées de l'*Edda scandinave*, qui font allusion aux bouleversements du globe.

« Je me souviens de neuf mondes et de neuf cieux, dit la sibylle. Avant que les fils de Bor (les dieux) élevassent les globes, eux qui créèrent le resplendissant Midgaard, le *Soleil luisait au sud. A l'Orient* était assise la vieille dans la forêt de fer (les glaces du pôle).... Le soleil se couvre de ténèbres, la terre s'abîme dans la mer : du ciel disparaissent les étoiles étincelantes ; des nuages de fumée enveloppent l'arbre tout nourrissant ; de hautes flammes montent vers le ciel même ; la mer s'élève avec violence jusqu'aux cieux, passe par-dessus les terres.... La terre ni le soleil n'existent plus ; l'air est bouleversé par des ruisseaux étincelants,.... elle (la sibylle) voit pour la seconde fois s'élever de la mer la terre couverte de verdure. (FR. KLÉE. *Le Déluge*, p. 223.)

124. Scheuchzer, à la fois naturaliste et théologien, décrivit son homme fossile dans sa *Physica sacra*. Là il le représente comme une des plus rares reliques de la race maudite engloutie par le déluge ; et dans son religieux enthousiasme, à son aspect il s'écrie :

D'un vieux damné déplorable charpente,
Qu'à ton aspect le pécheur se repente.

Dans ce fragment de squelette, le savant suisse prétendait retrouver des vestiges du frontal, des débris du cerveau et un fragment notable de l'os maxillaire et de la racine du nez.

L'autorité de Camper et de Cuvier a renversé tout cet échafaudage. (CUVIER. *Ossements fossiles*.)

125. M. Boucher de Perthes vient de faire une découverte aussi heureuse qu'inespérée, qui confirme ses prévisions. Il a enfin trouvé dans le Diluvium des environs d'Abbeville des ossements humains mêlés à des instruments en silex. Ces précieux vestiges consistent en une dent et une mâchoire d'homme, rencontrés à 4 mètres 52 centimètres de la superficie du sol. De l'assentiment des naturalistes anglais et français qui ont observé ces vestiges, le doute n'est plus permis : ils appartiennent à une race d'hommes antérieure au déluge.

Dans une note récemment lue à l'Académie des sciences, M. de Vibraye croit pouvoir affirmer que jusqu'au Diluvium inférieur, l'homme s'associe aux *ursus spelæus, hyena spelæa, cervus megaceros, rhinoceros tichorhinus, elephas primigenius*. (DE VIBRAYE. *Silex trouvés dans le Diluvium*. Compt. rend. p. 577.)

Un de nos plus distingués archéologues, M. J. M. Thaurin, a découvert, avec mon fils Georges Pouchet, quelques ossements d'éléphants et une défense de l'un de ces animaux dans le Diluvium des environs de Rouen. Mais ils n'ont encore pu y rencontrer aucun vestige d'industrie humaine. (Voyez J. M. THAURIN. *Pétrifications antédiluviennes et fossiles diluviens des carrières de Quatremares, de Sotteville et de Saint-Etienne*. Rouen, 1861).

126. Ce dernier des Mastodontes, ce *père des bœufs*, comme l'appellent les sauvages Schavanais, qui le célèbrent dans toutes les vieilles chansons de la tribu, après avoir été simplement blessé par les foudres, s'est, selon eux, réfugié vers les grands lacs, où il se tient encore caché.

Voici l'une de ces chansons :

« Lorsque le grand *Manitou* descendit sur la terre, pour voir si les êtres qu'il avait créés étaient heureux, il interrogea tous les animaux. Le Bison lui répondit qu'il serait content de son sort dans les grasses prairies dont l'herbe lui venait jusqu'au ventre, s'il n'avait sans cesse les yeux tournés vers la montagne, pour apercevoir le *père des bœufs* en descendre avec furie, pour dévorer lui et les siens. »

127. Notre savant naturaliste Victor Meunier donne de curieux détails sur les habitations lacustres dans le remarquable ouvrage qu'il vient de publier. Nous les citons textuellement ici :

« A la Nouvelle-Guinée, les Papous bâtissent également sur pilotis; mais ces pilotis sont enfoncés dans la mer à une certaine distance du rivage, parallèlement à celui-ci, et supportent à huit ou dix pieds au-dessus de l'eau un plancher formé de pièces de bois rondes, qui, à son tour, supporte des cabanes circulaires ou carrées, formées de pieux rapprochés et de joncs entrelacés, et recouvertes d'un toit conique ou à deux pans. Un ou plusieurs ponts étroits conduisent à la rive.

« Exactement semblables (sauf la différence d'une station lacustre à une station maritime) étaient les habitudes de ces Pœoniens du lac Prasias que Mégabyse ne put soumettre, et dont les demeures, au rapport d'Hérodote, étaient construites de la manière suivante :

« Ils fixent sur des pieux élevés, enfoncés dans le lac, un échafaudage bien lié, qui « n'a d'autre communication avec la rive qu'un pont étroit; chacun, sur cette plate- « forme, a sa cabane, où se trouve une trappe qui donne sur le lac; et, de peur que « leurs petits enfants ne tombent à l'eau, ils les attachent par le pied avec une corde; « le lac est si poissonneux, qu'en y descendant un panier par la trappe, on le retire à « peu près plein de poisson. »

« Telles sont encore, pour en citer un dernier fait, celles de ces Africains, dont la cité aquatique, bâtie dans une crique de la rivière Tsadda, causa tant d'étonnement, il y a une dizaine d'années, au docteur et naturaliste anglais Baikie, faisant alors partie de l'expédition du navire *Pleiad* sur le Niger. »

« A l'approche des étrangers, les habitants sortirent de leurs demeures, ayant de « l'eau jusqu'aux genoux; un enfant en avait jusqu'à la ceinture. »

« Nous vîmes de ces huttes, dit le docteur, qui, si elles sont habitées, obligent leurs « habitants de plonger comme des castors pour en sortir et pour y entrer. Nous n'au- « rions jamais imaginé, ajoute-t-il, des créatures raisonnables formant par goût « comme une colonie de castors, ayant les mœurs des hippopotames et des crocodiles « qui infestent les marais voisins. » VICTOR MEUNIER. *La Science et les Savants en 1864*. Paris 1865, p. 86.

128. Nous faisons ici allusion aux personnages si célèbres de Faust et de Manfred, qui se ressemblent sous tant de rapports, en cherchant dans les secrets de la cabale la révélation de l'avenir.

Dans divers passages de ses œuvres, Byron exprime le vœu de converser avec les esprits, et de s'élancer loin de la terre et des détails prosaïques de la vie.

« Êtres mystérieux, esprits du vaste univers, ô vous que j'ai cherchés dans les ténèbres et dans les régions de la lumière; vous qui volez autour du globe et habitez dans des essences plus subtiles; vous à qui les cimes inaccessibles des monts, les profondeurs de la terre et de l'océan servent souvent de retraites...., je vous appelle...., réveillez-vous et apparaissez!... » (*Manfred*, act. I, sc. 1re.)

Dans son immense drame, Goëthe s'écrie :

« Esprits qui nagez près de moi, répondez-moi, si vous m'entendez !... » (*Faust*, act. I, sc. 1re.)

129. Bremser s'explique ainsi à ce sujet :

« L'esprit était encore trop enchaîné à la matière, et ce n'est qu'après s'être débarrassé de cette dernière, non propice à l'animalisation, qu'il pouvait agir plus librement, et parvenir à la fin à gouverner l'existence corporelle de l'organisation à laquelle il est inhérent; car l'homme animé par l'esprit veut, et sa volonté est une loi pour la matière. Cette assertion souffre cependant quelquefois des exceptions dans certains cas; mais alors l'esprit demande plus que la matière ne peut faire, et nous devons également considérer que l'homme n'est pas un esprit, mais seulement un esprit borné par la matière de différentes manières. En un mot, l'homme n'est pas un dieu, mais, malgré la captivité de l'esprit dans sa corporéité, celui-ci est déjà devenu assez libre en lui pour qu'il s'aperçoive qu'il est gouverné par un esprit plus élevé que le sien, c'est-à-dire par un Dieu.

« Il est encore à présumer, dans la supposition qu'il y aurait une nouvelle précipitation, que des êtres beaucoup plus parfaits que ceux qui ont été le résultat des précédentes, seraient créés. L'esprit dans l'homme est à la matière dans la proportion de

50 à 50, avec de légères différences en plus ou en moins, car c'est tantôt l'esprit et tantôt la matière qui domine. Dans une création subséquente, si celle qui a formé l'homme n'est pas la dernière, il y aurait apparemment des organisations où l'esprit agirait plus librement et où il serait dans la proportion de 75 à 25. Il résulte de cette considération, que l'homme a été formé comme tel à l'époque la plus passive de l'existence de notre terre. L'homme est un triste moyen terme entre l'animal et l'ange; il tend aux connaissances élevées et ne peut pas y atteindre; quoique nos philosophes modernes le croient quelquefois, cela n'est réellement pas. L'homme veut approfondir la cause première de tout ce qui est, mais il ne peut pas y parvenir : avec moins de facultés intellectuelles, il n'aurait pas la présomption de vouloir connaître ces causes, qui seraient au contraire claires pour lui, s'il était doué d'un esprit plus étendu. »

130. L'histoire de l'Ambre jaune a récemment été débrouillée par M. Göppert. Ce savant a reconnu que cette matière précieuse, dont l'origine a été si longtemps paradoxale, n'est que la résine produite par une espèce de Conifère antédiluvienne, le *pinites succinifer*. Cet *arbre à Ambre*, qui paraît assez analogue à nos Sapins rouges, distillait bien plus abondamment sa résine que ne le font aujourd'hui, dans nos forêts, les végétaux de la même famille. Aussi, en coulant en masses à la surface de ses écorces, souvent ses volumineuses concrétions ont emprisonné quelque Insecte ou quelque fleur, que laisse apercevoir leur transparence.

Selon K. Müller, on trouve parfois au milieu des morceaux d'Ambre, de petits cônes de sapins et des débris de tissu ligneux, qu'on reconnaît provenir du tronc de quelque espèce se rapprochant beaucoup des Sapins Rouges.

Aux époques antédiluviennes, les Pins succinifères formaient, à n'en pas douter d'épaisses forêts sur les bords de la Baltique ; et l'Ambre, enseveli sous ses flots, est aujourd'hui rejeté de sa vieille tombe, par les plus terribles ouragans. C'est au milieu des brisants et des tempêtes, et à l'aide d'un rude labeur, que le recueillent les pêcheurs. On le trouve mêlé à des bois flottants et à des plantes marines, que l'on enlève aux vagues à l'aide de filets. Quand leur masse est retirée de la mer, les femmes et les enfants y cherchent la substance précieuse.

Dans l'Intérieur de l'Europe, on récolte l'Ambre comme les produits fossiles, à l'aide de fouilles. On en trouve des gisements en Suisse, en France, en Pologne et en Italie. Il en existe aussi au Groënland.

Cette substance précieuse découlait si abondamment des Pins qu'elle s'amassait sur le sol en masses souvent considérables. Là, cette résine, en se combinant à l'oxygène de l'air, se transformait en acide succinique.

Le plus gros morceau d'Ambre jaune que l'on connaisse aujourd'hui, se trouve au Muséum d'histoire naturelle de Berlin, et pèse plus de treize livres. On l'estime à une valeur de 10 000 thalers, quoiqu'on ne l'ait cependant payé que le dixième de cette somme, parce que, ainsi que cela se pratique pour les diamants au Brésil, l'Ambre est considéré en Prusse comme la propriété de la couronne. Les rivages de la Baltique, qui sont les plus productifs en Ambre, en fournissent annuellement environ 150 tonnes. *Cosmos*, t. I, p. 329. — K. Muller. *Merveilles du monde végétal*, t. I, p. 168.

131. Ces empreintes de gouttes d'eau ont été photographiées par J. Deane, d'après des rochers du Connecticut.

Elles sont évidemment dues à des averses tombées sur un sable encore humide et mou qui s'est, plus tard, desséché en se transformant en grès.

Sur d'autres terrains d'Amérique, dont on peut voir les figures dans l'ouvrage de Buckland, on a retrouvé des empreintes de pieds de tortues et de pas de lézards.— Buckland. *La géologie et la minéralogie dans leurs rapports avec la théologie naturelle.* Paris, 1838.

132. Un de nos plus remarquables écrivains, M. Alfred Dumesnil, que je m'honore de compter au nombre de mes amis, a publié une charmante biographie intitulée : *Bernard Palissy, le potier de terre.* Paris, 1854. Cet ouvrage, écrit avec autant d'esprit que de cœur, nous donne sur cet artiste des détails que chacun voudra y lire soi-même, et dont nous craindrions d'affaiblir le mérite en les reproduisant.

133. L'idée d'attribuer aux Pèlerins de Rome les coquilles fossiles trouvées dans les montagnes ne fut pas soutenue fort longtemps par le philosophe de Ferney. Il craignait de se fâcher sérieusement avec l'illustre Intendant du Jardin des plantes. « Je

ne veux pas, écrivait-il, me brouiller avec M. de Buffon, pour des coquilles. » (VOLTAIRE. *Physique*, chap. XV, *Des singularités de la nature*.)

134. En effet, quand des anatomistes, tels que F. Plater, décrivent sérieusement dans leurs ouvrages des squelettes de géants et les font représenter sur les murs d'un monastère; quand un érudit, comme le P. Kircher en donne une série de belles figures dans ses œuvres, il faut avoir une grande raison pour refuser d'y croire. (KIRCHER. *Mundus Subterraneus*. Amsterdam, 1678, p. 59.)

135. La *Gigantologie* est presque une science spéciale. On possède de curieux ouvrages qui y ont trait, car on a beaucoup écrit sur les géants trouvés dans le sein de la terre ou renfermés dans des tombeaux ; et ceux-ci ont donné lieu à d'acerbes disputes. Les titres de quelques-uns de ces ouvrages suffiront pour en donner une idée. *De gigantibus eorumque reliquiis, atque iis, quæ ante annos aliquot nostra ætate in Gallia repertæ sunt*, par J. Cassanione. *Basileæ*, 1580 — *Gigantostéologie* ou *Discours des os de géants*, par N. Habicot. Paris, 1613. — *Antigigantologie* ou *Contre-discours de la grandeur des géants*, par N. Habicot, 1618.— *Histoire véritable du Géant Theutobochus, roy des Theutons, Cimbres et Ambrosins, deffait par Marius, cent cinq ans avant la venüe de notre Sauveur*, par J. Tissot. — *Gigantologie. Histoire de la grandeur des géants*, par Riolan. Paris, 1618. — *Gigantomachie pour répondre à la Gigantostéologie*, par Riolan, 1613.

136. Près de Bogota, à 2660 mètres au-dessus de la mer, il y a un champ rempli d'ossements de Mastodontes que l'on appelle dans le pays *campo de gigantes*, dans lequel de Humboldt fit exécuter des fouilles avec le plus grand soin. (*Cosmos*, t. I, p. 321.)

137. La caverne du Mammouth est une grande affaire de curiosité pour les Américains. Ils s'y rendent en foule ; on ne trouve pas toujours de la place dans la grande hôtellerie destinée à héberger les touristes, malgré sa table de 300 couverts. Son exploration est l'affaire de cinq à six jours. Une armée de guides s'y tient en permanence pour les besoins des voyageurs.

Chacun des sites de cette célèbre excavation porte un nom pittoresque. Il y a la *caverne étoilée*, toute éblouissante de stalactites ; la *chambre des revenants*, anciennement encombrée de momies indiennes, qui est devenue, par une profanation, une sorte de cabaret où les femmes des Guides offrent des liqueurs et des journaux aux voyageurs déjà harassés par leur course souterraine et heureux de faire une petite halte. Là est aussi une sorte d'hôpital où quelques médecins ont confiné des malades atteints d'affections de poitrine ; pensant que l'atmosphère sulfureuse de ces cavernes leur était favorable. Au milieu de cette salle se dresse un squelette de Mastodonte presque entier. C'est aussi à cette station de la grotte du Mammouth, que les femmes des guides montrent et vendent aux curieux les extraordinaires petits poissons aveugles, les cyprinodons, qui se pêchent dans les cours d'eau de ces immenses cavernes.

Plus loin se rencontre le *fauteuil du diable*, qui, comme une gigantesque cristallisation, toute étincelante, s'élève sur un noir abîme sans fond. Outre le *Styx* et la *mer Morte*, ces cavernes, dont on connaît déjà trente à quarante kilomètres de routes souterraines, possèdent bien d'autres amas d'eau. On y a constaté aujourd'hui deux cent vingt-six avenues; cinquante-sept dômes; onze lacs ; sept rivières ; huit cataractes et trente-deux abîmes, dont plusieurs sont d'une immense profondeur.

138. Les témérités d'Agricola ont été surpassées par Schleiden. Le vieux minéralogiste de la Souabe n'avait fait que décrire les Génies de la terre, Schleiden les a représentés à l'œuvre. Dans son ouvrage sur *la plante*, on trouve une belle gravure qui montre de petits Gnomes laborieusement occupés pour mettre à nu toutes les richesses de la terre. Les uns piochent la roche pour en tirer de gros troncs de végétaux fossilisés; d'autres en rassemblent ou en soudent les fragments dilacérés. Chaque Gnome ou Cobale est sous la figure d'un petit mineur laborieux et décrépit. Le fond du tableau est occupé par une cascade qui bondit et écume sur les rochers. (SCHLEIDEN. *La plante*, pl. 13.)

139. La théorie de la chaleur centrale donne une explication plausible des volcans et des tremblements de terre, phénomènes qui semblent produits par les efforts des matières en combustion du noyau terrestre, pour crever son écorce solidifiée, et qui, tantôt ne pouvant réussir qu'à l'ébranler, à la faire vibrer, produisent seulement de

violentes oscillations ; et tantôt parviennent à la fracasser et à se faire jour au dehors en coulant sous la forme de fleuves de laves embrasées, qui renversent tout sur leur passage.

Quelques savants s'étonnaient que le centre terrestre pût fournir assez de matières aux éruptions. Mais, en y réfléchissant, on voit qu'il ne faut pas une grande contraction de l'écorce du globe pour les alimenter. Les fortes émissions volcaniques ne produisent pas plus ordinairement de mille mètres cubes de laves, et elles sont rarement aussi abondantes. Si l'on supposait ce produit étendu sur toute la superficie de notre planète, il n'y formerait pas une couche de 1/500 de millimètre d'épaisseur.—De là on arrive à conclure qu'une contraction de la terre de 1 millimètre de son rayon suffirait pour alimenter cinq cents éruptions violentes ; et, en consultant l'histoire des phénomènes vulcaniens des dernières époques, on arrive à conclure qu'il a suffi d'une contraction de trois centimètres pour fournir les laves vomies par toutes les éruptions arrivées sur notre planète dans la période de 3000 ans qui vient de s'écouler.

140. Dans les Cordillères, les volcans ont rejeté un poisson absolument inconnu des naturalistes, c'est le *pimelodus cyclopum*, dont le nom rappelle l'origine vulcanienne. De Humboldt dit que des fièvres pernicieuses qui se déclarèrent dans la ville d'Ibarra, au nord de Quito, furent attribuées à la putréfaction d'un grand nombre de poissons morts que le volcan Imbabaru avait rejetés. (*Cosmos*, t. I, p. 265.)

141. Les Mulets, plus circonspects et plus rusés, dit de Humboldt, cherchent à apaiser leur soif d'une autre manière. Un végétal de forme sphérique et portant de nombreuses cannelures, le Mélocactus, renferme, sous leur enveloppe hérissée, une moelle très-aqueuse ; le Mulet, à l'aide de ses pieds de devant, écarte les piquants, approche ses lèvres avec précaution, et se hasarde à boire ce suc rafraîchissant. Mais ce n'est pas toujours sans danger qu'il peut puiser à cette source végétale vivante. On voit souvent des animaux dont le sabot est estropié par les piquants du Cactus.

A la chaleur brûlante du jour succède la fraîcheur de la nuit qui égale le jour en durée ; mais les bestiaux et les chevaux ne peuvent même alors jouir du repos. Pendant leur sommeil, des Chauves-Souris monstrueuses se cramponnent sur leur dos comme des vampires, leur sucent le sang et leur occasionnent des plaies purulentes, où s'établissent les Hippobostes, les Mosquites, et une foule d'autres insectes à aiguillon. Telle est l'existence douloureuse de ces animaux, dès que l'ardeur du soleil a fait disparaître l'eau de la surface de la terre. (HUMBOLDT. *Tableaux de la nature*, t. I, p. 39.)

142. C'est même à leur habitude de sucer le sang des animaux que ces Chauves-Souris doivent le nom de *vampires* que leur donnent les naturalistes. La Condamine assure que ce furent celles-ci qui épuisèrent et détruisirent les premiers troupeaux de bœufs et de moutons qu'on importa dans quelques régions de l'Amérique. L'homme n'est pas à l'abri des attaques de ces Chauves-Souris. Le voyageur d'Azzara en fut plusieurs fois mordu pendant qu'il sommeillait sans abri. Leur blessure est analogue à celle des sangsues. — On ne s'en aperçoit qu'à son réveil, en voyant le sang qui s'est épanché aux environs, et à l'affaiblissement que l'on éprouve.

143. Ce ne sont pas seulement les Crocodiles et les Jaguars, dit de Humboldt, qui, dans l'Amérique méridionale, dressent des embûches au cheval. Cet animal a aussi parmi les poissons un ennemi dangereux. Les eaux marécageuses de Béra et de Rastro sont remplies d'Anguilles électriques, dont le corps gluant, parsemé de taches jaunâtres, envoie de toutes parts et spontanément une commotion violente Ces Gymnotes, c'est leur nom scientifique, ont cinq à six pieds de long ; ils sont assez forts pour tuer les animaux les plus robustes, lorsqu'ils font agir à la fois et dans une direction convenable leurs organes, armés d'un appareil de nerfs multipliés. A Uritucu, on a été obligé de changer le chemin de la *steppe*, parce que le nombre de ces anguilles s'était tellement accru dans une petite rivière, que, tous les ans, beaucoup de chevaux, frappés d'engourdissement, se noyaient en la passant au gué. Tous les poissons fuient l'approche de ces redoutables anguilles. Elles surprennent même l'homme qui, placé sur le haut du rivage, pêche à l'hameçon ; la ligne mouillée lui communique souvent la commotion fatale. Ici, le feu électrique se dégage même du fond des eaux. (HUMBOLDT. *Tableaux de la nature*, t. I, p. 45.)

144. Dans un mémoire couronné par une académie de province, M. Julia Fontenelle

a soutenu que l'air des hôpitaux, et même celui des égouts, avait la même pureté que l'air de nos campagnes.

145. « Chaque corps organisé, dit Bonnet, se présente à moi sous l'image d'une petite terre où j'aperçois, en raccourci, toutes les espèces de plantes et d'animaux, qui s'offrent en grand sur notre globe. Un Chêne me paraît composé de plantes, d'insectes, de coquillages, de reptiles, de poissons, d'oiseaux, de quadrupèdes, d'hommes même. Je vois monter dans les racines, avec les sucs destinés à leur nourriture, des légions innombrables de germes. Je les vois circuler dans les différents vaisseaux, se loger ensuite dans l'épaisseur de leurs membranes pour les augmenter en tous sens. »

Qui pourrait croire cependant qu'une telle science a eu des continuateurs au dix-neuvième siècle?

C'est cependant ce qui vient d'avoir lieu. M. le vicomte Gaston d'Auvray, pour sauver du naufrage la vieille hypothèse de la panspermie et les théories de M. Pasteur, a supposé qu'il existait dans l'air des myriades d'œufs et de spores dont la vitalité résistait à huit heures d'ébullition et même à la température du rouge blanc!

146. L'un des hommes qui honorent le plus la science italienne, l'illustre Mantegazza, dans des travaux qui resteront à jamais célèbres, a démontré victorieusement combien étaient erronées les théories des Panspermistes. M. Musset, de Toulouse, et l'illustre professeur Joly, par leurs importantes recherches sur les générations spontanées, ont porté le dernier coup à cette prétendue dissémination des germes. Comp. principalement: Paolo Mantegazza. *Sulla generazione spontanéa.* Milan, 1864. — Ch. Musset. *Nouvelles recherches expérimentales sur l'hétérogénie.* Toulouse, 1862. — N. Joly. *Examen critique du mémoire de M. Pasteur.* Toulouse, 1863.

M. Ezio Castoldi, de Milan, a aussi, dans un savant mémoire critique, démontré toute l'inanité des hypothèses de M. Pasteur. Ezio Castoldi. *I fenomeni della generazione spontanea.* Milan, 1862.

147. Si l'on se proposait simplement d'empêcher la chaleur solaire de rayonner, il faudrait lancer à sa surface un jet d'eau glacée, ou pour mieux dire de glace, qui mesurerait 18 lieues de diamètre, et qu'on lançerait avec la vitesse de 70 000 lieues à la seconde. En recevant une pareille colonne de glace l'astre du jour ne rayonnerait plus, mais cela ne veut pas dire encore qu'il y aurait là une action suffisante pour l'éteindre. (Camille Flammarion. *Les merveilles célestes.* Paris, 1865-202.)

148. Dans sa *Nouvelle Uranométrie*, Argelander, directeur de l'observatoire de Bonn, dit que sur l'horizon de Berlin, pendant le cours d'une année, on aperçoit 3256 étoiles à l'œil nu. Un astronome de Munster, M. Heis, prétend même que sa vue est si pénétrante, qu'il en aperçoit 4000 de plus que son confrère! D'après de Humboldt, à Paris, on en compte 4146.

Mais grande est la différence, aussitôt que l'on examine le ciel avec des instruments un peu puissants. Ainsi, dans un coin de la constellation des Gémeaux, où l'œil le plus exercé n'aperçoit que six étoiles, dans le même espace, une bonne lunette en fait découvrir plus de 3000 entassées.

149. Quoique Newton reporte aussi à Chiron l'invention des constellations, cependant, nous devons dire que, déjà dans la Bible, il est question de plusieurs de celles-ci, à une époque antérieure de quelques années à celle où vécut le célèbre Centaure. Dans le livre de Job, il est même question des constellations d'Orion, des Pléiades et des Hyades. Le groupement des étoiles remonterait donc à près de trois mille trois cents ans. (Arago. *Astronomie populaire*, t. I, p. 346.)

150. On trouve aussi sur les monuments de l'ancienne Égypte des indices du groupement des constellations. Mais on sait actuellement que quelques-uns de ces monuments remontent beaucoup moins haut qu'on ne l'avait cru d'abord.

151. Les anciens rattachaient diverses idées à chacun des signes du zodiaque.

Le Taureau, chez les Grecs, rappelait l'enlèvement d'Europe par Jupiter.

Le soleil, en arrivant dans le signe du Cancer, indiquait, par sa marche rétrograde vers l'équateur, le mode de progression de ce Crustacé.

Selon M. J. Coulier, les Egyptiens, par le signe du Lion, voulaient rappeler les grandes chaleurs qui se produisent vers le solstice d'été, moment où les lions abondent et sont très-dangereux en Ethiopie.

La vierge, pour les Egyptiens, n'était que l'emblème de la déesse Isis.

La Balance indiquait anciennement le lieu où le soleil se trouve à l'équinoxe d'automne, au moment où les jours et les nuits ont une égale durée.

Le signe du Sagittaire rappelle sans doute l'époque des chasses; car c'est alors qu'on se livre à celles-ci avec d'autant plus d'ardeur, que le soleil arrive dans ce signe. (J. Coulier. *Dictionnaire d'Astronomie*. Paris, 1824.)

152. Au dix-septième siècle, Weigel, professeur à l'Université de Iéna, par une basse flatterie, proposa de substituer aux douze constellations zodiacales des figures héraldiques représentant les écussons de douze des plus illustres maisons de l'Europe. Sa tentative fut repoussée unanimement.

153. Il semble en effet, qu'à l'endroit du ciel où se trouvent les Sacs à charbon, il y ait une absence totale d'étoiles, un hiatus dans l'univers sidéral.

154. Le premier télescope de grande dimension qui fut construit, fut celui de John Herschell. Mais celui-ci a été beaucoup plus célèbre à cause de ses grandes dimensions que par ses services scientifiques.

En 1802, le baron de Zach allait même jusqu'à prétendre que « cet instrument colossal n'avait été d'aucune utilité; qu'il n'a pas servi à une seule découverte, et qu'on doit le considérer comme un objet de pure curiosité. » (*Correspondance mensuelle*. Janvier 1802.)

Le tube de cet instrument ayant une extrême pesanteur, on ne parvint à lui imprimer ses mouvements qu'à l'aide d'un mécanisme fort compliqué. C'était une combinaison de mâts et d'échelles formant une gigantesque pyramide.

L'exagération en augmentait encore les proportions, et celle-ci était telle qu'on crut un jour à Londres que J. Herschell avait donné un bal dans l'intérieur de son télescope. On avait confondu l'illustre astronome avec un brasseur du même nom, et le grand télescope avec un tonneau à bière dans lequel ce dernier avait fait, en effet, danser ses amis. Il eût été assez difficile de transformer le tuyau astronomique d'Herschell en salle de bal, car son diamètre n'était que de 1 mètre 47 centimètres.

155. Euler prétendait que pour apercevoir les plus gros animaux de la lune, il faudrait des télescopes de plusieurs centaines de pieds. Hooke demandait à cet effet des lunettes de 10000 pieds de longueur (plus de trois quarts de lieue), et projetait d'en construire une. Le télescope de lord Ross vient démontrer qu'on peut obtenir cet avantage beaucoup plus facilement.

« C'est, dit M. Brewter, une de nos plus merveilleuses combinaisons de la science et de l'art. »

« Ce magnifique instrument est installé au milieu de murailles qui ressemblent à des pans de fortifications. Le tube télescopique a 55 pieds anglais de longueur et pèse 6604 kilogrammes. »

Avec lui, on peut sonder les plus incommensurables profondeurs du ciel. On pense qu'à l'aide de cet instrument on apercevrait facilement un monument de la dimension des pyramides d'Égypte, s'il en existait dans la lune. La surface de cet astre s'y peint presque aussi nettement qu'un paysage terrestre.

Le télescope de lord Ross, dit M. Babinet, ne rendrait pas sans doute visible un Éléphant lunaire, mais un troupeau d'animaux analogues aux troupeaux de Buffles d'Amérique, serait très-visible. Des troupes qui marcheraient en ordre de bataille y seraient très-perceptibles. L'observatoire de Paris, Notre-Dame et le Louvre s'y distingueraient très-facilement. Il en faut donc conclure que si nous n'apercevons rien de tout cela dans notre pâle satellite, c'est que sa surface, anciennement toute brûlante, toute volcanique, et aujourd'hui toute glacée, n'a rien possédé ou ne possède rien d'analogue.

156. Un épisode, tiré de la vie d'Euler et raconté par Arago, pourrait démontrer combien le monde réel surpasse l'empire des fictions.

Un ministre protestant de Berlin, qui, dans un de ses sermons, avait employé toutes les pompes d'une fausse éloquence pour peindre la Création, vint un jour trouver le grand physicien, qui était très-pieux, et avec lequel il entretenait des relations intimes. Sa contenance était abattue, et une tristesse profonde semblait avoir glacé tout son être. « La religion est perdue, et toutes les bases de la foi sont ébranlées, dit-il à Euler. Le croiriez-vous? J'ai représenté la Création dans tout ce qu'elle a de plus beau, de plus poétique et de plus merveilleux; j'ai cité les anciens philosophes et évoqué la Bible elle-même! et, cependant, la moitié de mon auditoire ne m'a point écouté, et l'autre moitié a dormi!

« Faites l'expérience que je vais vous indiquer, répartit Euler, au lieu de puiser la description de l'univers dans les écrits des philosophes, prenez le monde des astronomes et dévoilez la Mécanique céleste, telle que les savants la connaissent.

« Dans le sermon qui a été si irréligieusement écouté, vous avez, sans doute, cité Anaxagore, qui fait du soleil un astre égal au Péloponèse ? Eh bien ! dites à votre auditoire qu'en suivant des mesures exactes, cet astre est douze cent mille fois plus volumineux que la terre.

« Vous avez sans doute parlé des cieux et dit qu'ils étaient formés d'immenses voûtes de cristal emboîtées ? Dites que celles-ci n'existent pas, car dans leur marche rapide les Comètes les briseraient.

« Les Planètes, dans vos explications, ne se sont distinguées des étoiles que par les mouvements. Avertissez que ce sont des mondes ; que Jupiter est quatorze cent fois plus gros que la terre et que Saturne l'est neuf cent fois. Décrivez l'étonnant anneau qui environne ce dernier, et parlez des lunes multiples qui, comme une heureuse compensation, épanchent leur lumière sur ces sphères éloignées du soleil.

« En arrivant aux étoiles et en cherchant à apprécier leur distance de la terre, ne citez pas de lieues, les nombres seraient trop grands et on ne les apprécierait pas. Prenez pour échelle la vitesse de la lumière ; dites aux fidèles qu'elle franchit 77 000 lieues par seconde, et ajoutez cependant qu'il n'existe pas d'étoiles dont la lumière nous arrive en moins de trois ans, et qu'il en est quelques-unes dont on a reconnu qu'elle ne nous parvient qu'en trente années. »

« En passant des résultats certains à ceux qui n'ont qu'une grande probabilité, montrez que, suivant toute apparence, certaines étoiles pourraient être visibles plusieurs millions d'années après avoir été anéanties ; car la lumière qui en émane emploie plusieurs millions d'années pour franchir l'espace qui les sépare de la terre. »

Tels furent, en abrégé, les conseils qu'Euler donna à son ami. Celui-ci se détermina à les suivre, et à substituer aux fabuleuses conceptions de l'esprit les documents des savants. Au jour fixé, Euler attendait avec impatience le ministre ; mais quel ne fut pas son étonnement lorsqu'il se présenta à lui ayant l'air plongé dans le plus profond désespoir. « Qu'est-il donc arrivé ? s'écria le physicien.— Ah ! monsieur Euler, répondit le prédicateur, je suis bien malheureux ; ils ont oublié le respect qu'ils devaient au saint temple : ils m'ont applaudi !.... »

157. Le volume du soleil est plus de six cents fois plus considérable que le volume de toutes les planètes réunies. Il tourne autour de son axe en vingt-cinq jours et demi.

On peut se faire une idée de l'immense volume de cet astre par rapport à la terre, l'aide d'une comparaison que cite Arago, dans son *Astronomie populaire.* « Un professeur d'Angers, dit-il, imagina, à cet effet, de compter le nombre de grains de blé de grandeur moyenne qui sont contenus dans la mesure de capacité nommée litre : il en trouva 10 000. Conséquemment un décalitre doit en renfermer 100 000, un hectolitre 1 000 000, et 14 décalitres 1 400 000. Ayant alors rassemblé en un tas les 14 décalitres de blé, il mit en regard un seul de ces grains, et dit à ses auditeurs : « Voilà en volume la terre, et voici le soleil. » Cette assimilation frappa les élèves de surprise infiniment plus que ne l'avait fait l'énonciation du rapport des nombres abstraits 1 et 1 400 000.

Si l'on veut mettre en regard le poids du soleil et celui de la terre, l'astronomie les pèse avec autant de précision que si on les mettait chacun dans un des plateaux d'une balance ; voici ce que l'on obtient :

Le poids du soleil est de 2 096 000 000 000 000 000 000 000 000 de tonnes de mille kilogrammes.

Et celui de la terre seulement de 5 875 000 000 000 000 000 000.

La constitution physique du soleil n'a été bien débrouillée que par les astronomes de notre époque. Le corps de cet astre est presque entièrement obscur ; mais il est entouré de trois enveloppes, l'une formée de vapeurs qui le touchent : une autre qui est lumineuse, placée à une grande distance et que l'on appelle *photosphère;* enfin, une troisième qui recouvre celle-ci, et dans laquelle flottent des nuages. Les taches du soleil ne sont formées que par des percées qui se trouvent dans la photosphère et laissent voir le noyau terreux de l'astre. (Comp. GUILLEMIN. *Le Ciel.* Paris, 1865.

158. Le physicien Hartsoeker était déjà beaucoup plus près de la vérité que ne l'était Hésiode. Il prétendait qu'un boulet lancé de la terre, et se mouvant toujours avec la même rapidité qu'il a en sortant du canon, emploierait plus de cent millions d'années

pour parvenir à l'une des étoiles du firmament (SAVERIEN. *Histoire des philosophes modernes*. Paris, 1778, p. 134.)

159. L'Alpha du Centaure (l'une des étoiles les plus rapprochées de nous) qui n'est qu'à environ huit millards de lieues de la terre, nous envoie sa lumière en trois ans; et la Polaire qui est à plus de soixante-dix mille milliards de lieues, en un demi-siècle.

160. Sénèque avait pressenti non-seulement le mouvement régulier des comètes, mais encore la possibilité d'en tracer la marche par le calcul. « Je les regarde, dit-il, non comme des feux passagers, mais comme des ouvrages éternels de la nature. Chaque comète a un espace assigné à parcourir. Comp. *Just. astron. de Lemonnier.*

C'était à Newton qu'il appartenait de démontrer leur marche par le calcul. NEWTON *principes.* Euler a également contribué à éclaircir les mouvements de ces astres. *Theoria planetarum et cometarum.* 1744.

161. On peut voir dans Ambroise Paré, jusqu'à quel point les esprits les plus sérieux des derniers siècles se sont laissé égarer au sujet des comètes. L'illustre chirurgien, qui certes n'était pas superstitieux, donne, dans son important ouvrage, les plus fantastiques figures de quelques-uns de ces astres.

Dans son chapitre intitulé des *Monstres célestes*, Ambroise Paré parle de Comètes chevelues, barbues, en bouclier, en lance, en dragon ou en batailles de nuées. Et il y décrit surtout, et y représente, dans tous ses détails, une Comète sanglante qui apparut en 1528. « Cette Comète estoit si horrible, dit-il, si espouuantable quelle engendroit si grand terreur au vulgaire, qu'il en mourut aucuns de peur; les autres tomberent malades. Elle apparoissoit estre de longueur excessiue, et estoit de couleur de sang; à la sommité d'icelle, on voyoit la figure d'vn bras courbé tenant vne grande espée en la main, comme s'il eust voulu frapper. Au bout de la pointe, il y auoit trois estoilles. Aux deux costés des rayons de cette comete, il se voyoit grand nombre de haches, cousteaux, espées colorées de sang parmy lesquels il y auoit grand nombre de faces humaines hideuses, auec les barbes et les cheueux hérissez. » (AMBROISE PARÉ. Chap. XXXII.)

162. Arago, adoptant l'hypothèse d'une égale distribution des Comètes dans toutes les régions du système solaire, et fondant ses calculs sur le nombre de Comètes observées entre le Soleil et Mercure, évalue à dix-sept millions et demi le nombre de ces astres qui sillonnent le système solaire en deçà de ses limites connues, c'est-à-dire de l'orbite de Neptune. (GUILLEMIN. *Le Ciel.* Paris, 1865, p. 348.)

163. Selon de Humboldt, la chevelure des comètes de 1819 et de 1823 aurait atteint notre atmosphère. On suppose qu'il en a été de même de la dernière grande comète qui a été observée dans nos latitudes.

FIN.

TABLE DES MATIÈRES.

LE RÈGNE ANIMAL.

LIVRE PREMIER.

LIVRE DEUXIÈME.

LIVRE TROISIÈME.

LIVRE QUATRIÈME.

LIVRE CINQUIÈME.

LIVRE SIXIÈME.

LIVRE SEPTIÈME.

LE RÈGNE VÉGÉTAL.

LIVRE PREMIER.

LIVRE DEUXIÈME.

LIVRE TROISIÈME.

LIVRE QUATRIÈME.

LIVRE CINQUIÈME.

LA GÉOLOGIE.

LIVRE PREMIER.

LIVRE DEUXIÈME.

LIVRE TROISIÈME.

LIVRE QUATRIÈME.

LIVRE CINQUIÈME.

LIVRE SIXIÈME.

LIVRE SEPTIÈME.

LIVRE HUITIÈME.

L'UNIVERS SIDÉRAL.

LIVRE PREMIER.

LIVRE DEUXIÈME.

LIVRE TROISIÈME.

FIN DE LA TABLE DES MATIÈRES.

TABLE DES GRAVURES.

FIN DE LA TABLE DES GRAVURES.

9211. — Imprimerie générale de Ch. Lahure, rue de Fleurus, 9, à Paris.

www.ingramcontent.com/pod-product-compliance
Ingram Content Group UK Ltd.
Pitfield, Milton Keynes, MK11 3LW, UK
UKHW020125220726
13923UKWH00001B/7

9 782019 67551